辽宁省优秀自然科学著作

辽宁旱地农业

冯良山　郑家明　白伟　杨宁　等　编著

辽宁科学技术出版社

沈　阳

编 委

（按姓氏笔画排序）

王宇霏　王潇　王耀生　白伟　冯良山　冯晨　孙大为　向午燕
刘洋　李开宇　李颖　张坤　张哲　杜桂娟　肖继兵　杨宁
杨光　武明宇　孟繁东　周晓锦　周攀　赵凤艳　侯志研　郑家明
郝楠　郭铭　惠成章　董俊　董玥　董智　焦银珠　蔡倩

ⓒ 2019　冯良山　郑家明　白伟　杨宁　等

图书在版编目（CIP）数据

辽宁旱地农业/冯良山等编著. —沈阳：辽宁科学技术
出版社，2019.12

（辽宁省优秀自然科学著作）

ISBN 978-7-5591-1462-4

Ⅰ. ①辽…　Ⅱ. ①冯…　Ⅲ. ①旱作农业-辽宁
Ⅳ. ①S343.1

中国版本图书馆 CIP 数据核字（2020）第 012567 号

出版发行：辽宁科学技术出版社
　　　　　（地址：沈阳市和平区十一纬路25号　邮编：110003）
印 刷 者：辽宁鼎籍数码科技有限公司
幅面尺寸：185 mm×260 mm
印　　张：19.25
字　　数：468 千字
出版时间：2019 年 12 月第 1 版
印刷时间：2019 年 12 月第 1 次印刷
责任编辑：郑　红
封面设计：李　嵘
责任校对：李淑敏

书　　号：ISBN 978-7-5591-1462-4
定　　价：108.00 元

联系电话：024-23284526
邮购热线：024-23284502
http://www.lnkj.com.cn

前　言

　　干旱缺水是长期存在的世界性难题，是农业发展的主要障碍之一，全球近80个国家、40%的人口面临缺水问题。旱地农业在世界农业生产中占有举足轻重的地位，目前旱地占世界总耕地面积的84%，生产了58%的谷物，如何有效地利用现有水资源发展旱地农业，已得到许多国家的高度重视。

　　我国是世界上严重干旱缺水的国家之一，干旱缺水地区占国土面积的72%，人均水资源量仅为世界平均水平的29%，单位灌溉面积的水资源量仅为世界平均值的19%。加之时空分布不均，区域性和季节性的水资源供需矛盾突出，干旱缺水是影响我国农业生产的重要因素。受农业水资源、农业生产水平和基础设施等因素限制，我国农业依然是以雨养农业为主，旱地农业在我国具有重要战略意义。我国北方旱地面积占全国的55%，粮食总产占全国43%。旱地农业区分布着我国80%的贫困人口，分布了全国70%的生态脆弱区，发展旱地农业对实现全面建设小康社会意义重大。

　　我国政府一直高度重视旱地农业，自"七五"规划以来，连续实施了6个"五年"国家旱作农业科技计划项目，多个中央一号文件提出大力发展旱作和节水农业技术，实施旱作农业示范工程。目前我国在生物多样性保育、多熟制和间套复种立体种植、地膜覆盖、农田集水和农田水分调控等研究领域已处于国际先进或领先水平，北方旱地农田平均降水利用率达到60%以上，休闲期土壤贮水量占作物耗水量的比例达到30%~50%。我国用占全球7%的耕地、6%的淡水资源养活了世界22%的人口，为人多地少、资源匮乏的国家和地区解决粮食安全问题树立了典范。但是，面对全球气候变化、我国水资源日益紧缺且时空分布日趋不均、人口不断增加和粮食需求越来越高的压力，迫切需要旱地农业技术不断创新和发展。随着当前我国粮食生产水平的不断提高，以追求高产为主要目标的传统旱地农业种植制度和作物种植区划应向资源高效、环境优化和优质型农业转变，综合考虑市场和不同区域资源承载能力、环境容量、生态类型和发展基础等因素，确定不同区域的旱地农业发展模式，尤其降低北方"镰刀弯"旱地农业区玉米等高耗水作物种植面积，增加区域作物生物多样性，建立全新的旱地可持续农作制度。

本书围绕我国旱地农业发展需求，认真总结了辽宁省农业科学院30多年旱地农业研究成果，并借鉴国内外先进技术，以期为我国旱地农业发展提供先进适用的实用技术。本书共分为六章，具体内容包括：旱地农业概述、辽宁省旱地农业基本概况、辽宁省旱地集水技术、辽宁省旱地蓄水技术、辽宁省旱地保水技术和辽宁省旱地农业高效用水技术。本书可供从事旱地农业和作物耕作栽培的研究人员和技术推广人员参考，也可作为农业管理人员和大专院校学生的重要参考书。

由于旱地农业技术发展迅速，内容广泛、丰富，本书编著过程中虽尽力汇总最先进的研究成果，但由于水平和时间所限，难免仍有许多不足和错误，敬请广大读者不吝赐教。

编著者

2018 年 5 月

目　录

第一章　旱地农业概述

一、旱地农业基本概念

旱地农业（Dryland Farming）是指在水分入不敷出地区主要依靠和利用自然降水进行的农业生产，包括种植业、畜牧业、林果业等，其中种植业又有旱作（Rainfed Farming）和补充灌溉（Supplementary Irrigation）两个基本类型。旱地农业的本质是提高降水利用效率和水分利用率，是我国最重要的生产方式之一。

世界干旱半干旱地区遍及 50 多个国家和地区，约占全球陆地面积（南极洲除外）的34.9%，共计4 570万 km^2。其中干旱地区为3 140万 km^2，半干旱地区为1 430万 km^2，分别占全球陆地面积的 24.0% 和 10.9%。1991 年联合国环境规划署所属的全球环境监测系统（GEMS）和全球资源信息库（GRID）对世界各大洲干旱地区分布进行了更为精确的统计分析，认为世界极端干旱至干燥的半湿润区面积有 61.50 亿 hm^2，占世界陆地面积的 41%。其中极端干旱区占 16%，干旱区占 26%，半干旱区占 37%，半湿润区占 21%。就耕地而言，全球 14.3 亿 hm^2 中，有灌溉条件的仅占 15.8%，其余都是靠自然降水从事农业生产的旱地农业。这些地区年降水量低于 550 mm，主要分布在亚欧大陆的阿拉伯半岛、中东内陆盆地、伊朗中部和南部、蒙古、独联体各国、中国的中西部和北部、印度的部分地区、非洲的北部、澳大利亚的中部和西部、北美洲的内陆高原、美国的西部大平原和南美洲的西部沿海地带。国际上依据干燥度和降水量指标将旱地农业区划分为 4 种主要类型。

（一）热带季节干旱类型

属热带沙漠气候，这类地区气候的主要特征是炎热、干燥，气温高，气温日差特别大，昼热夜凉。常年降水 100~200 mm 且变率很大，有时甚至连续多年无雨，一年的降水往往集中在几次暴雨中。旱季经常延长半年以上，农作物生长季仅有 12~24 周。分布于南北回归线至南北纬30°之间的大陆内部或西岸，一般多进行游牧。

（二）热带半干旱类型

属热带草原气候，全年温度平稳，无明显低温，气候特征是干季、雨季交替明显，雨季草木旺盛，干季草原呈一片枯黄景象。年降水量 500~750 mm 以上。这类地区多分布在热带干旱气候区的边缘，在南北纬 10°至南北回归线之间。

（三）亚热带半干旱类型

属地中海气候，主要位于南北纬 30°~40° 之间的欧、美大陆的西岸，澳大利亚的东南部及非洲大陆的西南部。夏季高温干旱，冬季暖湿多雨。其中农业生产特点主要是依靠冬季降水。澳大利亚南部生长季节较长，优于北非和西亚。

（四）中纬度干旱半干旱类型

属温带大陆气候，主要分布在亚欧大陆和北美大陆的内陆地区，以及南北纬 40°~60° 的北美、南美东岸。干旱少雨，冬季严寒，夏季炎热。半干旱地区雨热同季，有利于农业生产。

随着世界人口的不断增加，农产品供需矛盾日趋尖锐，一些国家和地区对旱地农业都给予了极大的关注，投入了大量的人力、物力和财力，开展旱地农业的研究与开发，取得了显著的成效，使旱区农业面貌发生了重大变化。例如，美国中西部推广"少免耕覆盖"措施，使昔日的"黑风暴"发源地，今天变成了重要的农牧业商品基地；澳大利亚南部实施"粮草轮作制"，使昔日沙化严重的半干旱地区成为著名的小麦、绵羊产业带；以色列开发"节水灌溉农业"，使中东地区沙漠干旱区域成为世界瞩目的农业发达地区，水分利用效率居国际先进水平。

二、旱地农业在农业生产中的地位

世界干旱半干旱地区遍及 50 多个国家和地区，总面积约为陆地面积的 1/3。在 14 亿 hm² 耕地中，主要依靠自然降水从事农业生产的旱地占 84%，生产了占世界 58% 的谷物。随着人口剧增，农产品供需矛盾日益尖锐，全球性食物安全问题从未像今天这样引人注目。关注的焦点是如何解决由于全球性人增地减导致环境不断恶化和区域性淡水资源短缺日趋严重，最终引起生产能力下降和食物短缺。

我国是世界上严重干旱缺水的国家之一，也是农业严重缺水的国家之一。据测算，干旱缺水地区占国土面积的 72%，人均水资源量约 2 300 m³，仅为世界平均的 29%，单位耕地面积的水资源量为世界平均的 80%，单位灌溉面积的水资源量仅为世界平均的 19%。因缺水以及由此引发的灌溉成本上升，致使我国农田有效灌溉面积自 1975 年以来一直维持在 4 700 万~5 000 万 hm²。在干旱缺水的条件下，一方面，难以满足农业用水需求增加，也无法保证新增人口农产品供应；另一方面，农业用水占总用水量的比重逐年下降，供给总量不可能有大的增长。

改革开放以来，我国粮食总产由 1978 年的 3.05 亿 t 增加到 2015 年的 6.21 亿 t，而农业年用水总量占全国年总用水量的比重却从 88% 下降到不足 70%，基本维持在 3 900 亿~4 000 亿 m³，灌溉用水占总用水的比重也由 80% 下降到 65%，维持在 3 500 亿~3 800 亿 m³。据估计，到 2030 年全国总用水量将增加到 8 000 亿 m³，全国粮食总产要达到 6.4 亿 t，农业用水比重将从目前的 70% 左右下降到 52%，农业用水特别是灌溉用水总量不可能有大的增加，农业生产缺水程度逐年加剧。改革开放以来我国粮食大幅度增产，而灌溉面积和灌溉用水量并未增加或增加很少的事实说明，我国容易开发的水资源多已利用，农业靠大量消耗水资源的外延型增长方式已行不通了。农业比较效益低和干旱缺水程度加剧的现实，要求我们必须加快发展旱地农业，走依靠科技提高水分利用效率的内涵型增长方式。

北方旱区在全国农业生产中占有重要地位。目前我国北方旱农区 16 个省、市、自治区占全国 55% 的耕地面积，生产了全国总量 43% 的粮食、61% 的棉花、72% 的大豆、46% 的油料，北方旱区已经发展成为我国粮、棉、油、豆的重要产地。同时，北方旱农地区木材生产量占全国木材生产总量的 57% 以上，林业总产值 200 多亿元，占全国林业产值的 27.8%。北方旱农区又是我国苹果、梨、葡萄、枣、桃、杏等的主产区。北方旱农区还集中了全国五大牧区，畜牧业总产值占全国畜牧业总产值的 45.9%，全国 33.3% 的猪肉、75% 以上的牛羊肉、81.9% 的奶类和 93% 的羊毛产自该区域。该区的肉类产量增长幅度超过全国的平均增长速度，已经显示出调整农业产业结构和发展草食畜牧业的资源优势。

辽宁省是我国水资源严重短缺的省份，人均水资源占有量只有全国平均占有量的 1/4。地表水资源量为 335 亿 m^3，已开发利用的仅 63 亿 m^3，开发程度为 18.8%；地下水资源储量为 113.9 亿 m^3，其中浅层水开采储量 74.6 亿 m^3，已开发利用 40 亿 m^3，占总量的 54%；由于过度开采，中部地区已经形成地下漏斗，面积达 300 km^2，水位已降到 21.5 m；每年全省缺水达 15 亿~17 亿 m^3。旱地农业是辽宁省主要农业生产方式，占有重要地位。辽宁省旱地农业地区可以生产粮食 149.3 万 kg，占全省粮食生产总量的 70%。

三、旱地农业分区与特征

(一) 北方旱地农业

根据 1983 年 8 月时任中共中央总书记胡耀邦同志在"北方旱地农业工作会议"上的讲话精神，农牧渔业部设立了"北方旱地农业类型分区及其评价"研究项目，由中国农业科学院主持，共计 10 省农业科学院和 4 个农业院校参加。该课题将北方旱地农业区划为干旱、半干旱偏旱、半干旱、半湿润偏旱、半湿润 5 个一级区和 57 个二级区。该分区标准一直沿用至今。其中一级区指标如表 1-1，详细的分区情况如表 1-2。

表1-1　我国北方旱地分区一级区指标

名称	主导指标：80%降水保证率（mm）	辅助指标：干燥度	自然地带	种植业特征			畜牧业特征			林业特征	农业综合特征
				作物水分盈亏量（mm）	作物水分反应类型	熟制	牧草产量（青草kg/亩）	饲养方式	载牧量（羊单位）		
干旱区	<200	>3.5	荒漠带	<-220	—	一年一熟	20~50	放牧	>50	散生荒漠灌木	以牧为主，没有灌溉就没有农业，海拔高度的变化，决定林业意义的大小
半干旱偏旱区	200~250	3.0~3.49	半荒漠带	-130~-100	极耐旱	一年一熟	50~100	放牧	20~50	散生灌木	以牧为主，旱农分布下限，海拔高度的变化决定着林业意义的大小
半干旱区	250~400	1.6~2.99	干草原	-60~20	耐旱	一年一熟	100~200	放牧一舍饲	10~20	灌丛广泛分布，局部可有乔木	半农半牧，山地阴坡可以造林，采取抗旱措施，旱农发展潜力大
半湿润偏旱区	400~500	1.3~1.59	森林草原—草甸草原带	20~110	较耐旱	一年一熟或二年三熟	200~300	舍饲一放牧	5~10	灌木林为主，乔木林可成片存在	以农为主，局部地区林牧比重大，季节性干旱，采取措施提高水分利用效率
半湿润区	500~600	1.0~1.29	森林—森林草原带	>110	—	一年一熟、二年三熟或一年两熟	300~500	舍饲	3~5	灌木林和乔木林普遍存在	以农为主，旱情不严重，但复种时需补充灌溉

表1-2　北方旱地农业类型分区

一级区	二级区	包括市、县（旗）、场
干旱区（Ⅰ）	1. 阴山北麓高平原干旱牧区	新巴尔虎右旗、乌拉特中旗、达尔罕茂名安联合旗、四子王旗、阿巴嘎旗、苏尼特右旗、苏尼特左旗、二连浩特市、镶黄旗、正镶白旗
	2. 河套平原干旱灌溉农区	磴口、临河、杭锦后旗、五原、乌拉特前旗
	3. 内蒙古西部高原风沙干旱牧区	额济纳旗、阿拉善右旗、阿拉善左旗、乌海市、乌拉特后旗、杭锦旗、鄂托克旗、额托克前旗
	4. 宁夏北部干旱灌溉农区	石嘴山、平罗、陶乐、贺兰、银川市、永宁、吴忠、青铜峡、中宁、中卫
	5. 陇西黄土高原北部干旱农牧区	灵武、靖远、永登、皋兰、兰州

续表

一级区	二级区	包括市、县（旗）、场
干旱区（Ⅰ）	6. 河西走廊干旱灌溉农区	敦煌、安西、金塔、酒泉、玉门、肃北的马鬃山、高台、临泽、张掖、山丹、民乐、肃南的明花区、武威、民勤、古浪、景泰、嘉峪关市、金昌市
	7. 柴达木盆地干旱牧农区	乌兰、大柴旦、冷湖、茫崖、都兰及格尔木市的大部分及天峻一小部分。
	8. 阿尔泰山南坡、天山东部干旱牧林区	伊吾、巴里坤、木垒、青河、富蕴、福海、阿勒泰、布尔津、哈巴河、吉木乃
	9. 南疆干旱灌溉农区	哈密市、若羌、且末、民丰、于田、策勒、洛浦、和田、墨玉、皮山、尉犁、和硕、博湖、焉耆、和静、库尔勒市、轮台、库车、沙雅、拜城、新和、温宿、阿克苏、乌什、阿瓦提、柯坪、巴楚、麦盖提、叶城、阿合奇、阿图什、伽师、乐普湖、莎车、泽普、塔什库尔干、喀什市、叶疏勒、英吉沙、乌恰、疏附、阿克陶
	10. 吐鲁番盆地炎热干旱灌溉农区	吐鲁番、托克逊、鄯善
	11. 天山北坡干旱灌溉农业区	奇山、吉姆萨尔、阜康、米泉、乌鲁木齐市、昌吉、呼图壁、玛纳斯、沙湾、乌苏、精河、石河子、奎屯市、克拉玛依市
	12. 准格尔西部山地干旱农牧区	和布克赛尔、额敏、托里、裕民、温泉、博乐、塔城
半干旱偏旱区（Ⅱ）	1. 内蒙古东北部高平原半干旱偏旱牧区	陈巴尔虎旗西部、新巴尔虎左旗大部、东乌珠穆沁旗中部、西乌珠穆沁旗西部、阿巴哈纳尔旗东部、克什克腾西部、正蓝旗
	2. 阴山北部丘陵半干旱偏旱农牧区	固阳、四子王旗南部、武川、察哈尔右翼中旗、后旗、商都、化德、太仆寺旗、多伦、康宝
	3. 内蒙古鄂尔多斯高原风沙半干旱偏旱农牧区	乌拉特前旗南部、杭锦旗东部、鄂托克旗（含鄂托克前旗）东部
	4. 陇中黄土高原西北部半干旱偏旱农牧区	永靖、榆中、会宁、同心、盐池、海原北部
	5. 青海东部低山丘陵半干旱偏旱农林牧区	平安、乐都、民和、循化、化隆、尖扎、贵德
	6. 祁连山北麓高寒半干旱偏旱牧、水源林区	天祝、肃南（明花区除外）、肃北（马鬃山区除外）、阿克塞、山丹军马场
	7. 柴达木盆地东南部山地半干旱偏旱牧区	环绕柴达木地区东部和南部山地

续表

一级区	二级区	包括市、县（旗）、场
半干旱偏旱区（Ⅲ）	1. 大兴安岭西麓高平原半干旱牧区	海拉尔、陈巴尔虎旗、额尔古纳左旗、额尔古纳右旗、鄂温克旗、东乌珠穆沁旗东部、西乌珠穆沁旗东部、克什克腾旗、锡林浩特市、丰宁及围场北部
	2. 松嫩平原东北水土流失半干旱农区	讷河、依安、克山、拜泉、明水、望奎、青岗
	3. 松嫩平原中西部半干旱农牧区	龙江、甘南、富裕、泰来、杜尔伯特、齐齐哈尔、林甸、安达、大庆、兰西、肇东、肇州、肇源
	4. 吉林西部平原半干旱农（牧）区	白城、镇赉、乾安、大安、前郭、洮安、通榆、长岭、扶余、双辽、农安
	5. 大兴安岭东南麓科尔沁低山丘陵半干旱牧农区	扎莱特旗、科尔沁右翼前旗、突泉、科尔沁右翼中旗、扎鲁特旗、阿鲁科尔沁旗（北部）、巴林左旗、巴林右旗、林西
	6. 科尔沁沙地半干旱农牧区	阿鲁特东南部、开鲁、科尔沁左翼后旗大部、巴林右旗南部、翁牛特旗东部、敖汉旗北部
	7. 西辽河平原半干旱灌溉农区	通辽市、开鲁（除北部沙沼）、科尔沁左翼中旗南部、奈曼旗北部、科尔沁左翼后旗的"北大荒"部分
	8. 辽宁西北低山丘陵水土流失及风沙半干旱农区	朝阳市、阜新市、康平、法库、建昌北部
	9. 燕山北部山地丘陵水土流失半干旱农林牧区	翁牛特旗、赤峰、红山区、喀喇沁旗、宁城、敖汉旗、奈曼旗、库伦旗南部、建平南部
	10. 晋北、冀西北山地半干旱农林牧区	大同市、左云、右玉、平鲁、朔县、天镇、阳高、浑源、广灵、应县、怀仁、灵丘、山阴、五寨、神池、宁武、静乐、岢岚、岚县、繁峙、崇礼、赤城、延庆、怀来、张家口、涿鹿、万全、宣化、怀安、阳原、蔚县
	11. 河北黑龙港半干旱农区	肃宁、献县西部、饶阳、安平、深泽、武强、深县、束鹿、阜城西部、武邑、景县、衡水市、冀县、故城、南宫、新河、巨鹿、清河、威县、广宗、平乡、鸡泽、曲周、丘县、馆陶、临西、武城、枣强
	12. 太行山东麓半干旱灌溉农业区	保定市、徐水、容城、满城、安新、望都、清苑、高阳、定县、安国、唐县、曲阳、行定、博野、蠡县、新乐、正定、无极、藁城、晋县、石家庄市、栾城、元氏、赵县、高邑、宁晋、临城东部、柏乡、内邱东部、隆尧、邢台东部、邢台市、任县、南和、沙河、永年、文安、邯郸市、肥乡、广平、成安、磁县、临漳、赞皇
	13. 阴山南麓丘陵山地半干旱农牧林区	集宁市、和林格尔县、清水河县、卓资县、兴和、丰镇、凉城、察哈尔右翼前旗、沽源、张北、尚义
	14. 太原、沂定盆地半干旱灌溉农区	太原市、榆次市、沂州市、太谷、祁县、平遥、介休、交城、汶水、汾阳、孝义、灵石、定襄、原平、代县、榆次、五台、阳曲、徐水、娄烦
	15. 土默特平原半干旱灌溉农区	呼和浩特市、土默特左旗、托克托县、包头市、土默特右旗
	16. 吕梁北段黄土丘陵半干旱农区	偏关、河区、保德、兴县、临县、方山、离石、柳林、中阳、交口、石楼

续表

一级区	二级区	包括市、县（旗）、场
半干旱偏旱区（Ⅲ）	17. 鄂尔多斯高原东北部半干旱牧林农区	准格尔旗、达拉特旗、伊金霍洛旗、东胜
	18. 毛乌素沙漠边缘风沙半干旱牧林农区	乌审旗、定边、靖边、横山、榆林、府谷、神木
	19. 陕北黄土丘陵半干旱农牧区	子洲、清涧、绥德、佳县、米脂、吴堡
	20. 隆中黄土高原中部丘陵沟壑半干旱农牧区	西吉、固原、海原南部、环县、静宁、通渭、定西、陇西、临洮、广河、东乡、临夏市、积石山
	21. 海东黄土丘陵半干旱农牧区	西宁市、互助、大通、湟中、湟源、同仁
	22. 青海湖环湖半干旱牧农林区	贵南、共和、兴海、海晏、刚察、同德、泽库、天峻、祁连绝大部分地区
	23. 黄河源头半干旱牧林区	玛沁、玛多、曲麻莱、甘德、称多小部分
	24. 可可西里内陆寒漠区	治多、格尔木一部分
	25. 伊利河谷半干旱农牧区	伊宁市、察布查尔、霍城、巩留、新源、昭苏、特克斯、尼勒克
半湿润偏旱区（Ⅳ）	1. 大兴安岭山地丘陵半湿润偏旱农林区	漠河、塔河、呼玛、爱辉、嫩江、孙吴、德都、逊克、北安、绥棱、庆安、鄂伦春自治旗、喜桂图旗、布特哈旗、阿荣旗、莫力达瓦
	2. 松嫩平原东部半湿润偏旱农区	哈尔滨市、双城、阿城、呼兰、巴彦、绥化、海伦、克东
	3. 吉林中部平原半湿润偏旱农区	长春市、榆树、德惠、九台、双阳、怀德、梨树、伊通、四平市
	4. 辽宁西南中北部半湿润偏旱旱农区	喀喇沁左翼、绥中、兴城、锦州市、新民、昌图及铁法市
	5. 燕山北部山地半湿润偏旱林牧农区	怀柔、密山、滦平、承德、平泉、隆化、丰宁东南部、围场南部、昌平北部、乐亭、滦南、丰南、宁河、汉沽、塘沽、黄骅、海兴、盐山、静海
	6. 华北滨海半湿润偏旱旱农区	无棣、沾化、利津、垦利、庆云、天津市、滨县
	7. 华北低平原半湿润偏旱农区	北京市、通县、昌平、平谷、顺义、大兴、蓟县、三河、大厂、玉田、丰润、唐山市、宝坻、香河、安次、涿县、固安、永清、武清、霸县、新城、文安、任丘、大城、青县、河间、沧州市、沧县、交河、南皮、孟村、阜城东部、东光、吴桥、宁津、乐陵、惠民、滨县、商河、临邑、陵县、德州市、雄县、平原、济阳、章丘、邹平、桓公、高青、博兴、广饶、齐河、禹城、高唐、夏津、临清、茌平、东阿、淄博市北部、聊城、冠县、阳信、献县东部

续表

一级区	二级区	包括市、县（旗）、场
半湿润偏旱区（Ⅳ）	8. 豫北豫西半湿润偏旱农区	安阳市、安阳东部、魏县、大名、广平、南乐、范县、清丰、内黄、汤阴、鹤壁市、淇县、浚县、濮阳、滑县、汲县、新乡、延津、长垣、封丘、开封、原阳、获嘉、修武、武涉、博爱、温县、沁阳、孟县、济源、荥阳、巩县、偃师、孟津、洛阳市、宜阳、新安、渑池、三门峡、陕县、灵宝、沁源、莘县、阳谷、焦作市
	9. 太行太岳山地半湿润偏旱农区	盂县、寿阳、阳泉市、平定、昔阳、和顺、榆社、左权、沁源、沁县、武乡、襄垣、黎城、古县、安泽、屯留、长子、长治市、平顺、潞城、壶关、沁水、高平、陵川、垣曲、阳城、晋城、浮山、门头沟、房山、燕山区、涞水、完县、唐县、曲阳、阜平西北部、行唐、灵寿、易县、平山、获鹿、井陉、赞皇西部、临城西部、内丘西部、邢台西部、沙河西部、武安、涉县、磁县、林县、辉县、安阳西部
	10. 关中平原、临运盆地半湿润偏旱农区	霍县、洪洞、临汾、襄汾、曲沃、翼城、绛县、新绛、侯马市、闻喜、稷山、河津、万荣、临猗、运城、夏县、平陆、永济、芮城、蒲城、澄城、白水、韩城、合阳、富平、乾县、礼泉、临潼、渭南、华县、华阴、潼关、大荔、西安市、咸阳市、兴平、三原、泾阳、高陵、扶风、武功
	11. 延隰黄土丘陵半湿润偏旱农牧区	吴旗、子长、志丹、安塞、甘泉、延安市、延川、延长、宜川、永和、隰县、大宁、吉县、蒲县、乡宁、汾西
	12. 陇中黄土高原南部丘陵沟壑半湿润偏旱农牧区	五山、甘谷、天水等渭河以北、秦安、庄浪、清水、平凉、镇远、庆阳、华池等县西北部、泾源、隆德
	13. 门源半湿润偏旱农牧区	门源和祁连的东部边缘地区
半湿润区（Ⅴ）		密山、虎林、萝北、汤原、绥滨、桦川、集贤、桦南、勃利、依兰、宝清、富锦、同江、抚远、饶河、鸡东、佳木斯市、七台河市、双鸭山市、鹤岗市、方正延寿、海林、林口、宁安、穆棱、东宁、牡丹江市、绥芬河市、鸡西市、嘉荫、铁力通河、木兰、宾县、五常、伊春市、汪清、珲春、延吉市、图们市、舒兰、永吉、吉林市、辽源市、西丰、开原、铁岭、辽中、鞍山市、营口市、盘锦市、大连市、兴隆、宽甸、青龙、遵化、迁西、迁安、卢龙、抚宁、滦县、昌黎、秦皇岛市、长岛、蓬莱、福山、牟平、栖霞、黄县、招远、掖县、莱西、烟台市、威海市、平度、胶州、高密、昌邑、潍坊市、安丘、寿光、益都、昌乐、淄博市、沂源、新汶、新泰、莱芜、泰安、长清、肥城、平阴、东平、宁阳、历城、济南市、梁山、郓城、汶上、嘉祥、济宁市、金乡、鱼台、巨野、成武、菏泽、定陶、曹县、单县、丰县、夏邑、虞城、商丘市、宁陵、鹿邑、郸城、兰考、民权、杞县、太康、淮阳、开封、通许、尉氏、中牟、新郑、密县、登封、郑州市、扶沟、西华、鄢陵、临颖、长葛、禹县、襄城、宝丰、林汝、伊川、许昌市、洛宁、卢氏、栾川、富县、洛川、黄龙、黄陵、宜君、永寿、彬县、长武、旬邑、淳化、耀县、铜川市、陇县、千阳、丹凤部分、宁陕部分、佛坪部分、双县部分、镇安部分、山阳部分、华池部分、庆阳大部、镇原大部、平凉大部、合水、宁县、泾川、灵台、崇信、华亭、张家川、正宁、清水、礼县、西和、漳县、康乐、和政、天水市大部、渭源部分、武山部分、临洮部分、临夏部分、广河部分

1. 干旱区

本区包括内蒙古自治区的西北部、宁夏回族自治区北部、甘肃省黄土高原西部、河西走廊、青海省的柴达木盆地以及新疆维吾尔自治区除伊犁盆地外的全部。

总土地面积 284 万 km²。本区地形地貌极其复杂，高山、高原、平原、丘陵、盆地、沙漠、戈壁皆有。地势较高，海拔在 1 000~2 500 m 之间。柴达木盆地在 3 000 m 以上。气候干旱少雨，平均降雨量多在 250 mm 以下。甘肃省河西走廊玉门以西，年降水量不足 50 mm，吐鲁番盆地仅 6.9~16.4 mm，这样的降水不能满足农作物生长需要，但区域有天山、祁连山雨、雪水以及黄河水源，农业主要以灌溉为主，如新疆的绿洲农业，内蒙古的河套、宁夏平原、河西走廊等灌溉农业区。随着海拔高度的降低，降水量有所增加，在中山地带和一些降水较多的地方尚可进行旱作。但作物产量较低且不稳定。在甘肃和宁夏半干旱与干旱气候过渡带，年降雨量 180~266 mm，年蒸发量 2 000 mm 左右，人们把粗砂与砾石掺杂的天然混成材料覆盖于土地表面 10~15 cm 厚的砂石田，即所谓的压砂田，以拦蓄地表径流减少水土流失，蓄水保墒，抑制蒸发，防止风蚀和土地沙化。目前甘肃、宁夏地区压砂田面积约 13 万 hm²。

境内有利于农业生产的自然条件很多，①太阳辐射强，年辐射总量为 544~670 kJ/cm²，有利于农作物、牧草、林木的生长。区内目前光能利用率在 0.4% 左右，高的可达 1.2%，潜力很大。②日照充足，日照时数在 2 700~3 400 h。其中柴达木盆地和内蒙古西部可达 3 100~3 400 h，对于促进农作物的光合作用和营养物质的积累都是有利的。③热量资源相对丰富。年平均气温 0~10 ℃，大于 0 ℃ 的积温为 2 000~4 500 ℃，能满足一年一熟农作物生长，部分地区可进行复种。④土地资源丰富，耕地的后备资源充足。⑤有一定数量的灌溉水源，以干旱的河西走廊和新疆为例，前者地表水 69.29 亿 m³，地下水 44.76 亿 m³，后者地表水 900 亿 m³，地下水达 300 亿~400 亿 m³。区域农作物种类很多，畜禽品种多样，主要农作物有小麦、玉米、水稻、小杂粮、棉花、甜菜、瓜、菜等，新疆的长绒棉、吐鲁番的葡萄、鄯善的哈密瓜、新疆的细毛羊、宁夏的滩羊等都驰名中外。该地区也是我国重要的畜牧业基地，每年为国家提供大量的毛、肉、皮、奶等畜产品。

2. 半干旱偏旱旱区

本区域东西呼伦贝尔高原，向西南延伸，经鄂尔多斯高原，过陇西黄土丘陵沟壑、祁连山北麓，到柴达木盆地外围，属内蒙古、甘肃、青海的一部分。全区总面积 26 万 km²，山、原、川交错，以山地、高原为主体，海拔 2 000~4 300 m，在山间盆地和河流两岸，耕地比较集中，农业比较发达，山场面积大，牧草资源丰富，是较好的放牧场。区域多年平均降水 250~300 mm，降水变率大，旱灾频发。年辐射量 565~670 kJ/cm²，年日照时数 2 800~3 000 h，光能资源丰富。热量尚充足，地域差异较大，除柴达木盆地外缘及祁连山北麓比较寒冷外，全区年平均气温 1~8 ℃，大于 0 ℃ 的积温为 2 400~3 800 ℃，大于 10 ℃ 的积温为 1 800~3 200 ℃，无霜期 100~160 d，自然灾害主要是干旱、低温、霜冻和风沙。土壤除灌淤土外，主要为灰棕荒漠土、灰漠土、棕色荒漠土、黄绵土、黑土、灰褐土、碱土、潮土。区域水资源较少，多数地区地表水少且水质差，黄河通过其境，但由于地高水低，难以直接利用。

3. 半干旱区

本区自东向西为大兴安岭西麓、东北西部丘陵平原、冀北晋北高原山地、河北平原中部，晋陕黄土高原北部、内蒙古河套地区、鄂尔多斯高原东部、陇西黄土丘陵区、祁连山地、青海湖环湖地带、湟水谷地上游、海南高原山地、青南高原北部和新疆伊犁盆地，总面积 119 万 km²。区域地势变化较大，海拔由 50 m 的华北平原到 5 000 m 的青海高原，气候差异大。大兴安岭和青海高原，年均温在 0 ℃ 以下，东北平原、内蒙古、伊犁、青海东部黄土高原和华北平原在 4~10 ℃，大于 0 ℃ 的积温为 1 500~4 900 ℃，无霜期 100~200 d，山地区在 50 d 以下，除干旱外，高纬度、高海拔地区还有低温、霜冻，低平原地区有夏涝，多数地区有大风、冰雹、干热风等灾害。农作物除华北中部一年两作或两年三作外，大部分地区为一年一作。主要作物有：小麦、玉米、高粱、谷子、豆类、甜菜、花生、向日葵、胡麻等。土壤类型主要有黑钙土、褐土、草甸土、黑垆土、潮土、面土、高山草甸土、灰钙土、盐碱土和风沙土。

4. 半湿润偏旱区

本区包括大小兴安岭、松嫩平原东部、吉林中部平原、辽西南的中北部、燕山北部山地、华北滨海低平原、豫北、豫西、太行山、太岳山地、关中平原、临运盆地、延隰黄土丘陵、陇中黄土高原南部和海北门源山杏滩地等，面积 67 万 km²。区域有山地、丘陵、平原、盆地、滩地、高原等，除松嫩平原东部、吉林中部平原、辽西南的中北部、华北滨海低平原和关中平原等地势较低外，其他地区海拔在 200~1 000 m。土壤类型复杂多样，东北以黑土、草甸土、暗棕壤土为主，土壤有机质含量较高，辽河下游、黄河流域及关中地区以垆土、娄土、褐土、棕壤土为主，土壤养分含量不均。区域多年平均降雨量 400~600 mm，年内季节降水分布不均，年际变化较大，年变率为 15%~25%，60%~70% 的降雨集中在 6—8 月。年平均气温东北为 -4.6~9.1 ℃，华北、关中等地为 8~14.5 ℃，除东北北部及门源外，其他地区大于 0 ℃ 的积温为 3 000~5 200 ℃，无霜期南北差异较大，为 100~240 d，除东北北部基本能满足一年一熟外，其他地区皆可两年三熟或一年两熟。区域地表水资源及地下水资源较为丰富，有松花江、辽河、海河、滦河和黄河等。

5. 半湿润区

本区东起东北边陲的小兴安岭南麓低山丘陵、三江平原、张广才岭、老爷岭低山丘陵台地，向西南延伸经过松辽平原狭长带，到辽南丘陵，过华北南部黄河以南伏牛山以北、南四湖（南阳湖、独山湖、昭阳湖、微山湖），北部至山东半岛北半部的一个条状地带，向西到渭北高原、秦岭北麓、陇东、陇西黄土高原和陇南山地的黄土区，全区总面积 45.3 万 km²。区域有山地、丘陵、平原和高原，东北以三江平原，小兴安岭南麓、张广才岭、老爷岭低山丘陵和辽南丘陵为主体，海拔 50~500 m。华北山丘和平原自东向西，胶东低山丘陵海拔 800~940 m，泰沂山北山前平原海拔低于 100 m，泰沂山区海拔 1 000~1 500m，东平湖南四湖以西的华北平原海拔 100 m 左右，豫西伏牛山地海拔 1 400~2 000 m。西北以渭北高原和陇中黄土高原为主体，海拔 1 000~2 000 m。区域跨越东北、华北和西北，大于 80% 的保证率的年降水量多在 500~600 mm，大于 0 ℃的积温为 2 800~5 200 ℃，无霜期东北地区为 120~160 d，西北为 170~210 d。区域除东北外，西北大部分地区可满足二年三熟或一年两熟。区域土壤类型多样，有草甸土、白浆土、黑土、沼泽土、塿土、黑垆土、黄绵土、盐碱土、褐土、黑钙土、沙壤土、淤土、潮土等，大部分土壤比较肥沃，耕性良好，宜于农作物生长。区域内水资源丰富，东北的三江平原多年平均径流达 119 mm，相当于 96.9 亿 m³ 的水量。区域生物资源也十分丰富，农作物种类繁多，有小麦、玉米、水稻、大豆、高粱、谷子、花生、棉花、芝麻、甜菜、烤烟、胡麻、油菜等。渭北高原、黄河流域和黄土高原是我国农耕事业发祥地，数千年的发展，使传统的旱作农业技术臻于完善，还有我国农耕开发时间较短、土地资源丰富、农业现代机械化水平最高的三江平原，以及盛产玉米和水稻的松辽平原，使本区域成为我国重要的粮食产区。

（二）南方旱地农业

南方旱地农业主要集中在重庆、四川、贵州、云南、广西 5 个省（市、自治区），属季节性干旱地区，总土地面积约 137 万 km²，占全国国土面积的 1/7，2006 年总人口 2.39 亿人，总耕地面积 0.25 亿 hm²，分别占全国的 18.2% 和 19.1%。区域内水系发达有长江、黄河、珠江、桂南沿海诸河、红河、澜沧江、怒江和伊洛迪瓦江八大水系，水资源总量为 8 270 亿 m³，人均 3 460 m³，比全国平均水平高 61.5%，其中重庆市人均水资源 2 090 m³，低于全国平均值；按耕地面积计算，西南地区为 3.32 万 m³/hm²，比全国平均值高 53.5%，其中贵州地均水资源 2.11 万 m³/hm²，略低于全国平均值；按播种面积计算，西南地区为 2.70 万 m³/hm²，比全国平均值高 50.9%，其中重庆市播面均水资源 1.69 万 m³/hm²，低于全国平均值。从水资源开发状况看，西南地区水库总库容 730 亿 m³，水资源开发利用率 10.41%，远低于全国 20.60% 的平均水平，其中开发利用率最高的是广西（16.72%），最低的是云南（6.52%），见表 1-3。由此认为西南地区水资源总量比较丰富，但地区间分布严重不均，且开发利用率很低。

由于区域山地、丘陵面积较大，如四川、重庆、云南、贵州的山地丘陵占土地面积的比重分别达 94.7%、97.6%、94.0% 和 97.0% 且降水分布不均，强度大、多暴雨，造成严重水土流失，据调查区域水土流失面积约 51.4 万 km²，占全国水土流失总量的 29.54%，见图 1-1。由于降水保蓄能力较差，降雨季节差异较大，由此造成了地区严重的季节性干旱，季节性干旱造成的损失占地区各种农业灾害总损失量的 50%~70%。其中 2010 年旱灾致使区域受灾人口 6 130.6 万人，饮水困难人口 1 807.1 万人，农作物受灾面积 503.4 万 hm²，绝收面积 111.5 万 hm²，直接经济损失 236.6 亿元。

表1-3　西南旱地农业区各省（市、区）水资源状况（王龙昌，2010）

地区	年均水资源总量（×10⁸ m³）	按耕地平均				按播种面积平均		开发利用	
		人口（×10⁴）	人均水资源（m³）	耕地面积（×10⁴ hm²）	地均水资源（m³·hm⁻²）	播种面积（×10⁴ hm²）	播面均水资源（m³·hm⁻²）	用水总量（×10⁸ m³）	水资源开发利用率（%）
重庆	586	2 808	2 088.0	254.50	23 037.3	347.72	16 861.3	73.2	12.49
四川	2 547	8 169	3 118.5	662.41	38 458.1	966.51	26 357.7	215.1	8.44
贵州	1 035	3 757	2 754.9	490.35	21 107.4	485.50	21 318.2	100.0	9.66
云南	2 221	4 483	4 954.3	642.16	34 586.4	614.47	36 145.0	144.8	6.52
广西	1 880	4 719	3 983.9	440.79	42 650.7	646.02	29 101.3	314.4	16.72
地区合计	8 269	23 936	3 455.0	2 490.21	33 209.2	3 060.22	27 023.5	847.5	10.41
全国	28 126	131 448	2 139.7	13 003.92	21 628.9	15702.1	17 912.3	5 795.0	20.60

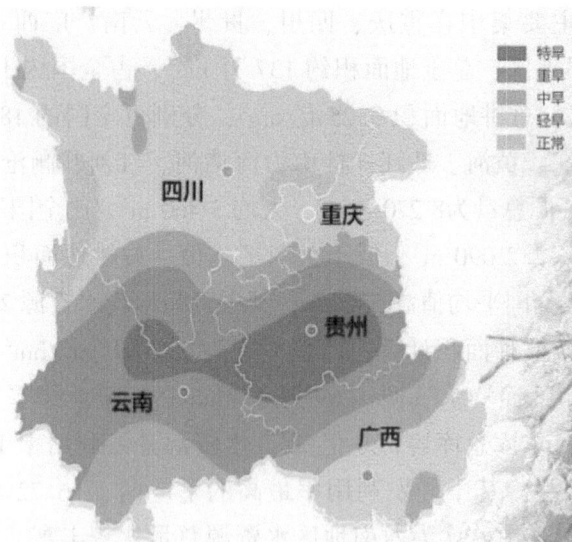

图1-1　2010年西南地区大旱示意图

（三）辽宁省旱地农业

辽宁省旱地农业集中分布在中西部地区。该区域属温带季风大陆性气候区，年平均气温7~8 ℃，10~15 ℃积温为2 900~3 400 ℃，为省内积温高值区；年降水量平均在300~550 mm，无霜期为135~165 d，日照充足，5—9月份日照时数为1 200~

1 300 h，是辽宁省高日照地区。全区土地面积约 3 万 km²，耕地面积约 68.97 万 hm²，总人口 580.3 万人，农业人口约 411.57 万人，分别占全省的 14.39%、20%、18.39%、21.20%。该区是辽宁省主要的畜牧业基地和经济作物生产基地，也是重要的商品粮生产基地。参照中国农业科学院北方旱区类型区划分的方案，可以划分为半干旱类型区和半湿润偏旱类型区。实际上，若按照旱地农业的概念理解，辽宁省旱地农业区域应该包括除东部、沿海及水田生产之外的所有地区，占全省耕地面积的 70% 左右。

1. 半干旱类型区

主要包括朝阳市、阜新市、朝阳县、阜新县、北票市、建平县、彰武县、康平县和喀喇沁左翼蒙古族自治县、凌源市、建昌县北部等地。

2. 半湿润偏旱类型区

主要包括凌源市、喀喇沁左翼蒙古族自治县、建昌县南部，绥中县、兴城市、葫芦岛市、凌海市、锦州市、义县、北镇市、黑山县、新民市、法库县、昌图县及调兵山市郊区。

多年来，在有关科研单位和大专院校的积极努力下，辽宁省旱地农业研究取得了重大进展，建设了一批独具特色的旱地农业产业带。如辽西北地区的仁用杏产业带、畜牧产业带、杂粮产业带等，显著推进了区域农业的发展，促进了区域内农民增收。

四、旱地农业生产面临的主要问题

（一）人多水少，水资源时空分布不均

我国是世界严重干旱缺水的 13 个国家之一，以占世界 6% 的水资源，承载着世界 22% 的人口，人均水资源占有量不足 2 200 m³，仅为世界人均值的 29%，全国有 43% 的国土面积年降水深小于 400 mm，按现状用水量，全国中等干旱年缺水 358 亿 m³，其中农业灌溉缺水 300 亿 m³。此外，我国有限的水资源在时间上分布很不均匀，年内降水和径流量的 50%~80% 集中在夏秋 4 个月份，其他时期则经常性的水量不足，降水和径流量的年际变化也较剧烈，时常会出现连续枯水年或连续丰水年现象，并且水资源在地区上的分布也极不平衡，南方水多、北方水少；沿海地区水量较充裕，内陆地区则水量不足。长江流域及其以南地区，年径流量占全国总量的 82%，而耕地只占全国总耕地面积的 38%，北方的黄、淮、海三大河流的流量只占全国总量的 6.6%，而耕地却有全国总量的 40%。

（二）经济增长方式粗放，水资源浪费严重

水土资源与经济社会发展布局不相匹配，是我国的基本水情。而长期粗放的经

济增长方式则加剧了我国水资源问题的严重程度，也加大了这些问题的解决难度。从根本上说，干旱缺水、洪涝灾害、水污染和水土流失等水问题，既暴露出水利不适应经济社会可持续发展的需要，也暴露出长期粗放的经济增长方式不适应水资源和水环境条件。在农业用水效率方面，全国平均单方灌溉水粮食产量约为 1 kg，而世界上先进水平的国家平均单方灌溉水粮食产量达到 2.5~3.0 kg。目前我国大部分地区仍然采取传统的大水漫灌方式，农业节水灌溉面积占有效灌溉面积的35%，而一些发达国家，节水灌溉面积比例都达到了80%以上。

（三）人口与生态问题突出

旱地农业区大多是我国少数民族集聚地区，同时也是我国贫困人口最多的地区。据统计，2015 年全国农村贫困人口 5 575 万人，其中80%分布在旱地农业地区，因此，旱地农业区是我国全面建设小康社会的攻坚区域。同时旱地农业区还是我国生态环境最脆弱的地区，加上因长期追求高产目标而过度开发水土资源，导致农业环境日益恶化，如严重的水土流失和土壤深层干燥化。不合理的耕种及其伴随的水蚀和风蚀造成水土流失。据测算，长江上中游的坡耕地对水土流失的贡献率达到60%，黄河流域农耕地对水土流失的贡献率达到50%以上。北方沙尘暴 1/3 的尘源来自旱作耕地裸露、疏松的表土。而水土流失是引起旱地农田土壤贫瘠化的重要因素。高产农田、果园和人工草地等高度集约化旱地农业的开发，导致土壤深层干燥化。在我国西北旱区，有些地方的高产农田 1~3 m 的土层出现干燥层，果园和人工草地形成 10 m 以上的干土层，使得土壤水库丧失调控能力。由于土壤贫瘠化和土壤深层干燥化，加剧了旱灾的威胁。

（四）农田基础设施建设薄弱

目前，全国北方旱地多数以雨养为主，缺少基本灌排条件，现有灌区也普遍存在老化失修、配套差、标准低、效益衰减、防涝抗旱应急能力不强等问题，旱涝保收高标准农田比重低。据统计，我国80%以上大中型灌区已经运行 30 年以上，全国大型灌区骨干设施完好率不足 60%，中小型灌区干支渠完好率只有 50% 左右，大型灌溉排水泵站老化破坏率达 75% 左右，干旱山丘的"五小水利"水利工程（小水窖、小水池、小泵站、小塘坝、小水渠）设施损毁严重，因水利设施老化损坏年均减少有效灌溉面积约 20.7 万 hm²。节水灌溉面积仅占总灌溉面积的 43.5%。近 10 a来，全国年均旱涝受灾面积 0.34 亿 hm²，约占耕地面积的 28%，粮食损失严重。

五、旱地农业未来发展方向

（一）按水资源状况确定农业发展布局和规划

以农业水土资源优化配置和高效利用为目标，统筹考虑地表水、地下水、土壤水、雨水、灌溉回归水和城市污水等多种水源的开发利用。充分考虑水资源承载能力和可持续利用，遵循以供定需的原则，以水定种植结构、以水定发展规模、以水定经济布局、统筹考虑农业生产、生活和生态用水，做到量水而行。丰富旱地农业区生物多样性，提升和完善地区农业产业结构，增强农业抵御旱灾等自然灾害能力。在稳定粮食生产的基础上，促进种植业的基本格局由以粮食为核心向粮食作物、经济作物、饲料饲草作物和能源植物的"四元结构"转变。同时，大力发展设施农业，提升农业生产水平和效益，积极发展蔬菜、水果、蚕桑、花卉、中药材等具有较强竞争优势的园艺产品和水产品。加快畜牧业和食品加工业发展，增加粮食转化增值能力，提高粮食生产的综合效益，改变农业产业结构单一的状况。

（二）做好水土资源及环境综合整治工作

以水资源科学利用，综合治理为主线，搞好水土整治，使水土资源可持续利用。完善水土保持政策，落实国家对退耕还林、还草的各项政策，加强基本农田和草原水利建设，积极发展集水补灌工程和技术。坚持水资源保护和合理开发相结合，水土流失治理与群众脱贫致富、发展地方经济相结合的原则，建立工程措施、生物措施和耕作措施相结合的综合防治体系，研究、开发和推广水土保持实用技术，引进和推广先进技术、优良品种、管理方法和手段。在水土整治中，把水土保持生态环境建设作为旱地农业区农业发展的保障，加快水土流失治理速度，改善当地农业生产条件和生态环境。同时研究、推广防治土地沙化的适应耕作制度，形成防、治、用相结合的土地沙化防治体系。

（三）注重农田降水保蓄和作物水分高效利用等各环节间的有机衔接

如何利用有限的降水资源，持续地保持旱作农业较高的生产水平，是旱地农业的技术核心。然而，旱地农业是一个系统工程，不但要注重降水集蓄、保持和作物水分高效利用等环节的关键技术，而且还必须注重各环节间的有机衔接，把各环节的单项技术集成组装配套，形成有机的整体，提高经济生产系数，一直是旱地农业研究的关键所在。

（四）挖掘作物自身高效用水潜力与提高水资源利用效率

以抗旱农作物品种为中心，围绕作物自身高效利用水分的特性挖掘，最大限度地减少了作物对水分的消耗，提高田间单方水的作物产出效率和效益，将成为国内外旱作农业研究的核心内容之一。旱作农艺技术是实现作物高效用水的手段和措施，是旱地农业研究的永恒主题。世界各国农学家都在不断根据自己国家的特点，开展旱作农艺技术的研究，促进旱作农艺技术的升级。

（五）旱作农业节水技术趋向综合化、产业化发展

化学工业、信息技术和生物技术的快速发展，为与旱地农业节水技术相配套的设备、成套机具、特殊材料等的规模化、规范化和标准化生产提供了契机，围绕旱地农业节水技术将形成新兴产业，并推动旱作农业节水技术的创新和产业化发展，最终形成具有区域特色的旱作农业产业。

（六）节水农作制度构建成为未来旱地农业发展方向

节水农作制度目前还没有公认的、准确的定义；国内外对农作制度及节水农作制度概念理解上有差异。初步认为，节水农作制度是以水资源可持续高效利用为主要目标，在农作系统的各个环节和过程中综合利用节水理念与节水措施，实现农作制度各亚系统的协调发展。其基本特征主要包括：①具有节水型的农业生产结构和生产布局；②具有节水型的农业生产模式（种植模式、养殖及加工模式）；③具有相应配套的节水技术与管理措施。④体现系统层次（区域、农田、农户）水资源利用效率和水分利用经济效益提高，具有可持续发展能力。目前国外节水农作制度及配套技术相对完善，如美国的夏季休闲模式和适水种植制度、澳大利亚的豆科牧草+谷物轮作模式、印度的农林耕作制与集雨种植模式、以色列的设施节水模式等。我国关于节水农作制度研究正处于起步阶段，但也形成了阜新农林复合农作制、西北覆盖保墒农作制度等节水农作制度雏形。

第二章　辽宁省旱地农业基本概况

一、辽宁省农业基本概况（自然、社会经济）

（一）辽宁省区位和自然概况

辽宁省位于东经 118°53′~125°46′，北纬 38°43′~43°26′，全省有 14 个市，包括沈阳市、大连市、鞍山市、抚顺市、本溪市、丹东市、锦州市、营口市、阜新市、辽阳市、盘锦市、铁岭市、朝阳市、葫芦岛市，84 个县（区），648 个镇，213 个乡，671 个街道。全省地形概貌大致是"六山一水三分田"，地势北高南低，山地丘陵分列东西。全省面积 14.84 万 km²，其中山地 8.6 万 km²，平地 4.9 万 km²，其他 1.3 万 km²（图 2-1），农业用地面积 1 123.1 万 hm²，其中耕地面积 408.5 万 hm²，林地面积 569.9 万 hm²，园地面积 59.7 万 hm²，牧草地面积 34.9 万 hm²，其他农业用地 50 万 hm²（图 2-2）。在耕地面积中基本农田 5 379 万亩。大陆海岸线长 2 292 km，近海水域面积 6.4 万 km²。

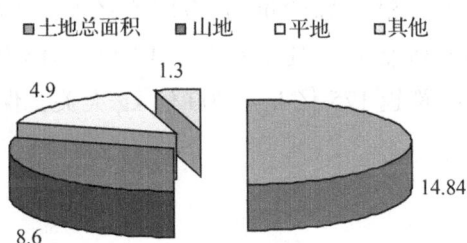

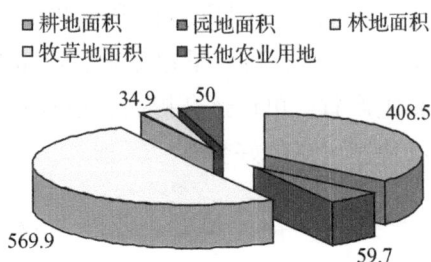

图 2-1　辽宁省主要土地类型（单位：万 km²）　图 2-2　农业用地面积（单位：万 hm²）

辽宁省属温带大陆性季风气候区，年平均气温 5~11 ℃，年降水量 450~1 100 mm，无霜期 125~215 d，年日照数 2 100~3 000 h，四季分明，雨热同季，适合多种农作物生长。

（二）辽宁省社会经济概况

截至 2015 年底，全省农林牧渔业总产值 4 686.7 亿元，其中农业产值最高，为 2 068.6 亿元，牧业 1 561.4 亿元，渔业 689.8 亿元，林业 166.1 亿元（图 2-3）。乡镇数 863 个，乡村就业人员 1 214.8 万人，农村牧渔业人员 659.7 万人。土地流转面积达 5411.3 hm²，占承包地总面积的 16%。2013 年全省农村农民人均纯收入首次突破 1 万元，达到 10 523 元，实际增长 9.5%，到 2015 年达到 11 062 元。全国排第 9 位。辽宁是国家粮食主产区和畜牧业、渔业、优质水果及多种特产品的重点产区。全省有 36 个全国粮食生产基地县和 34 个全国蔬菜生产重点县。玉米、水稻、大豆、水果产业被列入国家优势农产品区域布局规划。

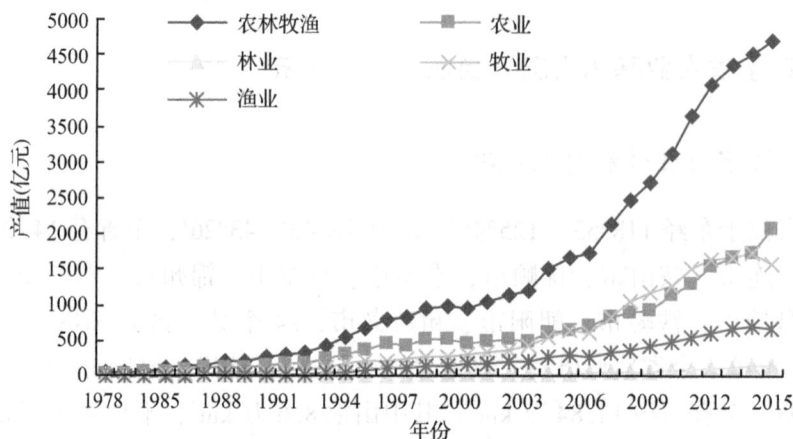

图 2-3　辽宁省农林牧渔产值情况

二、辽宁省旱地农业发展现状和演变规律

从 2004 年以来，辽宁省作为全国粮食主产省，粮食生产实现"十二连丰"，粮食综合生产能力得到质的提升，2015 年辽宁省粮食总产量为 200.25 亿 kg，增长 14.2%，居全国首位。旱地玉米总产量为 140.35 亿 kg，比上年增长 19.9%。作为全国粮食主产省，单产逐渐提高，粮食总产连续跨越 175 亿 kg、200 亿 kg 大关，保持了持续快速发展的好势头。

（一）辽宁省旱地农业发展现状

1. 农作物播种面积

辽宁省农作物播种面积由 1980 年的 391.48 万 hm² 增加到 2015 年的 421.98 万 hm²，增加了 7.79%。其中粮食作物增加了 2.37%，经济作物基本持平，大豆面积减少了 77.35%，油料作物减少 5.90%（图 2-4）。

旱地作物播种面积中，小麦的播种面积由 1980 年的 4.09 万 hm² 减少到 5 800 hm²，减少 85.82%；玉米播种面积由 141.62 万 hm² 增加到 241.68 万 hm²，增加了 70.65%；高粱播种面积由 55.83 万 hm² 减少到 5.32 万 hm²，减少 90.47%，谷子播种面积由 19.01 万 hm² 减少到 6.10 万 hm²，减少 67.91%，花生播种面积由 9.75 万 hm² 增加到 27.78 万 hm²，增加 184.92%。旱地作物播种面积主要玉米和花生面积的增加，而小麦、高粱、谷子等作物播种面积持续降低（图 2-5）。

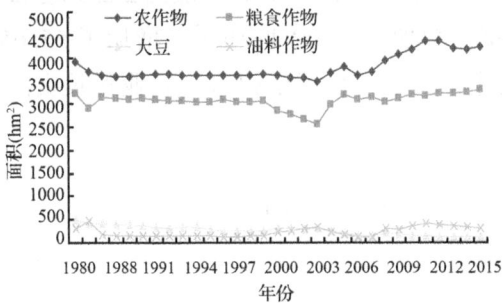

图 2-4　辽宁省农作物播种面积

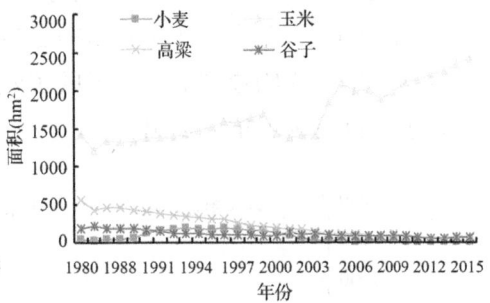

图 2-5　辽宁省旱地作物播种面积

2. 主要农作物产量

辽宁省粮食作物总产量由 1978 年的 1 117.2 万 t 增加到 2015 年的 2 002.5 万 t，增加了 79.04%，粮食产量实现了突破，为保障辽宁省和国家的粮食安全做出了重要贡献。其中玉米产量由 560 万 t 增加到 1 403 万 t，增加了 150.54%；小麦产量由 9.4 万 t 减少到 2.7 万 t，减少了 71.28%；高粱产量由 225 万 t 减少到 29.9 万 t，减少了 86.72%；谷子产量由 30 万 t 减少到 19 万 t，减少了 36.67%；大豆产量由 53.5 万 t 减少到 24 万 t，减少了 55.14%；花生产量由 4.48 万 t 增加到 44.8 万 t，增加了 900%（图 2-6）。由此发现，辽宁省旱地作物粮食产量增加的为玉米和花生，减少的为小麦、高粱、谷子、大豆等。

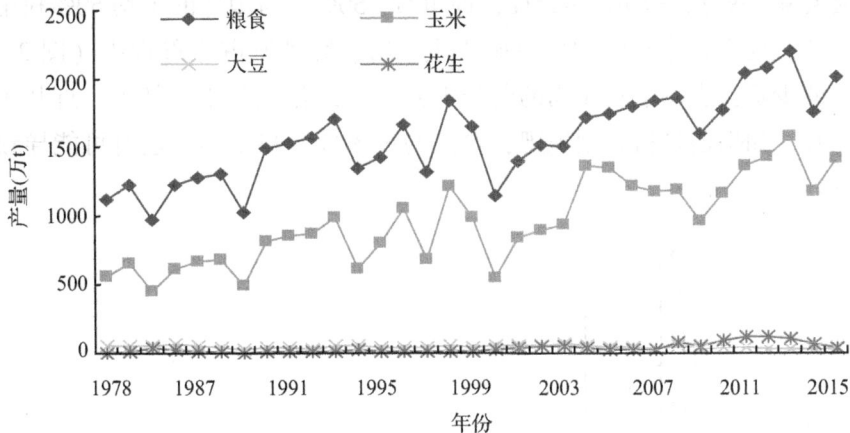

图 2-6　辽宁省主要作物产量

3. 主要作物单位面积产量

辽宁省粮食作物单产由 1978 年的 3 360 kg/hm² 增加到 2015 年的 6 075 kg/hm²，增加了 80.8%，在旱地作物中，小麦单产由 1395 kg/hm² 增加到 4 650 kg/m²，增加了 233.3%，玉米单产由 4 185 kg/hm² 增加到 5 805 kg/hm²，增加了 38.71%，高粱单产由 3 570 kg/hm² 增加到 5 625 kg/hm²，增加了 57.56%，谷子单产由 1 425 kg/hm²

增加到 3 105 kg/hm²，增加了 117.89%，大豆单产由 1 035 kg/hm² 增加到 2 235 kg/hm²，增加了 115.94%，花生单产由 1 035 kg/hm²，增加到 1 611 kg/hm²，增加了 55.65%（图 2-7），旱地作物单产的增加反映了农业生产能力再逐渐提升，农业科技贡献在单产增加中也发挥了重要作用。

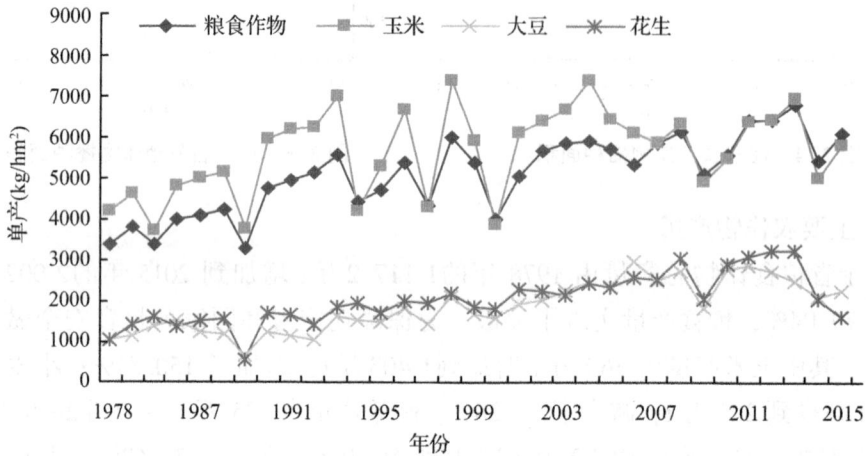

图 2-7　辽宁省粮食作物单产

4. 化肥施入量

2015 年辽宁省化肥施入量总计 432.9 万 t，辽宁省化肥的当季利用率氮为 30%~35%（损失率 45%），磷 10%~25%，钾 40%~50%，与国外的平均 50% 利用率相差甚远。另外，辽宁省化肥施用以氮肥为主，磷、钾肥所占比重较小（图 2-8）。由于长期缺钾少磷，影响了农作物的营养平衡，导致化肥利用率低下。近几年化肥的价格也上升，如果还是粗放型施肥，农民的投入成本将增加，这有可能导致农民增产不增收。

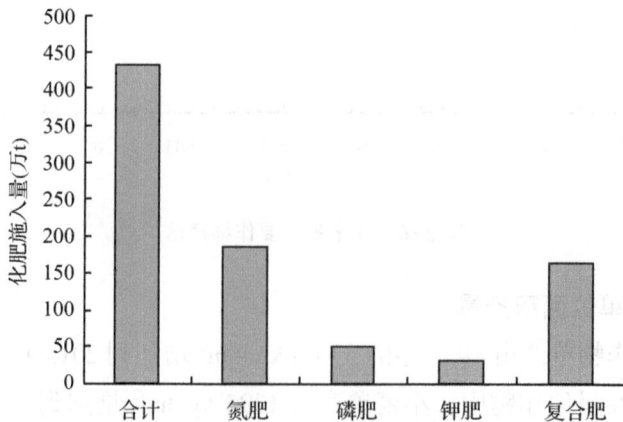

图 2-8　2015 年辽宁省化肥施入量

5. 农业机械总动力

辽宁省农业机械总动力由 2007 年的 2 087 万 kW 增加到 2015 年的 2 983 万 kW，农业机械总动力在持续增加，说明辽宁省农业机械化水平在逐年提高（图 2-9）。其中农用大中型拖拉机由 6.7 万台增加到 23 万台，增加了 243.28%；小型拖拉机由 24 万台增加到 34 万台，增加了 41.67%；大中型拖拉机配套农具由 7.66 万部增加到 30.55 万部，增加了 298.83%；小型拖拉机机引农具由 33.43 万部增加到 50.94 万部，增加了 52.38%。农业机械总动力的增加，为提高农业生产效率提供了保障。

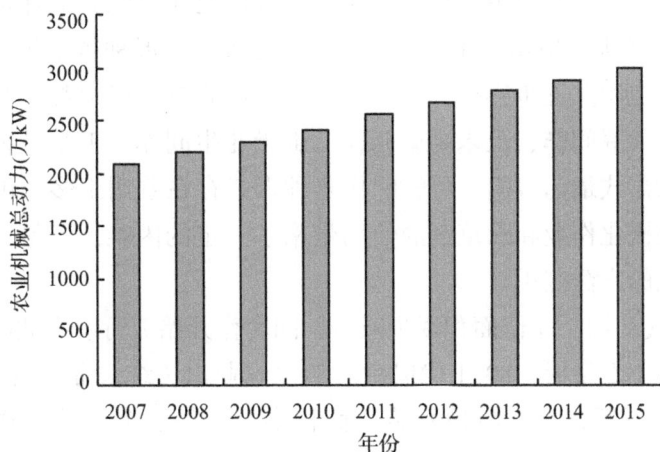

图 2-9　辽宁省农业机械总动力

（二）辽宁省旱地农业演变规律

1. 种植制度演变规律

辽宁省种植制度由初期的混种逐渐改为间种和清种，过渡到目前的多数作物清种。中华人民共和国成立初期，在辽宁省盛行混种，旱作农田也主要以混种为主，形式也是多种多样，如玉米株间混种大豆，高粱株间混种小豆、谷子株间混种绿豆，棉花株间混种芝麻等，目前在部分地区仍有种植，但面积不大。间作套种形式很普遍，20 世纪 60 年代以前，沿河涝洼地区盛行春小麦套种夏大豆，简称麦茬豆，是辽宁省沿河地区的一种种植模式。当时之所以采用混种，主要是因为当时的作物品种生产力低、抗灾能力差、施肥少、耕作粗放等因素导致的加大群体，充分利用自然、广种薄收的一种耕作方式。还有马铃薯套种玉米的形式，马铃薯夏收后，将玉米培成大垄。在城郊地区，玉米套种洋葱、玉米套种大蒜、玉米套种豌豆等也较普遍。玉米间作大豆的形式更为普遍，其间作形式有 2：1、2：2、2：4、4：2、6：2、8：2 等，随着地力水平与玉米产量的提高，70 年代后半期，8：2 这种形式开始向"宽比"发展。

20 世纪 60 年代，辽宁省农业科学院等单位开始进行的以增加复种指数为内容的耕作制度改革的研究，进入 70 年代之后，此项研究已列入辽宁省重点项目，研究总结推广了以小麦、油菜为主要前茬的间作套种复种的耕作制度改制。到 1977 年统计，以冬春小麦为前茬的间套复种面积已发展到 17.0 万 hm² 以上，以油菜为前茬的间套复种面积已发展到 10 万 hm²，辽宁省麦豆复种面积已达 7 000 hm² 以上；1978 年麦葵复种面积 2 万 hm² 以上，为辽宁省充分利用热量资源、提高光能利用率、增加复种指数，从而达到提高单位面积产量开辟了新途径。辽宁省复种指数基本维持在 1.02 左右。在辽宁省南部地区，花生面积较大，也有采取玉米与花生不同形式的间作。在辽西北地区，有林粮、果粮间作，也有粮肥（绿肥）间作诸多形式。60—70 年代，化肥开始大量应用于生产，新品种广泛推广，混种越来越少，玉米大面积推广，间作开始应用并逐步盛行。玉米大豆总面积的 70% 以上都实行了间作，主要间作方式有玉米大豆间作、玉米高粱间作、玉米花生间作、玉米甘薯间作等，其中玉米大豆间作的形式最为普遍。尽管间作套种形式存在着用工多、田间作业不便等问题，特别对机械化作业和除草剂的使用带来了一定的困难，但是，这种种植形式仍得到各地农民的广泛应用。

到了 80 年代初期，间作面积逐步减少，间套作开始流行。在此阶段，种植方式也开始往精耕细作上发展。80 年代以后，随着农业由传统农业向现代农业的转化，农业科技水平的不断提高，清种开始大面积推行。除了个别的作物外，玉米、大豆、高粱、谷子等主要旱地作物都实行了清种。近年来，一些粮食作物清种正向高密度不均等配置发展。如为了解决大面积玉米清种的通风透光问题，又提倡了大垄双行和"比空"栽培。玉米比空栽培中，"二比空"好于"三比空"和"四比空"，但对技术要求较高。

根据国内外的历史经验和现状，可以证明合理的轮作、建立科学的轮作制是一项促进用地和养地协调、持续增产的经济而有效的农业技术措施，在现代农业上仍有不可忽视的重要意义。对辽宁省而言，随着现代水肥技术以及农药广泛应用，农业新品种的推广，传统的轮作方式已被打破，新的轮作方式发展方向尚未明确。中华人民共和国成立之初，辽宁省的主栽作物是高粱、谷子、大豆、玉米等旱地作物，这个时期，除农肥外并无化肥等的施用，农民靠轮作倒茬以充分利用地力和减少病虫危害等，形成了不同的轮作模式。一般是：中等地，实行高粱→谷子→大豆 3 a 轮作；平肥地，实行玉米→高粱→大豆或小麦（玉米）3 a 轮作或高粱（谷子）→玉米→大豆轮作。辽宁省传统轮作形式还有在沙薄地上，则有花生→甘薯 2 a 轮作。70 年代以后，随着玉米面积的不断扩大，谷子、大豆、高粱面积的急剧减少，上述轮作已不可能，玉米连作面积普遍增加，连作年限一般都在 4 a 以上，多的达10 a 以上。由于土质、灌溉等条件的限制，如锦州、朝阳地区的棉花，不可避免地使一些作物出现短期的连作。20 世纪 70—80 年代取代传统轮作形式的是换茬式的不固定轮作，其主要形式有：

一年一熟轮作：大豆→玉米→玉米→高粱（谷子），大豆→玉米→高粱（谷子），甘薯→甘薯→花生，棉花（2~3 a）→高粱（玉米）→谷子，向日葵→草木樨→草木樨→高粱（玉米）→谷子，草木樨（2 a）→高粱（玉米）→谷子，玉米→高粱→甜菜；

二年三熟轮作：玉米→冬（春）小麦→向日葵，玉米→冬（春）小麦→早熟大豆；

一年二熟轮作：春（冬）小麦（玉米）→绿肥→春（冬）小麦→向日葵，春（冬）小麦→夏大豆→春（冬）小麦→向日葵，冬小麦→花生→冬小麦→向日葵。

辽宁省轮作形式发展的趋势是由于作物结构的变化，完全靠作物自身养田（生物养田）已不存在，必须加强人工施肥和耕作等措施，茬口的接替要尽量发挥养地作用。随着作物结构的调整、施肥水平的提高、病虫害的药剂防治和农业机械化等生产条件、技术条件的改变，传统的轮作形式已被打破，如玉米面积的扩大，谷子、高粱面积的减少，在这样一种作物构成的情况下，究竟应采取什么样的轮作方式，还是一个值得研讨的问题，目前辽宁省取代传统轮作方式主要有以下几种形式。

（1）东部山地粮豆经（烟草）一年一熟区主要有：大豆→玉米→玉米；大豆→玉米→玉米→烟草；水稻连作。

（2）南部半岛丘陵果粮油一熟二区主要有：花生→玉米→玉米；水稻连作；冬小麦→夏（大豆、花生、油葵）→春玉米（水浇地）；春小麦→夏（大豆、油菜、蔬菜、青贮玉米）。

（3）中部平原粮豆基本一熟区主要有：大豆→玉米→玉米→高粱；春小麦→玉米（二年）→大豆（平肥地）；春小麦→夏（大豆、油菜、蔬菜、青贮玉米）；（春大麦、春豌豆、大棚冬菜）→水稻（水旱轮作）。

（4）西部低山丘陵经（油棉）粮肥基本一熟区主要有：棉花（2~3 a）→玉米→谷子；大豆→玉米（高粱）→谷子（坡平地）；草木樨→谷子→向日葵（薄地）；春小麦→夏（大豆、油葵、蔬菜、青贮玉米）。

随着作物结构的变化，完全依靠作物养地实现增产、增效的目标已经很困难，必须在加强农业科技应用的前提下，通过茬口轮换协调作物和土壤的生态关系，推动作物生产达到高产、高效、集约发展的目标。

2. 辽宁省土壤耕作制度演变规律

辽宁省的传统耕作方式和整个东北地区大致相同，多为一年一作垄作耕作制，辽西地区采用平作沟种，已沿用很久。垄作是随华北地区移民带到东北地区的，而与前汉时期的亩田法极为相近。垄作耕作法，在中华人民共和国成立初期，普遍使用畜力旧犁耕种，作垄方法有："一犁挤""二犁扣""三犁塌"。播种方法有种上垄的"糠种"，有种下垄的"剗种"，还有耕种结合的"扣种"。大豆、玉米等大粒种子为"扣种",谷子、高粱、甜菜等小粒种子为"糠种",小麦在原垄上"剗种"。"粮种"与"扣种"大多根据不同轮作形式而有交替,如轮作制是大豆→高粱→谷子,则实行"两粮糠一扣"的垄作土壤耕作制,如轮作制是大豆→玉米→高粱→谷子,则实行"两糠两扣"的垄作土壤耕作制。"一犁挤"即将种子播种垄沟,只破一次原垄为新垄,这种耕作法较粗放,但作业次数少,水分散失少且加快了播种进度,争取了农时,在人少地多的西北风沙干旱地区多采用这种耕作法。

20世纪50年代初,辽宁省推广马拉双轮一铧犁和双轮双铧犁,开始耕翻土壤,耕深由旧犁的12~14 cm,加深到14~16 cm,翻后用马拉圆盘耙耙地,再用马拉镇压器镇压,也开始使用马拉播种机播种。20世纪50年代中期,引进大、中型拖拉机及其农机具,随着拖拉机及农机具的增加,耕翻面积逐步扩大,耕作层加深至16~20 cm。耕作方法演变为新旧结合,即机械翻耙压,平播后起垄,翻耙压起垄,垄上播种或机械耕畜力种。

20世纪70—80年代,推广了轮翻和深松耕作法;在河淤土、黑土和沙土上可以不连翻,而实行一年深翻,一两年耙地或起垄播种的年际间轮作方式,作物产量无明显差异,但可以节省能耗,降低成本。对传统的畜力耕作制进行了"四改",即改50~55 cm的小垄为65~70 cm的大垄,以便拖拉机播种和中耕,改垄播为平播后起垄,改农肥条施肥为撒施肥,改玉米、大豆间种为清种。从而在农机与农艺的结合上取得了较大的效果。近年在精量播种、中耕深松和机翻基础上喷洒除草剂免中耕,在玉米等作物上取得了一定的效果。

垄平作是东北地区耕作制改革当中争议很大的一个问题。有研究认为:应以作物和耕作条件为宜,采取不同的耕作方法。如洼地,春季土壤水分多,地温低,常因返浆而延迟播种,这种情况应实行垄上播种,西部干旱地区,春旱严重,则以平播或沟播或叫"垄下播",保苗更好,风蚀严重地区可以考虑留茬播种,随播随趟沟,以防风保苗。垄平结合的耕作,体现了辽宁省传统耕作制与农业机械化相结合的特点。20世纪80年代以来,东北地区在少耕、免耕覆盖方面等做了许多试验,玉米免中耕已有一定面积。

3. 辽宁省施肥制度演变规律

肥料是农业生产的重要物质基础,不论在发达国家或发展中国家,施肥尤其是施用化肥都是一项重要的增产措施。辽宁省的施肥制度主要经历了以下3个阶段:中华人民共和国成立初期,辽宁省不生产化肥,以农肥为培肥土壤的主要手段的只施农肥阶段,农民是以农肥培肥土壤提供养分。20世纪50年代平均每亩(667 m²)施用化肥数量还不足0.5 kg标准肥;20世纪60年代以硫铵、硝铵为代表的化肥开始应用,之后由施用氮肥为主过渡到氮磷结合,尿素和磷化肥也开始为广大农民应用;20世纪70年代以前主要靠农家肥供给作物养分,例如,1957年有机肥提供给作物的氮磷钾占施肥总量的80.4%,1970年为74.2%,其中磷肥绝大部分靠有机肥料提供。随着化肥厂的兴建，化肥施用量逐年增加，至 80 年代初期，化肥向高含量品种发展，以尿素为主的氮肥和以磷酸二铵为主的复合肥成为主要品种，同时注意使用锌肥、硼肥等微量元素肥料。联产承包责任制后，曾一度出现过度依赖化肥的倾向，辽宁省由于氮磷化肥施用量大幅度增加，而农家肥增加有限，使两者施用量比例接近各半，而化肥偏多，其中氮磷比例远比农家肥高，而钾肥几乎是农家肥供给，也就是农家肥化肥结合阶段。目前，辽宁省正处于第三阶段，在施用有机肥的同时实行测土配方施肥和按照标准化要求合理施肥等。测土配方施肥，具有重要的历史意义，按照标准化生产的要求，做到有机肥与无机肥相结合，用地与养地相结合，仍是需要进一步深入研究解决的问题。

辽宁省化肥施用量不断提高，而有机肥施用比例未能与化肥同步上升。从不断提高作物产量和品质的角度出发和提高施肥经济效益来考虑，开辟有机肥源，增施有机肥是非常值得重视的问题。

辽宁省发展绿肥作物是从 1956 年引进二年生白花草木樨在阜新县试种开始的，直到 1964 年试验、试种阶段，初步肯定了草木樨的肥田、保持水土、饲养牲畜和解决烧柴等方面的积极作用。1974 年辽宁省绿肥种植面积发展到 13.1 万 hm²，除阜新、朝阳两个地区外，铁岭和锦州也开始推广。主要种植方式是粮草轮作，部分地区实行粮草间混作。1979 年，义县粮草间种机械化压青试验成功，绿肥作物开始向平肥地区推广。1980 年，辽宁省绿肥种植面积达到 16.7 万 hm²。今后，绿肥发展的趋势将由单纯作为肥料向肥饲兼用、农牧结合的方向发展，应作为培肥地力的重要手段，但是随着耕地面积的不断减少，绿肥的发展有相对减少的趋势。

三、辽宁省旱地水资源状况

辽宁省是水资源严重短缺的省份之一，辽宁省水资源总量为 178.96 亿 m³，省内流域面积 14.55 万 km²，河川径流量 152.05 亿 m³，地下水 83.17 亿 m³。人均水资源占有量为 781 m³，为全国的 1/3，世界的 1/12。全省除东部地区以外，其他地区均属于严重贫水区。辽宁省多年平均降雨量约为 678.1 mm，但时间空间分布极不均衡，自东向西递减，西北部降雨稀少，多年平均降水仅 400 mm 左右；降水量年内分配不均，6—9 月降水占全年的 70%~80%，4—5 月仅占全年的 10%~15%，春季播种期干旱经常发生。

（一）有效灌溉面积

截止到 2015 年，辽宁省有效灌溉面积 15203 hm²，占全省播种面积的 36.03%，各地区有效灌溉面积排序分别为沈阳、锦州、铁岭、朝阳、阜新、盘锦、丹东、鞍山、营口、大连、辽阳、葫芦岛、抚顺、本溪（图 2-10）。

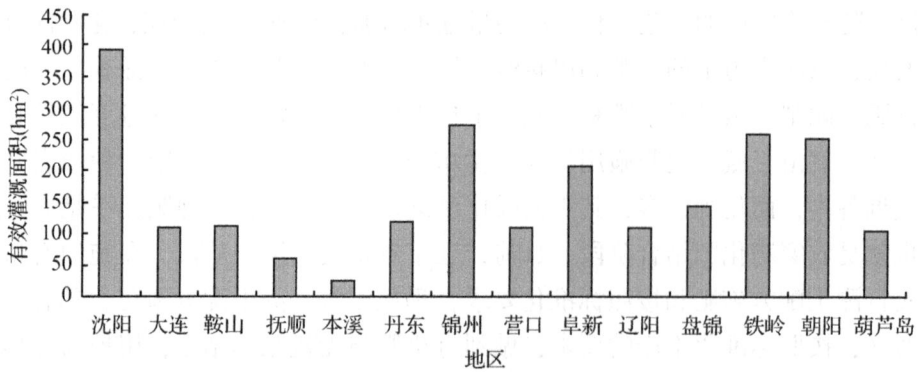

图 2-10 辽宁省各地区有效灌溉面积

（二）旱作农业典型类型区降水资源分析

阜新市蒙古自治县（阜蒙县）为辽宁省典型的旱作农业区，因此分析该区域降水资源基本能够反映全省旱作农业区的状况。通过分析发现，1980—2016 年 36 a，4 月上旬（4 月 1—10 日）多年平均降雨量为 4.79 mm，中旬（4 月 11—20 日）多年平均降雨量为 7.41 mm，下旬（4 月 21—30 日）多年平均降雨量为 11.85 mm，4 月份（4 月 1—30 日）多年平均降雨量为 25.12 mm；降雨量距平显示，阜新 4 月份发生旱灾的频率为 63.89%（图 2-11）。通过 5 月份降雨量分析发现，5 月上旬（5 月 1—10 日）多年平均降雨量为 13.67 mm，中旬（5 月 11—20 日）多年平均降雨量为 13.64 mm，下旬（5 月 21—31 日）多年平均降雨量为 11.21 mm，5 月份（5 月 1—31 日）多年平均降雨量为 38.52 mm，降雨量距平显示，阜新 5 月份发生旱灾的频率为 61.11%（图 2-12）。因此说，辽宁旱作农业区"十年九春旱"。

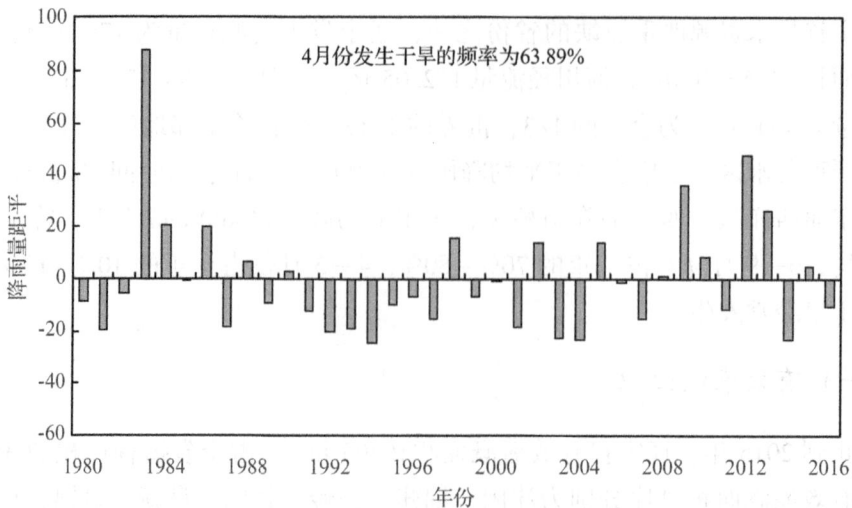

图 2-11 阜蒙县 1980—2016 年 4 月份降雨量距平分析

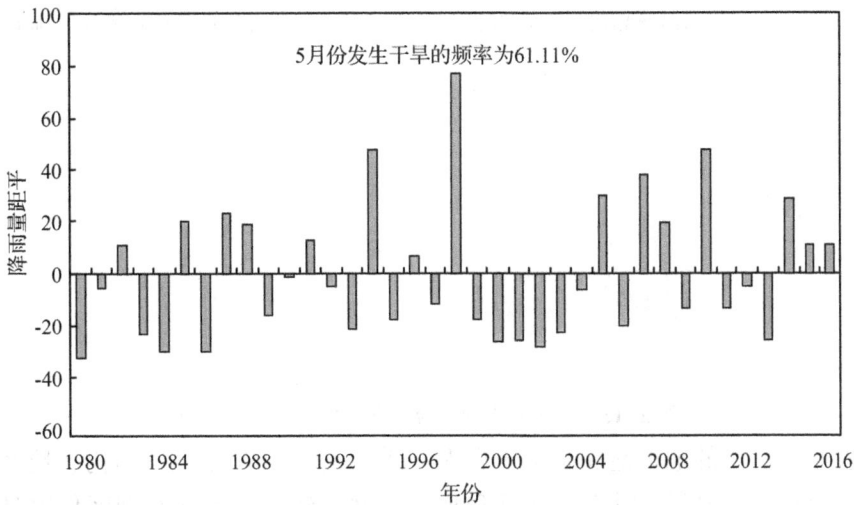

图 2-12 阜蒙县 1980—2016 年 5 月份降雨量距平分析

四、辽宁省旱地农业区划

利用收集的辽宁省资源环境有关数据及定位监测结果，辽宁省农业科学院旱农研究团队构建了以县为单位的"辽宁省作物光合生产潜力分布图"和"辽宁省作物水分生产潜力分布图"，完成了辽宁省农业类型区划。采用国际先进的农作制度研究方法（FSD），针对不同农业类型区确定了作物种植优先序和技术优先序。

作物生产潜力与农业类型区划研究

利用收集的辽宁省资源环境有关数据，采用农业气候区划光合生产潜力计算的通用方法和基于水分平衡的水分订正系数法，估算了辽宁省各县光合生产潜力和水分生产潜力，首次构建了以县为单位的"辽宁省作物光合生产潜力分布图"和"辽宁省作物水分生产潜力分布图"（图 2-13），发现光合生产潜力呈现由东南向西北递增、降水生产潜力由东南向西北递减的趋势。根据不同地区光合和水分生产潜力，完成了辽宁省旱作农业类型区划，分别：辽东山区低光合高水分生产潜力区、辽南沿海高光合中水分生产潜力区、辽中南光合和水分生产潜力较高区、辽中光合生产潜力偏低水分生产潜力偏高区、辽中北光合和水分生产潜力中等区、辽西北高光合低水分生产潜力区、辽西南光合生产潜力较高水分生产潜力偏低区、辽西南光合和水分生产潜力较高区等 8 个类型区。

五、辽宁省旱地农业战略发展优先序与技术优先序

在对区域水土资源评价与区划研究的基础上，采用国际先进的农作制度研究法（FSD），在全省广泛开展以农业生产和社会发展为中心的农作制度调研，系统分析

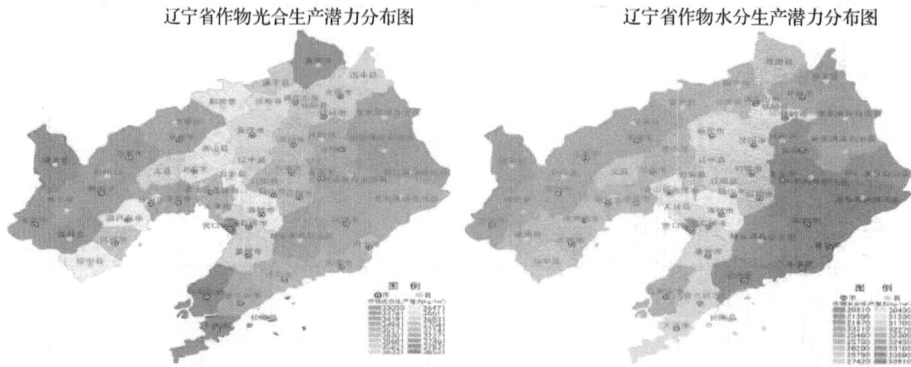

辽宁省作物光合生产潜力分布图　　　　辽宁省作物水分生产潜力分布图

图 2-13　辽宁省作物光合和水分生产潜力分布图

了不同农业类型区的地形地貌、水土资源、生产潜力、农业种植结构、地区经济及农业生产力水平等自然、社会、经济和技术条件，确定了不同类型区作物种植优先序和技术优先序（表 2-1），为不同农业类型区旱作农业技术选择与应用提供了支撑。

表 2-1　辽宁省旱作农业区划与种植优先序

序号	类型区	区域	作物种植优先序	旱作技术优先序（前10）
I	辽东山区低光合高水分生产潜力区	庄河市、东港市、丹东市郊、凤城市、宽甸满族自治县、本溪满族自治县、桓仁满族自治县、本溪市郊、岫岩满族自治县、新宾满族自治县、清原满族自治县、抚顺市郊、抚顺县、西丰县、开原市、调兵山市	水稻、林果、玉米、大豆、特种蔬菜、中草药等高耗水作物	水分高效利用品种、林粮复合种植、合理密植、土壤培肥、覆盖增温、水肥耦合、疏密比空种植、适时中耕、化学调控、土壤深松
II	辽南沿海高光合中水分生产潜力区	普兰店、大连市郊	特种水果、设施蔬菜、玉米、马铃薯、设施蔬菜等高水分经济效益作物	水分高效利用品种、林粮复合种植、合理密植、疏密比空种植、土壤培肥、水肥耦合、土壤深松、覆盖保墒、适时中耕、化学调控
III	辽中南光合和水分生产潜力较高区	瓦房店、盖州市、营口市郊、大石桥市、海城市、大洼区、盘锦市郊、盘山县、台安县	水稻、水果、蔬菜、玉米、马铃薯、设施蔬菜等高耗水作物	水分高效利用品种、合理密植、疏密比空种植、林粮复合种植、土壤培肥、水肥耦合、土壤深松、覆盖保墒、适时中耕、化学调控

续表

序号	类型区	区域	作物种植优先序	旱作技术优先序（前10）
IV	辽中光合生产潜力偏低水分生产潜力偏高区	鞍山市郊、辽阳县、辽阳市郊、灯塔市	玉米、水稻、蔬菜、水果等高耗水高光合效率作物	水分高效利用品种、合理密植、疏密比空种植、土壤培肥、水肥耦合、林粮复合种植、土壤深松、覆盖保墒、适时中耕、化学调控
V	辽中北光合和水分生产潜力中等区	新民市、辽中区、沈阳市郊、铁岭市区、铁岭县	玉米、大豆、花生、薯类等高光合效率和高水分利用效率作物，适当压缩水稻播种面积	水分高效利用品种、合理密植、疏密比空种植、土壤培肥、土壤深松、水肥耦合、立秆越冬、覆盖保墒、适时中耕、林粮复合种植
VI	辽西北高光合低水分生产潜力区	建平县、喀喇沁左翼蒙古族自治县、凌源市、建昌县、朝阳市郊、朝阳县、北票市、阜新蒙古族自治县、阜新市郊、彰武县、法库县、康平、昌图县、黑山县、义县、北镇市、凌海市	花生、林果、小杂粮、薯类、玉米、牧草等抗旱能力强、水分利用效率高作物	水分高效利用品种、林粮复合种植、合理密植、土壤深松、土壤培肥、坐水播种、一次深施肥、覆盖保墒（秋季覆膜、覆盖渗水地膜）、微集水、贴高茬种植
VII	辽西南光合生产潜力较高水分生产潜力偏低区	锦州市郊、葫芦岛市郊、绥中县	花生、玉米、小杂粮、薯类、干果等高光合效率和高水分利用效率作物。	水分高效利用品种、合理密植、土壤培肥、林粮复合种植、土壤深松、水肥耦合、覆盖保墒、适时中耕、贴高茬种植、疏密比空种植
VIII	辽西南光合和水分生产潜力较高区	兴城市	水果、水稻、玉米、大豆、蔬菜等高耗水高光合效率作物	水分高效利用品种、林粮复合种植、合理密植、土壤培肥、土壤深松、水肥耦合、疏密比空种植、覆盖保墒、适时中耕、贴高茬种植

第三章　辽宁省旱地集水技术

进入 21 世纪以来，全球水资源面临十分严峻的形势。随着世界人口的不断增长和社会经济的持续发展，对水资源的需求日益增长。目前，全球有 11 亿人没有安全饮用水的供给来源。随着人口的快速增长，在今后 30 a 内，这个数字将增加到 15 亿~20 亿人，有 21 亿人没有良好的卫生设备，还有 8.3 亿人吃不饱饭。这些状况的改变，都需要增加对水资源的利用。同时，全球气候变暖的趋势也日益明显，导致全球干旱、洪涝灾害等极端气候事件更为频繁地出现，使水资源供求的形势变得更为严峻，世界将面临严重的水危机。

我国是一个水资源大国，拥有的水资源绝对数量居全世界第 6 位，但由于人口众多，人均占有水资源量仅不足世界水平的 1/4，是世界上 13 个贫水国之一。2004 年底，我国农村供水不安全人口达 3.2 亿人，占农村人口中的 34%，其中 70% 属于水质不安全。每年由于干旱缺水损失的粮食产量达 250 多亿千克。我国农村还有约 3 000 万人处于极端贫困线以下，而缺水往往是主要的致贫原因之一。

辽宁省多年平均降水量 688 mm。受地理位置及季风气候影响，降水地区分布极不均匀，降水量自东南向西北递减，面临黄海的东南部山区雨量充沛，多年平均降水量 1 100 mm。而西北部，干旱少雨，多年平均降水量仅为 400 mm。水资源年际、年内变化较大，年降水量最大与最小值比在 2.3~4.1，其中辽东半岛与辽西地区最为严重。降水量年内分配多集中在汛期（6—9 月），为全年降水量的 68%~82%。2013 年全省地下水资源量 124.68 亿 m³，可开采量 71.47 亿 m³，地下水可供用水量 60.0 亿 m³，相当于地下水可开采量的 84.0%。而且在沿黄渤海东部诸河和沿渤海西部诸河地区的地下水开发利用量已经超过可开采量，浑河和柳河口以下地区的地下水开发利用量已接近可开采量，全省只有丰满以上和浑江口以上地区的地下水开发利用量较少。因此全省除丰满以上和浑江口以上地区，其他地区地下水利用已接近极限，甚至出现了地下水超采区。辽宁省水资源严重短缺，2013 年全省总人口 4 290 万，水资源总量 341.79 亿 m³，人均水资源量 797 m³，根据联合国标准，人均水资源量在 500~1 000 m³ 的为重度缺水。因此，辽宁省人均水资源占有量远在国际贫水线之下，缺水严重。

辽宁缺水，面对当前水资源不足和工业、农业、城市发展多业争水的局面，"节水" 无疑是十分必要的。发展节水农业，在辽西、辽南及辽东旱田地区主要是提高天然降水及灌溉用水利用效率，增加作物产量，优化农产品品质，改善生态环境条件，大力提倡"节水与集蓄水并重"或"以集蓄水为主"。

地球上所有形式的可更新水资源均来自天然降水，雨水是一个地区最有潜力、也是最易开发利用的水资源，可以成为地表水和地下水的有效补充。雨水利用是指在降雨的原始状态下或在它最初的转化阶段时对它的利用。

雨水利用主要包括以下几个方面：

（1）旱作农业中作物对雨水的就地利用，包括人们为提高土壤水利用效率而采取的传统雨养农业耕作栽培措施（如耕作耙耱、覆盖保墒、丰产沟种植等）。

（2）水土保持工程对雨水的利用，如建设水平梯田、水平沟及鱼鳞坑等，将雨水尽可能拦蓄在土壤中，以便为作物吸收利用。

（3）微集雨措施，即利用作物或树木之间的空间（自然状态或铺塑料薄膜提高雨水收集效率）来富集雨水，以增加作物或树木根系的土壤水分，实现对雨水的就地叠加利用。

（4）雨水集蓄利用工程，即采取人工措施，高效收集雨水，加以蓄存和调节利用的微型水利工程。雨水集蓄利用是雨水利用的一种形式，与传统雨养农业以土壤为雨水储存介质比较，它采取工程措施收集、储存雨水（修建集流面和蓄水池），雨水收集效率较高，对雨水径流进行有效的调节使用，对天然降雨的调控能力较强。雨水集蓄利用是利用雨水的较高阶段。

雨水集蓄利用在我国水资源可持续利用中的作用如下：

（1）雨水集蓄利用能为缺水山区家庭生活提供清洁、可靠和廉价的水源。雨水具有在面上分布广泛，可以就地就近利用的特点，特别适合山区居民分散居住的特点。集雨蓄水的方法简便易行，可以在家庭供水方面得到广泛应用。

（2）雨水集蓄利用不仅可以解决缺水山区人畜饮用水困难，而且可以利用集蓄的雨水发展节水灌溉，为改变单一农业结构提供了条件，显著提高农业产量，增加粮食安全保障。

（3）雨水集蓄利用促进了林果生产和养殖业的兴起，又带动了种草种树的发展，对山区植被的恢复和发展起到了积极的促进作用。

雨水集蓄利用是一种对水资源开发的新形式。在广大农村、山区，它具有分散开发利用的特点，可以进行就地就近利用，特别适合山区居民分散居住的特点；它无须引水、输水工程，投入低，基本不需要运行费用，同时避免了水运输过程引起的水量损失和质量下降；它简单易行，而且农村雨水集蓄工程实行"谁建设，谁所有"的政策，大大激发了农户建设和管理的积极性，保证了雨水集蓄利用工程的可持续性；它是一种微型工程，开发利用的水量很小，一般不会对环境造成负面影响，可以认为是"环境友好"工程。因此，雨水集蓄利用是缺水山区、农村综合发展的可持续途径。

目前辽宁省的主要旱地集水技术包括：梯田集雨技术、雨水集蓄工程技术、田间微集水技术和地表构造集雨技术。

第一节　梯田集雨技术

辽宁省是我国东北地区唯一既沿海又沿边的省份，山地丘陵分列于东西部，中部为东北向西南缓倾的长方形平原，地形概貌大致是"六山一水三分田"。全省坡耕地面积为 132.73 万 hm^2，占耕地面积的 26.80%。从地域上看，辽西北地区坡耕地面积较大，辽中地区次之，辽东地区相对较少。5°~15°坡耕地面积 94.16 万 hm^2，占坡耕地总面积的 70.94%；15°~25°坡耕地面积 23.90 万 hm^2，占坡耕地总面积的 18.01%；25°以上坡耕地面积 14.67 万 hm^2，占坡耕地总面积的 11.05%。5°~15°坡耕地坡度相对较缓，治理条件好，涉及人口多，是水土流失综合治理的主要区域。根据公布的第一次全国水利普查水土保持情况资料，全省土壤侵蚀面积 4.59 万 km^2，占全省土地总面积的 31.2%，年土壤流失量达 1.5 亿 t。坡耕地年土壤流失量 5000 万 t，是水土流失的主要策源地之一，是限制农业可持续发展的重要因素。把坡耕地建成农业梯田，是保护和增加辽宁省基本农田的战略措施，是增加固耕农田以适应人口增长的对策，是充分利用和调节水资源供求紧张的一种有效方法，也是增加粮食产量的必要条件。辽西地区 5°以上坡耕地面积约占耕地总面积的 32.1%，该区雨量少且集中，植被覆盖度差，使其成为辽宁省土壤侵蚀最严重的地区。其中辽西地区的朝阳和阜新地区坡耕地面积较多，水土流失尤为严重，梯田建设尤为重要。

梯田是坡地水土保持工程重要措施之一，它是由地块按等高线顺坡排列呈阶梯状而得名的。在土石山区用石块垒筑埂坎的梯田叫石坎梯田，在黄土丘陵区用黄土筑坎叫土坎梯田。梯田可有效地防止水土流失，创造良好的水、土生态环境，有利于耕作，提高作物产量，因此，这一水土保持措施历来引起各方面的高度重视与关注。根据蓄水功能和修造方法的不同，分为水平梯田、坡式梯田、隔坡梯田和反坡梯田 4 种类型。梯田质量是影响其减水减沙作用大小的关键因素。从质量角度，通常将梯田划分为 3 类：田埂完好、田面平整、田宽 5 m 以上的梯田称为一类梯田；田埂部分完好、田面坡度小于 2°的称为二类梯田；无埂且田面坡度 2°~5°的称为三类梯田。我国规定，25°以下的坡地一般可修成梯田种植农作物，25°以上的则应退耕植树种草。

一、技术内容

（一）梯田的规划

1. 耕作区的规划

耕作区的规划必须以一个经济单位农业生产和水土保持全面为基础。根据农、林、牧全面发展，合理利用土地的要求，研究确定农、林、牧业生产的用地比例和具体位置，选出其中坡度较缓、土质较好、距村较近、水源及交通条件比较好，有利于实现机械化和水利化的地方，建设高产稳产基本农田，然后根据地形条件，划分耕作区。在丘陵陡坡地区，一般按自然地形，以一面坡或峁、梁为单位划分耕作区，每个耕作区面积，以 3.33~6.67 hm^2 为宜。

2. 地块规划

在每个耕作区内，根据地面坡度、坡向等因素，进行具体的地块规划。一般掌握以下原则：

①地块的平面形状，应基本上顺等高线呈长条形，带状布设。

②当坡面有浅沟等复杂地形时，地块布设必须注意"大弯随势，小弯取直"，不强求一律顺等高线。

③如果梯田有自流灌溉条件，则应使田面纵向保留 1/500~1/300 的比降，以利行水。

④地块长度规划，有条件的地方可采用 300~400 m，用 150~200 m，在此范围内，地轮越长，机耕时转弯掉头次数越少，工效越高。

3. 梯田附属建筑物规划

①坡面蓄水拦沙设施规划。梯田区的坡面蓄水拦沙设施规划应包括"引、蓄、灌、排"等缓流拦沙附属工程。规划程序上可按"蓄引结合，蓄水为灌，灌余后排"的原则。拦蓄量可按拦蓄区内 5~10 a 一遇的一次最大降雨量的全部径流量与全年土壤可侵蚀总量之和为设计依据。

②梯田区道路规划。山区道路规划总的要求：一是要保证机械化耕作的要求；二是必须有一定的防冲设施。

③灌溉排水设施的规划。梯田建设不仅控制了坡面水土流失，而且为农业进一步发展创造了良好的生态环境，并导致农田宜种作物的改进，提高梯田效益。梯田区灌溉排水设施的规划，一方面要建立一个完整的灌溉系统，包括水源、引水建筑、输水配水系统、田间渠道系统、排水泄洪系统等工程全面规划布置；另一方面，梯田区灌排设施规划要充分体现拦蓄和利用当地雨水的原则。

（二）梯田的断面设计

梯田的断面设计是确定在不同条件下梯田的最优断面。所谓"最优断面"，就是同时达到下述 3 个要求：一是要适应机耕和灌溉要求；二是要保证安全与稳定；三是要最大限度地省工。

最优断面的关键是确定适当的田面宽度和埂坎坡度，由于各地的具体条件不同，最优的田面宽度和埂坎坡度也不同，但"最优"的原则和原理是相同的。

1. 梯田的断面要素

一般根据土质和地面坡度先确定田坎高和侧坡（田坎边坡），然后计算田面宽度，也可根据地面坡度、机耕和灌溉需要先确定田面宽，然后计算田埂高。一般情况下，田面越宽，耕作愈方便，但田坎愈高，挖（填）土方量越大，用工越多，田坎也越不稳定。田面宽度，缓坡宽些，陡坡窄些，田坎高以 1.5~3.0 m 为宜。

2. 梯田田面宽度设计

梯田最优断面的关键是最优的田面宽度，即在保证适应机耕和灌溉的条件下，田面宽度最小。根据不同的地形和坡度，在不同地区应采用不同的田面宽度。

①残塬、缓坡地区。农耕地一般坡度在 5°以下，在实现梯田化以后，可采用大型拖拉机及其配套农具耕作。一般拖拉机翻地时，都把 25~30 m 宽的田面作为一个耕作小区。所以，从机耕和灌溉的要求来看，田面宽度一般以 30 m 为宜。

②丘陵陡坡区。坡度为 10°~25°，目前很少实现机耕，一般采用小型农机进行耕作，这种农具在 8~10 m 宽的田面上能自由耕作，这一宽度对于畦灌或喷灌都可以满足要求，因此，在陡坡地修梯田时，其田面宽度不应小于 8 m。

总之，田面宽度设计必须在适应机耕和灌溉的同时，最大限度地省工，同时要根据具体条件，确定适宜的宽度，不能一成不变。

（三）埂坎外坡的设计

梯田埂坎外坡的基本要求是，在一定的土质和坎高条件下，要保证埂坎的安全稳定，并尽可能少占农地，少用工。

在一定的土质和坎高条件下，埂坎外坡越缓则安全稳定性越好，但其占地和单位面积修筑用工量也就越大。反之，如埂坎外坡较陡，则单位面积修筑用工量较小，但安全稳定性较差。埂坎外坡既要安全稳定，又要少占地，少用工，就是"最优断面"设计对埂坎外坡的要求。要做到这一点，必须进行埂坎稳定坡度的土壤力学分析。主要有以下 5 方面：

①梯田埂坎坡度（α）。

②埂坎高度（H）。

③土壤的内聚力（C）。

④土壤的内摩擦角（ψ）和土壤的湿密度（γ）。

⑤田面的外部荷载。

这几个因素中，如已知埂坎坡度，则其他因素对它的稳定性影响的规律是：埂坎高度和土壤湿密度越大，稳定性越差；土壤内聚力和土壤内摩擦角越大，则稳定性越好；田面的外部荷载重量越大，重量的作用力越集中，作用点越靠近埂坎外侧边沿，则稳定性越差。

（四）梯田施工方法

1. 熟土剥离

将拟修梯田田面的原耕层熟化土壤剥离，呈长条形，堆积在田面中心线，堆宽

2 m 左右，熟化土壤剥离深度视土壤肥力而定，一般 30 cm。

2. 生土筑埂

熟土剥离后，将梯埂线下方的生土挖沟筑埂，达到设计埂高和梯埂外侧坡，并夯实，保持埂顶水平，弯度合理，可耕田面等宽。

3. 生土找平

把田面中心线上方的生土取起，填于下方田面，然后整平。

4. 熟土还原

生土整平田面后，将堆积的原耕层熟土，均匀铺到水平田面上。

（五）梯田的分类

1. 水平梯田

水平梯田是指田面平整或近于水平，台坎陡直，多采用半挖半填方式修建的梯田，或者按等高线修建的梯田。水平梯田一般降雨可就地拦蓄，土壤也不会被冲走，暴雨也会被拦蓄大部分径流，控制大部分泥沙，水平梯田是防治水土流失的得力措施，可以变跑水、跑土、跑肥的"三跑田"为保水、保土、保肥的"三保田"，水平梯田粮食产量比未治理的坡耕地大幅度提高，是农业可持续发展的有力保障（图 3-1、图 3-2）。

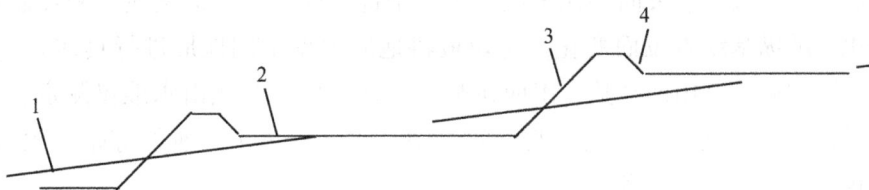

1. 原坡面；2. 田面；3. 田坎；4. 田埂

图 3-1 水平梯田

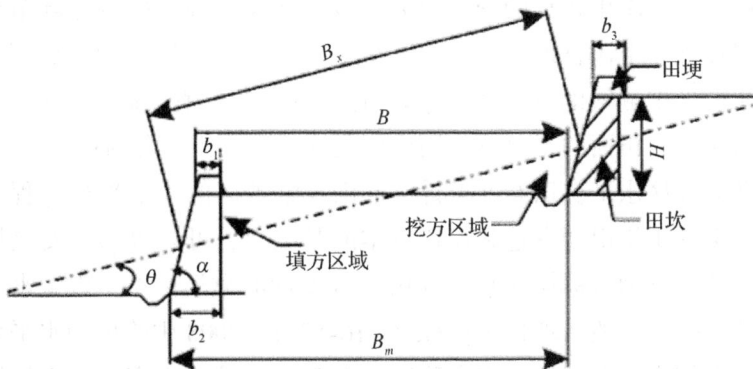

图 3-2 水平梯田断面

水平梯田之所以具有较强的水土保持作用，是因为水平梯田改变了地面坡度和径流系数，缩短了坡长，而且水平梯田田坎的坡度接近 90°，即田坎斜面上的雨量大大减少，其上的侵蚀也接近于 0。通过研究认为，降雨量及其强度是水平梯田发挥其水土保持效益的前提条件，梯田的工程质量则是影响其充分发挥水土保持作用的保证。经分析，当 Pi_{30} 在 $4.4 \sim 50 \ mm^2/min$ 时，水平梯田的保水减沙效益均为 100%。当 $Pi_{30} > 50 \ mm^2/min$ 时，水平梯田的保水减沙效益随 Pi_{30} 增大而减小。

（1）水平梯田断面设计

水平梯田最优断面要同时达到下列 3 个条件：适应机耕和灌溉的需要；保证田坎的坚固和稳定；在满足上述两条要求的基础上，最大限度地节省土方量和需功量。水平梯田最优断面的关键要素分别为：田面净宽（B）、田坎坡度（α）和田坎高度（H）。坎高、坎坡、田面净宽要与土质适应。在进行水平梯田断面的优化设计时，力求以最小的成本带来最大的收获，这就要求最大限度地省工，此目标函数可以用单位面积需功量（W_a）的大小来衡量。断面优化设计原则：按等高线布设，大弯就势，小弯取直；挖填方要相等，运距要短，操作要方便；尽可能多保留表土，这是保证坡改梯当年不减产、次年增产的关键。

（2）水平梯田施工工序

现阶段水平梯田施工工序包括测量定线（第一是确定纵基线。纵基线用来控制整个坡面，要有坡面、坡向的代表性。第二是选定横基线。横基线用来控制地形的凹凸变化，随纵基线方位而变化。每块坡耕地应根据不同地形进行具体布置）、表土处理、埂坎修筑、田面平整、田面耕翻等。梯田横向基线由水准仪测定。基线测定后要对某些登高点进行调整，调整的原则是以等高为主，兼顾等距，大弯就势，小弯取直，去掉死弯、急弯。

（3）梯田的土方量及需工量计算

根据梯田面的设计坡降和梯田各点的设计平均高程与实测各点的设计平均高程与实测各点的高差，求出各点的挖、填方深度。在设计施工中具体环节很多，其中保留表土、筑埂坎、平田整地 3 道工序紧密相连，保留表土是梯田设计施工的核心。梯田。在施工前，把测得的各桩点挖、填土方的深度数值，标记在每一个标桩上，沿着标桩线打土埂。田面的平整可采用机械化施工和人机结合两种。

①中国北方地区水平梯田断面设计。低山丘陵地区的土地平整工程主要是梯田修筑。在综合考虑田坎田埂占地和投资成本的基础上，可以以梯田安全性为约束条件，以投资效益最优为目标构建水平梯田参数设计的数学模型。以《水土保持综合治理技术规范——坡耕地治理技术》GB/T 16453.1—2008 中给出的水平梯田断面尺寸参考数值为范围来确保田坎的安全稳定，表 3-1 中的田面宽度和田坎坡度适用于土层较厚地区和土质田坎。至于土层较薄地区其田面宽度应根据土层厚度适当减小，同时水平梯田的规格（田面宽度、田坎高度、田坎坡度）要视原来的地面坡度

和土壤墒情而定，且也要考虑施工及农业机械的要求（表3-2）。

表3-1　水平梯田断面尺寸参考（中国北方）

原坡面坡度（°）	田面净宽 B（m）	田坎高度 H（m）	田坎坡度 α（°）
1~5	30~40	1.1~2.3	8.5~7.0
5~10	20~30	1.5~4.3	75~55
10~15	15~20	2.8~4.4	70~50
15~20	10~15	2.7~4.5	70~50
20~25	8~10	2.9~4.7	70~50

表3-2　水平梯田规格参考（黄土高原地区）

原坡面坡度 θ（°）	田坎高度 H（m）	田面净宽 B（m）	每亩土方量（m³）
5	1.0	11.2	92
	1.5	16.6	132
10	1.5	8.1	136
	2.0	10.8	175
15	2.0	7.0	180
	2.5	8.75	218
20	2.0	5.0	186
	2.5	6.25	222
25	2.5	4.7	230
	3.0	5.65	269

②辽西地区水平梯田断面设计。辽西地区的朝阳市地表丘陵起伏，峡谷相间，沟壑纵横，只有小块山间平地和沿河冲积平原，结构为"七山一水二分田"，年均降水量约438.9 mm。雨季主要集中在6—8月，雨季地表径流较大，使坡耕地产生大量的水土流失。全市耕地总面积48.27万 hm²，其中，3°以下平耕地8.2万 hm²，占耕地总面积的17%。截至2015年上半年已累计修建水平梯田13.75万 hm²，但仍有坡耕地面积29.01万 hm²，进行坡耕地水土流失治理，是提高朝阳市粮食产量的关键。目前朝阳市坡耕地水土流失综合治理的主要手段是建设高标准的土坎水平梯田。

根据朝阳市丘陵起伏、沟壑纵横的地形地貌特点，结合朝阳市人均耕地面积少、坡耕地粮食产量低的社会经济现状，参照《水土保持综合治理技术规范——坡耕地治理技术》（GB/T 16453.1—2008）进行设计。土坎水平梯田一般选取布置在原地面坡度为3°~15°、土层厚度在80 cm以上的坡耕地上，确定了梯田布置的地点之后进行逐个梯田板块的布置设计。根据《水土保持综合治理技术规范——坡耕地治理技术》GB/T 16453.1—2008 中给出的水平梯田断面尺寸参考数值来确保田坎的安全性和稳定性。根据朝阳地区多年来修建土坎水平梯田的经验以及不同的土质情况，水平梯田田坎外侧坡度（α）在 55°~70°。根据土质分析及土层厚度等要素，朝阳地区黏土 α=70°，壤土 α=60°，沙壤土 α=55°，田坎稳定性较强，田坎占地率较合理。田坎高度 1.0~2.4 m，田面宽为 8~30 m，其中缓坡地块（3°~5°）田面宽为 15~30 m，陡坡地块（5°~15°）田面宽为 8~15 m。根据土质确定田坎坡度后，田面宽及田坎高度为相关的变量值，田面宽度合理确定后，田坎高度也就随之确定了。最优断面的选择，需要根据土方量公式及梯田需功量公式反复计算比较，最后确定相对合理的田面宽度，选出最优断面。

　　辽西地区的阜蒙县耕地面积 2 987.2 km²，其中坡耕地面积 1 801.2 km²，占耕地面积的 60.3%。其中 5°~10°坡耕地 854 km²，10°~15°坡耕地 604 km²，15°~25°坡耕地 343.2 km²。通过坡改梯工程的试点建设，已治理的坡耕地水土流失状况得到了明显的改观，昔日的"三跑田"变成了"三保田"，粮食作物的产量由 6 200 kg/hm² 增长到 7 275 kg/hm²。依据流域的实际情况，按坡耕地的坡度和土层厚度选定水平梯田治理面积。其中 5°~8°且土层厚的坡耕地一次性修建水平梯田，具体参数见表 3-3。

表 3-3　水平梯田设计要素

| 坡度（°） | 定线宽（m） | | 有效田宽（m） | 机械倍数 | 田坎（m） | | 蓄水埂（m） | | 平方千米蓄水量（m³） |
	水平	斜距			高度	侧坡比	高度	埂宽	
5	15.687	15.747	14.4	8	1.32	1:0.5	0.3	0.3	275 702.9
	11.915	11.961	10.8	6	0.99	1:0.5	0.3	0.3	275 702.9
8	8.354	8.436	7.2	4	1.09	1:0.5	0.3	0.3	275 702.9
	12.196	12.316	10.8	6	1.63	1:0.5	0.3	0.3	275 702.9

2. 隔坡集流梯田

　　水平梯田与坡耕地相比尽管有许多优点，但是，对于辽宁省尤其是辽西北干旱少雨地区，水平梯田就有一定的局限性，主要表现在工程量大，梯田土壤水分的蓄存量小。相关研究表明，虽然梯田可以变"三跑田"为"三保田"，提高旱作农田的生产能力。然而在半干旱地区，绝大多数年份降水并不能满足作物的水分需求，特别是水平梯田的田坎侧向蒸发更加恶化了梯田的水分状况，其程度与坡度大小密切相关。尤其是陡坡地修梯田后，坡度越陡，梯田田面越窄，田坎越高，其投影向蒸发就越大，保墒能力也随之下降，并且作物需水量的增大会恶化梯田水分供应状况。梯田正常年份的土壤水分条件一般优于坡耕地，但在干旱年份，梯田田面土壤含水量反而略低于坡耕地。同时，水平梯田在接纳降水方面，与坡耕地相比，并无显著增加。

隔坡集流梯田是 20 世纪 60 年代在黄土高原地区出现的一种治坡工程措施，集流梯田工程是坡地雨水径流集蓄叠加利用，发展坡地径流复合农业科学有效的水土工程措施，是梯田与自然坡地相间布置的集水、保水和保土的综合工程措施，即在沿坡度方向，梯田与梯田之间根据拦蓄、利用径流的要求，保留一定宽度的原坡面，形成梯田与坡面相间布置的形式（图 3-3）。即上一级梯田与下一级梯田之间保留原山坡一定宽度，作为下一级梯田的主动集流区，调控坡地径流的集聚和再分配，使其在一定面积内富集、叠加，以补充水平田面内植物需水量的不足。隔坡梯田的田面种植农作物和经济作物，坡面则种植灌草和经济林，梯田地埂种植经济灌木，固埂防冲。这种工程措施既可提高经济效益，同时对原生态破坏较少，是人少地多、山坡自然植被较好地区常采用的工程形式。在人少坡多的地区，可采用隔坡梯田来加快对水土流失的治理速度。它投资少、见效快，可收集坡面雨水，将隔坡面上的降水径流蓄于水平段的土壤中，有效控制坡面水土流失，同时可增加水平田面土壤含水量。也对下一级梯田具有聚肥改良作用，达到提高坡耕地综合生产力的目标。隔坡集流梯田可分为不结合水窖和结合水窖两种情形。

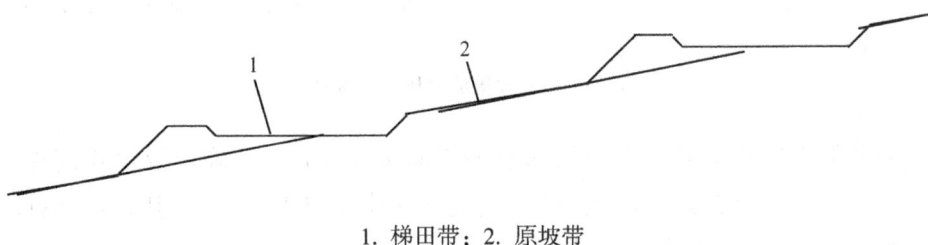

1. 梯田带；2. 原坡带

图 3-3 隔坡集流梯田

（1）不结合水窖

梯田带不设蓄水设施（如水窖等）。隔坡梯田的平坡比（平段宽度与坡地宽度之比）为 1∶1~1∶3。一般情况下，平坡比与坡面坡度、梯田宽度、田埂宽度、一次最大降雨量、年最大冲刷深度和设计年限等因素有关。表 3-4 为不同坡度条件下隔坡梯田的平坡比。

表 3-4 隔坡梯田的平坡比（黄土高原地区）

坡面坡度 （°）	梯田面宽度 （m）	梯田坎高度 （m）	田坎外坡坡度（°）	田埂高度 （m）	田埂宽度 （m）	平坡比
15	8	2.1	70	0.5	1.5	1∶2
20	6	2.2	70	0.5	1.5	2∶5
21~25	5	2.3	70	0.5	1.5	1∶3

根据坡耕地水量平衡原理，集流梯田水平田面，在降雨时不仅要蓄纳本身的雨水，还要拦蓄集流坡面的径流和泥沙，在设计频率降雨量条件下，做到水、肥基本不出田，全部就地蓄纳（图3-4）。

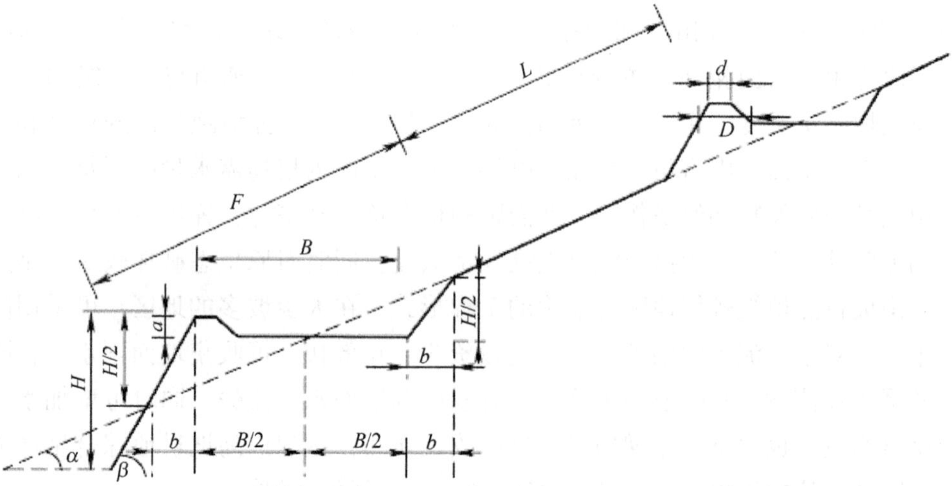

（F 为斜坡距离，m；B 为水平田面宽度，m；a 为蓄水埂高度，m；d 为蓄水埂顶宽，m；H 为田坎高度，m；L 为集流坡面宽度，m；b 为田坎宽度，m；α 为原山坡地坡度，°；β 为田坎侧坡坡度，°）

图3-4 隔坡集流梯田工程断面

辽西北低山丘陵区隔坡集流梯田水平田面宽度（B）的确定及田坎高度（H）的计算，其中水平田面宽度应根据坡耕地坡度和耕作要求而定。朝阳地区隔坡梯田水平田面宽度与坡面坡度的关系为：

$$B = -4.81\tan\alpha + 7.5$$

$$H = \frac{B}{\cot\alpha - \cot\beta}$$

$$b = \frac{H}{2\cot\beta}$$

集流梯田工程蓄水埂高度（a）的确定是根据集流梯田的最大集流量来确定其蓄水埂高度的。平坡比与蓄水埂高度、年最大冲刷深度、设计年限等因素有关。表3-5为辽西地区典型小流域坡耕地隔坡集流梯田断面设计参数。

表3-5 隔坡集流梯田工程断面设计主要参数值

平坡比 （m）	水平田面宽 B（m）	集流坡面宽 L（m）	田坎高 H（m）	田坎占地宽 b（m）	蓄水埂高 a（m）	蓄水埂安全高 a（m）	蓄水埂顶宽 d（m）
1∶1	5.0	5.0	1.0	0.65	0.25	0.05	0.30
1∶2	5.0	10.0	1.3	0.85	0.35	0.05	0.45

辽宁地区降雨主要集中在6—9月份，正常年份，这4个月作物的供需水矛盾并不突出，多余水分储存于水平田面土壤中，经过整个冬天，到翌年4、5月作物春播关键期，大部分水分已被无效蒸发，所以，不结合储水设施（水窖）的隔坡集流梯田对水分的利用率也并不高。不结合水窖的隔坡集流梯田不能完全解决作物需水与天然来水在时间上的错位问题，且一般情况下需要较大的坡面收集降雨径流，土地资源浪费严重。

（2）结合水窖

将隔坡集流梯田和水窖工程相结合，能够发挥水窖蓄水和防止降雨径流过度蒸发的功能，通过对降雨径流在时空上的合理再分配，能够在一定程度上解决作物水分需求与天然水分供给在时间上的错位，并实现"适时"补充作物亏缺水的功效。利用集蓄系统把每年6—9月的雨水集蓄起来，供翌年4、5月作物播种时使用。这个防治水土流失的工程措施，除具有传统隔坡梯田的优点外，还较好地解决了辽西北低山丘陵区在雨水利用方面存在的缺陷。结合水窖的隔坡集流梯田系统包括水平田面、隔坡坡面、隔坡集雨面、蓄水窖和灌溉设施（图3-5）。

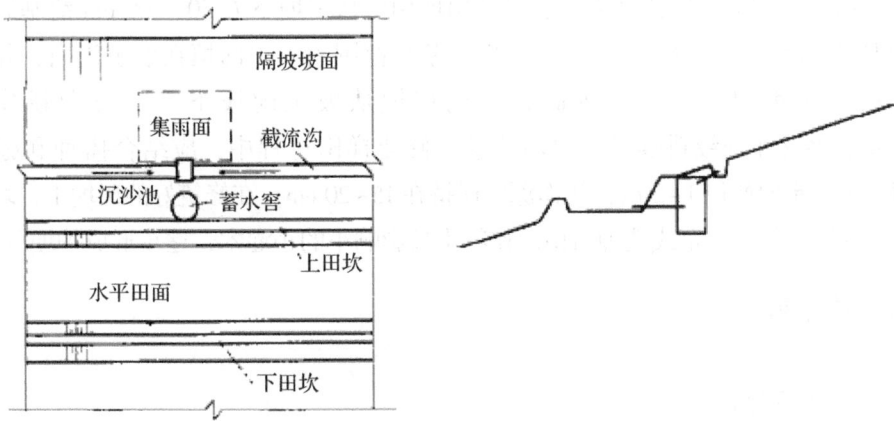

图 3-5 隔坡集流梯田系统示意图（结合水窖）

具体实施时可以将小于10°的缓坡耕地改造成水平梯田，梯田田面内修建人工雨水集流场，将雨水集蓄于储水建筑物中，供作物需水关键期灌溉使用；将10°～20°的中缓坡耕地改造成隔坡集流梯田，可利用隔坡坡面直接作集流场，也可根据不同材料的集水效率及集水总量，在隔坡面上设计专门的集雨场，将雨水集蓄于储水建筑物中，在作物需水关键期进行补充灌溉。

在辽西北低山丘陵沟壑区，将隔坡梯田与水窖蓄水配合，不但可满足作物生长过程中的需水，而且又可以防止水土流失，是适宜推广的坡地降雨径流调控方式，这对坡地水土资源高效利用具有实际指导意义。

3. 渐进式等高梯田

坡度在 15°以下且 1 m 土层内不出现岩层或卵石层的坡地，当一次性建设水平梯田工程量大、投资较高时，可以采用渐进式等高梯田技术。即在丘陵缓坡地上，沿等高线一次打埂修建坡式梯田，逐年从每带下沿田埂用翻转犁或山地犁向坡下方耕翻减缓坡度逐渐形成水平梯田。渐进式等高梯田的地边埂断面和间距，根据地面坡度、降雨量和降雨强度确定。等高梯田的田埂应修成光滑曲线，顶宽 30~40 cm，外坡 1∶0.5，内坡 1∶1（图 3-6）。

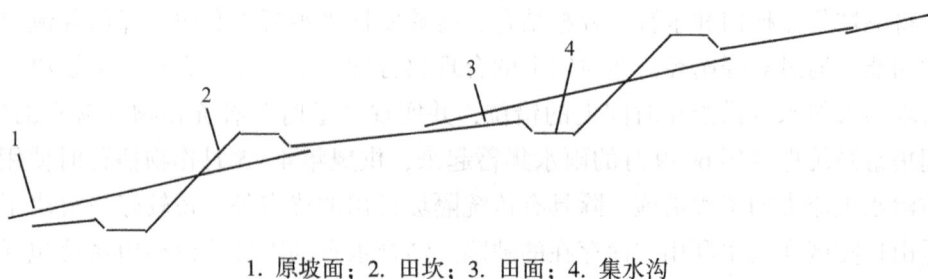

1. 原坡面；2. 田坎；3. 田面；4. 集水沟
图 3-6　坡式梯田

地边田埂施工应保留清基表土，修筑田埂用土从田埂下方 50~100 cm 清基后的生土开沟取出，修筑时应分层夯实。而后把清基线范围内表土回填在取土沟内，并修平田面。用翻转犁和山地犁沿等高梯田的田埂从坡顶向坡下一个方向耕作，深 15~20 cm，经多年连续耕翻直至田面平整。修建梯田过程中，应结合播种和施肥措施，每年进行定向耕作 1~2 次，耕作深度保持在 15~20 cm。在修筑好的田埂上，均匀撒播草种，种植多年生牧草或选种对田面作物生长影响小的小灌木，逐步形成护埂草坡。

二、技术效果

（一）水平梯田

坡耕地的生产力不能充分发挥的根本问题在于地形条件，而在坡耕地上建设水平梯田，是改变地形状况的重要手段。它所能产生的作用不仅是防止水土流失，而且是保护坡耕地资源的一项战略措施，也是充分利用和调节水资源供求关系紧张的一种补充办法。据黄土高原 7 个水保站资料分析，水平梯田平均蓄水效益为 86.7%，保土效益为 87.7%（表 3-6）。

表 3-6　黄土高原水平梯田蓄水保土效益

试验站名称	观测年限	蓄水效益（%）	保土效益（%）
西峰	1955—1980	97.5	98.4
绥德	1959—1963	86.4	88.7
离石	1957—1966	70.5	71.3

续表

试验站名称	观测年限	蓄水效益（%）	保土效益（%）
延安	1959—1967	92.6	91.6
耀县	1960	73.1	74.6
彬县	1963—1964	93.6	94.9
淳化	1987—1994	93.1	94.5
平均		86.7	87.7

研究表明，辽宁省修筑梯田的多年实践证明，水平梯田在减少土壤冲刷、拦蓄坡面径流、保持土壤养分、提高单位面积产量等方面都有极其明显的效果（表3-7~表3-9）。

表3-7 辽宁省水平梯田蓄水保土效益

试验站名称	观测说明	蓄水效益（%）	保土效益（%）
北镇华丰	1980—1984 年，对照为 8°坡	76.7	87.1
金州区山嘴子	1981—1985 年，对照为 10°坡	39.4	66.0
铁岭	10°坡	—	100
海城岔沟小流域	1988 年人工降雨，对照为 9°坡	87.6	91.4
平均		67.9	86.1

表3-8 水平梯田保肥效果（10°坡）

处理	有机质（g·kg⁻¹）	速效氮（mg·kg⁻¹）	速效磷（mg·kg⁻¹）
水平梯田	39.6	29.0	53
坡耕地（CK）	25.0	19.3	46
较 CK 增加（%）	58.4	50.3	15.2

表3-9 水平梯田不同作物增产效果（1986 年）

调查地点	作物	梯田产量（kg·hm⁻²）	坡耕地产量（kg·hm⁻²）	梯田较坡耕地增产（%）
阜新	玉米	3 472.5	900	285.8
绥中	玉米	7 500	750	900.0
朝阳	玉米	6 375	2 250	183.3
金州区	玉米	4 953	4 191	18.2
凌源	玉米	6 000	3 750	60.0
喀左	玉米	6 750	2 625	157.1
北镇	大豆	2 700	2 100	28.6
平均		5 392.9	2 366.5	233.3

另据测试，朝阳地区一般水平梯田能拦蓄日（或次）最大降水量 50~70 mm。梯田比坡耕地水的流失量减少 80% 左右，土的流失量减少 80%~95%。根据凌源市宋杖子乡的观测，一次降水 95.5 mm，水平梯田的径流量比坡耕地削减 81.8%，侵蚀量减少了 89.6%。朝阳市坡地水平梯田效益显著，多数梯田能稳产在 400~500 kg/亩，且有效地控制了水土流失。

（二）隔坡集流梯田

该工程将梯田建设与林草、水利工程相结合，利用隔坡面汇集储存前期降水，用于补充水平田面作物需水关键期的灌溉。研究表明，集流聚肥梯田的集流坡面不仅具有较好的集蓄降雨径流效果，而且其上面的表土、枯枝落叶等随径流汇集到水平田面内，较好地改良了土壤理化性质，增强了土壤蓄水能力。隔坡坡面进行退耕还草还林，从而改善辽西北低山丘陵区干旱缺水、自然降雨利用率低等造成的作物产量低而不稳等问题。集流梯田在雨水集蓄、增产增收方面效果显著（表 3-10~表 3-12）。

表 3-10 不同时期集流梯田与坡耕地土壤含水量（%，朝阳县）

处理	3 月	4 月	5 月	6 月	7 月	8 月	9 月	10 月	平均
1:1 大枣区	14.41	13.80	14.25	16.68	18.50	19.26	19.71	17.25	16.73
1:1 芝麻区	14.13	13.14	14.65	16.30	18.33	19.59	19.23	17.10	16.56
1:1 荒坡区	15.85	13.77	15.10	16.98	18.73	20.56	20.24	18.15	17.42
1:2 大枣区	15.60	13.57	14.70	17.10	19.82	19.83	19.90	17.87	17.27
1:2 芝麻区	15.10	13.74	14.20	16.69	19.43	20.15	19.59	18.12	16.58
1:2 荒坡区	15.89	14.36	15.20	17.76	19.59	20.98	20.98	18.21	17.66
坡耕地	13.75	11.21	12.78	14.10	15.54	16.19	16.14	15.12	14.03

注：表中 1:1 和 1:2 为平坡比。

表 3-11 集流梯田与坡耕地土壤理化性质对比（朝阳县）

项目	平坡比 1:1	平坡比 1:2	坡耕地
非毛管孔隙度（%）	4.533	4.623	3.20
有效贮水量（$t \cdot hm^{-2}$）	906.60	924.60	869.80
土壤总孔隙度（%）	51.55	53.12	46.69
土壤最大贮水量（$t \cdot hm^{-2}$）	1 030.00	1 062.40	933.80
有机质（$g \cdot kg^{-1}$）	9.30	11.13	8.00
全氮（$g \cdot kg^{-1}$）	0.68	0.70	0.62
速效磷（$mg \cdot kg^{-1}$）	5.3	11.1	4.5

表 3-12　集流梯田较坡耕地增产增收效益（朝阳县）

项目	1：1 集流梯田			1：2 集流梯田			坡耕地
	大枣区	芝麻区	裸坡区	大枣区	芝麻区	裸坡区	
水平田面玉米单产（kg·hm^{-2}）	7 371.8	7 679.3	7 963.5	7 584.8	8 007.8	8 198.3	4 657.5
增加产量（%）	58.28	64.88	70.98	62.85	71.90	76.02	—
单位面积产值（元·hm^{-2}）	10 403.8	11 005.5	9 078.4	10 646.6	11 378.9	9 346.1	5 309.6
增加产值	95.95	107.30	70.98	100.52	114.30	76.02	—

注：产值中包括大枣和芝麻增加的产值；玉米按 1.14 元/kg，芝麻 5.00 元/kg，大枣 2.00 元/kg。

平坡比 1：2 集流梯田虽然集流面积增大，但未能明显提高土壤含水量和单位面积产值。从生产角度看，集流梯田集流面积越大，土地的利用率和产出效益越低，所以应在满足水平田面内作物用水的同时，适当减少集流面积。平坡比 1：1 集流聚肥梯田有效贮水量为 906.60 t/hm²，比对照区高 36.80 t/hm²；最大贮水量为 1 030.00 t/hm²，比对照区高 92.20 t/hm²。因此，建议辽西北地区的坡耕地隔坡集流梯田的平坡比以 1：1 为宜，集流坡面可配套种植矮秆经济作物（芝麻、小豆等）、经济林果（大枣、大扁杏等）等，形成农林果复合经营模式。

三、适于区域

人少地多，用地矛盾不突出，原有土地生产率不高且坡耕地面积较大的地区多实施坡改梯工程，坡耕地坡度要求在 5°~25° 之间，土层深厚。梯田集雨技术尤其适用于干旱少雨且水土流失严重的低山丘陵地区。

四、注意事项

（1）梯田垄向的设计应平行于等高线布设，有合理的田面宽度，满足耕作要求；田坎是保证梯田质量的关键，无论土坎或石坎都要设计合理，有一定的坡度，以保证梯田安全稳定并尽量减少田坎占地率，在以上设计合理的情况下，尽量减少单位面积梯田的土方量和运移量，以提高工效，降低费用；梯田田面施工与田坎施工均应注意保留表土。此外，为防止较大暴雨冲毁梯田，在修筑梯田时还必须修建防洪和排水设施。如果整片梯田上部有较大集雨面积，则应在梯田上部开挖截流沟，拦截山水，将其导入泄水沟或蓄水池。同时，在梯田田块内侧开挖排水沟，将大暴雨产生的径流导入山沟或蓄水池内，防止冲毁梯田。

（2）当原坡面坡度 ≥20° 时，多宜修建坡式梯田、隔坡梯田或过渡式梯田，一般不宜直接修成水平梯田。对于土壤凝聚力较大的土类，若修建水平梯田，其田坎高度应限制在 2.5 m 以下。

（3）新修水平梯田存在两个问题：一是由于修筑水平梯田需要挖土筑埂和整平田面（挖高填低），在田面上就形成了两个不同的部位，即切土部位（内侧）和填土部位（外侧），使部分土层被打乱，其切土部位呈现出土壤紧密、容重增大、孔隙度小、入渗量小、肥力低等现象。即熟土被压，生土裸露、土层紧实、肥力极低，造成两部位的土壤理化性质差异很大，致使其产量降低或增产不明显，难以发挥梯田应有的作用。解决办法包括采取施用农家肥、生物有机肥、腐殖酸肥料和作物秸秆还田等措施，增加土壤有机质含量，提高土壤肥力。化学培肥主要针对新修梯田土壤耕层养分较为贫瘠的问题，合理施用无机化肥，以无机促有机，增加新修梯田土壤速效养分，提高作物产量。二是土壤蓄水能力下降。主要通过切土部位在回填表土前进行深翻，以改善物理结构，提高地温，增加新修梯田土壤孔隙度，改善土壤结构，提高土壤蓄水能力；对填土部位采取镇压等保墒措施，减小干旱程度；通过地膜和秸秆覆盖，提高土壤保墒能力；在播种时，要偏施肥料，重点在切土部位多施肥。

（4）坚持"因地制宜"的原则，提高梯田的建设标准。必须在充分调研拟实施项目区的地形、地貌、土地利用现状、劳动力现状等情况，因地制宜、因时制宜地编制科学合理的实施方案，实际中要规范建设；注重边坡和土埂的稳定，并要充分利用梯田的土埂边坡，以解决因坡改梯而减少耕地面积的矛盾；加强已修梯田的管护；梯田建设要与林草、水利工程相结合，否则不能充分发挥梯田的效益，甚至还会破坏原有的生态平衡。

第二节　雨水集蓄工程技术

一、技术内容

（一）雨水集蓄利用工程组成

雨水集蓄工程就是在干旱、半干旱及其他缺水地区且受地形、地质、水文等条件限制，很难修建骨干水利工程的地区，对规划区内及周围的降雨进行收集、储存，以便作为该地区水源并加以有效利用的一种行为，由此而兴建的系列微型水利工程，则称为雨水集蓄工程。目的是为了供给农村生活用水及生产用水、解决人畜饮水困难、发展庭院经济、进行农作物和林草节水灌溉等。雨水集蓄利用工程一般由集雨子系统、蓄水子系统、生活供水和灌溉子系统以及农业用水子系统四部分组成，见图3-7。就农村水利而言，雨水集蓄利用主要用于缓解水资源紧缺，解决农村生活用水问题，实施补充灌溉，提高农作物产量，改善生活生产条件，促进农村经济发展。雨水集蓄工程是加强降雨径流资源的集蓄储存与调控以及高效利用的重要举措，是解决农业干旱缺水问题，控制水土流失，推动旱区农业进一步发展的有效途径。

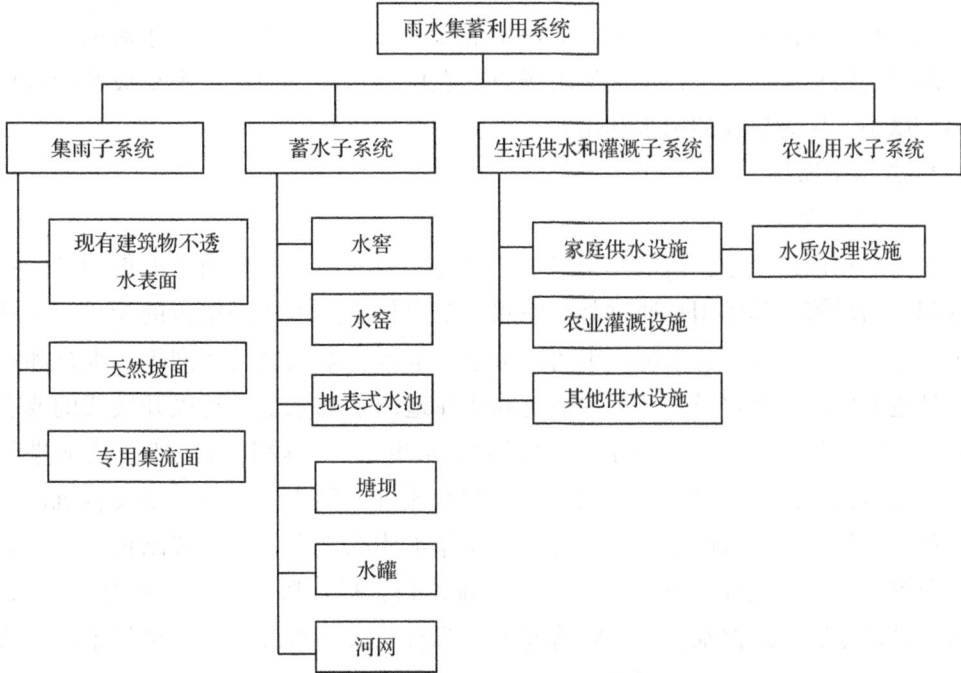

图 3-7 雨水集蓄利用系统图示

1. 集雨子系统

集雨子系统主要是指收集雨水的场地，是雨水集蓄工程的水源地。其功能是为整个系统提供满足供水要求的雨水量，因而必须具有一定的集流面面积和集流效率。一般由集流场、集水渠、输水渠、沉沙池、拦污栅和引水暗管组成。集流场应尽量利用自然坡面，如屋顶、庭院、公路和各种道路、碾场。人工集雨场主要有混凝土集流面、塑料薄膜集流面、原土夯实集流面等形式。集流场的建设是集雨子系统的主体之一，在集雨场的最低处，需要修建截流、汇流沟，以收集坡面雨水径流。集雨场面积的大小主要依据当地有效降水量、集雨面的集水性能、储水工程的容积、年储水工程集水次数等因素确定。选择集雨场时，首先应考虑将具有一定产流面积的地方作为集雨场，在没有天然产流区域的地方，则需人工修建集雨场。按集雨方式将集雨场分为耕地（人工）和非耕地（自然）集雨场两种类型。

（1）耕地集雨场

耕地集雨场进行集雨的方法有两种：一种是把耕地既作为灌溉场所又作为水源地，降雨高峰期通过作物垄间覆膜收集部分雨水妥善保存，在作物需水关键期进行灌溉；另一种方法是在人均耕地较多的地方，采用土地轮休的方式，用塑料薄膜覆盖耕地作为集雨面，第二年该集雨面作为耕地，而选择另一块耕地作为集雨面。

（2）非耕地集雨场

非耕地集雨场主要是利用天然或其他已形成的集流效率高、渗透系数小、适宜就地集雨的自然集雨场所，这是目前最普遍的方法。非耕地集雨场又可分人工集流雨场和天然集流雨场：人工集流雨场包括混凝土集流面、塑料薄膜集流面、水泥土集流面和公路集流面等；天然集流雨场包括农用道路集流面、荒山荒坡及陡坡地集流面和以小流域为单元的雨水利用。

2. 蓄水子系统

（1）蓄水设施

在雨水利用技术中，储水体是指在一定时间内能够把集流面所汇集的径流拦蓄储存起来的设施。其作用是通过蓄存雨水，解决作物用水供需错位的矛盾。这种设施可以有多种，如水窖、水窑、田间蓄水池、水罐、塘坝以及河网等。水窖和水窑是一种地下埋藏式蓄水设施。蓄水池是修建在地面上的水池，可以开敞式的或者有顶盖的。塘坝是我国丘陵山区普遍采用的蓄水设施，一般利用天然低洼地进行建造。水罐是预制的盛水容器，容积较小。在水流进入储水体之前，要设置沉淀、过滤设备，以防杂物进入储水体。同时应该在储水体的进水管上设置闸板，并在适当位置布置排水道。在降雨开始时，先打开排水口，排掉脏水，然后再打开进水口，雨水经过过滤后进入储水体。一般情况下，若有现成蓄水设施的应尽量采用，或对其进行必要的修复改造而后利用。

水窖是一种在我国北方缺水地区被广泛采用的小型蓄水设施，有悠久的历史。具有基本不占地、材料费少，可以做到基本无蒸发、无渗漏及技术易被群众掌握等优点，是目前最主要的雨水集蓄工程形式。随着现代建筑防渗材料和工程技术的发展，各地提出了不同的水窖建设方式，由过去的红胶泥防渗水窖发展为以水泥制品为防渗材料的现代水窖，其形状有圆柱形、瓶形等。比较典型并被大量采用的主要有薄壁混凝土水窖和砂浆抹面水窖，其容积为 $40\sim60\ \mathrm{m}^3$。水池也是天然降雨富集类型区农业高效用水的主要蓄水设施之一，在土地条件较差、不宜修建水窖的地区应用较多。

（2）主要附属设施

水窖的主要附属设施包括沉沙池、拦污栅、消力设施及窖口井台。

3. 生活供水和灌溉子系统

（1）家庭或公共生活供水子系统

采用手压泵抽水和电动潜水泵提水，在取水方便程度上和水质保障方面有了一定的保障。按照安全供水的要求，生活供水系统还应设置水质处理设施。

（2）农业灌溉用水

普遍采用坐水种、膜上灌、膜下灌等，有资金条件的地方，可以采用微灌技术和低压管道灌溉技术。对于简易灌水技术，可以只采取对集蓄雨水蓄前沉淀的措施，去除雨水中含有的大量泥沙。当采用微灌技术时，则需要进行蓄前沉淀和粗滤，并在首部加设过滤器防止灌溉系统堵塞。

（3）其他生产供水

主要包括对畜牧业和小型农副产品加工业的供水。

4. 农业技术子系统

高效的雨水集蓄利用不仅要求有较高的雨水集流效率，而且要求集蓄的雨水能实现最高的产量和经济效益。为此，雨水集蓄工程所包括的农业用水子系统主要有为实现集蓄雨水高效利用的农业设施和技术设施。前者主要有常与雨水集蓄系统连体建设的温室大棚以及梯田、水平沟建设和平田整地等农田工程。后者包括在常规雨养农业中行之有效的技术措施，如耕作技术、覆盖技术和施肥技术等。

目前雨水集蓄利用工程应用较多的几种模式如下：

①屋顶、庭院集流+水窖+手压泵（微型电泵、吊桶）。

②自然坡面、路面集流+水窖（水窖）+坐水种（滴灌）。

③自然坡面、路面集流+水池、水塘、小水坝+点灌（坐水种）。

④自然坡面集流+水池+喷灌（点灌、坐水种）。

（二）雨水集蓄利用工程规划

为使雨水集蓄工程健康顺利发展，首先必须做好工程的规划，主要内容包括：①基本情况分析，包括降雨资料、地形、集流条件、社会经济条件等。②规划目标。③需水规划。④集流面规划，在水量供需平衡的基础上，选择某种集流材料并确定相应的面积。⑤蓄水工程规划，包括蓄水工程的选择等。⑥供水及灌溉工程规划等。

1. 基本资料的收集

为了根据具体情况因地制宜地做好雨水集蓄利用工程的规划设计与施工，应做好基本资料的收集，主要包括降雨量、地形、庭院及房屋、沥青路面等不同集流材料面积、人口及牲畜数、集雨补灌作物种类及面积、已建集蓄雨水的设施、动力设备情况等。

降雨资料包括工程地点的多年平均降雨量（保证率为50%、75%、95%）、月及旬平均降雨量，资料年限不少于10 a；地形资料可不要求地形图，但应有集流场、蓄水设施及灌溉土地之间的相对高程资料；对当地适宜作集流面的庭院、场院、公路及天然坡地等的面积进行测量；对灌溉作物的种类、种植比例、种植面积及当地灌溉情况等资料进行调查；应对工程范围内的人口、大小牲畜数进行调查，并对今后10 a内的发展数字做出预测；应对工程范围内已建的集雨材料种类及面积，蓄水设施的种类、数量及容积进行调查；对工程范围内的土壤质地、密度、田间持水量、渗透系数及有机质含量等资料进行收集，以便更好地进行集雨场和节水灌溉的技术设计。

2. 水量分析计算

（1）年集水量的计算

全年单位集水面积上可集水量按 $F_p = E_y R_p / 1\,000$ 计算，F_p 为保证率等于 P 的年份单位集水面积全年可集水量，m^3/m^2；E_y 为某种集流材料全年集流效率，如当地缺乏实测数据可参考表 3-13，R_p 为保证率等于 P 的全年降雨量，mm，对雨水集蓄而言，P 一般取 50%（平水年）和 75%（中等干旱年）。也可按下式计算：$R_p = KP_p$，$P_p = K_p P_0$。P_p 为保证率为 P 的年降水量，mm；P_0 为多年平均降水量，mm；K_p 为根据保证率及 C_v（离差系数）确定的系数，可从气象部门查得；K 为全年降雨量与降水量的比值，为 0.92~0.98，通常取 0.95。

集流效率是指集流面上收集到的雨水径流占相应降水量的比例，影响集流效率的因素很多，主要有当次降雨的特性（降雨量和降雨强度）、集雨面的材料性能、集流面前期土壤含水量，以及集流面坡度和坡长等。此外，降雨过程中的气温、风速等都会对集流效率有一定的影响。从表中可以看出，多年平均降水量较大地区的年集流效率高于多年平均降水量较少地区的年集流效率。可见，集流效率与地区的多年平均降水量关系更加密切。

表 3-13　不同材料集流面的集流效率（%，半干旱地区）

多年平均降水量（mm）	保证率（%）	混凝土	水泥瓦	水泥土	塑膜覆砂	机瓦	青瓦	黄土夯实	沥青路面	自然土坡
200~300	50	77.8	71.0	47.5	42.3	42.2	34.2	20.1	66.2	6.0
	75	75.1	66.2	41.8	34.2	34.1	29.3	17.0	64.3	5.0
	90	73.5	62.7	35.2	30.1	30.5	25.1	13.4	63.1	4.0
300~400	50	79.6	74.8	52.3	45.8	49.3	41.1	26.1	68.1	8.0
	75	78.0	71.9	45.7	41.1	42.5	35.3	21.5	66.2	7.0
	90	75.8	68.1	40.9	35.3	38.1	30.5	18.4	64.3	5.0
400~500	50	80.0	75.3	53.5	46.1	50.0	41.3	25.0	68.2	8.0
	75	78.8	74.0	50.8	44.9	47.9	38.2	23.1	66.9	7.0
	90	76.4	71.0	43.2	41.1	39.6	32.4	20.2	65.5	6.0

表 3-13 的集流效率数据是甘肃省在半干旱条件下得到的，辽宁省各地区还不能直接引用。《雨水集蓄利用工程技术规范》（GB/T 50596—2010）规定，年集流效率应根据各种材料集流面在不同降雨情况下的观测试验资料确定。为了便于在缺乏资料的地区确定雨水集流效率，在甘肃省试验研究基础上，根据在国内其他湿润地区雨水集蓄工程设计和实际经验的调查分析，辽宁省不同地区不同材料年集流效率可按照表 3-14 中的数据取值。

表3-14　《雨水集蓄利用工程技术规范》规定的年集流效率（%）

集流面材料	不同降雨条件下年集流效率		
	降雨量 250~500 mm	降雨量 500~1 000 mm	降雨量 1 000~1 500 mm
混凝土	73~80	75~85	80~90
水泥瓦	65~75	70~80	75~85
机瓦	40~55	45~60	50~65
手工制瓦	30~40	45~50	45~60
浆砌石	70~80	70~85	75~85
良好的沥青路面	65~75	70~80	70~85
乡村常用土路、土场和庭院地面	15~30	20~40	25~50
水泥土	40~55	45~60	50~65
化学固结土	70~80	75~80	80~90
完整裸露膜料	85~90	85~92	90~95
塑料膜覆中粗砂或草泥	28~46	30~50	40~60
自然土坡（植被稀少）	8~15	15~30	25~50
自然土坡（林草地）	6~15	15~25	20~45

（2）集流场面积的确定

年降水量在250~600 mm的地区，一个容积为50~60 m³的水窖，需要集水场面积为800~1 300 m²。也可以用公式计算，由集水量推求集流场面积的公式为下式。

$$S = \frac{1\ 000\ W}{R_p E_y}$$

式中：S——集流场面积，m²；

　　　R_p——保证率等于P的全年降雨量，mm，可从水文气象部门查得；

　　　E_y——用水保证率等于P的集流效率；

　　　W——年集水量，m³，可查表3-15获得。

表3-15　不同材料集流场全年可集水量

多年平均降水量（mm）	保证率（%）	集水量（m³/100 m²）						
		混凝土	水泥土	机瓦	青瓦	黄土夯实	沥青路面	自然土坡
200~300	50	23.4	14.1	12.3	10.2	6.0	19.8	1.8
	75	22.5	12.0	10.2	8.4	5.1	19.2	1.5
	95	21.9	9.9	9.0	7.2	3.9	18.6	1.2

续表

多年平均降水量（mm）	保证率（%）	集水量（m³/100 m²）						
		混凝土	水泥土	机瓦	青瓦	黄土夯实	沥青路面	自然土坡
300~400	50	32.0	20.8	19.6	16.0	10.4	27.2	3.2
	75	31.2	18.4	16.8	13.6	8.4	26.4	2.8
	95	30.0	16.0	14.8	11.6	6.8	25.6	2.0
400~500	50	40.0	26.5	25.0	20.0	12.4	34.0	4.0
	75	39.5	22.5	24.0	19.0	11.5	33.5	3.5
	95	38.0	20.5	19.5	15.5	9.5	32.5	3.0

从表 3-16 可以看出，辽西地区 4.5°荒坡地和坡耕地集流场在试验期间产流很少，集流效率较低，而 6°~7°坡耕地集水量和集流效率都较高，所以在选择自然坡面（未经硬化处理）作为集流场时，其坡度最好不要低于 6°，并且要保证一定的面积，以确保集水效果。

表 3-16　不同集流场集流效果观测（辽西地区）

集流场	面积（hm²）	坡度（°）	降雨量（mm）	>30 mm 降雨总量（mm）	集水量（m³）	拦截泥沙量（kg）	集流效率（%）
荒坡地	0.50	4.5	377.3	149.9	26.58	132.9	1.4
坡耕地	0.30	6.0	377.3	149.9	106.3	538.2	9.4
坡耕地	0.32	6.5	377.3	149.9	146.01	894.2	12.1
坡耕地	0.40	6.0	377.3	149.9	144.88	717.4	9.6
坡耕地	0.35	7.0	377.3	149.9	199.24	922.5	15.1
坡耕地	0.42	4.5	377.3	149.9	29.77	140.8	1.9
沟道	4.00	3.81	377.3	149.9	2 126.26	10 613.3	14.1

（3）需水量的计算

需水量包括灌溉用水量和生活用水量，见表 3-17、表 3-18。在庭院种植和接近村庄地带的蓄雨设施，往往灌溉和生活用水要同时考虑，在远离村庄地带的蓄雨设施，往往只考虑灌溉用水。

雨水集蓄灌溉种植作物应突出"两高一优"的种植模式，合理确定粮食、瓜果和蔬菜等作物的种植比例，以充分发挥水的效益。集蓄雨水灌溉应采用节水灌溉的方法，按限额灌溉的原理，根据当地或类似地区作物需水量和本地区作物生育期的降雨量或灌溉制度试验资料确定。

表 3-17 不同作物集雨灌溉次数和灌水定额

作物	灌水方式	灌水次数		灌水定额 (m³ · hm⁻²)
		降雨量 250~500 mm	降雨量>500 mm	
玉米等旱田作物	坐水种	1	1	45~75
	点灌	2~3	2~3	45~90
	地膜穴灌	1~2	1~3	45~100
	注水灌	2~3	2~3	45~75
	滴灌	1~2	2~3	150~225
一季蔬菜	滴灌	5~8	6~10	150~180
	微喷灌	5~8	6~10	150~180
	点灌	5~8	6~10	90~150
果树	滴灌	2~5	3~6	120~150
	小管出流灌	2~5	3~6	150~240
	微喷灌	2~5	3~8	150~180
	点灌（穴灌）	2~5	3~6	150~180
一季水稻	"薄、浅、湿、晒"和控制灌溉		6~10	300~450

表 3-18 畜禽养殖供水定额

畜禽种类	大牲畜	猪	羊	禽
定额（L/（头、只·d））	40~60	15~20	5~10	0.5~1.0

3. 雨水集蓄工程布置形式

（1）家庭供水雨水集蓄工程的布置

北方地区常利用屋顶和混凝土衬砌的庭院地面作为集流面，采用水窖作为蓄水建筑物。屋顶下设接水槽，储水池位置可以布置在高处。

（2）公路集蓄工程的布置

公路具有较高的集流效率，是良好的集流面。可以在公路两旁布置蓄水池群。利用公路两侧的排水沟在适当地点把水引出排水沟，经过沉淀后，再通过输水渠引入蓄水池。当地块离开公路较远时，宜修建引水输水渠道把水分别引入蓄水池（窖）。

（3）天然坡面集流工程的布置

植被较好的土质坡面和岩石坡面都可以加以利用作为集流面。当坡面植被较差，容易引起冲刷时，宜在坡面上修建截流沟和汇流渠，把坡面径流引到蓄水建筑物。

（4）高位蓄水池的布置

为利于需要一定压力的灌溉方式，如滴灌、微喷灌等，可以利用水泵把储存在水池（窖）内的水提升到高位水池，然后与管道连接进行灌溉。

（5）温室大棚雨水集蓄工程的布置

温室大棚的塑料顶棚是良好的集流面，在湿润地区，集蓄的雨水可以基本满足温室大棚内作物的用水需求；在半干旱地区也可以满足大棚内一季作物的用水需求。水窖可以建在大棚内或棚外，沿棚面下修建汇流渠，也可以用水罐储存来自顶棚的水。

（三）雨水集蓄利用工程设计

在对基本资料进行分析和对来水用水平衡计算的基础上，就要进行雨水集蓄工程的总体设计，总体设计主要包括集流面设计、蓄水工程设计、灌溉系统规划及投资预算、效益分析等。

1. 集雨子系统设计

设计集流面时首先要考虑影响集流效率的因素，主要包括降雨特性对集流效率的影响，集流材料对集流效率的影响，集流面坡度对集流效率的影响，集流面前期土壤水分对集流效率的影响等 4 个方面。一般情况下，降雨量和降雨强度增加，集流量也会增加，集流材料中混凝土和水泥瓦的集流效率最高。集流面坡度越大，集流效率也越高。集流面前期水分含量越高，集流效率也越高。

集流面可分为现有建筑物不透水表面的集流面，天然坡面的集流面以及专门修建的防渗集流面。利用当地条件集蓄天然降雨进行补充灌溉时，应首先考虑已有的集流面。如不能满足需求，可人工修建防渗集流面进行补充，但要本着因地制宜、就地取材和工程造价低的原则进行。

集流面的设计首先进行降雨资料的收集与计算，灌溉用水量的确定、集流场面积的确定，这些内容前已提及，在此不再详述。集流面材料不同，设计要求也不同。

（1）混凝土集流面

混凝土集流面其应用技术已经成熟，被实践证明是集流效率相对稳定和使用比较可靠的集流面材料之一。为提高集流效率和降低工程造价，建设于庭院的混凝土集流面一般采用纵横双向坡度，纵向可采用 1/20~1/10 的坡度，横向可采用 1/100~1/50 的坡度；建设于荒山荒坡上的集流面一般根据地形坡度确定纵向坡度，但为节省工程量，坡度一般不大于 1/3，且应在集流面下沿处设置截流引水渠。在混凝土集流面施工过程中，基础处理混凝土配合比设计和施工质量控制是混凝土集流面技术的关键，集流面混凝土配合比技术数据见表 3-19。

表 3-19　混凝土集流面配合比技术参数

设计标号	水泥标号	水灰比	最大粒径（mm）	配合比			水泥（kg）	砂		卵石		水（kg）
				水泥	砂	卵石		（kg）	（m³）	（kg）	（m³）	
C15	325	0.6	20	1	2.87	4.13	290	838	0.56	1 215	0.71	170
			30	1	2.97	5.28	256	765	0.51	1 374	0.80	150
	425	0.7	20	1	2.99	5.28	261	780	0.52	1 377	0.81	185
			30	1	3.11	5.80	246	765	0.51	1 428	0.84	175

（2）水泥土集流面

水泥土是把一定数量的水泥与土混合后，压实而成的一种集流面建筑材料。与混凝土相比，它具有不需要用砂子和石子等材料的优点，但比混凝土透水性大。水泥土有干硬性和塑性两种，干硬性水泥土拌和时用水量较少，它的强度和防渗能力都优于塑性水泥土，通常是用专用机械制成 30~40 cm²、厚 4~5 cm 的水泥板块，再进行砌筑。塑性水泥土可以就地施工，不需要机械。水泥土中的水泥含量一般应占整个水泥土重量的 8%~12%，每立方米水泥土用水泥 120~190 kg。

（3）三合土（二合土）集流面

三合土是石灰、黏土和普通土的混合材料和均匀后经过夯实而成的。通常石灰、黏土和土的体积比例为 1∶2∶4。二合土是石灰与土的混合料夯实而成的，石灰与土的比例常用 3∶7 或 4∶6。

（4）原土夯实集流面

原土夯实集流面是一种完全就地取材的集流面，集流效率较低，寿命较短。具体的做法是把土刨松 30 cm，除去杂草，当土料太湿时就要适当晾干后再进行分层夯实。每层松土厚度 15 cm 左右。地表坡度不大于 10%。

（5）塑料薄膜集流面

塑料薄膜具有防渗性能优良、价格低、施工简便等优点，但缺点是容易老化。有两种铺设方式：一种是裸露铺设，这种铺设方式集流效率高，可以达到 0.9 以上，但寿命短，最多能用一个作物生长季；另一种是在塑料薄膜上铺一层厚度为 3~4 cm 的中粗砂、草泥或低强度等级砂浆，以防止老化和机械破坏。可用 3~5 a，但大大降低了集流效率。埋藏式薄膜宜用 0.1~0.2 mm 厚的聚氯乙烯薄膜。

2. 蓄水子系统设计

蓄水工程是雨水集蓄利用工程的主要建筑物，是蓄存雨水的储水主体，它的成功与否直接影响雨水集蓄利用工程的成败及其效益发挥得好坏。蓄水工程应当根据地形、土质、集流方式、用途等具体条件进行整体规划布局，选择合理的结构形式和适宜的防渗体。

（1）蓄水工程形式选择

蓄水工程种类繁多，主要有水窖、蓄水池、涝池和塘坝等类型。水窖按形式分为圆柱形、球形、瓶形、烧杯形、窖形等；按防渗材料分为红黏土防渗及混凝土或水泥砂浆防渗；按被覆方式有硬被覆式和软被覆式两种；按所使用的建筑材料可分为砌砖（石）、现浇混凝土、水泥砂浆、塑料薄膜和二合泥等。由于水窖建造容易、使用方便、蒸发渗漏少、水质基本不受污染，因而在干旱半干旱地区得到了比较广泛的应用。蓄水工程形式应根据地形、土质、集流方式、建筑材料、蓄水用途等因素确定。在黄土地区且蓄水容积较小，蓄存雨水主要用于人畜饮用时，可选择水窖形式；蓄水容积较大时，一般选用蓄水池；在适宜的低洼地形，以拦蓄坡耕地及土路面等含沙量较大的径流时，可利用涝池或塘坝。

水窖是一种建在地下的埋藏式蓄水工程，普遍适用于我国北方地区。按照水窖的结构和建造材料不同，可将水窖分为以下几种类型。

①水泥砂浆薄壁水窖。水泥砂浆薄壁水窖施工容易，所用材料也较少，单方水投资较低，适用于土质密实的黄土地区，在各地发展较为普遍。水泥砂浆薄壁窖主要包括窖盖、窖台、窖颈、旱窖、水窖、窖底。其结构及主要技术指标见表3-20、图3-8。

水泥砂浆抹面水窖总深为5.7~8.1 m，其中水窖深3.7~5.3 m，底径2.5~3.5 m，中径2.8~4.1 m，旱窖深2.0~2.8 m，窖口径0.8~1.1 m。窖体由窖口以下50~80 cm处圆弧形向下扩展至水窖中径部位，窖台高30 cm，蓄水量20~60 m³。

②混凝土盖碗水窖。混凝土盖碗水窖形状类似盖碗，故取名盖碗窖。当土质坚固性稍差时，为保证安全，水窖上部采用素混凝土穹形结构，以承受上部土体重量。具有结构安全、稳定性好等特点，一定程度上避免了因传统水窖脖子过深带来的建窖取土、提水灌溉及清淤等困难。但混凝土数量较大，需增加投资。

表3-20　水泥砂浆抹面水窖主要技术指标及工程量

容积 （m³）	中径 （m）	底径 （m）	窖颈深 （m）	水窖深度 （m）	壁厚 （cm）	挖方 （m³）	砂浆 （m³）	水泥 （t）	砂子 （m³）
20	2.8	2.5	2.0	3.7	4	43.4	1.93	1.06	1.97
30	3.2	2.8	2.2	4.2	4	58.5	2.47	1.36	2.52
40	3.5	3.1	2.4	4.6	4	73.0	2.96	1.64	3.02
50	3.8	3.3	2.6	5.0	4	87.8	3.45	1.91	3.51
60	4.1	3.5	2.8	5.3	4	101.3	3.87	2.14	3.95

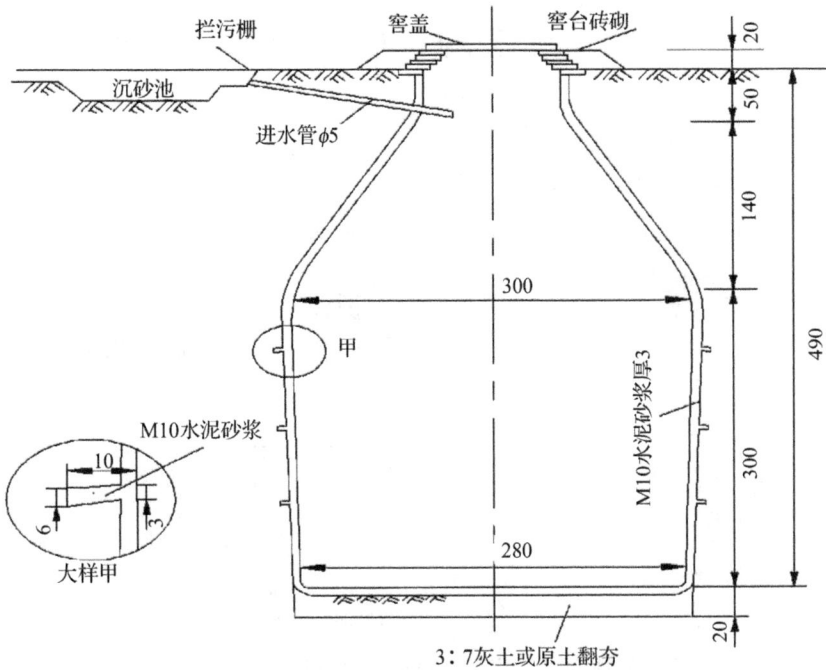

图 3-8 水泥砂浆薄壁水窖剖面图（单位：cm）

混凝土盖碗水窖主要技术指标及工程量见表 3-21，结构见图 3-9。

表 3-21 混凝土盖碗水窖主要技术指标及工程量

容积 （m³）	中径 （m）	底径 （m）	矢高 （m）	水窖深度 （m）	壁厚 （cm）	挖方 （m³）	填方 （m³）	混凝土 （m³）	砂浆 （m³）	水泥 （t）	砂子 （m³）	石子 （m³）
20	2.6	2.3	1.1	4.5	4	29.4	7.28	0.51	1.61	1.29	1.92	0.40
30	3.0	2.6	1.2	5.1	4	42.5	9.97	0.58	2.11	1.66	2.46	0.45
40	3.3	2.9	1.3	5.6	4	55.8	12.56	0.64	2.56	2.00	2.95	0.50
50	3.6	3.1	1.4	6.1	4	69.1	15.08	0.69	2.98	2.32	3.41	0.53
60	3.8	3.3	1.5	6.5	4	81.5	17.38	0.73	3.36	2.60	3.81	0.57

③混凝土顶拱水泥砂浆窖。混凝土顶拱水泥砂浆抹面水窖结构特点：水窖外形近似瓶状，窖身圆柱形、窖顶圆锥形。顶拱及底采用 C15 素混凝土，也可采用水泥砂浆砌砖。窖底宜做成微弯的反拱板，板下基土应进行翻夯，深度在 30 cm 左右。土质较弱或砂粒含量较高时，宜采用素混凝土顶拱，混凝土厚度不小于 10 cm，标号可采用 C20。主要技术指标及工程量见表 3-22，结构见图 3-10。

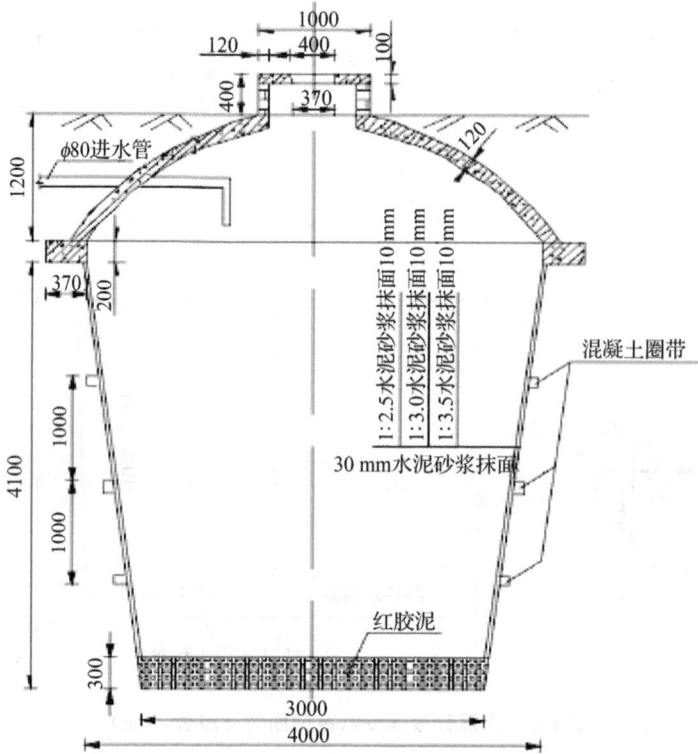

图 3-9　40 m³ 混凝土盖碗窖剖面图（单位：mm）

表 3-22　混凝土顶拱水泥砂浆抹面水窖主要技术指标及工程量

容积（m³）	直径（m）	深度（m）	壁厚（cm）	挖方（m³）	填方（m³）	混凝土（m³）	砂浆（m³）	水泥（t）	砂子（m³）	石子（m³）
20	2.7	3.5	4	29.2	5.85	1.90	1.34	1.26	2.38	1.49
30	3.1	4.0	5	42.8	7.80	2.46	2.18	1.84	3.53	1.92
35	3.3	4.2	6	49.3	8.67	2.70	2.85	2.24	4.34	2.11
40	3.4	4.4	7	56.3	9.59	2.95	3.62	2.68	5.26	2.30
50	3.7	4.8	8	69.4	11.19	3.39	4.78	3.38	6.67	2.65

④砖砌穹形顶水窖。顶盖部分可采用砖砌穹形结构，在砂石料缺乏地区，可以降低造价。矢跨比为 0.4~0.5，结构见图 3-11，主要技术指标及工程量见表 3-23。

⑤混凝土球形水窖。混凝土球形窖，主要由现浇混凝土上半球壳、水泥砂浆抹面下半球壳、两半球接合部圈梁、窖颈和进水管等部分组成。具有结构稳定、适应的地质条件较广、使用寿命长等优点，但该型水窖工程量较大，施工较复杂。

混凝土球形水窖结构见图 3-12，主要技术指标及工程量见表 3-24。

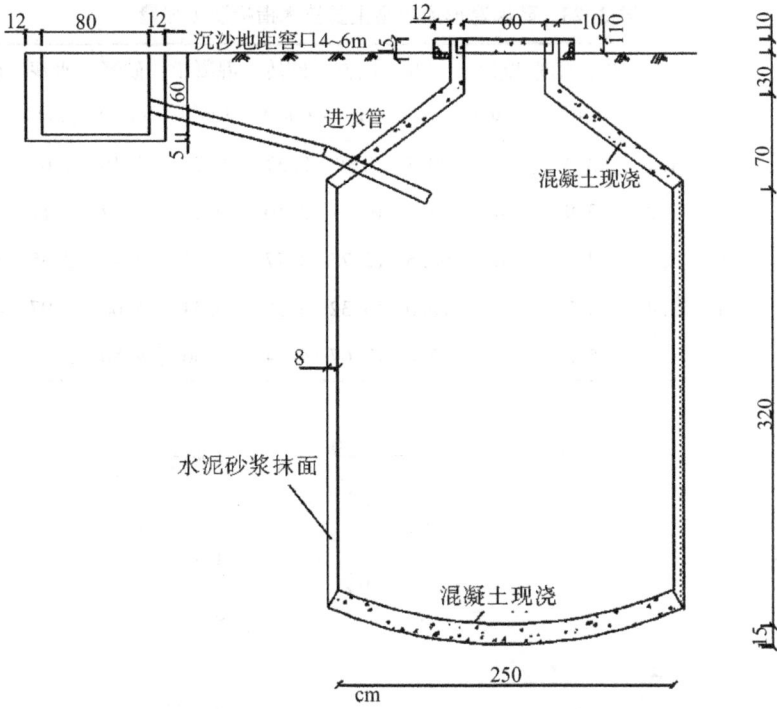

图 3–10 混凝土顶拱水泥砂浆抹面水窖剖面图（单位：cm）

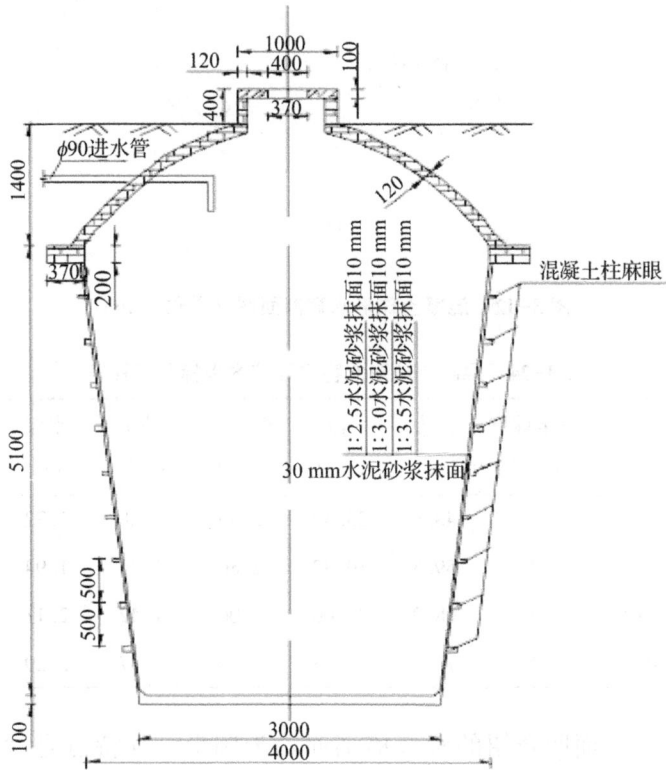

图 3–11 50 m³ 砖砌穹形顶水窖剖面图（单位：mm）

表 3-23　砖砌穹形顶水窖主要技术指标及工程量

容积 （m³）	中径 （m）	底径 （m）	矢高 （m）	水窖深度 （m）	壁厚 （cm）	挖方 （m³）	填方 （m³）	砌砖 （m³）	混凝土 （m³）	砂浆 （m³）	水泥 （t）	砂子 （m³）	石子 （m³）
20	2.6	2.3	1.1	3.4	4	29.8	7.38	2.37	0.25	2.16	1.62	2.33	0.19
30	3.0	2.6	1.2	3.9	4	43.1	10.11	3.10	0.28	2.82	2.11	3.03	0.22
40	3.3	2.9	1.3	4.3	4	56.5	12.75	3.77	0.31	3.43	2.55	3.66	0.25
50	3.6	3.1	1.4	4.7	4	70.0	15.32	4.39	0.34	4.00	2.97	4.26	0.26
60	3.8	3.3	1.5	5.0	4	82.6	17.67	4.94	0.36	4.50	3.33	4.78	0.28

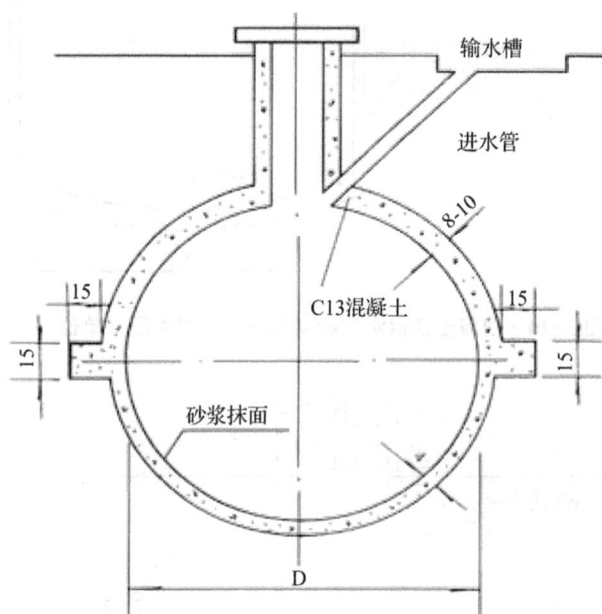

图 3-12　混凝土球形水窖剖面图（单位：cm）

表 3-24　混凝土球形水窖主要技术指标及工程量

容积 （m³）	直径 （m）	上半球厚 （cm）	下半球厚 （cm）	挖方 （m³）	填方 （m³）	混凝土 （m³）	砂浆 （m³）	水泥 （t）	砂子 （m³）	石子 （m³）
20	3.36	10.0	4	48.8	25.43	2.45	1.08	1.72	2.40	1.91
25	3.65	10.0	4	59.8	30.32	2.80	1.27	1.94	2.78	2.18
30	3.85	10.0	4	68.3	34.00	3.06	1.42	2.11	3.06	2.38
35	4.06	10.0	4	78.1	38.13	3.34	1.57	2.29	3.37	2.60

⑥矩形水窖。上面所介绍的水窖横剖面均为圆形。其特点是"口小肚子大"，开挖深度一般为水窖直径的2倍以上。当土质较为坚硬，或者在沙砾石或岩石地区，开挖深度大，施工十分困难，此时需要采用宽浅式的矩形水窖。为防止冬季冻结，

其顶部仍埋藏于地面以下。

矩形水窖边墙一般为挡土墙结构，可采用素混凝土或浆砌石结构。当长度较大时，需要设置隔墙，以减少长度方向两边墙的跨度。顶板可采用预制钢筋混凝土板，以免除现浇混凝土需要的大量脚手架和模板，见图3-13。

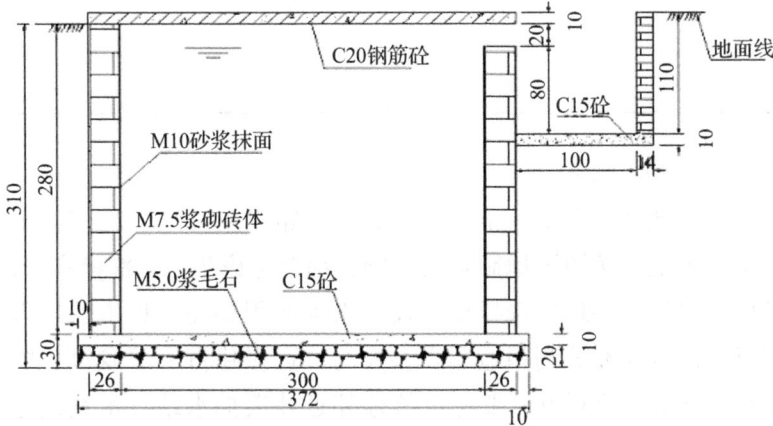

图 3-13 25 m³ 矩形水窖剖面图（单位：cm）

⑦其他蓄水设施。其他蓄水设施主要包括水窖、地表蓄水池、水罐、塘坝和河网等。水窖是在崖面上修建的地下埋藏式蓄水建筑物。收集的雨水可以从崖面的底部引入窖内。水窖的蓄水部分建在崖面以下。水窖由土窖、窖池两大主体组成，附属部分有进出水管、溢流管等以及窖口的拦水坝（表3-25）。地表水池是指修建在地面或地面以上的蓄水建筑物，蓄水池在土壤条件较差，不宜修建水窖的地区应用较为广泛。蓄水池分普通蓄水池和调压蓄水池，普通蓄水池可分为开敞式和封闭式两种，按形状又可分为圆形和矩形，按其结构材料分为素混凝土、钢筋混凝土、浆砌石抹面、砖砌等。地表蓄水池容积比水窖要大得多，一般在100 m³以上，由于其容积较大，适用于南方集雨灌溉需水量较多的情况。水罐、塘坝和河网也主要适用于南方雨量较充沛地区，在此不做详细介绍。

表 3-25 旱地土水窖几何尺寸规格

类型	窖口直径（m）	窖筒深（m）	矢高（m）	上口宽（m）	下底宽（m）	蓄水深度（m）	窖长（m）	容积（m³）
I	0.45	1.5	0.7	2.0	1.44	2.8	5	24.0
							8	38.0
							10	48.0
II	0.45	1.5	1.0	3.0	2.50	2.5	5	34.0
							8	55.0

续表

类型	窑口直径（m）	窑筒深（m）	矢高（m）	上口宽（m）	下底宽（m）	蓄水深度（m）	窑长（m）	容积（m³）
							10	68.0
Ⅲ	0.45	1.5	1.3	4.0	2.70	2.7	5	50.0
							8	80.0
							10	100.0

（2）蓄水工程位置确定

辽西北半干旱地区，草地、荒坡、沟谷、道路以及庭院等均有收集天然降水的地形条件，选择窑址应按照因地制宜的原则，综合考虑集流、灌溉和土质3个方面，一般应具备以下条件：窑址要选择在有较大来水面积和径流集中的地方；水窑应在灌溉农田附近，山区应充分利用地形高差大的特点多建自流灌溉窑；要有深厚坚硬的土层，黏结性强的胶土最好；要尽可能地邻近井渠抽水站等水利设施，增加水窑复蓄次数，充分利用水资源。

（3）蓄水工程容积确定

影响水窑容积的主要因素有地形、土质条件、使用要求及当地经济水平和技术能力等。应当根据设计年集水量、集水面积和集流效率确定水窑容积。容积过大造成浪费；过小使收集的雨水盛不下，同样是浪费。水窑容积的选择还应根据土质条件和使用要求定性地确定，如土质比较疏松的砂土或黄绵土，水窑容积不宜过大。如土壤质地紧密坚硬，其容积可适当大些；人畜饮水的水窑多采用传统的瓶式窑、坛式窑等土窑，其容积为 20~40 m³。而用于农田灌溉的水窑一般要求容积较大，窑身和窑口要采取加固措施，如改进型水泥薄壁窑、钢筋混凝土窑，容积为 50~100 m³。在窑内建蓄水池或窑，俗称为窑窑，容积为 60~100 m³。水窑容积还要根据当地经济水平和投入能力确定。综合考虑建设地点的土壤性质、水窑的结构形式、工程的管理及安全运行等要求。通过对各种结构形式的分析，确定天然降水富集区农业高效用水模式采用的水窑容积为 30~50 m³。

（4）蓄水工程配套水源净化设施

①沉沙池。由于农村经济和村民庭院的限制，降雨时地表径流会携带着集流面以外的泥沙一起流入水窑，如果集流面打扫不干净，其上的土、沙和生活垃圾会在降雨时进入水窑。为了防止大量泥沙进入水窑，污染窑水、降低水窑使用寿命，在水窑入口处，专门修建沉沙池，其形状大多数为矩形，基本构造见图3-14。

②过滤池。对水质要求较高时，需修建过滤池。过滤池施工时，其底部先预埋一根输水管，输水管与蓄水池或窑窑相连，滤料一般用卵石、粗砂及中砂自下而上顺序铺垫，各层厚度应均匀，为避免杂质进入过滤池，在非使用期间过滤池顶用预

制混凝土板盖住，基本构造见图3-15。

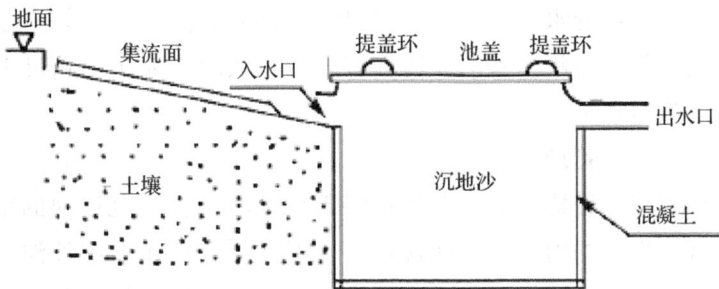

图3-14　沉沙池剖面示意图

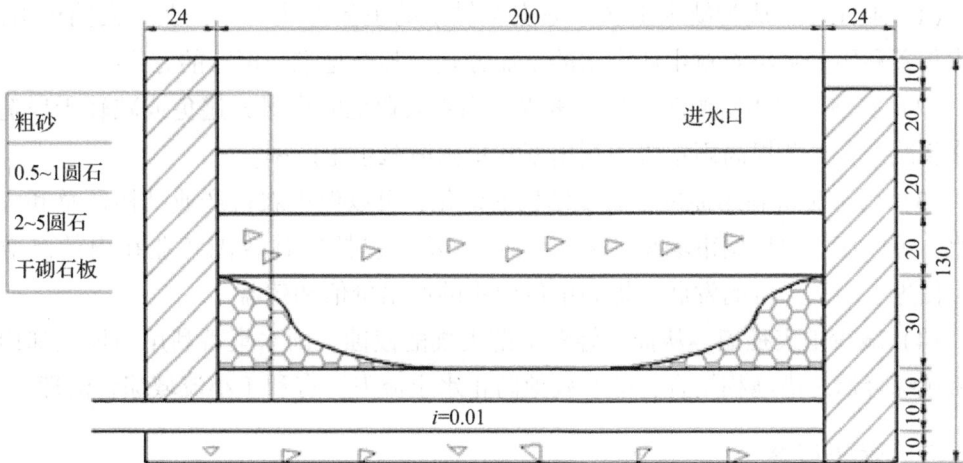

图3-15　过滤池平面图（单位：cm）

③拦污栅。在沉沙池及过滤池的水流入口处均应设置拦污栅，以拦截汇流中的大体积杂物，如枯枝落叶、杂草或其他较大的漂浮物。其构造简单，可在铁板或薄钢板及其他板材上直接呈梅花状打孔，也可直接采用筛网制成，其孔径一般满足10 mm×10 mm。

（5）蓄水工程的管理

水窖管护工作的主要内容：

①适时蓄水。下雨前要及时修理进水渠道、沉沙池、清除拦污栅前的各种杂物，疏通进水管道口，以便及时导引雨水进入水窖。当窖内雨水蓄至水窖上限时，要及时关闭进水口，防止超蓄引起窖体坍塌。

②检查维护工程设施。定期对水窖进行检查维修，保持水窖完好无损，蓄水期间定期观测水位变化情况，发现水位非正常下降时，要及时查找原因，采取维修

措施。

③保持窖内湿润。水窖建成后，先往水窖灌入几担养窖水。用胶泥防渗的水窖，窖底也须存留一定的水量，保持窖内湿润，防止干裂造成防渗层脱落。

④做好清淤工作。每年蓄水前要检查窖内淤积状况，如淤深超过 1 m 时，要及时清淤，否则影响蓄水量。

⑤配套设施的维护管理

集水场维护管理。设置围墙，在冬季降雪后及时清扫。沉沙池的维护管理。水土流失严重地区，集蓄的雨水中泥沙含量大，因此要合理布设沉沙池，加强对沉沙池的维护。每次蓄水前要及时清淤，冬季封冻前排除池内积水，及时维修池体。

二、技术效果

（1）雨水集蓄成为缺水山区家庭安全供水的主流方式之一。在广大偏远山区，雨水集蓄利用是解决农村生活供水的主流方式，甚至是唯一可行的方式。

（2）实施雨水集蓄灌溉可以显著提高雨养农业地的产量，避免或减轻干旱造成的作物减产，显著提高雨水资源利用率和集雨灌溉水生产率。

（3）雨水集蓄利用促进了农业结构的优化，可以促进农村产业结构调整和农民增收，可以使农户根据市场要求和自身特点发展包括农林牧副各业在内的高效农业，促进了山区经济的发展，提高单位雨水的产出价值和效益。

（4）减少地表径流，从而减轻对下游土壤的侵蚀。雨水集蓄利用与坡改梯田等小流域综合治理措施相结合，能有效地防止水土流失，有利于小流域综合治理。

三、适于区域

水资源短缺，水土流失严重，主要依靠雨养的低山丘陵农业地区。一般要求年有效降雨量在 250 mm 以上，其中降雨量在 250~500 mm 的农业地区为雨水集蓄利用高效地域。

四、注意事项

（1）因地制宜，分类指导。辽宁省各地应从实际出发，根据当地的水资源情况，结合农业产业化发展，科学规划，合理选择工程建设模式，采取不同形式雨水集蓄利用技术，能蓄则蓄，能拦则拦，以小、微型水利工程为主，充分利用当地的雨水资源。雨水集蓄利用工程要与节水灌溉、水土保持及生态环境建设相结合，提倡一水多用，促进水资源的高效利用，使有限的水资源尽可能发挥最大的作用。

辽西地区水资源极为匮乏，蓄水工程总量少且水资源利用率低，建设雨水集蓄利用工程，开展作物结构调整，发展节水灌溉是这一地区的发展方向；辽东地区水资源相对比较丰富，开展地表水拦蓄工程是这一地区的重点；辽宁中部地区是全省的粮食主产区，水资源开发利用程度高，农业用水的发展方向是强化水资源的优化调度，灌区的续建配套和节水工程改造为与高效、优质、特色农业产业相配套的水利设施是该地区的重点。

（2）要对可开发利用的雨水资源潜力进行合理评价，首先确定各类集雨下垫面（不同材料、不同坡度及雨前含水量）在不同降雨特性（雨量和雨强）下的场次集流效率（径流系数），进而研究确定适合本地区雨水集蓄工程的规模，以发挥当地雨水资源的最佳效益，避免过度利用引发不良的环境问题。

（3）在注重雨水集蓄效益的同时，要加强与之相配套的农艺技术和管理技术的研究。充分发挥集雨工程的效益，配套设施必须跟上，如提水设备、节水灌溉技术、水质保护、耕作措施、农艺措施等的匹配。

（4）辽西易旱区雨水集蓄利用必须与发展高效农业相结合，配以节水灌溉技术，大力发展山地大棚、果树等经济作物，实现有限水资源的高效利用。

（5）严格项目管理，确保工程建设质量。雨水集蓄工程建设必须实行严格管理，同时提供技术保障。雨水集蓄工程建设，要充分考虑工程的布局，在项目的建设与管理上，坚持因地制宜、合理布局、有序开发、突出重点。

第三节 田间微集水技术

一、技术内容

在北方旱作农业区，降水是唯一或主要水源，根据水量平衡原理，只有减少地表径流，抑制土壤无效蒸发，才能增加土壤贮水量，田间微集水技术是一种有效的方法。它主要有两种形式：一种是田块间集流技术，其技术原理是依据丘陵缓坡地形特点，在农田种植区一侧或两侧邻体修建集水区，并将集水区产生的径流直接引入农田中，形成水分叠加和富集效应；另一种是行间集水技术，将耕地分成种植区和集水区两部分，二者相间排列，降水后集水区产生径流，向种植区汇集，实现雨量增值。集水区表面要进行适当处理（地膜覆盖等），以增加径流量。本节主要讨论行间集水技术。

（一）垄覆膜沟植技术

垄覆膜沟植技术基于雨水就地利用的理念，通过改变农田地表微地形，使降雨在农田内就地实现空间再分配，最大限度地降低农田内的蒸发面积，将有限的降水尽量保留和集中到沟内种植区，达到雨水农田内富集利用的目的。微集水种植田间、沟垄相间排列，垄上覆膜集雨，沟内种植作物，"沟"与"垄"相互联系，相互作用，共同构成微集雨种植水分环境系统，称为沟垄系统，是微集水种植特有的内涵和农田水分调控方式，亦是其增进降水生产潜力的关键所在。该系统水分调控作用如图 3-16 所示，降落在垄面的雨水除了少部分留在垄面外，多数形成径流汇集到沟中，连同沟中降雨共同入渗，其主要部分形成下渗流，另有相当可观的一部分形成侧渗流，因为土壤物理因素及作物根系因素，垄下的水分可以形成逆流反补到沟中。棵间土壤蒸发、作物蒸腾及垄面残留雨水的蒸发共同构成了微集水种植农田水分的支出；同时，因垄面覆膜，侧渗至垄下的土壤水分蒸发受到抑制。

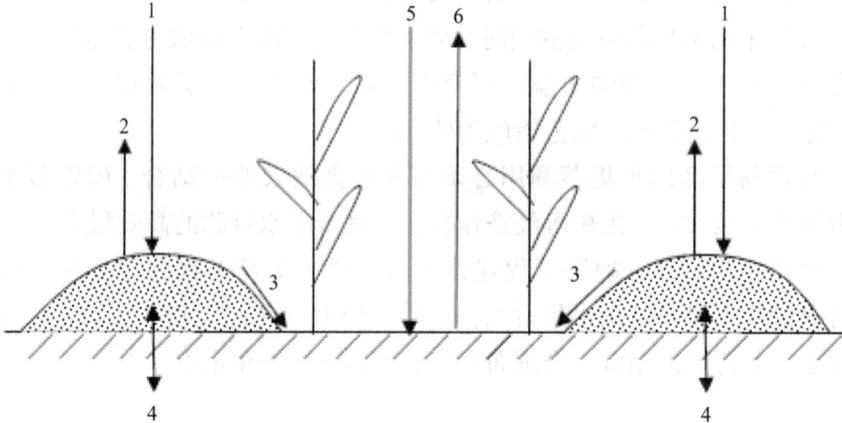

1. 降落在垄面的雨水；2. 垄面残留雨水的蒸发；3. 垄面形成的径流；4. 垄上蒸发受到抑制的土壤水分；5. 沟中的降雨；6. 棵间土壤水分蒸发

图 3-16　田间微集水种植土壤水分调控示意图

在垄背上覆盖地膜，不仅有增温保墒和减轻风蚀的作用，而且使自然降雨特别是小于 10 mm 的无效或微效降雨能很快形成径流贮存到膜下作物根部，集水功能明显提高，使水分利用效率增加，利于提高作物产量。田间垄膜沟种微型集雨系统可把两个面上的降雨集中到一个面上，使其入渗得更深，这样蒸发损失就越小。该技术集垄沟种植、垄面覆膜抑蒸集雨、宽窄行种植技术于一体，使降雨在农田内就地实现空间再分配，将有限的降水尽量保留和集中到沟内种植区，增加土壤含水率，具有增温、保墒和集雨的作用，从而达到提高降雨资源利用率和玉米产量的目的。同时土壤水、温条件的改善可促进微生物的大量繁殖，提高土壤微生物含量，利于土壤养分的有效化。在垄上覆膜的基础上，沟内覆盖秸秆或地膜，可进一步减少土壤蒸发，将无效的棵间蒸发转化为有效的植株蒸腾，提高水分利用效率。目前，垄沟覆膜集雨技术在完全依靠降雨的西北半干旱地区、半湿润偏旱地区应用较广，在半湿润华北地区，为解决水资源供需矛盾也有一定程度的应用，研究涉及的作物涵盖了春小麦、春玉米、夏玉米、谷子、豌豆、糜子、冬小麦、苜蓿和马铃薯等。

在不同的旱农地区，农田微集水种植技术的开发和设计因集水时间、种植模式、覆盖措施、技术组合方式等的不同而呈现多样化的表现形式。近年来各地出现的与农田微集水栽培有关的技术可做如下分类：

①按集水时间的不同，可分为休闲期集水保墒技术和作物生育期集水保墒技术。

②按种植模式的不同，可分为单作微集水和间、套种微集水技术。

③按覆盖方式的不同，可分为一元覆盖微集水种植技术，如"垄膜沟不覆膜""垄膜沟膜"和二元覆盖微集水种植技术（如"垄膜沟秸秆种植"）。

④按技术组合形式不同，可分为微集水种植单一技术和组合技术（如全程地膜覆盖高产栽培技术及覆膜沟穴播集雨增产技术）。

上述技术虽形式各异，但本质相同，均可概括为通过以集雨、蓄水、保墒为核心内容的农田水分调控实现作物稳产高产的田间集水农业技术。田间微集水技术的关键是通过地膜覆盖作物行间非种植区的土地，使覆盖区的降雨叠加到种植区，供作物吸收利用。通过优化集雨产流区和种植区的面积之比，两块地上的降水一块地用，使同等降雨条件下作物种植区的土壤水分不同程度增加，最大限度满足了半干旱地区有限降水条件下作物对水分的需求。

1. 垄覆膜沟植技术沟垄几何关系

垄膜沟植微集水栽培体系设计包含了丰富的内容，主要包括垄沟尺寸比例、覆盖物类型、覆盖持续时长等（表3-26）。由于不同设计的沟垄和覆盖模式在不同气候条件和作物栽培下均会产生各异的雨水收集和利用效率，进而形成不同的田间气候、土壤、水分微环境，最终导致作物产量和水分利用效率的明显不同。

表3-26 不同作物垄沟设计及覆盖方式

最适作物	年平均降雨量（mm）	垄沟比（cm：cm）	垄高（cm）	种植方式	沟覆盖物	垄覆盖物
燕麦	381.7	40：40	40	沟内种植	裸露	聚乙烯薄膜
苜蓿	230~435.8	60：75	25	沟内种植	裸露	聚乙烯薄膜
谷子	364.9	60：90	20	沟内种植	薄膜	聚乙烯薄膜
小麦	550	50：50	15	沟内种植	裸露	聚乙烯薄膜
	550~600	25：35	15	沟内种植	裸露	聚乙烯薄膜
	468.5	50：50	15	沟内种植	裸露	聚乙烯薄膜
	200~300	70：30	10	沟内种植	薄膜	聚乙烯薄膜
	550~600	25：20	—	垄侧种植	禾草	聚乙烯薄膜
玉米	263	60：60	20	沟内种植	秸秆	聚乙烯薄膜
	263	60：60	20	沟内种植	秸秆	聚乙烯薄膜
	578	60：60	15	沟内种植	秸秆	聚乙烯薄膜
	263	60：60	25	沟内种植	碎石	聚乙烯薄膜
马铃薯	263	45：60	22	沟内种植	薄膜	聚乙烯薄膜
	310	45：45	25	沟内种植	薄膜	聚乙烯薄膜

沟垄比值和宽窄不同，对降雨的再分配能力也不同，进而影响作物的产量。2008—2009 年，我们在辽西地区分别设置沟垄比为 60 cm：60 cm、60 cm：45 cm 和 60 cm：30 cm，以传统种植为对照，研究不同处理对土壤水分和玉米产量的影响。结果表明，2008 年玉米生育期间降雨较多，3 种带型整个观测期平均土壤水分分别高出对照 9.37 mm、3.09 mm 和 9.93 mm；2009 年试验区发生严重的夏旱和秋旱，其中 60 cm：60 cm 和 60 cm：45 cm 两种带型整个观测期平均土壤水分分别高出对照 6.24 mm 和 9.24 mm，60 cm：30 cm 带型整个观测期平均土壤水分低于对照 0.86 mm。从 2 a 土壤水分调查结果分析，不同带型集水种植整个观测期平均土壤水分与对照相比增幅不是非常明显，这是由于在多雨年份（2008 年）水分不再是限制玉米生长的关键因子，而在严重干旱年份（2009 年）可集雨水少，垄膜沟种集雨增墒功能受到抑制，即在丰水年或严重干旱年垄膜沟种集雨增墒效果会受到一定影响（图 3-17）。

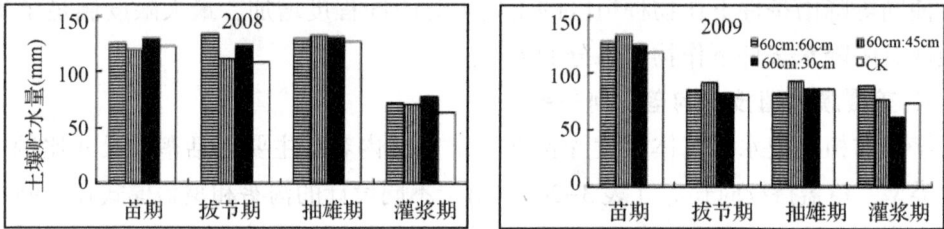

图 3-17　不同处理生育期间土壤水分（0~60 cm）

从表 3-27 可以看出，不同年份由于降雨量及降雨分布的差异，2 a 间玉米产量差异非常大，但不同带型垄膜沟种玉米产量较对照的增产趋势基本一致。2 a 间不同带型垄膜沟种玉米水分利用效率较对照都不同程度增加。这是由于垄膜沟种微集雨种植垄上覆盖地膜，不仅土壤蒸发面减少，而且使无效或微效降雨充分有效化，改变了降雨的空间分布，使有限降雨集中在沟内种植区，通过强化降雨入渗深度，起到了蓄墒、保墒的效果，使"集、蓄、保"三个技术环节紧密结合起来，最大限度满足玉米对水分的需求，提高了降雨资源利用率，从而提高土壤水分，促进玉米生长，提高了产量和水分利用效率。在干旱年份垄膜沟种集雨种植增产幅度较大。

表 3-27　不同处理产量及水分利用效率

处理	2008 年				2009 年			
	产量 (kg·hm⁻²)	比 CK 增产（%）	WUE (kg·mm⁻¹·hm⁻²)	比 CK 增加（%）	产量 (kg·hm⁻²)	比 CK 增产（%）	WUE (kg·mm⁻¹·hm⁻²)	比 CK 增加（%）
60 cm：60 cm	10 464aA	9.85	20.36	12.57	6 716 aA	24.88	21.70	15.56
60 cm：45 cm	10 742aA	12.77	20.76	14.75	6 785 aA	26.16	22.17	18.03
60 cm：30 cm	10 909aA	14.52	20.74	14.66	6 841 aA	27.20	20.17	7.42
CK	9 526bA	—	18.09	—	5378 bA	—	18.78	—

为了确定在沟垄微型集水种植体系中的最佳沟垄比例，以对照和垄膜沟种集水处理单位面积的经济产量（垄膜沟种处理的经济产量计算包括垄面积和沟面积）为 y，以覆膜条件下垄宽为 x（x 分别为 0 cm、30 cm、45 cm 和 60 cm，这里的 0 cm 指传统种植）作散点图（图 3-18），它们之间的关系可用一元二次回归方程表达：

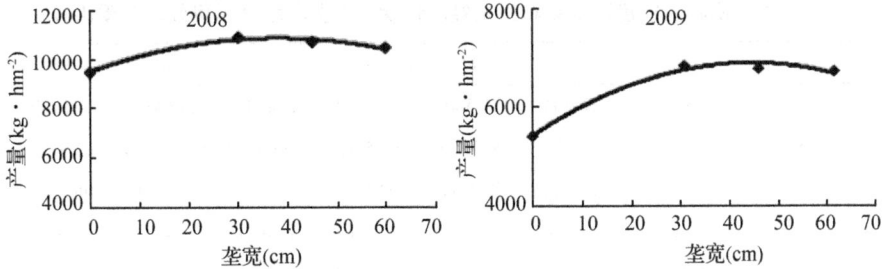

图 3-18　不同处理产量与垄宽散点图

$y=-0.945\ 7x^2+71.533\ 9x+9\ 538.581\ 8$（$R^2=0.984\ 8$，2008 年）

$y=-0.804\ 6x^2+69.647\ 9x+5\ 391.963\ 6$（$R^2=0.985\ 5$，2009 年）

对回归方程进行微分处理，发现当垄宽分别为 38 cm 和 43 cm 时，经济产量最高，其期望值可以达到 10 891 kg/hm^2 和 6 899 kg/hm^2。取两年平均值即垄宽为 40.5 cm 时，经济产量最高。在干旱年份垄膜沟种覆膜垄相对宽些。

沟、垄宽度和沟垄比的设计既要保证有适宜的沟宽以保证沟内作物适当的种植密度和种植方式，又要有适宜的垄宽以确保集水、保墒效果。增加起垄覆膜宽度，固然提高了产流量和种植区水分，然而产流区面积的增加必然引起种植区面积的相对减少，产流区面积增加带来的水分富集所引起的增产效果能否弥补因种植区面积减少而带来的减产效果，还需综合考虑。本文虽然理论分析在沟宽 60 cm 条件下，垄宽在 38~43 cm 时玉米产量最高，但从 2 a 试验结果可知，垄膜沟种不同沟垄比处理间产量差异并不显著。同时已有研究表明，年降水量 400 mm 以上的半干旱或半湿润易旱区，一般要求起垄覆膜产流区宽度小于种植区宽度。辽西地区包括朝阳、阜新、葫芦岛和锦州部分区域，年降水量为 300~500 mm，在这一降水量下如何科学构建玉米垄膜沟种合理的沟垄宽窄及比值需重点结合当地的气候特征、耕作习惯、机械水平、土壤和作物品种等因素因地制宜地确定。

2. 垄覆膜沟植技术适宜品种和种植密度

探讨在垄膜沟种条件下，玉米适宜品种及适宜的种植密度。选用 3 个玉米品种，分别为中熟品种（辽单 33，A1）、中晚熟品种（沈禾 201，A2）和晚熟品种（东单 60，A3），密度设 6 个水平，分别为 B1：37 500 株/hm^2、B2：45 000 株/hm^2、B3：52 500 株/hm^2、B4：60 000 株/hm^2、B5：67 500 株/hm^2 和 B6：75 000 株/hm^2。A1 品种 6 个密度从 B1~B6 处理号依次为 T1~T6，A2 品种依次为 T7~T12，A3 品种为 T13~T18，采用两因素裂区设计，主区为品种，副区为密度。

从表 3-28 可以看出，不同密度水平间玉米各经济性状随着种植密度的增加，穗长、穗粗、行粒数、穗粒数和千粒重基本呈现出下降的趋势且差异显著性增加，穗行数无明显变化规律且各密度水平下差异不明显。B1 产量最低，B5 产量最高，二者差异达极显著水平且 B5 与 B2 和 B3 产量差异也达极显著水平。

表 3-28　品种和密度两因素和玉米经济性状、产量和水分利用效率多重比较

性状	A1	A2	A3	B1	B2	B3	B4	B5	B6
穗长（cm）	18.50bB	18.78bB	19.89aa	20.51aA	20.09abAB	19.40bBC	18.60cCD	18.16cdD	17.61dD
穗粗（cm）	5.2742bB	5.0775cC	5.75	5.4759aA	5.4556aAB	5.3935abABC	5.3368bcBCD	5.2794cCD	5.2538cD
穗行数（行）	15.81bB	15.93bB	19.08aa	17.07aA	17.11aA	17.07aA	16.73aA	16.91aA	16.76aA
行粒数（粒）	36.17bB	40.62aa	39.88aAB	42.23aA	40.72abAB	39.43bBC	37.47cCD	37.23cCD	36.24cD
穗粒数（粒）	570.94cC	646.83bB	761.69aa	725.66aA	699.74abA	674.14bAB	626.14cBC	627.27cBC	605.98cC
千粒重（g）	413.76aA	389.92bB	338.44cC	389.62aA	383.58aA	372.04bB	370.52bcB	362.35cB	346.91dC
产量（kg·hm⁻²）	12 464.23bA	13 781.89aa	12 591.29abA	10 351.17dD	11 784.87cC	12 950.47bBC	13 719.86abAB	14 530.26aA	14 339.17aA
水分利用效率（kg·mm⁻¹·hm⁻²）	27.40aA	28.73aA	25.33aA	21.69dC	25.16cBC	27.15bcAB	28.61abAB	29.77abA	30.55aA

不同品种间产量表现为中晚熟品种（A2）>晚熟品种（A3）>中熟品种（A1），以中晚熟品种沈禾 201 产量最高，其产量比晚熟品种东单 60 增加 9.46%，比中熟品种辽单 33 增加 10.57%且产量差异与辽单 33 达显著水平，中熟品种辽单 33 和晚熟品种东单 60 产量差异不显著（表 3-29）。

表 3-29　玉米不同处理组合产量比较

品种	密度	产量（kg·hm⁻²）	水分利用效率（kg·mm⁻¹·hm⁻²）
A1	B1	9 468.73 dD	20.45 eD
	B2	11 178.59 cC	23.45 dCD
	B3	12 441.22 bB	27.02 cBC
	B4	13 012.50b AB	28.61 bcAB
	B5	14 342.17 aA	31.11 abA
	B6	14 344.17 aA	33.75 aA
A2	B1	9 782.89 dD	20.86 cD
	B2	11 732.86 cC	26.11 bC
	B3	13 152.57 bB	27.62 bBC
	B4	15 289.64 aA	32.23 aAB
	B5	16 242.12 aA	32.43 aAB

续表

品种	密度	产量（kg·hm^{-2}）	水分利用效率 （kg·mm^{-1}·hm^{-2}）
	B6	16 491.24 aA	33.14 aA
	B1	11 802.90 bA	23.76 aA
	B2	12 443.22 abA	25.92 aA
	B3	13 256.63 aA	26.82 aA
A3	B4	12 856.43 abA	24.98 aA
	B5	13 005.50 abA	25.77 aA
	B6	12182.09 abA	24.75 aA

中熟品种辽单 33 和中晚熟品种沈禾 201 的推荐种植密度分别为48 000~52 500株/hm^2 和 52 500~60 000 株/hm^2 之间，二者最高产量的种植密度分别较推荐种植密度增加 54.72%~69.22% 和 41.19%~61.36%；晚熟品种东单 60 推荐种植密度为42 000~45 000株/hm^2，采用垄膜沟种微集雨种植措施下其最高产量的种植密度比推荐密度增加29.26%~38.49%。综合分析表 3-29 和图 3-19 可以看出，该区微集雨种植要想充分发挥该技术的增产潜力，建议选用中晚熟株型紧凑品种进行合理密植。

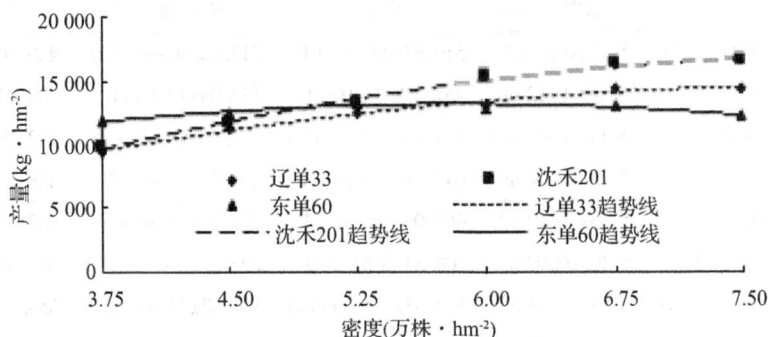

图 3-19 不同品种产量和种植密度的散点图及趋势线

3. 垄覆膜沟植技术种植密度和施氮量耦合效应

采用二元二次正交旋转组合设计，种植密度（株/hm^2）设 5 个水平，分别为 37 500、45 180、63 750、82 320、90 000，施纯氮量（N，kg/hm^2）设 5 个水平，分别为 0、73.2、250、426.8、500。氮肥为尿素（N 46%），设计用量的 1/3 为种肥，用量的 2/3 拔节期追施。磷肥（过磷酸钙，P_2O_5 12%，150 kg/hm^2）和钾肥（硫酸钾，K_2O 60%，150 kg/hm^2）作基肥一次性施入。2012 年（丰水年）和 2014 年（干旱年）分别进行，供试品种为沈禾 201（表 3-30）。

表 3-30 试验因素水平编码

处理	种植密度 X_1（株/hm²）编码值	施氮量 X_2（kg/hm²）编码值
T1	1（82 320）	1（426.8）
T2	1（82 320）	-1（73.2）
T3	-1（45 180）	1（426.8）
T4	-1（45 180）	-1（73.2）
T5	-1.414 2（37 500）	0（250）
T6	1.414 2（90 000）	0（250）
T7	0（63 750）	-1.414 2（0）
T8	0（63 750）	1.414 2（500）
T9	0（63 750）	0（250）

从表 3-31 可以看出，穗长、穗粗、穗粒数、穗粒重和千粒重随种植密度的增加而降低，随施氮量的增加而增大。在低密中高氮情况下，穗粒数、穗粒重和千粒重较大；中高密低氮情况下，穗粒数、穗粒重及千粒重较小。回归分析表明密度对穗粒数的影响大于施氮量，而对千粒重的影响小于施氮量。

表 3-31 密度和施氮量对春玉米经济性状的影响（2012 年）

处理	穗长（cm）	穗粗（cm）	穗粒数	穗粒重（g）	千粒重（g）
T1	17.71±0.29 bcBCD	5.12±0.07 bA	510.67±18.03 cCD	217.50±9.99 bcCD	429.40±4.12 abA
T2	16.49±0.36 dD	4.85±0.12 cB	457.33±14.99 dD	175.08±13.96 eE	380.33±11.91 cdBC
T3	20.16±0.25 aA	5.19±0.03 abA	635.33±23.73 aAB	277.50±10.85 aAB	442.20±10.33 aA
T4	19.98±0.36 aA	5.25±0.04 abA	643.67±16.84 aA	278.33±7.64 aAB	428.53±8.11 abA
T5	20.12±0.75 aA	5.33±0.10 aA	663.00±26.45 aA	292.17±13.10 aA	437.33±10.21 aA
T6	16.99±0.52 cdCD	5.10±0.09 bA	508.33±8.61 cCD	205.75±6.03 cdCDE	404.33±10.87 bcAB
T7	16.93±0.65 cdCD	4.88±0.03 cB	512.33±21.96 cCD	184.67±15.82 deDE	359.40±8.16 dC
T8	18.54±0.26 bB	5.18±0.06 abA	575.00±8.20 bBC	240.83±8.51 bBC	413.67±4.11 abAB
T9	18.27±0.45 bBC	5.16±0.07 abA	566.00±21.65 bC	237.72±11.49 bC	420.13±5.89 abA

以玉米子粒产量 Y（kg/hm²）为因变量，种植密度和施氮量编码值为自变量，分别求得玉米子粒产量与二因素的回归方程：

$$Y_{2012} = 13\ 318.99 + 148.67X_1 + 633.86X_2 - 355.12X_1^2 - 585.57X_2^2 + 361.30X_1X_2$$

$F = 5.456\ 1$ $P = 0.011\ 2$

$$Y_{2014} = 7\ 757.00 - 1\ 429.18X_1 + 464.43X_2 - 602.04X_1^2 - 917.24X_2^2 + 185.28X_1X_2$$

$F = 3.595\ 0$ $P = 0.040\ 4$

2012 年，从一次项系数可知密度和施氮量对群体产量的影响都为正效应，且施氮量对群体产量的影响大于密度；2014 年，密度对群体产量的影响为负效应，施氮量为正效应，且密度对群体产量的影响大于施氮量。2 a 间方程中二次项系数均为负值，说明在试验设计范围内玉米群体产量随密度和施氮量的增加呈开口向下的抛物线变化，过低或过高的种植密度和施氮量都不利于玉米获得高产。2 a 间交互项 X_1、X_2 系数为正值，说明密度与施氮量之间的配合对产量的增加具有相互促进作用。

2 a 间种植密度和施氮量对玉米群体产量影响的综合效应见图 3-20。由图 3-20 中可见，密度和施氮量交互作用对玉米产量的影响呈开口向下的凸面体。2012 年最高产量下种植密度与施氮量的组合：X_1 编码值为 0.574 9，X_2 编码值为 0.718 6，即当密度为 74 421 株/hm²，施氮量为 377 kg/hm² 时，玉米产量可望达到理论最高（13 589.47 kg/hm²）；2014 年最高产量下种植密度与施氮量组合：X_1 编码值为 -1.166 1，X_2 编码值为 0.135 4，即当密度为 42 105 株/hm²，施氮量为 274 kg/hm² 时，玉米产量可望达到理论最高（8 621.74 kg/hm²）。

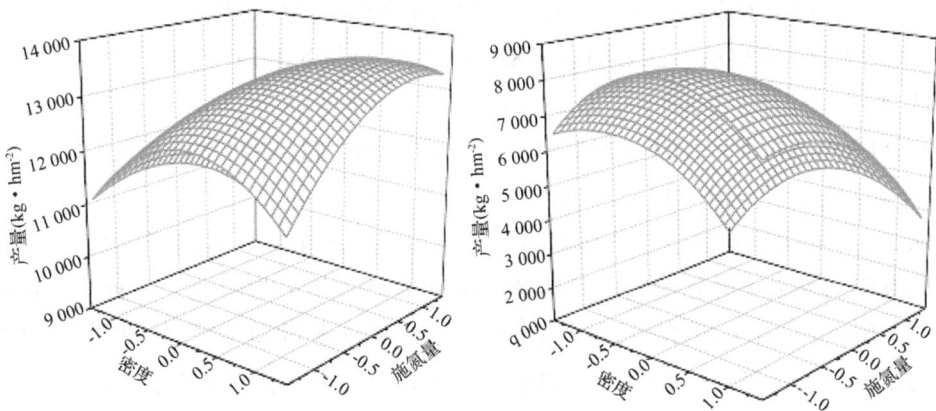

图 3-20 密度和施氮量对玉米产量影响的综合效应（2012 年，2014 年）

根据 2 a 产量方程对产量模型寻优，得到超过平均产量的管理方案：2012 年种植密度编码值为 0.322~1.135，施氮量编码值为 0.522~1.288，即种植密度为 69 727~84 818 株/hm²，施氮量为 342~478 kg/hm²；2014 年种植密度编码值为 -1.286~-0.645，施氮量编码值为 -0.155~0.921，即种植密度为 39 880~51 778 株/hm²，施氮量为 223~413 kg/hm²。在辽西地区特定的生态环境条件下，适宜的种植密度和中高施氮量可显著增加垄膜沟播春玉米产量。

4. 垄覆膜沟植技术氮磷耦合效应

在种植密度和施氮量耦合研究的基础上，2015—2016 年我们又进行了垄覆膜沟植条件下氮磷互作效应研究。实验采用二元二次正交旋转组合设计，氮肥为尿素（N≥46%），设计用量的 1/3 为种肥，2/3 拔节期追施。磷肥为过磷酸钙（P_2O_5 12%），钾肥为硫酸钾（K_2O 60%），用量为 150 kg/hm²，随播种一次性施入（表 3-32）。

表 3-32　试验因素水平编码

处理	施氮量 X_1（kg/hm²）编码值	施 P_2O_5 量 X_2（kg/hm²）编码值
T1	1（426.8）	1（204.8）
T2	1（426.8）	-1（35.3）
T3	-1（73.2）	1（204.8）
T4	-1（73.2）	-1（35.3）
T5	-1.4142（0）	0（120.0）
T6	1.4142（500）	0（120.0）
T7	0（250）	-1.414 2（0）
T8	0（250）	1.414 2（240）
T9	0（250）	0（120）

以玉米成熟期子粒产量 Y（kg/hm²）为因变量，施氮量（X_1）和施磷量（X_2）为自变量，求得玉米成熟期子粒产量与氮肥和磷肥的回归方程：

$$Y = 6\,777.6 + 573.7X_1 + 262.0X_2 - 578.4X_1^2 - 241.2X_2^2 - 200.1X_1X_2$$

$F = 4.492\,2$　$P = 0.020\,9$（2015 年）

$$Y = 11\,253.52 + 1\,373.0X_1 + 232.5X_2^2 - 907.4X_1^2 - 665.5X_2^2 - 325.5X_1X_2$$

$F = 4.430\,0$　$P = 0.0218$（2016 年）

从 2 a 产量方程可以看出，施氮量和施磷量对玉米子粒产量的影响均呈正效应，且氮肥效应明显大于磷肥效应，尤其是定位试验第 2 年更为明显。方程中二次项系数均为负值，说明在试验设计范围内玉米产量随着施氮量和施磷量的增加呈现开口向下的抛物线变化趋势，表明过高的施氮量或施磷量都不利于玉米获得高产。

施氮量和施磷量对玉米产量的综合效应见图 3-21。施氮量和施磷量交互作用对玉米产量的影响呈开口向下的凸面体，2015 年施氮量与施磷量互作效应最大组合：X_1 编码值为 0.4331，X_2 编码值为 0.363 5，即当施氮量为 326.6 kg/hm²，施磷量为 150.8 kg/hm² 时，玉米产量可望达到理论最高（694 9.5 kg/hm²）；2016 年施氮量与施磷量互作效应最大组合：X_1 编码值为 0.758 5，X_2 编码值为 -0.010 8，即当施氮量为 384.1 kg/hm²，施磷量为 119.1 kg/hm² 时，玉米产量可望达到理论最高（11 772 kg/hm²）。

根据产量方程对产量模型寻优，得到超过平均产量的管理方案：2015 年施氮量编码值为 0.302~1.051，施磷量编码值为 -0.078~1.036，即施氮量为 303.4~435.8 kg/hm²，施磷量为 113.4~207.9 kg/hm²；2016 年施氮量编码值 0.417~1.193，施磷量编码值为 -0.533~0.533，即施氮量为 323.7~460.9 kg/hm²，施磷量为 74.7~165.2 kg/hm²。

通过 2 a 定位试验研究表明，在辽西地区特定的土壤条件下（砂壤质褐土，肥力中等），垄膜沟植微集雨种植氮肥对玉米的增产效果大于磷肥，氮肥对产量的影响达到显著水平（$P<0.05$），磷肥对产量的影响未达显著水平（$P>0.1$）。

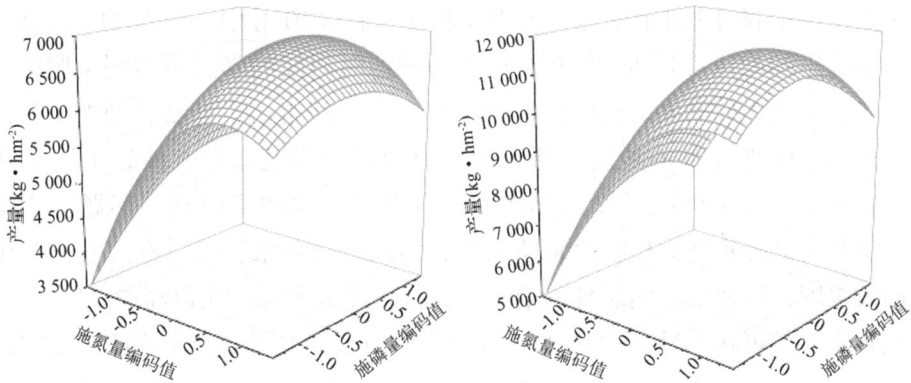

图 3-21 氮磷互作对玉米产量影响的综合效应（2015 年，2016 年）

（二）双垄沟全膜覆盖集雨沟播

该技术依据"农田微工程覆膜雨水富集叠加、雨水就地入渗和覆盖抑蒸"三大理论，把"膜面集雨、覆盖抑蒸、垄沟种植"三大技术相互融合为一体。全膜双垄沟播用地膜将田块全部覆盖，膜与膜相接，形成一大一小、一高一低两个垄面。即先在田间起宽 40 cm、高 15~20 cm 的小垄和宽 70~80 cm、高 10~15 cm 的大垄，改变了微地形，增大了地表表面积，用宽度 120~140 cm、厚度 0.008~0.01 mm 的地膜全覆盖垄面和垄沟（图 3-22）。该技术与垄覆膜沟植技术的主要区别是：垄覆膜沟植只起小垄，不起大垄（沟内种植区平播或沟播）。

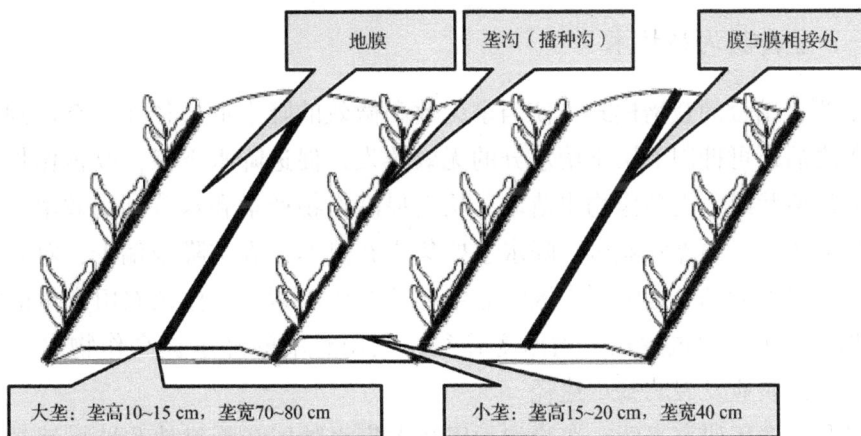

图 3-22 全膜覆盖双垄沟集雨沟播示意图

该技术扩大了雨水集流面积，一是显著提高了雨水集流作用，田间相间的大小垄面是良好的集流面，使各种形式的降雨通过垄面的富集并汇入垄沟作物种植区（播种前可按株距适时打孔集雨增墒），最大限度地蓄积和保蓄了天然降水，大大提高了天然降水的利用率；二是地膜覆盖时间可由传统的播前覆膜（4 月中下旬）改变为早春顶凌覆膜（3月上中旬）或上年秋季覆膜（10月中下旬至11月上旬），延长了地膜在田间的覆盖时间，使覆膜后至播种前时间段的降雨集蓄到土壤中，既减轻了土壤水分的无效蒸发，又使雨水资源得以充分利用；三是显著增加了积温，扩大了玉米及中晚熟品种的种植区域；四是有效抑制田间杂草，减轻土壤的盐碱危害。该技术从根本上解决了辽西旱作农业区自然降水的高效利用问题，使年度不均、季节不均的降水变为作物生育期间可利用的有效降水，使旱作区农田土壤真正变成高效水库，可使中晚熟品种的增产潜力得以充分发挥，获得高产。

该技术一般可在3月上中旬或上年秋季进行起垄覆膜。缓坡地沿等高线起垄。小垄宽40 cm，垄高15 cm；大垄宽70~80 cm，垄高10 cm，用120 cm宽的薄膜全地面覆盖，两副膜相接处在大垄中间并覆土，隔2~3 m横压土腰带。在起垄时应要求垄面土块细碎，垄面均匀一致。覆膜后1周左右，在垄沟内每隔50 cm处打一个直径3 mm的渗水孔，使雨水入渗。

当气温达到10 ℃以上时为玉米适宜播期，一般在4月中旬。选择株型紧凑、抗病性强、适应性广、增产潜力大的玉米品种。用玉米点播器按规定的株距将种子破膜穴播在沟内，每穴下籽2~3粒，播深3~5 cm。种植密度，年降雨量350~450 mm的地区以52 500~60 000株/hm²为宜，株距为30~35 cm；年降雨量450 mm以上地区以60 000~67 500株/hm²为宜，株距为27~30 cm。

二、技术效果

（一）垄覆膜沟植技术

沟垄覆盖结合的栽培模式可使当季无效和微效的降水形成径流，叠加到种植沟内，覆盖之后还可抑制下层土壤水分的无效蒸发，促进降水下渗，改善作物根区的土壤水分供应状况，提高作物出苗率，从而提高作物产量和水分利用效率。辽西地区是典型的半干旱雨养农业区，降水主要集中在夏季，春季降雨偏少，对春播保苗和幼苗生长极不为利，是限制本区农业生产的主要因素。旱作区农田产量的增加要从水分要素入手，通过集雨、蓄水等途径，利用有限的降水提高作物水分利用效率，这是该区农业发展的基本途径。

经过我们多年研究表明，垄膜沟种田间微集水种植在平耕地和坡耕地都表现出明显的集水、增墒和增产的效果。

1. 平耕地

2007—2013年我们在辽西朝阳地区进行玉米垄膜沟种微集雨种植试验，研究不同种植模式对土壤水分、玉米产量和农田水分利用效率的影响。试验设垄膜沟种（沟内不覆盖，T1）、垄膜沟覆秸秆（T2）、垄膜沟覆膜（T3）和传统种植（CK）4种处理。

（1）垄膜沟种对春玉米出苗的影响

垄膜沟种微集雨种植可有效汇集天然降雨，2009 年和 2010 年分别使玉米出苗率提高 13.0% 和 14.9%，出苗时间提前 1~2 d（表 3-33）。

表 3-33 不同处理对春玉米出苗时间及出苗率的影响

年份	处理	播种时间（月-日）	出苗时间（月-日）	出苗率（%）
2009	T1	5-4	5-13	89.5±0.85 aA
	CK	5-4	5-14	76.5±1.02 bA
2010	T1	5-1	5-11	87.4±0.45 aA
	CK	5-1	5-13	72.5±0.98 bA

（2）垄膜沟种集雨增墒效果

从图 3-23 可以看出，雨前 T1、T2、T3 和 CK 各处理土壤水分分别为 69 mm、83 mm、72 mm 和 79 mm，各处理 0~60 cm 土壤水分差异不明显。一场有效降雨（29.7 mm）过后，T1、T2、T3 和 CK 各处理土壤水分分别为 112 mm、130 mm、93 mm 和 104 mm。雨后土壤贮水量增加幅度依次为 T2>T1>CK>T3。T2 增加幅度最大，0~60 cm 土壤贮水量增加了 47 mm，T1 增加了 43 mm，对照增加了 25 mm，T3 增加了 21 mm。T1 和 T2 雨后土壤水分分别高出对照 8 mm 和 26 mm，T1 和 T2 土壤水分增加量分别高出对照 18 mm 和 22 mm，产流效率为 60.61%，T1 和 T2 蓄墒增加率分别为 72% 和 88%，可见垄上覆膜确能起到集雨蓄水的作用。另外，从降雨后水分入渗深度上分析，T1 和 T2 种植区水分入渗深度至少达到 60 cm，而 CK 水分入渗深度只有 40 cm，降雨入渗越深，则保墒效果越好，这也充分体现了垄膜沟种的蓄水保墒功能。

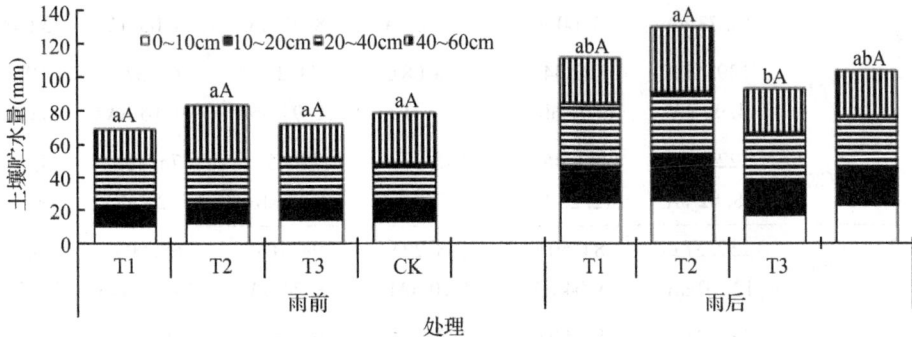

图 3-23 不同处理雨前和雨后土壤水分

表 3-34 所测土壤水分为集雨区和种植区平均土壤水分。可以看出，T1、T2 和 T3 基本都表现出增墒作用（2009 年 T3 和 2012 年除外）。2007 年 T1、T2 和 T3 平均土壤水分分别高出对照 22.04 mm、26.85 mm 和 16.39 mm，分别增加 20.34%、

24.79%和15.13%；2008年T1、T2和T3高出对照3.19 mm、13.55 mm和1.36 mm，分别增加3.02%、12.81%和1.29%；2009年T1和T2高出对照7.38 mm和12.34 mm，分别增加8.11%和13.56%，T3比对照减少5.89 mm；2010年T1、T2和T3平均土壤水分分别高出对照49.73 mm、55.83 mm和28.24 mm，分别增加47.75%、53.61%和27.12%；2011年T1、T2和T3高出对照23.75 mm、26.97 mm和14.30 mm，分别增加13.93%、15.82%和8.39%；2012年T1、T2和T3分别比对照减少8.34 mm、3.87 mm和1.15 mm。6年间不同处理0~60 cm土壤水分平均值从大到小依次为T2>T1>T3>CK，其值分别为140.93 mm、135.27 mm、127.85 mm和118.98 mm，分别高出对照21.95 mm、16.29 mm和8.87 mm，增加18.45%、13.69%和7.46%。

表3-34 春玉米生育期土壤水分（mm，0~60 cm）

年份	处理	苗期	拔节期	抽雄期	灌浆期	成熟期	平均值
2007	T1	159.18± 12.6 aA	130.70± 14.36 aA	180.96± 14.37 aAB	94.58± 1.97 bcAB	86.37± 7.89 aA	130.36± 40.57 a
	T2	159.18± 12.6 aA	130.70± 14.36 aA	183.47± 8.48 aA	120.87± 3.11 aA	81.66± 2.02 aAB	135.17± 38.64 aA
	T3	151.11± 6.38 aA	128.69± 2.27 aA	152.78± 26.38 bAB	112.86± 8.74 abA	78.12± 6.13 abAB	124.71± 30.83 aAB
	CK	124.00± 13.02 bB	122.24± 10.33 aA	150.70± 11.59 bB	73.88± 11.09 cB	70.76± 2.60 bB	108.32± 34.69 bB
2008	T1	125.49± 18.73 aA	141.09± 31.00 aA	133.31± 7.39 bA	72.88± 13.94 bA	71.96± 12.18 abA	108.95± 33.77 aA
	T2	125.49± 18.73 aA	141.09± 31.00 aA	156.66± 13.78 aA	92.62± 8.32 aA	80.69± 4.03 aA	119.31± 32.09 aA
	T3	139.61± 4.96 aA	116.34± 6.97 abA	136.08± 6.64 abA	79.21± 12.94 abA	64.37± 9.16 bA	107.12± 33.85 aA
	CK	122.97± 18.82 aA	103.46± 12.26 bA	147.28± 22.76 abA	78.65± 2.35 abA	76.46± 5.21 abA	105.76± 30.07 aA
2009	T1	132.31± 12.10 aA	84.50± 5.04 aA	108.22± 2.10 aAB	98.76± 8.74 aA	68.00± 10.25 abA	98.36± 24.28abAB
	T2	132.31± 12.10 aA	84.50± 5.04 aA	123.24± 11.59 aA	97.06± 1.26 abA	79.49± 3.78 aA	103.32± 23.44 aA
	T3	120.04± 10.75 aA	75.20± 7.22 aA	77.25± 14.62 bB	97.99± 3.44 abA	54.97± 9.58 bA	85.09± 24.78 cB
	CK	113.09± 4.79 aA	78.58± 7.81 aA	103.76± 19.99 aAB	87.39± 2.94 bA	72.09± 6.05 aA	90.98± 17.14bcAB

续表

年份	处理	苗期	拔节期	抽雄期	灌浆期	成熟期	平均值
2010	T1	182.84± 2.44 aA	137.19± 16.80 aA	119.66± 3.61 aAB	159.36± 2.35 aAB	170.32± 4.28 bB	153.87± 25.37 aA
	T2	182.84± 2.44 aA	137.19± 16.80 aA	127.28± 12.43 aA	164.57± 13.78 aA	187.99± 4.37 aA	159.97± 26.96 aA
	T3	153.84± 24.78 bAB	119.13± 5.96 abA	94.15± 8.48 bBC	131.85± 10.50 bB	162.94± 7.22 bB	132.38± 27.47 bB
	CK	125.80± 16.21 cB	109.57± 8.32 bA	81.11± 11.59 bC	100.18± 10.42 cC	104.02± 7.90 cC	104.14± 16.13 cC
2011	T1	209.58± 12.61 aA	202.20± 11.05 aA	180.96± 14.36 aA	203.46± 9.03 aA	174.77± 12.99 aA	194.19± 15.32 aAB
	T2	209.58± 12.61 aA	213.33± 18.98 aA	183.47± 8.49 aA	200.39± 35.22 aA	180.30± 15.66 aA	197.41± 14.98 aA
	T3	201.51± 6.41 aA	195.88± 31.25 aA	152.78± 26.39 bA	185.16± 34.85 abA	188.39± 17.30 aA	184.74± 18.97abAB
	CK	158.78± 21.77 bB	198.04± 19.49 aA	150.70± 11.58 bA	171.22± 19.75 bA	173.47± 4.56 aA	170.44± 14.23 bB
2012	T1	115.97± 5.31 aA	116.43± 25.82 aA	140.23± 29.06 aA	139.80± 27.22 aA	117.04± 19.21 aA	125.89± 12.89 aA
	T2	115.97± 5.31 aA	128.49± 24.49 aA	142.77± 18.95 aA	146.47± 35.74 aA	118.13± 16.99 aA	130.36± 13.90 aA
	T3	139.79± 23.81 aA	130.84± 24.85 aA	132.97± 31.88 aA	140.64± 40.75 aA	121.15± 22.12 aA	133.08± 7.89 aA
	CK	131.64± 3.11 aA	132.47± 16.36 aA	147.16± 17.92 aA	137.42± 22.02 aA	122.47± 18.15 aA	134.23± 9.02 aA

（3）垄膜沟种对春玉米生长的影响

辽西地区微集水种植对玉米生长有显著影响。从表3-35可以看出，生育前期（6月26日之前），T3和T1的叶面积较大，T2的叶面积一直处于较低水平。7月22日之后玉米遭遇到伏旱，受到水分胁迫，由于T2和T3保水蓄水能力较强，受干旱影响相对较小，因此叶面积增长速度较快。生育中后期（8月25日之后），T3由于提前生育进程和高温等原因，出现了早熟或早衰迹象，叶面积下降明显，此时叶面积大小顺序为T2>T3>T1>CK。

表 3-35　不同处理玉米单株叶面积变化情况 （cm²）

处理	5 月 21 日	6 月 8 日	6 月 26 日	7 月 22 日	8 月 25 日
T1	612.7±75.4 bB	2 393.6±183.8 bB	6 433.5±427.4 bB	8 994.7±769.7 cC	7 811.9±632.6 cC
T2	343.5±65.0 dD	1 476.4±107.2 dD	5 024.4±245.8 cC	9 689.2±691.0 bB	8 867.8±395.1 bB
T3	752.5±80.9 aA	2 542.9±172.1 aA	6 678.2±295.9 aA	10 283.5±428.1 aA	8 476.3±597.0 aA
CK	408.6±81.3 cC	1 743.2±196.7 cC	5 145.9±374.1 cC	7 866.9±610.7 dD	6 258.7±645.6 dD

表 3-36 表明，生育中期和前期（7 月 22 日之前）各处理叶绿素含量不断增加，各处理之间的差异未达到显著水平。生育中后期（8 月 25 日）各处理的叶绿素含量开始下降，下降幅度为 T3>CK>T1>T2，并达到显著水平，说明相对于传统种植方法，覆盖地膜会造成玉米早熟或早衰，而覆盖秸秆则有降低叶绿素下降速度、延缓叶片衰老的作用。

表 3-36　不同处理玉米叶片叶绿素含量（SPAD 值）变化情况

处理	6 月 8 日	6 月 26 日	7 月 22 日	8 月 25 日
T1	47.39±3.24 aA	53.55±2.31 aA	58.33±2.45 aA	46.95±3.63 abAB
T2	48.47±5.32 aA	54.65±1.43 aA	60.36±3.47 aA	49.20±3.05 aA
T3	47.60±4.23 aA	54.86±3.58 aA	60.09±1.97 aA	45.07±2.19 bcAB
CK	47.80±4.35 aA	55.29±2.45 aA	58.97±2.87 aA	43.17±3.66 cB

表 3-37 为不同处理玉米地上部干物质积累量的调查结果。整个生育期 T3 的干物质积累量一直处于较高水平，T2 生育中前期干物质积累量较少，6 月 26 日之前一直在几个处理中处于最低值，生育中后期增加迅速，7 月 22 日 T2 的干物质积累量超过 CK，8 月 25 日干物质积累超过 T1，并接近 T3。

表 3-37　不同处理玉米地上部干物质积累量变化情况 （g）

处理	5 月 21 日	6 月 8 日	6 月 26 日	7 月 22 日	8 月 25 日
T1	9.95±1.34 bB	25.87±2.74 bB	81.73±9.72 bB	213.86±29.68 bB	324.03±18.98bB
T2	6.54±1.30 dD	19.56±2.97 dD	59.41±10.00 dD	205.99±28.57 bB	355.70±15.83aA
T3	11.49±1.34 aA	30.36±3.16 aA	94.95±9.42 aA	232.48±29.95 aA	356.77±21.03aA
CK	7.76±0.76 cC	21.89±2.02 cC	66.47±6.46 cC	185.24±22.22 cC	290.76±27.28cC

（4）垄膜沟种对土壤氮磷钾吸附的 Langmuir 和 Freundlich 方程参数

从表 3-38 可以看出，垄膜沟种处理有助于降低土壤对氮、磷和钾养分的吸附，通过拟合 Langmuir 方程和 Freundlich 方程所求得的 MBC 和 Kf 值等相关参数可知，垄覆膜沟不覆盖种植处理土壤对氮、磷的吸附容量和吸附强度最小，最有利于削弱土壤对氮、磷的吸附作用，减少氮、磷固定，各处理对氮吸附的 MBC 值表现为 T1（6.70）＜

T3(7.41)< CK(8.05)；对磷吸附的 MBC 值为 T1(10.48)< T3(13.18)< CK(16.55)；对钾吸附的 MBC 值为 T1 (6.62)<T3(8.53) <CK (16.31)。

垄膜沟种处理土壤对氮、磷、钾的解吸量也大于传统种植处理，不同垄膜沟种处理土壤对氮的解吸率为 T1(65.0%)> T3(62.3%)> CK(53.5%)，平均滞后系数为 CK(0.46)> T3(0.37)> T1(0.34)；对磷解吸能力表现为 T3(16.8%)>T1(14.6%)> CK(8.8%)，平均滞后系数为 CK(0.91)> T1(0.85)> T3(0.83)；对钾解吸能力表现为 T3 (49.34)>T1 (47.48)>CK(42.51)，平均滞后系数表现为 CK (0.57)>T1 (0.53) >T3 (0.51)。垄覆膜沟不覆膜（T1）处理最有利于氮的解吸，垄覆膜沟覆膜处理（T3）最有利于磷和钾的解吸。

表 3-38　不同垄膜沟种处理土壤对氮磷钾吸附的 Langmuir 和 Freundlich 方程参数

养分	处理	Langmuir 方程			Freundlich 方程		
		K^a	MBC^b	R^2	kfc	$1/nd$	R^2
N	CK	0.003 2±0.000 6a	8.05±0.48a	0.931	14.92±0.45ab	0.777±0.011a	0.976
	T1	0.003 0±0.000 5a	6.70±0.43a	0.967	12.11±1.12b	0.790±0.014a	0.989
	T3	0.003 7±0.000 1a	7.41±0.23a	0.929	15.51±0.36a	0.745±0.001a	0.984
P	CK	0.005 1±0.001 9a	16.55±1.09a	0.880	29.41±0.06a	0.762±0.006a	0.982
	T1	0.003 7±0.000 5a	10.48±0.05b	0.834	18.59±3.07b	0.782±0.055a	0.986
	T3	0.004 7±0.000 9a	13.18±0.83ab	0.809	25.89±2.59ab	0.738±0.022a	0.973
K	CK	0.006 5±0.000 a	16.31±0.39a	0.756	51.54±0.96a	0.590±0.004c	0.970
	T1	0.001 3±0.000 1b	6.62±0.48c	0.461	10.30±0.83b	0.859±0.007a	0.989
	T3	0.002 5±0.000 1b	8.53±0.07b	0.632	18.88±0.81b	0.751±0.013b	0.962

（5）垄膜沟种对春玉米产量和水分利用效率的影响

从表 3-39 可以看出，2007—2013 年，T1～T3 产量比对照分别增产 24.31%～32.58%、9.95%～17.81%、32.12%～37.16%、16.58%～27.96%、2.50%～9.40%、10.85%～29.33%、4.14%～17.95%。7 a 间 T1～T3 较对照都表现出不同程度的增产，其中 2011 年和 2013 年增产幅度较小，各处理产量差异不显著。7 a 间 T1、T2 和 T3 较对照平均增产幅度分别为 14.52%、20.01% 和 23.44%，以垄膜沟覆膜平均增产幅度最大，垄膜沟不覆盖平均增产幅度最小，垄膜沟覆秸秆平均增产幅度居中。在相对干旱年份，产量和水分利用效率增加幅度较大。

2007—2012 年，T1～T3 水分利用效率较对照分别增加 24.66%～36.07%、14.12%～23.73%、38.34%～53.89%、29.07%～35.68%、1.20%～19.60% 和 9.02%～32.55%，6 a 间 T1、T2 和 T3 水分利用效率较对照平均增加幅度分别为 20.39%、27.94% 和 28.02%，说明垄膜沟种微集雨种植集雨保墒效果显著，增加了玉米产量，明显提高了水分利用效率。

表 3-39　不同处理对春玉米产量构成因素及水分利用效率的影响

年份	处理	穗粒数 （粒/穗）	千粒重 （g）	产量 （kg·hm^{-2}）	比对 照增 产（%）	水分利 用效率 （kg·m^{-3}）
2007	T1	806.50±46.42 aA	398.00±6.88 abA	14 319.16±1 609.81 aAB	24.31	2.86±0.38 aA
	T2	794.95±44.89 aA	407.75±19.91 aA	15 271.63±929.46 aA	32.58	2.98±0.09 aA
	T3	798.90±24.26 aA	393.13±21.99 abA	15 186.59±483.24 aA	31.84	2.73±0.22 aA
	CK	726.55±44.53 bA	380.40±12.75 bA	11 518.76±1 738.86 bB	—	2.19±0.30 bA
2008	T1	751.91±11.13 abA	388.33±14.29 abA	11 088.54±587.39 aAB	9.95	2.02±0.15 aA
	T2	790.03±15.46 aA	398.33±13.32 aA	11 880.94±382.19 aA	17.81	2.19±0.13 aA
	T3	753.53±22.32 abA	383.00±13.61 abA	11 505.75±465.73 aAB	14.09	2.03±0.25 aA
	CK	701.80±18.59 bA	375.67±11.24 bA	10 085.04±255.13 bB	—	1.77±0.17 bA
2009	T1	748.08±28.28 aA	296.67±26.63 bA	10 199.60±671.67 aAB	32.12	2.67±0.20 aA
	T2	705.70±9.57 bAB	298.67±12.22 abA	10 583.12±810.07 aA	37.09	2.97±0.26 aA
	T3	729.29±13.89 abA	332.00±18.00 aA	10 588.63±795.40 aA	37.16	2.72±0.18 aA
	CK	659.73±6.62 cB	239.33±18.58 cB	7719.85±703.20 bB	—	1.93±0.15 bB
2010	T1	506.73±28.40 bA	381.37±35.51 aA	13 014.50±2287.14 abAB	16.58	2.93±0.49 aAB
	T2	536.80±21.23 abA	389.45±15.86 aA	13 529.76±462.23 aAB	21.20	2.94±0.07 aAB
	T3	556.53±20.29 aA	409.33±19.15 aA	14 285.14±499.25 aA	27.96	3.08±0.09 aA
	CK	492.00±54.28 abA	357.73±47.25 aA	11 163.58±671.34 bB	—	2.27±0.15 bB
2011	T1	687.40±21.39 aA	406.77±19.26 aA	12 882.27±591.02 aA	2.50	2.53±0.26 abA
	T2	690.53±42.00 aA	413.33±16.60 aA	13 749.36±188.84 aA	9.40	2.65±0.10 bA
	T3	648.43±18.91 aA	409.97±8.35 aA	13 290.81±535.64 aA	5.75	2.99±0.13 aA
	CK	666.53±17.25 aA	402.00±9.64 aA	12 568.51±864.26 aA	—	2.50±0.19 bA
2012	T1	585.73±43.99 bA	384.47±20.42 aA	13 340.00±555.83 bcAB	10.85	2.78±0.15 bcB
	T2	606.07±39.75 abA	403.80±7.35 aA	14 178.38±548.89 abAB	17.82	3.02±0.21 abAB
	T3	630.60±22.81 aA	404.93±16.36 aA	15 563.33±1002.04 aA	29.33	3.38±0.30 aA
	CK	605.60±26.23 abA	380.93±29.11 aA	12 033.79±1254.32 cB	—	2.55±0.20 cB
2013	T1	663.33±29.14 aA	372.89±10.22 aA	12 367.29±1602.55 aA	5.33	—
	T2	654.27±11.84 aA	375.89±24.33 aA	12 228.34±962.73 aA	4.14	—
	T3	652.14±22.98 aA	372.78±22.38 aA	13 849.52±925.23 aA	17.95	—
	CK	678.33±13.59 aA	374.22±24.19 aA	11 741.98±2071.59 aA	—	—

2. 坡耕地

坡耕地是中国重要的耕地资源，其面积占全国耕地总面积的 17.5%，然而坡耕地是水土流失的重要策源地，是大量江河泥沙的主要来源，其年土壤流失量占全国流失总量的 30.0%。辽西地区是辽宁省土壤侵蚀最严重的地区，5°以上坡耕地面积约占耕地总面积的 32.1%，坡耕地的水土流失是桎梏农业生产和经济发展的一个主要原因。

干旱缺水和水土流失严重威胁着辽西地区农业生产的可持续发展，如何有效拦蓄径流、促进降水入渗，提高自然降水利用率是该区生态环境建设和农业可持续发展的关键。垄膜沟种通过在垄背上覆盖地膜，可使有限的降水集中使用，集水功能明显提高，而且可以显著减少坡耕地土壤侵蚀。在垄覆膜的基础上，沟内覆盖秸秆，可进一步减少土壤蒸发，增加地表粗糙度，减少和防止水土流失的发生。

2012—2016 年我们在辽宁省农业科学院阜新科研基点采用径流小区定位观测的方法，研究天然降雨条件下坡耕地不同耕种模式对土壤侵蚀、土壤水分和作物产量的影响。主区为坡度，设 5° 和 10° 两个坡度，副区为种植模式，分设传统种植（CK，等高土沟土垄）、等高垄膜沟秸秆种植（T1）、等高垄膜沟种（T2）3 种处理。垄膜沟种沟宽 60 cm，垄宽 40 cm，垄高 10~12 cm。2012—2016 年种植作物分别为谷子、玉米、谷子、玉米、玉米。

（1）垄膜沟种对坡耕地土壤侵蚀及养分流失的影响

5 a 间，5°坡 CK 总径流量为 1 169.7 m^3/hm^2，总侵蚀量为 6 149.0 m^3/hm^2，T1 和 T2 未发生土壤侵蚀；10°坡 T1 总径流量和总侵蚀量较 10°坡 CK 分别减少 91.96% 和 96.93%，T2 较 CK 分别减少 38.13% 和 92.36%，且 10°坡 T1 总径流量和总侵蚀量较 T2 分别减少 87.00% 和 59.79%（表 3-40）。

表 3-40　2012—2016 年不同处理水土流失情况

年份	测定指标	5°坡			10°坡		
		CK	T1	T2	CK	T1	T2
2012	径流量（$m^3 \cdot hm^{-2}$）	113.1	0	0	132.0	66.0	67.9
	侵蚀量（$kg \cdot hm^{-2}$）	962.0	0	0	1 896.9	366.7	479.6
2013	径流量（$m^3 \cdot hm^{-2}$）	109.3	0	0	156.5	0	118.8
	侵蚀量（$kg \cdot hm^{-2}$）	21.1	0	0	100.3	0	24.0
2014	径流量（$m^3 \cdot hm^{-2}$）	181.0	0	0	233.7	50.9	88.6
	侵蚀量（$kg \cdot hm^{-2}$）	1 407.8	0	0	1 2717.7	371.3	431.2
2015	径流量（$m^3 \cdot hm^{-2}$）	109.3	0	0	116.9	0	0
	侵蚀量（$kg \cdot hm^{-2}$）	2 170.4	0	0	4 574.0	0	0

续表

年份	测定指标	5°坡			10°坡		
		CK	T1	T2	CK	T1	T2
2016	径流量（m³·hm⁻²）	657.0	0	0	814.1	0	623.8
	侵蚀量（kg·hm⁻²）	1 587.7	0	0	4 726.7	0	900.7
2012—2016	总径流量（m³·hm⁻²）	1 169.7	0	0	1 453.2	116.9	899.1
	总侵蚀量（kg·hm⁻²）	6 149.0	0	0	24 015.6	738.0	1 835.5

从表 3-41 可以看出，各处理以有机质流失量最大，其次是全氮。CK 由 5°坡到 10°坡，有机质、全氮、碱解氮、有效磷、速效钾流失量分别增加 714.53%、676.99%、415.38%、737.50%、539.29%。10°坡 T1 有机质、全氮、碱解氮、有效磷、速效钾流失量较 10°坡 CK 分别减少 96.31%、96.24%、97.01%、97.01%、94.41%，10°坡 T2 有机质、全氮、碱解氮、有效磷、速效钾流失量较 10°坡 CK 分别减少 95.44%、95.56%、95.52%、97.01%、92.74%。10°坡 T2 除有效磷流失量与 10°坡 T1 相同外，有机质、全氮、碱解氮、速效钾流失量较 T1 分别增加 23.56%、18.18%、50.00%、30.00%。

表 3-41　不同处理养分流失量（kg/hm²）

坡度	处理	有机质	全氮	碱解氮	有效磷	速效钾
5°	CK	19.61	1.13	0.13	0.08	0.28
10°	CK	159.73	8.78	0.67	0.67	1.79
	T1	5.90	0.33	0.02	0.02	0.10
	T2	7.29	0.39	0.03	0.02	0.13

（2）垄膜沟种对坡耕地土壤水分的影响

5 a 间，不同坡度处理平均土壤水分差异不显著，种植方式间 T1 与 T2 平均土壤水分差异不显著，但二者与 CK 差异极显著，比 CK 分别高出 1.29 和 1.44 个百分点。5°坡，T1 和 T2 平均土壤水分与 CK 差异分别达显著和极显著水平，比 CK 分别高出 0.90 和 1.21 个百分点；10°坡，T1 和 T2 平均土壤水分与 CK 差异极显著，比 CK 分别高出 1.69 和 1.68 个百分点。由 5°坡到 10°坡，对照、垄膜沟秸、垄膜沟种平均土壤水分分别下降了 0.93、0.14 和 0.46 个百分点。可以看出，垄膜沟秸和垄膜沟种较 CK 表现出一定的增墒效果且随坡度的增大，两种集水种植模式增墒效果呈增大趋势，见表 3-42。

表3-42 作物生育期土壤含水量

年份	坡度（主区）	土壤含水量（%）	主区下各裂区	土壤含水量（%）	种植方式（裂区）	土壤含水量（%）
2012	5°	17.09 aA	CK	16.67 cB	CK	
			T1	17.60 aA		16.24 cC
			T2	17.01 bB	T1	
	10°	17.00 bA	CK	15.82 cB		17.76 aA
			T1	17.92 aA	T2	
			T2	17.25 bA		17.13 bB
2013	5°	15.84 aA	CK	15.74 aA	CK	
			T1	15.85 aA		15.57 aA
			T2	15.94 aA	T1	
	10°	15.77 aA	CK	15.40 bA		15.91 aA
			T1	15.97 aA	T2	
			T2	15.95 aA		15.95 aA
2014	5°	12.10 aA	CK	10.67 bB	CK	
			T1	12.46 aA		10.15 bB
			T2	13.16 aA	T1	
	10°	11.37 aA	CK	9.64 bB		12.29 aA
			T1	12.13 aA	T2	
			T2	12.34 aA		12.75 aA
2015	5°	12.52 aA	CK	10.66 bB	CK	
			T1	13.42 aA		10.27 cB
			T2	13.48 aA	T1	
	10°	11.14 bA	CK	9.88 cB		13.00 aA
			T1	12.57 aA	T2	
			T2	10.96 bB		12.22 bA
2016	5°	15.58 aA	CK	15.13 aA	CK	
			T1	15.53 aA		14.57 bA
			T2	16.07 aA	T1	
	10°	15.12 aA	CK	14.01 bA		15.48 abA
			T1	15.44 aA	T2	
			T2	15.92 aA		16.00 aA

续表

年份	坡度 （主区）	土壤含水量 （%）	主区下 各裂区	土壤含水量 （%）	种植方式 （裂区）	土壤含水量 （%）
平均	5°	14.98 aA	CK	14.28 bB	CK	
			T1	15.18 aAB		13.82 bB
			T2	15.49 aA	T1	
	10°	14.47 aA	CK	13.35 bB		15.11 aA
			T1	15.04 aA	T2	
			T2	15.03 aA		15.26 aA

（3）垄膜沟种对土壤养分的影响

表 3-43 所示为不同处理 2016 年秋后耕层土壤养分测定值。可以看出，不同处理连续 5 a 定位种植后，坡度间不同养分测定指标差异均不显著。种植方式间，有机质含量，T1 与 CK、T2 差异显著，较二者分别增加 28.83% 和 25.78%，T2 与 CK 差异不显著；全氮含量，T1 与 T2 差异显著，较 T2 增加 24.56%，CK 较 T2 增加 14.04%，T1 和 CK 差异不显著；有效磷含量，CK 显著高于 T1 和 T2 处理，较二者分别增加 57.60% 和 67.30%，垄膜沟秸和垄膜沟种并没有显著提高土壤有效磷含量；速效钾含量，T1 和 T2 较 CK 分别增加 48.26% 和 48.26%，差异极显著。

表 3-43　不同处理定位种植耕层土壤养分

项目	坡度（主区）	数值	主区下各裂区	数值	种植方式（裂区）	数值
有机质 （g·kg⁻¹）	5°	13.66 aA	CK	12.87 bB	CK	11.93 bB
			T1	16.02 aA		
			T2	12.09 bB	T1	15.37 aA
	10°	12.68 aA	CK	10.99 cB		
			T1	14.71 aA	T2	12.22 bB
			T2	12.34 bB		
全氮 （g·kg⁻¹）	5°	0.70 aA	CK	0.75 aA	CK	0.65 aAB
			T1	0.79 aA		
			T2	0.56 bB	T1	0.71 aA
	10°	0.59 aA	CK	0.54 bA		
			T1	0.63 aA	T2	0.57 bB
			T2	0.59 abA		

续表

项目	坡度（主区）	数值	主区下各裂区	数值	种植方式（裂区）	数值
碱解氮 （mg·kg⁻¹）	5°	74.84 aA	CK	76.67 aA	CK	78.73 aA
			T1	74.47 aA		
			T2	73.40 aA	T1	73.60 aA
	10°	72.90 aA	CK	80.80 aA		
			T1	72.73 abA	T2	69.28 aA
			T2	65.17 bA		
有效磷 （mg·kg⁻¹）	5°	61.88 aA	CK	82.47 aA	CK	76.69 aA
			T1	60.99 abAB		
			T2	42.19 bB	T1	48.66 bB
	10°	52.24 aA	CK	70.91 aA		
			T1	36.33 bB	T2	45.84 bB
			T2	49.49 abAB		
速效钾 （mg·kg⁻¹）	5°	223 aA	CK	204 aA	CK	172 bB
			T1	242 aA		
			T2	223 aA	T1	255 aA
	10°	232 aA	CK	139 bB		
			T1	269 aA	T2	255 aA
			T2	288 aA		

（4）垄膜沟种对坡耕地作物产量的影响

5 a 间，谷子玉米平均产量坡度间产量差异不显著。种植方式间产量差异极显著，T1 比 CK 和 T2 分别增产 28.05% 和 12.07%，T2 比 CK 增产 14.26%。同一坡度下，5°坡 T1、T2 比 CK 分别增产 19.84% 和 13.48%；10°坡 T1 比 CK 和 T2 分别增产 37.37% 和 19.29%，T2 比 CK 增产 15.15%。总体上，随着坡度的增大，作物子粒产量呈降低趋势，但 T1、T2 较 CK 增产幅度及 T1 较 T2 增产幅度呈上升趋势。在坡度较大的情况下，更能体现出垄膜沟种及垄膜沟秸的增产效果，见表 3-44。

表3-44 不同处理对作物子粒产量的影响

年份	坡度 （主区）	产量 （kg·hm⁻²）	主区下 各裂区	产量 （kg·hm⁻²）	种植方式 （裂区）	产量 （kg·hm⁻²）
2012	5°	5 150.91 aA	CK	4 764.88 bA	CK	4 345.92 bA
			T1	5 812.91 aA		
			T2	4 874.94 abA	T1	5 421.46 aA
	10°	4 250.46 bA	CK	3 926.96 abA		
			T1	5 030.01 aA	T2	4 334.67 bA
			T2	3 794.40 bA		
2013	5°	14 869.16 aA	CK	14 065.56 cC	CK	13 660.26 cC
			T1	15 961.31 aA		
			T2	14 580.62 bB	T1	15 202.79 aA
	10°	13 939.32 aA	CK	13 254.96 bB		
			T1	14 444.27 aA	T2	14 349.67 bB
			T2	14 118.72 aA		
2014	5°	3 759.29 aA	CK	3 286.36 aA	CK	2 353.72 bA
			T1	4 272.72 aA		
			T2	3 718.79 aA	T1	4 109.08 aA
	10°	2 752.06 aA	CK	1 421.08 bB		
			T1	3 945.44 aA	T2	3 304.23 abA
			T2	2 889.66 abAB		
2015	5°	4 537.69 aA	CK	3 713.11 bB	CK	2 906.45 bB
			T1	5 162.58 aA		
			T2	4 737.37 aA	T1	4 487.24 aA
	10°	3 332.92 aA	CK	2 099.80 bB		
			T1	3 811.91 aA	T2	4 412.21aA
			T2	4 087.04 aA		
2016	5°	10 204.54 aA	CK	8 815.23 bB	CK	8 570.95 cB
			T1	10 853.77 aA		
			T2	10 944.63 aA	T1	11 548.28 aA
	10°	9 859.92 aA	CK	8 326.67 bB		
			T1	12 242.80 aA	T2	9 977.47 bAB
			T2	9 010.30 bB		

续表

年份	坡度（主区）	产量（kg·hm⁻²）	主区下各裂区	产量（kg·hm⁻²）	种植方式（裂区）	产量（kg·hm⁻²）
平均	5°	7 518.35 aA	CK	6 766.91 bB	CK	6 367.46 cC
			T1	8 109.25 aA		
			T2	7 678.89 aA		
	10°	7 012.90 aA	CK	5 968.01 cC	T1	8 153.77 aA
			T1	8 198.29 aA		
			T2	6 872.41 bB	T2	7 275.65 bB

（二）双垄沟全膜覆盖集雨沟播

全膜双垄沟播技术有效增加了旱作农业的可控性和稳定性。全膜双垄沟播技术能显著增加播前和玉米生长前期土壤水分含量，从而有效缓解了春旱，满足了玉米生长前期对水分的需求。研究表明，全膜双垄沟播技术大幅度提高了农田降水利用率和玉米水分利用效率，使降水利用率最高达到75.2%，平均降水利用率达到70.1%，使玉米水分利用效率最高达到35.93 kg/(mm·hm²)，平均达到33.63 kg/(mm·hm²)。

2007年我们在辽西地区进行了玉米双垄沟全膜覆盖集雨沟播与传统种植的对比试验，结果表明，双垄沟全膜覆盖集雨沟播处理春播前耕层土壤含水量较传统种植高出3.68个百分点，玉米生育期平均土壤水分，双垄沟全膜覆盖较传统种植高出2.73个百分点（图3-24），生育期地温较传统种植高出2.3 ℃，产量较传统种植增加31.86%，差异极显著。该技术较全膜平铺种植增产6.0%。

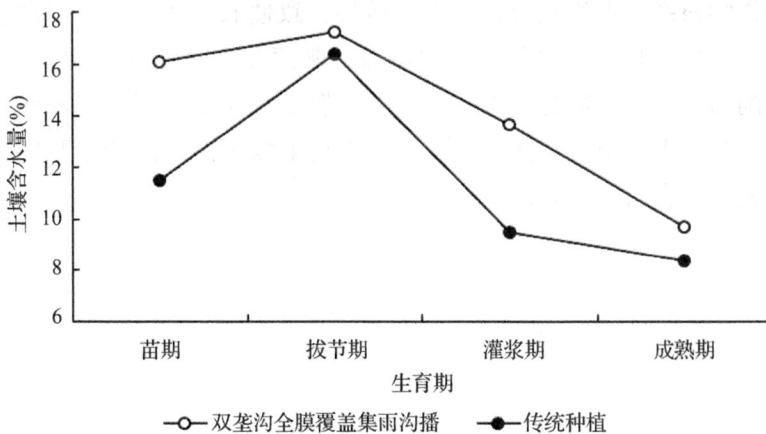

图3-24　不同处理土壤水分

三、适于区域

从资源利用有效性和经济可行性角度考虑，年均降雨量 250 mm 以上、海拔在 2 300 m 以下的北方半干旱地区（包括半湿润易旱区）最适于发展田间微集水技术。

四、注意事项

（1）垄覆膜沟植的沟、垄宽度和沟垄比的设计。既要保证有适宜的沟宽以保证沟内作物适当的种植密度和种植方式，又要有适宜的垄宽以确保集水、保墒效果。增加起垄覆膜宽度，固然提高了产流量和种植区水分，但产流区面积的增加必然引起种植区面积的相对减少，产流区面积增加带来的水分富集所引起的增产效果能否弥补因种植区面积减少而带来的减产效果，还需综合考虑。不同地区沟垄宽窄及比值需重点结合当地的气候特征、耕作习惯、机械水平、土壤和作物品种等因素因地制宜地确定，不可照搬照抄。年降水量 400 mm 以上的半干旱或半湿润易旱区，一般要求起垄覆膜产流区宽度可以小于种植区宽度。

（2）微集水种植较适宜生育期长且生产潜力较大的作物（品种）；平水年或丰水年，微集水种植要想充分发挥其增产潜力，建议选用中晚熟株型紧凑品种，适当增加种植密度和施氮量。

（3）长期连续全膜覆膜会导致作物早衰，土壤乏力，产量增幅降低，土壤生态条件恶化，易造成有机质的大量矿化。以玉米垄沟全膜覆盖种植为例，随着生育期的推进，耗水量和耗水深度逐渐增加，导致深层土壤水分过耗和土壤干燥化现象发生，严重阻隔了土壤上下层水分交换和通气性。

（4）多年覆盖地膜，残膜清除不净，造成土壤污染，长期存在于土壤中的残膜严重地影响作物根系的生长发育、水肥的运移，致使农作物减产。因此，要大力提倡液体膜、生物降解膜、光解膜等新型覆盖材料逐步取代传统的聚乙烯膜。同时，为了进一步削弱地膜对环境的危害，短期内要倡导一膜多年用并实现残留地膜的机械化处理、回收和再利用，并针对不同的农作物采取不同的最佳揭膜期，提高地膜的回收率，减少对农田土壤的污染。

第四章　辽宁省旱地蓄水技术

世界干旱半干旱地区遍及 50 多个国家和地区，约占全球陆地面积（南极洲除外）的 34.9%，共计 4 570万 km²。其中干旱地区为 3 140万 km²，半干旱地区面积为 1 430 万 km²，分别占全球陆地面积的 24.0% 和 10.9%。1991 年联合环境规划署所属的全球环境检测系统（GEMS）和全球资源信息库（GRID）对世界各大洲干旱地区分布进行了更为精确的统计分析，认为世界极端干旱至干燥的半湿润区面积有 61.50 亿 hm²，占世界陆地面积的 41%。其中干旱区占 26%，半干旱区占 37%，半湿润区占 21%，极端干旱区占 16%。就耕地而言，全球 14.3 亿 hm² 中，有灌溉条件的仅占 15.8%，其余都是靠自然降水从事农业生产的旱地农业。这些地区年降水量低于 550 mm，主要分布在亚欧大陆的阿拉伯半岛、中东内陆盆地、伊朗中部和南部、蒙古、独联体、中国的中西部和北部、印度的部分地区、非洲的北部、澳大利亚的中部和西部、北美洲的内陆高原、美国的西部大平原和南美洲的西部沿海地带。国际上依据干燥度和降水量指标将旱地农业区划分为 4 种主要类型，分别为热带季节干旱型、热带半干旱类型、亚热带半干旱类型和中纬度干旱半干旱类型。

我国沿昆仑山—秦岭—淮河一线以北的半湿润偏旱、半干旱和半干旱偏旱等地区，农业生产主要依靠和利用自然降水，是典型的旱地农业区，亦称为北方旱农区。据统计，北方旱农区有 212 万 km² 土地，3400 万 hm² 耕地，约 2 亿人口，粮食总产 1.1 亿 t，可利用草场 1.7 亿 hm²，分别占全国的 22%、35%、16%、22% 和 70%；北方旱农区年降水量 250~550 mm，而且降水的年变率大，季节分配不均，旱灾频繁。水资源总量不足全国的 20%，耕地平均水量约 5 580 m³/hm²。早在 20 世纪初我国就开始了旱地农业类型区划分的工作。20 世纪 30 年代，竺可桢的《中国气候区划》，依据气温和降水资料，结合自然景观，初步确认秦岭—淮河一线作为中国干湿气候的分界线。1959 年中国科学院在《中国综合自然区划》中，划分出了干旱地区范围和界线，明确了干旱地区的类型。1980 年，《中国综合自然区划概要》进行了进一步划分。1983 年 8 月，国务院在延安召开"北方旱地农业工作会议"，对中国农业科学院组织，开展了中国北方旱农类型及其分区评价研究，并出版了《中国北方旱农类型及其分区》一书。与国际上分区不同的是，中国除依据干燥度和降水两个指标外，还考虑了自然景观、地形、地貌、植被等指标，主要划分为 4 个一级区和 67 个二级区。

辽宁省旱地农业类型主要有半干旱类型和半湿润偏旱类型两种，集中分布在中西部地区。该区域属温带季风大陆性气候区，年平均气温 7~8 ℃，10~15 ℃积温为 135~165 d，日照充足，5—9 月份日照时数为 1 200~1 300 h，是辽宁省高日照地区。全区土地面积约为 3 万 km²，耕地面积约为 68.97 万 hm²，总人口 580.3 万人，农业人口约 411.57 万人，分别占全省的 14.39%、20%、18.39%、21.20%。是辽宁省主要经济作物生产基地，也是重要的商品粮生产基地。参照中国农业科学院北方旱区类型区划分的方案，可以划分为半干旱类型区和半湿润类型区。

旱地蓄水存在的主要问题如下：

①土壤耕层质量差，土壤结构不合理

②有机肥料投入量不足，养分匮缺失调

近 50 a 来，东北农作区玉米生长季干旱频繁发生，春季干旱问题尤为突出；辽宁西部地区由于降雨较少，干旱风险较高。作物生育期缺水严重，旱地蓄水技术显得尤为重要。

目前辽宁省旱地蓄水技术主要包括以下几个方面：①间隔深松蓄水技术。②平作中耕蓄水技术。③以肥调水、促水技术。④秸秆还田土壤水库扩蓄增容技术。

第一节　间隔深松蓄水技术

土壤是农业生产的基石，作物的稳产、高产和农业的可持续发展与土壤耕层结构紧密相关。根据国家玉米产业技术体系年对全国玉米主产区土壤耕层进行的调查结果：①土壤耕层深度明显降低。②有效耕层土壤量显著减少。③土壤结构紧实，板结严重。土壤犁底层容重远远超出适宜土壤容重的指标。我国土壤耕层明显存在"浅、实、少"的问题，已成为稳定产量能力和进一步提高粮食产量的主要障碍因素。土壤犁底层也阻碍了有限雨水的快速入渗，易形成地表径流，大大降低了农田土壤的纳雨保墒和抗旱减灾能力，甚至造成严重的水土流失，导致农业生产环境恶化，生态平衡失调，加重水灾旱灾的发生。而当土壤干旱缺水时，又由于土壤犁底层的阻隔，下层土壤水分不能提升供应作物生长需要。据美国国立耕作实验室研究的结果，因拖拉机轮胎反复碾压和铧式犁耕作形成的犁底层严重地阻碍作物根系吸收土壤深层水分和营养，阻挡水分渗漏，加重水土流失。

土壤耕作是对作物赖以生存的土壤环境进行管理和调节，协调土壤中的水、肥、气、热关系，以利于作物健康生长的一种农艺措施。土壤耕作直接影响土壤理化性质，土壤理化性质又影响作物生长发育、产量和品质形成。深松是适合于旱地的耕作方法，其原理是利用深松铲疏松土壤、加深土壤耕层而不翻转土壤、不破坏土壤的自然结构，以少耕低耗为原则，比平翻动土量少，阻力小，耗能低，效率高。深松后的土壤虚实并存，干旱时，以实保墒；雨季到来时以虚蓄水，水分入渗明显增加，水分利用效率得到明显提高。深松作业是深松耕最早于 20 世纪 40 年代由苏联的马尔采夫提出，他在这方面做了大量研究工作。50年代起，美国研究用凿形犁等进行深松，耕作对增加土壤深层蓄水，提高作物产量具有显著作用。我国对深松的研究始于50年代，南京的万国鼎先生在《中国农学史》中提出了上虚下实的说法，指出土壤上虚疏松，苗既容易出土，又可抑制水分蒸发，保墒良好。土壤落实，能多蓄积水分，并利于种子吸水、发芽、扎根，从而促进幼苗出土，生长迅速。随后黑龙江农业现代化所的迟仁立先生提出了"虚实并存"的理论。以后在东北地区首先开始了深松耕试验，研究人员用深松机间隔深松，建造纵向"虚实并存"的耕层构造，以"虚"通气蓄水，以"实"提墒供水，协调了土壤蓄水与供水的矛盾。随后，陕西省、宁夏回族自治区和山西省的相关研究均证明深松耕作业显著增强了作物的抗旱能力，减少水土流失和提高了作物的产量。保护性耕作条件下的深松方式可选用局部深松、行间深松或全方位深松。（局部深松采用单柱式深松机根据不同作物、不同土壤条件进行深松）

虚实并存耕作，也称间隔耕作。虚实并存耕作的核心是间隔深松，其来源是深松耕法，并且它的来源可追溯到三方面。其一，源于黑龙江省农业机械化研究所提出的实中有虚、虚中有实的"实虚并存耕层"；其二，源于生产中总结出的"三深耕种法"中一棵玉米深刨一掘头的启发；其三，源于高寒丘陵地区地冻的横坡大裂缝，在夏季雨后，径流中水、土被地裂缝截住，产生抗蚀保土效果的启发，提出深松土的立体耕法，因而发明用一尺长的掘头在玉米行间深松土。明确指出深松耕法的实质是间隔深松，创造了虚实并存耕层。与其做对比的平翻耕法是全面翻耕的全虚耕层，免耕法是直接播种的全实耕层。

虚实并存耕层的提法源于我国耕作界早已熟知的上虚下实耕层。上虚下实的提法源于南京农业遗产研究室万国鼎先生研究《吕氏春秋》中"稼欲殖于尘而生于坚"这句古文。万国鼎先生研究后提出"尘"是虚土，"坚"是实土，庄稼在虚土中发芽，在实土中生根，即上虚下实。这与我国农村习惯称良好的播种床为"软被硬床"的道理是一致的，因此得到国内耕作界的一致认同。由于虚实并存含义太广，非耕作专业人士很难理解，因此，迟仁立博士在1988年英国爱丁堡ISTRO第八届土壤耕作世界代表大会上就在名词术语中提出虚实并存耕作（间隔耕作）的译法。当时虚实并存间隔耕作定义是以虚实并存间隔耕作效应为核心，在不同部位、深度、间隔以及不同作物、时期采用配套机具进行间隔耕作作业，可以与浅翻、旋耕、耙茬等作业相结合，耕种结合、耕管结合、耕收结合，带苗作业，形成一整套有试验示范基础，可初步定量指导的土壤耕作机械化技术。后来在国际学报《Soil Tillage Research》1995年发表的土壤耕作名词术语中予以确认公布。

一、技术内容

间隔深松通过深松铲局部打破犁底层，形成纵向虚实并存耕层结构的耕作方法，其蓄水原理如图4-1所示。深松能有效地打破犁底层，有效地提高土壤的透水、透气性能，深松后的土壤体积密度恰好适合作物生长发育，有利于作物根系深扎；深松作业还可提高土壤蓄积雨水和雪水能力，在干旱季节又利于土层提墒，增加耕作层的蓄水量；由于大量降雨蓄积在地下，大大地降低了土壤水分的蒸发散失和径流损失，为农作物生长

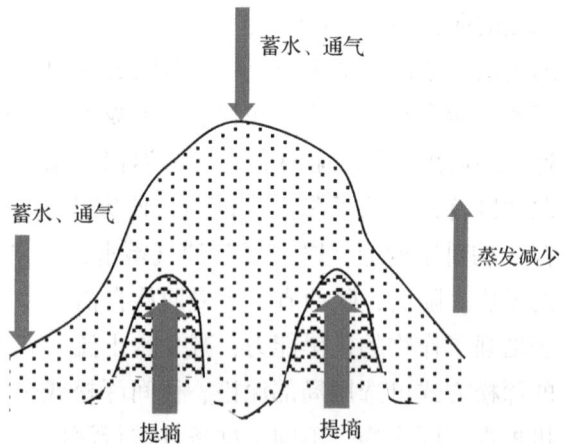

图4-1　垄台深松蓄水原理示意图

提供了更有效的天然降水资源；机械深松只松土、不翻土，不破坏耕层结构。同时，间隔深松形成了虚实相间的虚实并存耕层，在作物发育后期起到防倒伏的作用。

间隔深松是用单柱凿铲式深松铲进行局部间隔作业，打破犁底层，改良土壤。深松既可以作为秋季和伏前作物收获后的主要耕作措施，也可以用于春播前的耕地、休闲地松土、中耕蓄水等。按作业机具结构可分为凿式深松、翼铲式深松、振动深松、鹅掌式深度等。深松深度视耕作层的厚度而定，中耕深松深度为20~30 cm，深松整地为25~35 cm，垄作深松为25~30 cm。深耕有明显的后效，可达3~4 a。因此，同一块地可每3~4 a进行一次深松。

深松作业一般要求以36 kW以上拖拉机为动力，配置相应深松机具进行。深松机械有单独的深松机，也可以在综合复式作业机上，安装深松部件或中耕机架上安装深松铲进行作业。通用型深松机由机架和深松工作部件构成。工作部件由铲柄和深松铲组成，深松铲有凿形、箭形和双翼形3种，铲柄有轻型、中型2种。

二、技术效果

1. 改善土壤物理性状

松紧适宜的土壤环境有利于作物的生长发育，过松过紧均不利。许迪等研究了不同耕作方式（传统耕作、免耕和深松）对土壤物理性质和水力学的影响，结果表明深松作业明显减少了耕层的土壤容重，增加了土壤孔隙度，土壤水分传导性能得以改善，但在干旱时土壤的持水能力相对减弱。研究表明，深松耕作使土壤容重降低0.1 g/cm³的同时，土壤孔隙度增加3.6%~4.0%。相对传统翻耕地，深松作业使

0~30 cm 土层土壤容重降低 0.1 g/cm³ 左右，0~50 cm 和 0~20 cm 土层土壤含水量分别提高 10.9% 和 11.2%。深松使土壤热容量增加，能有效提高地温 0.5~1.0 ℃。刘绪军等（2009）研究表明，采用深松耕法 3 a 后，0~20 cm 耕层范围内大于 0.25 mm 的水稳性团粒含量达到 59.5%，分别比试验前和对照增加了 7.5% 和 9.8%。据黑龙江省水土保持科学研究所克山实验站测定：连续 3 a 深松耕作业后，20~40 cm 土层土壤容重为 1.24 g/cm³；而对照区（传统耕法）为 1.40 g/cm³，深松作业后 20~40 cm 土层土壤容重较对照相同土层降低了 53.4%。

2. 储水保墒、充分接纳降水、减少蒸发、提高水分利用效率

交替间隔深松创造特殊的土壤耕层构造，可以不产生地表明水和径流，减少非生产性蒸发损失，在多雨区抗洪汛，将降水化整为零，截流在广大农田中。在缺雨地区可利用虚实并存效应将 3/4 的实部雨水集中到 1/4 的虚部深层储存起来，在旱时发挥作用。在东北平原可蓄水调节季节性旱涝，抗春旱，防夏涝，增加耕层有效水达 4%。在坡耕地，水平横坡处理可以调节水土流失，实现抗蚀保土且比梯田、丰产沟等方法省时省力，成本低。

深松耕作技术打破了土壤型底层，有利于地表水的下渗，减少地面径流，土壤水分自身得到调解，自然降水蓄积量增加，地下水库容得到扩增。由于底层存水增多，利于次年雨季前抗旱。同时深松作业可以调节降雨情况与作物生长不同步的问题，雨季将多余的雨水存起来，干旱时，贮存的水通过毛细管作用被作物根系吸收，缓解旱情。深松可增加土壤的有效蓄水量，在苗期和生育后期更为明显，相对含水量可增加 2 个百分点左右，蓄水量可增加 12~31 mm。条带深松平作蓄水效果更明显，对玉米苗期生长和后期灌浆极为有利。裴攸等报道，中耕深松后 40~60 cm 土壤土层土壤含水率较传统中耕提高 4.8%，蓄水量增加 109 t/hm²。据测定，耕层每加深 1 cm，土壤 15 cm 土层处土壤含水量增加 3%，20 cm 处增加 6%，蓄水量增加 60 t/hm²。研究指出，深松使土壤年递增有机质含量在 0.003~0.006 个百分点，水分利用率提高 10%~15%，粮食产量增加 10%~20%。

研究表明，深松技术可有效提高土壤蓄水和保墒能力，土壤含水率（0~100 cm）增加 3.2%~5.9%，土壤累计入渗量提高 58%~264%；传统耕作处理水分利用效率分别较免耕和少耕高 29% 和 11%。在阜新旱农试验区研究表明，2011—2012 年间隔深松处理 0~100 cm 土层平均土壤蓄水量为 247.36 mm，与对照旋耕相比，增加了 3.47%，说明间隔深松能够增加土壤的蓄水能力（图 4-2），间隔深松可以充分利用作物生育期降水，明显提高玉米的降水利用效率。无论是在平水年（2011 年）还是丰水年（2012 年）虚实并存耕层均可以充分利用作物生育期降水，提高作物的降水利用效率，2011 年虚实并存耕层比上虚下实耕层（CK）提高 11.95%；2012 年虚实并存耕层和全虚耕层分别比上虚下实耕层提高 21.23% 和 12.43%。（图 4-3）。

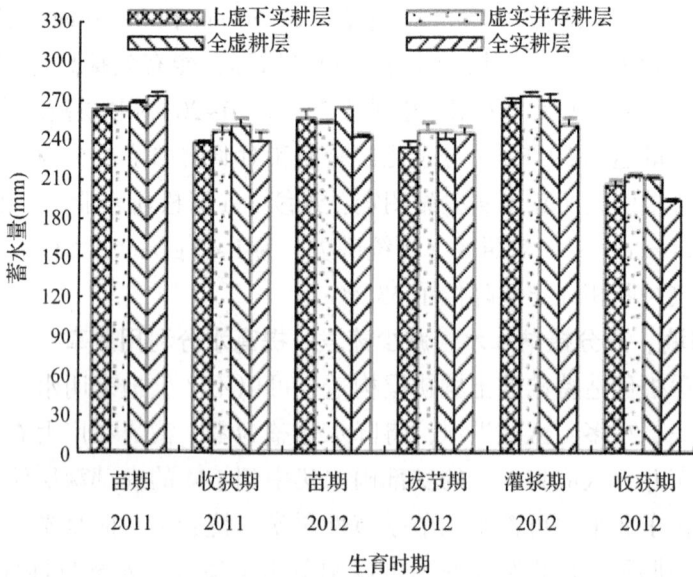

图4-2   耕层构造对玉米生育时期 0~100 cm 蓄水量的影响

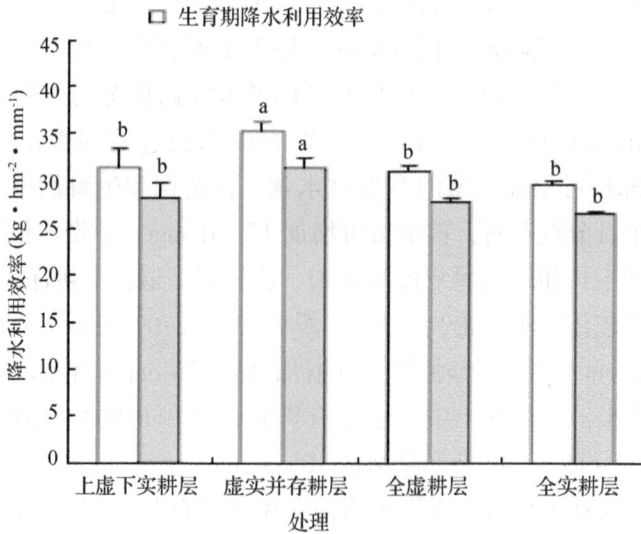

图4-3   耕层构造对降水利用效率的影响对水分和水分利用效率的影响

3. 改善土壤养分状况

在农耕作业中土壤耕层常受到人为的扰动，这种扰动常常会破坏土壤的稳定环境，而使土壤容易受到侵蚀。在农业耕作的多数情况下，土壤的有机质含量都是减少的，这也是农业耕作加剧土壤侵蚀的又一重要因素。在四川盆地紫色土区，长期的耕作使土壤有机质含量一直小于 1.5%。耕翻与少耕条件下土壤水、肥、气热状况有较大差异，很多研究均报道少耕后土壤有机质都得到明显积累。以辽宁西部阜新旱作农业示范区为研究对象，比较了传统耕作和深松中耕两个处理经过玉米生长季后发现，深松耕处理可明显提高土壤有机质、土壤全氮、全磷和全钾含量，其中在 0~30 cm 土层，土壤有机质含量的提高幅度为 11.13%~12.44%，0~20 cm 土层，土壤全 N、P、K 含量的提高幅度分别为 6.67%~58.33%、11.11%~57.69% 和 3.15%~6.68%，其中以 0~10 cm 土层土壤全 N 含量提高得最为显著。

4. 促进作物生长，提高产量和品质

间隔深松能打破犁底层，降低耕层土层容重，增加耕层土壤孔隙度，改善土壤通透性，提高土壤蓄水能力，营造"地下水库"，同时在旱季又能起到较好的提墒作用，提高雨水资源利用率和旱地蓄水保墒性能，增强作物的扎根性能，提高作物的产量，从而达到抗旱增产的目的。

间隔深松改善土壤结构，促进根系向深层伸展，20~40 cm 耕层的单株根重增加 23% 以上，有利于吸收深层土壤的水分和养分，玉米产量提高 10%。研究结果表明，深松耕可以增加土壤微生物总量和含水量、促进根系生长。据测定，耕层 16.5 cm 深的土壤，其 20~40 cm 土层和 40 cm 以下土层根量占总根量比例分别为 30% 和 16%；而深耕 33 cm，则 20~40 cm 土层和 40 cm 以下土层根量占总根量比例分别增加至 36% 和 22%。研究表明，深松改变了根系在土壤剖面上的正常分布，使深层根的比例增加，扩大了根系的营养范围，并且可改善根系生长的生态条件，促进根系生长，使根干重显著增加，各层土壤中根量分布都有明显的下移趋势，玉米生长后期的根系活力和抗逆性也得到明显提高，百粒重和产量增加。土壤深松对玉米的根活力和根分布有较大影响，未深松土壤耕层以上的根活力和根重略有增加，深松土壤耕层以下的根活力增强，并且根重大幅度增加，有利于玉米根系吸收耕层以下的土壤养分和水分。

何进等指出，深松可使玉米增加产量 5.7%~11.3%。刘绪军和荣建东研究表明，深松耕法的玉米和小麦比平翻耕法提早成熟 5~7 d，大豆提早 4~5 d；玉米、小麦和大豆增产幅度一般分别达到 24%、15.4% 和 5.5%。2007 年，吉林省梨树县和黑龙江省绥化市在遭遇百年不遇的旱灾条件下，采取深松作业的田块比普通生产田增产 20%，抗旱减灾能力得到明显加强。2008 年，国家玉米产业技术体系在东北春玉米区设 4 个万亩方，示范深松改土保护性耕作技术，平均亩产达到 824 kg 以上，比一般生产田增产 23%。黑龙江垦区常年采用以深松为主体的土壤耕作制度，玉米产量比地方农田高 15% 以上。针对山西省旱地农业干旱少雨、水土流失严重、土壤贫瘠的情况，1992 年，山西省农机局和中国农业大学受澳大利亚国际农业研究中心协助，在山西省寿阳市和临汾市进行旱地玉米和小麦，保护性耕作试验研究。主要对少耕、免耕、深松免耕和少耕、机械化旱作农业种保护性耕作技术体系与传统耕作进行对比试验，1998 年底完成试验。结果表明，保护性耕作与传统翻耕耕作相比具有明显优势。山西农科院对山西旱地玉米的抗旱技术进行了优化，集成了以秸秆还田、秋施肥、秋深松、秋旋耕、秋镇压、春直播为主要内容的玉米水分高效利用技

术，解决了春旱影响玉米正常播种问题，增强了玉米的抗旱性与抗倒性，提高了玉米对秸秆、降雨、地下水及肥料的利用效率，促进了玉米的高产和稳产。

大量的试验和生产实践证明，采用虚实并存耕作技术一般可以使粮食、豆作物增产 10% 左右。如果在全国非水田区进行全面推广，每年可增产 200 亿 kg，是解决我国粮食缺口的一个重要方面。研究表明浅翻间隔深松创造了表土在上虚实并存的耕层构造比平翻全虚耕层，增产效果稳定显著。1980—1985 年在 8510 农场种小麦 12 个点次调查，比平翻每亩增产 9 ~ 65.7 kg，增产幅度 1.2% ~ 44.2%，平均增产 21.6%；种大豆，5 个点次调查，比平翻每亩增产 5.1 ~ 51.8 kg，增产幅度 4.7% ~ 33.4%，平均增产 15.5%。其他农场也有同样的增产趋势。邹洪涛等研究表明，深松与传统浅旋耕相比产量提高 10.5%；刘武仁等研究表明，行间深松分别比旋耕和全方位深松增产 20.06% 和 4.08%。耕作方式对玉米经济产量和群体生物产量的影响主要依赖于生育期降雨的数量与分布，在平水年和枯水年表现不同。在阜新试验研究表明，不同耕层构造对春玉米产量影响显著（$P<0.05$），虚实并存耕层可以显著提高玉米产量（图4-4）。

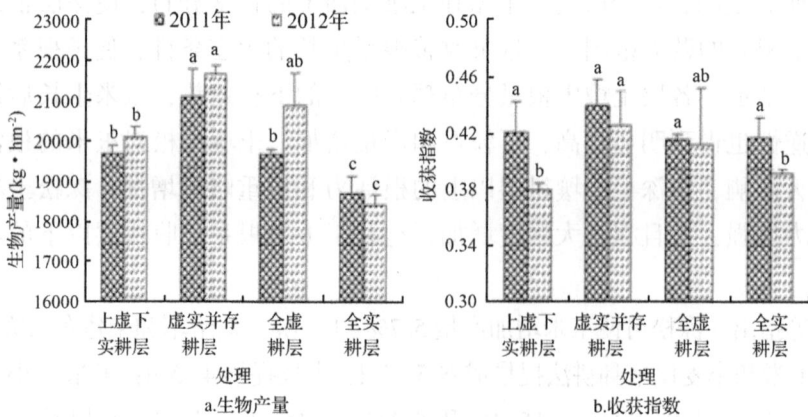

注：不同小写字母表示处理在 5% 水平上差异显著。

图4-4　耕层构造对玉米生物产量及收获指数的影响

5. 节能、节省油料、钢材、劳动资源

交替间隔深松局部动土，动土只有 1/4 ~ 1/3。节能、节省劳力显而易见。间隔深松比全面翻耕，节油 46.7% ~ 78.4%，降低成本 68.8%，节省钢材 45%，提高工效 2 倍以上。

虚实并存效应中的虚部增强好氧微生物活性，提高矿化分解强度 5%，比翻耕的耕层还强。实际上每一个土壤微生物就是一个小化肥厂，将有机物转化成速效养分源源不断供应作物，这是一种可再生资源，是我国有机农业的精髓所在。同时实部又促进腐殖化作用，比免耕的耕层还强，防止非生产性淋溶流失，保持地力。

6. 减轻污染，保护地下水源，改善农田生态环境

交替间隔深松可使农用除草剂和化肥不随径流和渗透进入江河和地下水中，保留在农田中，是减轻污染，改善农田生态环境的理想方式。虚实并存耕作一方面消灭和减少地表径流，使雨水保留在农田中，防止了污染江河；另一方面由于虚部只占耕地的 1/4 和 1/3，且渗透能力比实部增加 40% 以上，因此改变雨水渗入土壤中全面淋洗，将其溶解于水中带入地下的方式。成为只淋溶 1/4~1/3 局部土壤且速度加快，大大减少了携带可溶性污染物，从而保护了地表，地下水源，改善农田生态环境。

7. 抗旱抗涝，防土壤风蚀、水蚀

间隔深松，上保水下渗水，增加土壤库容，提高保底墒、减滞水的能力，既抗涝又抗旱。经两年在 4 月份测定，土壤水分平均增加 11.7%~58.0%、0~10 cm 耕层水分增加 25% 以上，起到了遇旱上保水下供水的作用。而在 1981 年大涝、1983年 5—7 月连续降雨的条件下，又表现出具有很好的抗涝作用。1981 年第四生产队，浅翻间隔深松与平翻相比，雨后无明水，可提前 2~3 d 播种；1983 年第十六生产队在 5—7 月份连续 7 次测定，在 20~30 cm 土层内，浅翻间隔深松比平翻水分多 50%~70.5%，起到了上跑水下渗水的作用。

间隔深松既抗旱又抗涝，其原因：①破坏了犁底层，增加了土壤库容，耕层下部渗水能力强；②虚实并存，经间隔深松，土层内形成无数沟墙，具有阻水作用，使雨水原地均匀迅速下降，保存了水分。间隔深松的增水、保水、供水作用，对十春九旱的地区，有十分重要的意义。

间隔深松防止土壤风蚀、水蚀效果特别明显。采用浅翻间隔深松，60%~70%的秸秆和残茬，均匀地搅拌在 0~10 cm 土层内，30%~40% 在地表，减轻和减缓了风蚀和地表径流，保存了肥沃的表层土壤。

8. 保持农业后劲，持续发展

许多国际著名学者称赞中国传统农艺技术是世界最惊人的成果之一，其精髓至今还没有全面揭开。有机物还田的化学因素、豆科作物固氮与合理轮作均衡吸收养分的生物因素保持地力是公认的，并已对世界农业产生影响。精耕细作中的土壤耕作是物理因素，传统观念认为是力学手段，机械加工土壤，只用地，不养地。一直没有得到应有的重视。研究证实，从传统三角犁铧发展演变而来的虚实并存耕作，在高产和稳产的同时，又培肥了土壤。从内因上又加强了土壤结构，保护了土壤不被破坏。实现了我国耕作界 20 世纪 60 年代提出的用地养地相结合的目标，保持了后劲，继承和发扬了中国传统特色。

研究表明虚实并存耕作可以抗御洪涝旱灾，保护江河水源，同时又保护地下水源。既补给，又减轻污染，改善了农田生态环境。从经济、社会效益看高效低耗，减轻资源压力。降低生产成本，投资少。其配套机具轻便，一次性投资可长期重复使用，覆盖面大。尤其适用于贫困农村，不像地膜、化肥等一次性投资，不能重复

使用还造成污染。这些从外因、内因、生态环境、资金投入、环境保护等多方面形成良性循环，从基础上为农业保持和增强了后劲，实现了农业的持续发展。

三、适于区域

辽宁西部地区，如阜新、朝阳等地区。

四、注意事项

（1）深松作业中，要使深松间隔距离保持一致。作业应保持匀速直线行驶。作业时应保证不重松、不漏松、不拖堆。

（2）深松作业质量上要求行距一致，一般有垄的地块应该按照垄距的要求确定行距，另外，要求耕深一致，各行深度误差控制在 2 cm 范围内。

（3）机器在工作时，发现有坚硬和阻力激增的情况时，请立即停止作业，排除不良状况，然后再进行操作。

（4）为了保证深松机的使用寿命，在机器入土与出土时应缓慢进行，不要对其强行操作。

（5）设备作业一段时间，应进行一次全面检查，发现故障及时修理。

第二节　平作中耕蓄水技术

中耕作业是我国农作物精耕细作的非常重要的一个环节，中耕作业主要包括将地表锄松，翻动土壤，消灭苗间杂草和行间杂草，促使有机肥料分解并且可以提高地温，还可以减缓水分的蒸发并切除毛细血管，起到了储蓄水分保证墒情的作用。即保持了地表面干燥松弛，减少植物周围的病虫害的发生机会，并能保持土壤有一定的湿度，此外，还可以消除土壤板结，改善土壤的物理性状，增大土壤的空间结构，从而改善了土壤的透气性，为作物创造出了非常优秀的生长空间，从而保证作物提高产量并且达到了稳产的效应。玉米育苗不但可以对土壤进行疏松，使根系得到良好的发育，控制地上生长，同时也对土壤微生物在土壤中的活动有着很大的好处；松土的同时，还可以对作物行间的杂草进行消灭，同时还可以减少土壤地力消耗，提高玉米在生长发育过程中的营养条件。玉米的中耕至少可以提高地温 1~3 ℃，这对玉米的健壮苗壮成长有着很大的意义。

不合理的中耕松土方法，不但会破坏土壤结构，还会降低土壤的透气性和透水性，消灭土壤中有益于植物生长的有益生物如蚯蚓等。到目前为止，各种表土处理方法，如铲式浅松和旋耕松土等，对土壤破坏严重，黏质松耕后土层很容易形成比较大的块状体。为更有效地保持土壤养分，提高产量并保证土壤的收支平衡，在玉米苗期对土壤进行中耕松土作业，以提高土壤有机质的补偿，并尽力减小机具对耕层土壤的搅动，同时，避免大动力作业能耗的增加，实现高精密作业，具有非常重大的实际意义。

一、技术内容

平作是在平翻或耙茬的耕作基础上，进行条播，平播平管，不起垄的栽培方法。中耕是指在播种与收获之间、在植株间进行的田间耕作管理措施，主要包括锄草、松土、培土、镇压、间苗等环节。雨前中耕能够疏松土壤，破除板结，提高土壤降水的入渗率而达到蓄墒的效果，雨后深松则能有效切断土壤毛管，具有保墒作用。因此农谚说"锄下有水""种在犁上，收在锄上"。

中耕可在雨前、雨后、地干、地湿时进行，亦可根据田间杂草及作物生长情况确定。中耕的深度应根据作物根系生长情况而定。在幼苗期，作物苗小、根系浅，中耕过深容易动苗、埋苗；苗逐渐长大后，根向深处伸展，但还没有向四周延伸，因此，这时应进行深中耕，以铲断少量的根系，刺激大部分根系的生长发育；当作物根系横向延伸后，再深中耕，就会伤根过多，影响作物生长发育，特别是天气干旱时，易使作物凋萎，中耕又宜浅不宜深，因此，在长期生产实践中总结出"头遍浅，二遍深，三遍培土不伤根"的经验。

中耕松土装置主要由主机架、限深轮、三点悬挂装置、滑动机架、调距丝杠、调节丝杠螺母、压杆、压杆弹簧、钉齿盘架及主要工作部件锥形钉齿盘组成，如图4-5所示。其中，限深轮的作用是用于限制主机架的工作高度及浮动仿形作业，调节丝杠螺母焊接于滑动机架上。滑动机架由4个M14螺栓固装于主机架的长槽固定板上，锥形钉齿盘上内置轴承，并由轴固定在钉齿盘架上，中耕松土装置由拖拉机三点悬挂作业。作业时，拖拉机沿着垄向前进作业，由限深轮控制整机浮动仿形作业，钉齿盘架一侧单铰与主机架的长槽固定架上，另一侧固定在锥形钉齿盘上，则锥形钉齿盘二次单铰仿形；锥形钉齿盘沿垄向在垄的两侧被顶滚动，锥形钉齿盘圆周上的钉齿间断地完成入土出土，疏松苗带两侧的土壤，并由压杆上的镇压弹簧控制锥形钉齿盘的入土深度；针对不同的苗带宽度可调节锥形盘内侧的间距10~20 cm，针对不同的垄距，作业垄距也可进行50~70 cm范围内调节，即完成垄侧扎齿式松土作业。

中耕机的类型按动力来源，中耕机可分为人力中耕机、畜力中耕机和机力中耕机；按与动力机的连接形式，中耕机可分牵引式中耕机、悬挂式中耕机和直连式中耕机；按工作条件，中耕机可分旱地中耕机和水田中耕机；按工作性质，中耕机可分全面中耕机、行间中耕机、通用中耕机、间苗机等；按工作部件的工作原理，中耕机可分为锄铲式中耕机和回转式中耕机。常用中耕机械主要类型有除草铲、通用铲、松土铲、培土铲和垄作铧子等。目前在我国使用较多的是通用机架中耕机，它是在一根主梁上安装中耕机组，也可换装播种机和施肥机等，通用性强，结构简单，成本低。其结构简图见图4-6。

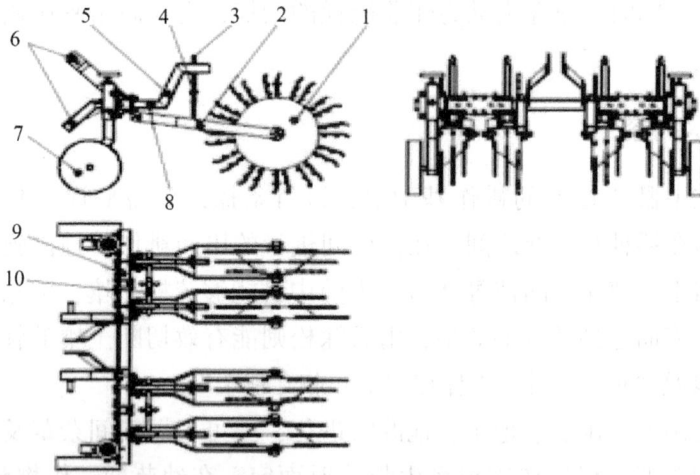

1. 锥形钉齿盘；2. 钉齿盘架；3. 压杆；4. 压杆弹簧；5. 滑动机架；
6. 三点悬挂装置；7. 限深轮；8. 调节丝杠螺母；9. 主机架；10. 调距丝杠

图4-5 玉米苗期中耕松土装置结构组成

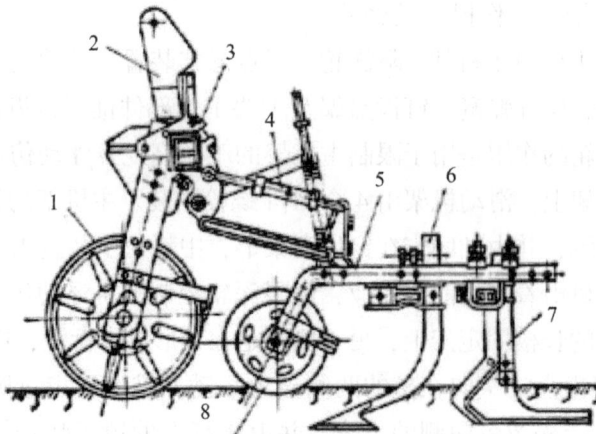

1. 地轮；2. 悬挂架；3. 方梁；4. 平行四杆仿形机构；5. 仿形轮纵梁；6. 双翼铲；7. 单翼铲；8. 仿形轮

图4-6 通用机架中耕机组结构简图

1. 除草铲

除草铲可换装播种或施肥部件，用于作物行间第一、二次松土除草作业。除草铲分为单翼式、双翼式和通风式3种。单翼铲用于作物早期除草，工作深度一般不超过6 cm。单翼铲由倾斜铲刀和垂直护板组成，铲刀刃口与前进方向成30°角，平面与地面为15°倾角，用以切除杂草和松碎表土；垂直护板可防止土块压苗，护板下部有刃口，可防止挂草堵塞。护板前端有垂直切土用的刃口。双翼除草铲的作用与单翼除草铲相同，通常与单翼除草铲配合使用，其除草作用强但碎土能力较弱。

2. 通用铲框架铰链式

通用铲框架铰链式中耕机的碎土能力比除草铲强，因而被广泛使用。其兼有除草和碎土两项功能，但土壤侧向位移较大，耕后易形成浅沟。通用铲框架铰链式中耕机也分为双翼和单翼 2 种。双翼铲配置于作物行间的中部；单翼铲配置于苗行两侧，可防止因土壤侧移而覆盖幼苗。

3. 松土铲

松土铲主要用于作物行间深松土壤而不翻动土层，有利于蓄水保墒和促进根系发育。松土铲由铲尖和铲柄两部分组成。铲尖是工作部分，分为凿形、箭形和铧形 3 种。凿形松土铲的宽度很窄，利用铲尖保证扁形松土区的宽度。作业深度为 10～12 cm，最深可达 18～20 cm。箭形松土铲的铲尖呈三角形，工作面为凸曲面，耕后土壤松碎，沟底比较平整，松土质量较好。我国新设计的中耕机上，大多采用这种松土铲。铧式松土铲适用于垄作地第一次中耕松土作业，铲尖呈三角形，工作面为凸曲面，与箭形松土铲相似，只是翼部向后延伸比较长。

4. 培土器

培土器由铲尖、分土板和培土板组成，主要用于玉米、棉花等中耕作物的培土壅根和灌溉地的行间开沟。作业时，铲尖切开土壤，使之破碎并沿铲面升至分土板上，而后被推向两侧，并由左、右培土板将其培到苗行上。培土板一般可以调节，以适应植株高矮、行距大小及原有垄形的变化。耕深为 11～14 cm，由沟底至垄顶高度为 16～25 cm。

5. 星轮松土器

星轮松土器由前后两排串装在水平横轴上的星形针轮组成星轮单组，在土壤反力作用下转动前进，可有效破碎地表板结层。

二、技术效果

1. 平作中耕增产效果

平作中耕深松能明显提高大豆的产量，玉米中耕深松增产效果在多雨年份不明显，在干旱年份增产效果明显。通过 2 a 的试验研究结果表明，中耕深松区玉米产量与对照相比都有不同程度的增加，但增产幅度有很大差异，2008 年属于降雨量正常年份，深松玉米增产幅度只有 1.9%，深松区与对照区相比产量差异不显著；2009 年属于严重干旱年份，深松玉米增产幅度为 11.3%，深松区与对照区相比产量差异显著，究其原因，可能是因为玉米为须根系作物，深松对其根系发育影响较小，当生育期间降雨较多、供水相对充足时，其增产作用不明显，因此，2008 年增产幅度不是很明显，由此可见，在干旱年份玉米中耕深松增产效果明显。深松对直根系的大豆影响明显，根生物量和主根系深度都较对照明显增加，可从土壤中获取较多的水分供作物利用，也可以从土壤中获取较多的养分，从而促进作物地上部的生长发育，因而深松大豆增产幅度很大，达到 19.47%，大豆深松区与对照区相比产量差异显著。

研究表明，春玉米机械化中耕追肥可使化肥深施，提高化肥利用率；同时具有疏松土壤功能，改善玉米根部土壤微环境的作用。机械中耕追肥处理的玉米长势、穗部性状均优于人工追肥处理，玉米千粒质量和穗粒数等指标分别较人工追肥高 23.6% 和 9.2%，进而提高玉米产量。在辽西地区与传统耕作处理相比，中耕深松处理能够提高玉米产量，其提高幅度为 7.80%。

严重伏旱年份的玉米中耕深松试验结果表明：中耕深松大大增强了植物的扎根性能，扩大了根系的分布空间。随着处理深度的增加，植株的生物量、叶面积、叶绿素含量、根系的风干重量都明显增加。深松在 0~40 cm 的土层内，各处理的土壤容重比一般耕法均明显降低，且降低幅度与处理深度呈正相关系。土壤毛管孔隙度随处理深度的增加而增加，至 40 cm 土层以下，其作用不明显。阜新旱作农业示范区地面坡度缓，土层深厚，土壤质地多为粉沙壤土，非常适宜中耕深松。

2. 蓄水能力增加，保墒能力增强

在干旱地区平作较垄作大大减少了地表的面积，也减少了光照面积，使耕地土壤水分的蒸发量大大减少；及时镇压，如整地后镇压、播种后镇压都能有效控制耕层水分蒸发。这样耕层蓄水能力、保墒能力就大大提高。在一般干旱年景，不需灌溉就可获得全苗和丰收。测试结果表明宽窄行平作技术比常规垄作耕层土壤含水量提高 1.8~3.2 个百分点。干旱时中耕，能切断土壤表层的毛细管，减少土壤水分向土表运送，减少蒸发散失，进而增强作物抗旱能力。

中耕能最大限度地积蓄和保存水分。蓄水保墒使土壤能够蓄纳天然降水（蓄水），并抑制土壤水分蒸发（保墒），使蓄存于土壤中的水分能更多地用于作物的生长。研究表明，分层中耕深松可以减少深松作业对作物根系的损伤，有利于根系充分吸收水分，还有利于平衡土壤水分。

进行玉米中耕深松试验结果表明：随着中耕处理深度的增加，植株的生物量、叶面积、叶绿素含量、根系的风干重量都明显增加。深松在 0~40 cm 的土层内，各处理的土壤容重比一般耕法均明显降低，且降低幅度与处理深度呈正相关系。土壤毛管孔隙度随处理深度的增加而增加，至 40 cm 土层以下，其作用不明显。

利用 1HS-1.2 型中耕深松机，探讨中耕深松对玉米和花生地块土壤含水量的影响。试验结果表明，在作物苗期进行深松，玉米地块的土壤水分比深松前有所增加，虽然个别点出现降低现象，但不影响中耕深松的总体效果，而且规律性较强；花生地块的各层次土壤含水量有所降低。应用沈阳农业大学工程学院研制的 1HS-1.2 型中耕深松机，对比分析了深松前后的土壤含水量及玉米长势。结果表明：中耕深松后，土壤的水分含量明显增加，但在不同时期土壤蓄水量的增加程度不同；玉米根系的根长明显增加，玉米产量增加 21% 左右；采用中耕深松技术后，玉米地土壤的蓄水效果最好，其次为谷子地，蓄水效果最差的为种植花生地块。孙东越在属于半干旱地区的阜新，通过中耕深松技术田间作业试验，验证了中耕深松技术的蓄水保墒作用，指出在 10~20 cm 土壤中，深松后土壤含水量下降略快，且随着时间的增加，这种变化愈明显；在 20~30 cm 土壤中，深松后土壤含水量有所增加，且随着时间的增加差异逐渐明显；深松后土壤水分趋于平衡，保持在 32.5% 左右。研究旱地玉米中耕深松对土壤水分和作物产量的影响。结果表明，中耕深松能打破犁底层，降低土壤容重，增大土壤孔隙度，有效改善土壤的物理性状。于希臣等进行的风沙半干旱区中耕深松试验表明，深松对玉米地块的松土作用随时间的推移逐渐减小：10 cm 耕层的温度平均增高 0.2~0.3 ℃，15 cm 和 25 cm 耕层的温度提高 2.8 ℃ 和 1.1 ℃；在 24 h 降水 102.5 mm 的情况下，深松区的含水量增加 2.33%，每公顷可多贮 105 m³ 的水；苗期深松的增产幅度为 9.4%~11.4%。

在一个熟春播作物区，在作物苗期雨季来临之前进行农田中耕深松，可有效地增加土壤蓄纳降雨的能力。据辽宁省农业科学院 2008—2009 年研究结果发现，深松可以增加雨水入渗度，提高土壤含水量，增加作物产量。2008 年玉米生育期深松区土壤水分在各个时期都不同程度高于对照区，玉米深松区 0~50 cm 土层平均土壤蓄水量比对照区高 3.66 mm。2009 年（图 4-7、图 4-8）玉米和大豆深松区 0~100 cm 土层生育期平均土壤贮量比对照区高 15.47 mm 和 7.45 mm。

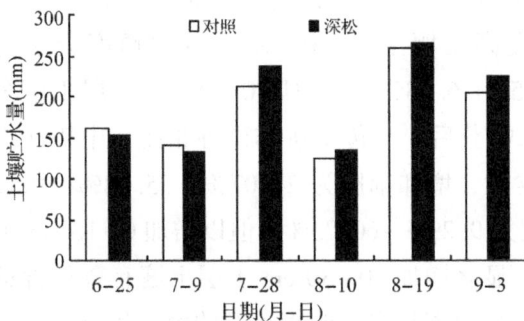

图 4-7　不同处理大豆田贮水情况

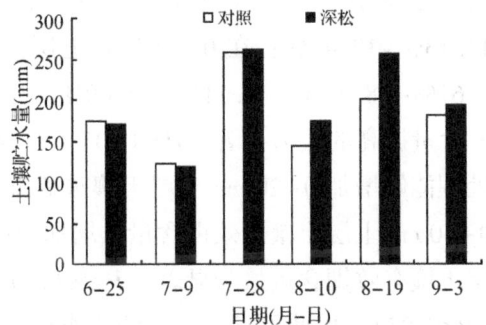

图 4-8　不同处理玉米田贮水情况

3. 促进根系发育，增强抗旱抗倒伏能力

平作中耕，中耕深度达到 30 cm 以上，打破了犁底层，加深了耕层，有利于植株根系下扎，试验表明了根量增加 32.5%。中耕促使作物根系伸展、去除杂草、调节土壤水分状况。特别是在作物生长期遇到阶段性干旱时，大量根系下扎吸收深层土壤水分和养分。抗旱抗倒伏效果十分明显。进行玉米中耕深松试验结果表明：严重伏旱年份，中耕深松大大增强了植物的扎根性能，扩大了根系的分布空间。姚玉华指出中耕可将追施在表层的肥料移至底层，具有土肥相融的作用。在农作物营养生长过旺时进行深中耕，可切断作物部分根系，抑制其吸收养分。水田中耕还可排除土壤中的有害物质，促进新根大量发生。在阜新地区进行玉米中耕深松试验的结

果表明：中耕深松后土壤的水分含量比未深松土壤的水分含量明显增加，中耕深松后玉米根系的根长明显大于未深松根系的根长，中耕深松后玉米的产量每公顷增加幅度为21%。

4. 防风蚀、水蚀效果

均匀垄种植，垄沟、垄台的存在使地表凹凸不平，在春季大风季节，垄台土壤易被风蚀；在雨季，遇较大降雨时易形成径流，产生水蚀。实行高留茬平作，一方面由于根茬阻挡，使地表风速降低；另一方面，由于平作地表没有凸出的地方，有效地避免了风蚀。同时由于平作，耕地表面没有明显凹凸，在降雨时可保证水分充分有效渗入耕层；另外，深松深度的增加，增加了土壤的蓄水能力。试验证明连续降雨100 mm，也不会形成径流，有效地防止风蚀和水蚀。

5. 改善土壤养分状况

土壤中的有机质和矿物质养分，都必须经过土壤微生物的分解后，才能被农作物吸收利用。当土壤板结不通气时，土壤中的氧气相对不足，好气性微生物的活动减弱，致使土壤中的养分不能被充分分解和释放。而中耕可以疏松板结的土壤，为好氧微生物提供充足的氧气，促进其活动旺盛。微生物的旺盛活动，能够大量分解和释放土壤中的潜在养分，提高土壤养分的利用率。

研究表明玉米收获后，与传统耕作处理相比，中耕深松处理可明显提高土壤有机质及全氮、磷、钾含量。在0~30 cm土层，土壤有机质含量的提高幅度为11.13%~12.44%；在0~20 cm土层，提高土壤全N、P、K含量的幅度分别为6.67%~58.33%、11.11%~57.69%、3.15%~6.68%，其中以0~10 cm土层土壤全N含量提高的最为显著（$P< 0.05$）玉米收获后，与传统耕作处理相比，中耕深松处理能够增加0~20 cm土层土壤碱解氮含量，增加幅度为24.07%~35.08%；增加0~30 cm土层土壤有效钾含量，增加幅度为9.29%~60.23%，但以增加0~10 cm土层土壤有效钾含量最为显著（$P<0.05$）；显著增加10~30 cm土层土壤有效磷含量（$P<0.05$）。由此可见，与传统耕作相比，中耕深松可以改善土壤的养分状况。

6. 便于机械化作业

减少了作业环节平作播种方式。每个生产环节必须由机械来完成，同时也给机械作业创造了方便条件。在减少作业环节上，整地由传统的灭茬、旋耕、起垄、镇压，变为只进行旋耕、镇压，减少了两项作业环节；大大提高了机车的利用率，简化了作业程序，减少了作业环节和作业面积，作业成本大大降低。

三、适于区域

针对辽宁省西部地区的阜新、彰武等半干旱地区的气候特点，该区域适合平作中耕蓄水技术。阜新旱作农业示范区地面坡度缓，土层深厚，土壤质地多为粉沙壤土，非常适宜中耕深松。

四、注意事项

（1）本技术模式适宜在雨养农业区（年降水量 350~550 mm）及同类生态区的玉米作物上推广应用。

（2）必须在农业机械化程度相对较高的地区推广，保证机械动力和配套机具。

（3）在施肥上要基肥（底、口肥）和追肥相结合，平衡施肥。磷、钾肥和 1/4 氮肥作基肥，其余的 3/4 氮肥在玉米拔节前结合深松追施。

（4）如果遇到干旱，深松时间应适当延后，深松的深度不宜过深，控制在 30 cm 以内。

第三节　以肥调水、促水技术

我国传统农业中一个极为重要的农耕环节是施用有机肥。直到 20 世纪 60 年代左右，我国土壤耕作中有机肥的施用量比例仍然较大，然而从 70 年代末期开始，随着化学肥料的开始大量使用，有机肥占总肥料投入的比例大幅下降。化肥的施用对提高旱作地区粮食生产做出了巨大贡献。著名育种学家，诺贝尔奖得主 Norman E. Borlaug 先生在全面分析世纪影响农业生产发展的各相关因素之后得出结论："20 世纪全世界所增加的作物产量中的一半是来自化肥的施用"。我国从 70 年代末开始大量使用化肥，到 2012 年，我国化肥总消费量已经达到 6 000 万 t 左右；与之相对应，近年我国粮食产量也超过 5 亿 t。我国依靠仅占世界耕地总面积 9% 的耕地面积养活了占世界 22% 的人口，主要靠的是作物单产提高，化肥对单产的提高起到了重要作用。但是，目前我国氮肥的用量约占世界氮肥总用量的 30%，这意味着我国单位土地面积肥料的投入量远高于世界平均水平。值得引起我们注意的一个现象是，我国从 2000—2005 年这 6 a 间的平均粮食产量均低于 1996—1999 年的水平，与 1999 年比较，这 6 a 粮食总产减少了 2.94 亿 t，但是同期化肥用量反而增加了 0.181 亿 t；1996—2012 年我国的化肥用量增长了 1.7 倍，而粮食产量仅增加了 16%。这应引起我们足够的重视，单纯依靠化肥并不能完全保障我国的粮食生产安全。

目前，我国农业生产中有机肥投入比例逐年下降。随着化肥投入量的增加，其负面影响也逐渐突现出来：土壤理化性质恶化，土壤供肥能力和保水性能差，致使作物水分利用效率较低，这在很大程度上限制了降水生产潜力的发挥和农业生产的持续发展。化肥的大量施用造成我国土壤板结，水土流失严重，进而导致农业生态环境恶化，反之又影响粮食的可持续生产，形成恶性循环。此外，过量施用化肥也导致了一系列的水污染问题。而且我国氮肥的利用率也相当低，损失也十分严重，这也进一步加剧了水体的污染。我国每季作物每公顷的平均氮肥施用量约 155 kg，然而我国农业生产中主要粮食作物的氮肥利用率只有 28%~41%，平均仅 35%。

在现代农业生产体系中，如何合理地利用各种有机肥源，将其与化肥的施用结合起来，提高土壤肥力，最大限度地保蓄降雨、减少无效蒸发，提高土壤可持续生产能力是旱农区十分重要的生产问题。山西地处黄土高原东翼，土壤瘠薄，耕地土壤质量总体较差，多数耕地耕层浅、土壤紧实，土壤保水保肥能力差，严重影响了本地区玉米的高产和稳产。

一、技术内容

（一）技术简介

旱地通过肥料合理的早施、深施和合理运筹，同时结合深松、地膜覆盖等抗旱节水技术，达到以水调肥、以肥促水的效果，可以有效地提高旱地小麦的水分利用效率，提高作物产量。

（二）技术内容

1. 施肥技术

①有机肥与化肥配合施用：单施有机肥或单施化肥都可增加产量，培肥地力，但以有机肥与化肥配合施用效果更好。为大幅度提高产量并迅速培肥地力必须在尽量增施有机肥的同时，增加化肥的投入，实行有机肥与化肥配合施用。旱薄低产麦田生物产量低，有机肥不足，可施更多的化肥，以无机换有机，扩大有机物质的循环基础。

②氮磷钾肥配合施用：由于旱地大多氮磷养分失调，一般施磷肥的增产作用大于施氮肥的增产作用，而氮磷配合施互作效应显著。因此，旱地小麦施肥必须氮磷配合，并加大磷肥的比重，氮磷比一般为 1∶1 为宜。如以碳铵和过磷酸钙计，每施 1 kg 碳铵，要配合施用 1 kg 过磷酸钙。

③因地确定施肥量：在旱地低产麦田，常年土层厚的旱地在较大的施肥量范围内，随施肥量增加产量提高且经济效益增加。为提高地力，所施用的肥料除满足当季增产需要外，应使土壤养分有所积累。除有机肥外，土层厚度达 1 m 以上的地，每公顷施碳铵和过磷酸钙各 750~1 125 kg 使当季可获较高产量。需施钾时，可每公顷施钾肥 150~225 kg。为培肥地力，提倡有条件的农户多施些肥料，尤其可多施些磷肥。

④采用"一炮轰"的施肥法：旱地不能浇水，追肥效果差，提倡把全部肥料，包括有机肥、氮肥、磷肥、钾肥等在耕地时作底肥一次翻入，在地力较高的旱地高产麦田，采用"一炮轰"施肥，冬前麦苗可能呈现旺长趋势。因此，施肥量较多时应注意控制冬前群体。

⑤深施肥料：在"一炮轰"的基础上深施肥料，施肥深度控制在 30 cm 左右。

这样施肥，方法简便，增产效果好。

2. 耕作措施

在耕作措施中，前茬作物收获前中耕，前茬作物收获后早耕，适墒耕地，精耕细耙，耙耢结合，播种前后的镇压都是有效措施。深耕的蓄墒作用早已为实践所肯定。通过深耕加深耕层，打破犁底层，可有效地增加耕后和来年雨季降水的积蓄量，还能扩大根系的吸收范围，其作用可持续多年。山东省粮田大多为一年两作的种植制度，一般为小麦—玉米或小麦—花生等。在前茬作物收获后应及早深耕，结合深耕将所施有机肥、化肥一次性施入，深耕后要及时耙耢，尽量减少墒情散失，这些措施只要运用得当，一般年份均会获得十分明显的增产效果。

3. 地膜覆盖技术

旱地小麦覆膜技术：

①适期适量播种。比常规播期可推迟 5~10 d，播种量比常规播量减少 10%，每公顷 42~45 万穴；

②提高覆膜质量。可采用人工覆膜，再用双行穴播机人工推播，也可采用机械一次完成。覆膜后每隔 1~2 m 压一条土带，以防风吹揭膜；

③及时掏苗、放苗。10 月中旬播种的地膜小麦 3~4 叶期，10 月下旬以后播种地膜小麦在第二年春天返青后及时掏苗。

4. 群体指标的调控

旱地小麦的群体结构必须是高产低耗的群体结构。一般品种每公顷产 1 500 kg 需 150 万~180 万穗，鲁麦 21 号每公顷产 6 000 kg 需 600 万穗左右，每公顷产 7 500 kg 需 675 万~750 万穗为宜，降水条件好的年份允许较多一点。冬前茎数应为穗数的 2~2.5 倍，春季分蘖宜略有增长。适期播种，每公顷 225 万左右苗数为宜，施肥较多偏早播种的高产田可降至 150 万左右。在主要群体指标中，关键是冬前群体够数而不过头。在旱薄地浅施肥利于培育壮苗，在旱肥地深施肥有利控制麦苗旺长，因此，旱肥地偏早播种时不宜施种肥。

二、技术效果

作物的生长、发育必须不断地从土壤中摄取营养物质，这就需要通过土壤施肥给予补充，而施肥必须合理。所谓合理施肥就是根据作物的需肥规律、施肥的生理指标以及土壤性能等进行适时、适量地施肥。合理施肥能提高作物产量，不仅是因为矿质元素具有多种生理功能，而且还因为合理施肥能改善作物整体代谢状况和土壤环境。

1. 改善作物的光合性能

肥料中的氮、镁有利于叶绿素含量的增加，从而提高了光合强度。氮、硫、磷、镁能促进叶片面积的增加，扩大光合面积；硼、锌等某些微量元素能增加光合强度，延长叶片寿命，延长光合时间；磷、钾、硼通过促进光合产物运输、转化，增强作物的抗病力，降低有机物消耗。总之，合理施肥能改善作物的光合性能。

2. 调节代谢控制生长发育

各种矿质元素不仅通过形成某些生理活性物质调节作物生长发育，而且在生产上，常常通过适当的施肥方法，控制、协调作物器官的生长发育，达到优质高产的目的。例如，甜菜生长的前期供应氮肥，促进地上部分的生长，块根形成后，则不施或少施氮肥；施磷、钾肥，促进光合产物运向块根；糖用甜菜喷施硼肥，能促进块根生长，加速可溶性糖向块根的运输，提高甜菜的含糖量。

3. 改良土壤增加土壤肥力

施有机肥可以改善土壤的物理性能。通过形成团粒结构，改善土壤的水、气、温状况，不仅可以促进根系的生长、吸收，而且还能促进微生物的活动，加速有机物的分解、转化。在酸性土壤适当施入石灰、石膏等，可以提高土壤的 pH，形成适于根系吸收、生长的 pH 环境。总之，合理施肥可为根系的生长以及对养分的吸收创造良好的土壤环境。

（1）氮肥对作物生长发育和产量的影响

氮是植物必需的营养元素，施用氮肥是农业获得高产的重要措施。据联合国粮农组织（FAO）统计，发展中国家粮食的增产作用有 55% 以上归功于化肥，在化肥中氮素又起了重要作用，合理使用氮肥的增产贡献率为 45% 左右。氮素的不同运筹方式对冬小麦的产量及品质均有显著影响。氮素通常是作物生产中的主要限制因子，也是决定作物产量的关键因素之一，通常作物的产量随着施氮量有规律地提高。有报道证明，改善植物的氮素营养可增加其产量，而氮肥一次深施对产量的影响，不同作者有不同的看法。有报道表明：旱地冬小麦氮肥一次施用有明显的增产效果。氮素营养和水分状况与冬小麦光合作用之间有密切的关系。而光合作用是作物产量建成的生理基础，氮素往往是通过改变冬小麦的某些生理特性来影响冬小麦、玉米的生长及其产量，氮肥不足或过量均加速冬小麦、玉米生长后期叶面积指数及穗位下部叶子叶绿素的下降进程，加快叶片的衰老，适量增施氮肥可提高小麦叶绿素含量，改善光合特性，增加光合产物积累，协调产量结构，提高小麦产量，同时改善营养品质和加工品质。同时随着氮肥水平的增加，植株和收获器官的含氮量增加，但氮的吸收率、利用率和收获指数降低，氮素对干物质生产有调节作用的重要因子之一，施氮量增大可增加绿色叶面积及对光能的吸收，提高单位叶面积净光合速率，延长叶片光合功能期。氮素的吸收利用因光温条件的不同而有很大差异。氮素是叶绿素的主要成分，施氮一般能促进植物叶片叶绿素的合成。氮素对作物叶绿素、光合速率、暗反应的主要酶以及光呼吸等都有明显的影响，直接或间接影响着光合作用。国内外有关氮肥与小麦产量的关系报道很多。多数研究表明，在一定范围内随着氮用量的增加，籽粒产量增加。施氮可显著提高小麦的生物产量、籽粒产量、株高、穗长、单株干重、穗粒数和穗粒重。然而，氮肥施用量对产量的影响因地力状况差异较大，在高肥力土壤上，施氮的多少对产量没有明显影响，在土壤肥力相对较低时，氮肥处理之间的产量水平差异达极显著水平。

（2）磷肥对作物生长发育和产量的影响

施磷可显著提高小麦的生物产量、籽粒产量、株高、穗长、单株干重，还可显著提高单株成穗数、穗粒数和粒重。磷肥能提高旱地作物的抗旱性和产量，主要是因为施磷可以增加土壤与植物间水分自由能梯度，起到"以肥调水"的作用。小麦对磷素反应敏感，因为小麦幼穗的发育受激素与营养状况的控制，而磷素除了对代谢过程的直接作用外，也可能影响激素与营养状况，或是通过增加植株的净同化率而发生作用。磷营养促进了小麦根系的生长发育，提高了干旱条件下作物的水分利用率，增大了叶面积，使光合速率增大，从而提高了产量。

（3）钾肥对小麦生长发育和产量的影响

近年来，人们已经认识到氮肥在小麦生产中的重要地位，适量、适时施入氮肥可以提高冬小麦的产量和品质，磷肥的作用也已经被人们认识到，而以前钾肥的应用往往在生产中被人们所忽视。但是由于近年来小麦产量的逐渐提高，小麦从土壤中吸收的钾素也越来越多，土壤中的钾素供应已经不足，钾素已逐渐限制小麦的生产，这方面人们已经有了较多的研究。由于人们在生产中掠走茎秆，而茎秆中含有相当数量的钾素，同时却没有注意向土壤中补施钾肥，土壤中可以利用的钾素则越来越少，在有些地区钾素已经成为生产中的限制性因子。在我国南方，由于降水较多，土壤中的速效钾淋失严重。土壤中有效钾的缺乏有逐渐北移的趋势。

钾肥对冬小麦有明显的增产作用，尤其在土壤肥力较差，土壤有效钾含量偏低的情况下更是如此，但钾肥的增产效用必须与氮磷化肥配合才能显现出来。钾肥对小麦的增产效应小于磷肥，只有在施用磷肥的基础上配施钾肥，才能使钾的效应得到充分发挥。在氮、磷充分供应的基础上，钾肥对小麦有显著的增产作用，供钾充足可促进小麦开花后对氮素的吸收，改善氮同化物的运转分配状况，使其以较高的比例运转至籽粒，提高籽粒产量。

莱阳农学院自20世纪80年代以来在北方较旱地开展了旱地小麦肥料早施深施节水高产栽培技术的研究和开发，使0.4万 hm^2 低产田产量产由1 777.5 kg/hm^2 增产到2 275.5 kg/hm^2，在此基础上，从1986年起又在莱阳市及莱西市开展了旱地小麦创高产的试验研究，结果获得了大面积单产达9 000 kg，以至超过11 250 kg的高产典型，据山西农业大学研究表明，应用旱地小麦肥料早施深施节水栽培技术产量提高31.65%，水分利用效率提高29.42%（图4-9）。

研究结果表明，氮、磷、钾合理施用对改善玉米经济性状、增加产量、提高经济效益有明显的影响。玉米在中等肥力红壤上种植，化肥施用配比以N2P2K1最合理，产值、增值、净增收、产投比最高。在长期大量施用磷、钾化肥的耕地上，氮

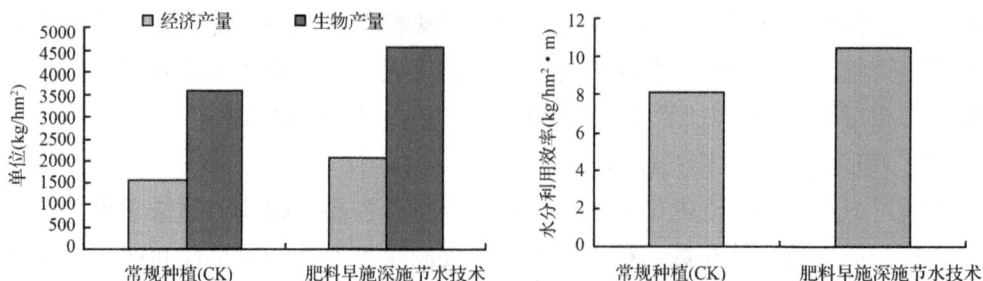

图4-9　肥料早施深施节水技术对小麦产量和水分利用效率的影响

肥对玉米的生物性状、产量性状影响最大，而磷、钾对玉米产量的影响次之。磷、钾用量相同的条件下，适当增加氮肥用量，能显著提高玉米产量。在氮、磷、钾常规施肥模式的基础上，产量为 539.67 kg/亩，最佳施肥量：$N：P_2O_5：K_2O = 17.78：5.79：5.44$。氮、磷、钾肥合理施用不仅能大幅度提高玉米生物产量，增加果穗长度及穗粒数、千粒重，显著提高玉米产量，同时还降低成本，减少化肥浪费，减少环境的污染。

三、适于区域

辽宁省全省市县区。

四、注意事项

（1）不同作物施肥策略不同，肥料优先供应需肥量大、利用能力强的作物。投肥之前，先应考虑施用肥料的对象作物，因为作物不同对肥料的需求侧重点会有所不同。

（2）无机肥要与有机肥相结合。化肥与有机肥料结合施用，可以起到保蓄养分、减少流失、改善作物对养分的吸收条件的效果。化肥溶解度大，施入土壤后，土壤溶液浓度迅速增加，因此造成土壤中较高的渗透压。渗透压过高会影响作物对养分和水分的吸收，从而增加养分流失的机会。无机肥与有机肥配合施用，可以克服土壤溶液浓度急增这一问题。

（3）施肥要因地制宜，施肥要考虑肥料特性。如果过磷酸钙中含有游离硫酸，则施在中性或碱性土壤上较好；难溶性磷肥如钙镁磷肥施在强酸性与酸性土壤上更能充分发挥其增产效益。另外，土壤速效磷钾若处于低水平，则增施磷、钾肥效果显著；若处于较高水平，施用效果就不明显。土壤速效氮不论高或低，只要用量适当，增产效益都显著。所以，把肥料分配到磷、钾缺乏的土壤，投肥效益就会高出许多。现在，随着复种指数的提高，部分土壤微量元素已供应不足，尤其是锌元素。因此，针对性地施用适量微肥往往能起到事半功倍的效果。

（4）按配方施肥，在取样调查化验以后，根据土壤肥力情况，将氮、磷、钾与微量元素配合施用，为配方施肥。单施尿素，氮的利用率为 30%~38%，而配方施用，氮的利用率可提高到 58%~60%；单施磷肥，磷的利用率为 12%~14%，而配方施用，磷的利用率可提高到 35%~38%；单施氯化钾利用率只有 31%~35%，而配方施用，钾的利用率可提高到 57%~61%。因此，应大力推广农田的配方施肥，提高化肥的利用效率。

第四节　秸秆还田土壤水库扩蓄增容技术

我国土地资源锐减，耕地质量下降，人口猛增，要实现农业的高产、高效和可持续发展，首先必须维持和提高土壤肥力。只施用化肥，实行用地养地，不能解决土壤有机质和养分贫瘠的问题。研究中发现，通过增施有机肥，配合施用化肥，可以显著提高土壤肥力。作物秸秆是重要的有机肥源，约占有机肥资源的 16.6%，并含有相当数量的作物必需的碳、氮、磷、钾等营养元素，秸秆直接还田后，还具有改善土壤的物理、化学和生物学性状，提高土壤肥力，增加作物产量等作用。

秸秆还田技术最早出现在 20 世纪 30 年代，由美国二次黑风暴起开始研究发展的，其后在美国、加拿大、英国、法国、日本等农业发达国家相继进行了秸秆还田技术的推广。随着科技的进步和不断创新，发达的农业生产国十分重视用养地结合，采用秸秆还田技术培肥地力，玉米秸秆直接或间接还田已成为提高土壤有机质含量及其活性和改善土壤肥力状况的一项最根本的战略性技术措施。美国把秸秆还田当作一项农作制，据美国农业部统计，每公顷还田秸秆和残株 1.6~1.8 t，占每年生产秸秆量的 68%；同时，把机械化秸秆直接还田与化肥应用相结合，作为培肥地力的重要措施，要求农田地表秸秆覆盖 30% 以上，化肥用量控制 1/3 以下，实现化学农业向有机农业转化；加拿大通过机械化，玉米收获和秸秆还田同时机械化进行，在玉米收获时利用收割机将玉米秆和玉米穗一起收割，同时进行粉碎还田；英国秸秆直接还田量占其生产量的 73%；日本主要通过秸秆深翻入土壤中用作肥料，对于难以处理的作物秸秆会采取统一组织的方式进行焚烧；英国的洛桑试验站坚持百余年的定点观测试验，每年每公顷翻压 7~8 t，18 年后土壤有机质含量提高 2.4%。目前全世界已有 30 多个国家开展秸秆还田的技术研究与示范推广，对于完成秸秆的科学化标准化利用有重要意义。

我国是世界秸秆的产量大国。近年来，随着农业综合生产能力和作物产量的不断提高，秸秆生产数量也在迅速增加。据统计，我国每年可以产生作物秸秆 7 亿多吨，在各种作物秸秆中，玉米秸秆数量最多。有报道称在 2006 年，玉米秸秆占中国作物秸秆总量的 38.2%。但我国玉米秸秆综合开发利用率相对较低，秸秆焚烧等问题较为严重。近年来，随着可持续发展战略的不断推进，我国秸秆还田也逐渐成为作物生产中一项常规技术，受到人们的广泛重视，农业科技人员等对秸秆资源化利用等也开展了相应的研究，但秸秆焚烧现象仍大范围存在，用于还田的秸秆比例仍然处于较低水平。不同地区由于受经济结构、生态环境因子等综合因素的影响，玉米秸秆的利用方式和还田程度也有很大差异。王如芳等于 2009 年 3—8 月对我国东北、华北、西南 3 个玉米主产区的秸秆资源利用现状进行调查，结果表明：华北和西南玉米区秸秆利用顺序均为秸秆还田、饲料和燃料，华北地区利用率比例分别为 43.6%（秸秆还田）、19.9%（饲料）和 17.9%（燃料）；西南区利用率占 29.0%（秸秆还田）、27.9%（饲料）和 20.5%（燃料）；东北春玉米区秸秆利用率从大到小依次为燃料、饲料和秸秆还田，分别占 35.4%、30.8% 和 19.8%；吕开宇等指出：2010 年我国华北地区玉米秸秆还田比例 31%，长江中下游 28%，东北地区 11.2%。在我国农业发展的新时期，秸秆还田又面临着新的挑战。由于人多地少，土地分散，多数地区不便实行农业机械化，秸秆多数被就地焚烧，既浪费了资源，又污染了环境。利用秸秆还田，既可充分利用秸秆资源，减轻焚烧秸秆对生态环境的负面影响，又是发展有机可持续农业不可替代的有效途径。

我国对长期秸秆还田的研究取得了不少成果，但也存在着不足或有待于进一步深入研究和探讨的地方：①过去一般秸秆，还田量较少，但随着作物单产与秸秆量的增加，以前的秸秆还田量已经不适应农业生产的需要。②过去的研究内容多集中于培肥效果及对作物的产量的研究中。③对长期施用秸秆和化肥条件下土壤有机质动态研究较多，而有机质组成及其理化性质的研究较少。④关于长期秸秆还田对土壤生物活性的研究较少，特别是将土壤微生物、酶与土壤有机质的转化联系在一起的研究更少。⑤对土壤养分含量、组成等的研究较多，但对营养元素形态转化及有效性的研究较少。⑥长期秸秆还田对生态环境的影响也缺乏有关的理论依据。

一、技术内容

秸秆还田是把不宜直接作饲料的秸秆（麦秸、玉米秸和水稻秸秆等）直接或堆积腐熟后施入土壤中的一种方法。农业生产的过程也是一个能量转换的过程。作物在生长过程中要不断消耗能量，也需要不断补充能量，不断调节土壤中水、肥、气、热的含量。秸秆中含有大量的新鲜有机物料，在归还于农田之后，经过一段时间的腐解作用，就可以转化成有机质和速效养分。既改善土壤理化性状，也可供应一定的钾等养分。秸秆还田可促进农业节水、节成本、增产、增效，在环保和农业可持续发展中也应受到充分重视。

秸秆还田一般作基肥用。因为其养分释放慢，晚了当季作物无法吸收利用。秸秆还田数量要适中。一般秸秆还田量每亩（667 m²）折干草 150~250 kg 为宜，在数量较多时应配合相应耕作措施并增施适量氮肥。秸秆施用要均匀。如果不匀，则厚处很难耕翻入土，使田面高低不平，易造成作物生长不齐、出苗不匀等现象。适量深施速效氮肥以调节适宜的碳氮比。一般禾本科作物秸秆含纤维素较高，达 30%~

40%，还田后土壤中碳素物质会陡增，一般要增加 1 倍。因为微生物的增长是以碳素为能源、以氮素为营养的，而有机物对微生物的分解适宜的碳氮比为 25∶1，多数秸秆的碳氮比高达 75∶1，这样秸秆腐解时由于碳多氮少失衡，微生物就必须从土壤中吸取氮素以补不足，也就造成了与作物共同争氮的现象，因而秸秆还田时增施氮肥显得尤为重要，它可以起到加速秸秆快速腐解及保证作物苗期生长旺盛的双重功效。

秸秆还田有多种形式，可分为直接还田和间接还田，常用的直接还田方式主要有高茬还田、粉碎翻压还田、覆盖免耕还田和直接掩青还田等；间接还田方式主要有高温堆沤还田、过腹还田和生化催腐还田等。就地焚烧秸秆是不可取的。被焚烧的秸秆中含有的大量氮素飘入大气中造成污染，只留下田间一些灰分。同时焚烧时还影响交通，易造成火灾烧坏树木。

1. 直接还田

直接还田的方式比较方便快捷，可大大减少用工且还田数量较多，增产作用明显。因此，近几年采用直接还田的方式比较普遍。一是高茬还田。就是收割玉米时，有意识地提高收割高度，留下较长的秸秆，随后用旋耕机翻入土中。二是粉碎翻压还田。玉米收获后，把秸秆碎成 6～8 cm，均匀撒在田的表面，有条件的地方还可采用秸秆还田机和旋耕机把秸秆翻入土中；还可牛耕还田，将碎断后的秸秆撒入犁沟，进行翻耕，效果较好。此方法用工量增加，适合农闲季节和农田较少的地区。这样做的优点有 4 点：一是改善土壤理化性质，把秸秆的营养物质充分地保留在土壤里。二是提高化肥利用率，提高作物抗旱抗盐碱性。三是覆盖免耕还田。主要是玉米收割后，将秸秆切断直接覆盖地面，可起到抗旱保墒的作用。在夏季高温高湿条件下，秸秆自行腐烂分解，有利于防涝，减少杂草滋生，给作物生长创造一个良好的生态环境，有利于增产。这种方式具有节省耕种费用、争取季节、保肥保水的优点，适合于灌溉条件较差的田地。四是直接掩青还田。趁秸秆青嫩时直接翻埋入土的一种秸秆直接还田方法。这种秸秆由于含水量较高，翻埋入土后容易被微生物腐解。如玉米收割后，割下带青秸秆翻埋、入土，可作基肥。

2. 间接还田

利用生物学技术，将秸秆堆沤腐熟后还田和过腹还田，这种技术受条件限制，还田数量有限，但也是一种秸秆还田常用的方法，主要有以下 3 种方式：一是高温堆沤还田。将玉米秸秆利用夏季高温沤制成肥料。比如玉米秸秆，在玉米田近处，挖 1.0～1.5 m 的深坑，把秸秆切成长 10～15 cm 的小段，一层堆 30～40 cm 厚，加上一层泥、草木灰、人粪尿、禽畜粪等，并用泥土封顶，离地面略高或持平即可。由自然降雨或人为放水，温度升高即可腐解，最好翻 1 次，这样效果更好。二是过腹还田。秸秆经过青贮、氨化、微贮处理后，饲喂猪、牛、马、羊等牲畜，可促进畜牧增值，而畜粪尿又作为肥料施入土壤，该还田方式是一种效益很高的秸秆利用方式，在畜牧业发展中推广更好。三是生化催腐还田。这是一种利用生物化学技术，加速作物秸秆腐烂，积造优质活性高效生物有机肥的方法，此法质量好、适用性强。

二、技术效果

（一）改善土壤状况的效果

秸秆还田具有促进土壤有机质及氮、磷、钾等含量的增加，协调比例失调的矛盾；提高土壤水分的保蓄能力；秸秆还田技术是保护环境、促进农业可持续发展的战略抉择。通过秸秆还田，能有效增加土壤有机质含量，改良土壤、加速生土熟化、提高土壤肥力。改善植株性状，提高作物产量；改善土壤性状，增加团粒结构等优点。秸秆还田的增肥增产作用显著，可增产 5%～10%，是促进农业稳产、高产、可持续发展道路的重要途径。但是要达到这样的效果，并非易事。若方法不当，也会导致土壤病菌增加、作物病害加重及缺苗（僵苗）等不良现象。因此采取合理的秸秆还田措施，才能起到良好的还田效果。

1. 改善土壤物理性状

关于秸秆还田对土壤养分及物理状况的分析报道很多。施用作物残体能够提高水田耕层土壤孔隙度和非毛管孔隙度，降低土壤容重，提高土壤团聚体和微团聚体的含量，起到疏松土壤增强黏质土的通透性等作用，并能增强土壤蓄水保水性能。容重和空隙度是土壤的重要物理性质之一。它与土壤结构、腐殖质含量及土壤松紧状况有关，同时也影响着土壤中水、肥、气、热等肥力因素的变化与供应状况，因此，在农业生产上是非常重要的土壤物理属性指标。辽南地区长期进行玉米根茬还田后，土壤总孔隙度净增 1.8%～7.2%，通气孔隙净增 1.3%～3.6%，容重降低 0.05～0.12 g/cm^3。同时，施用作物残体可使土粒的破裂系数降低，土壤微结构系数增加，特征微团聚体组成比例明显下降，具有明显的改土作用。古伯贤等就有机物对土壤有机质结合形态的影响进行了研究，结果表明，连续向土壤施入有机物料后，土壤总碳量和重组有机碳量分别较对照增加 34.88%～37.21% 和 30%，有机无机增值复合度增加 73.57%～75.66%，有机无机复合量较对照增加 27.5%。增施有机肥料使土壤含碳量增加，对保蓄土壤有机质具有重要作用。这也说明土壤肥力不仅取决于土壤有机质含量，更重要的是取决于土壤有机质的质量。

2. 改善土壤水分和温度状况

肥力水平高的土壤具有良好的持水能力，能较好地满足作物生长发育对水分的需要。而秸秆还田，特别是秸秆与化肥配施，可调控土壤水分，以水调肥，以水控温，有利于提高土壤有效肥力水平。单施秸秆、秸秆与化肥配施均可提高 0～40 cm 的土壤含水量。通过对秸秆焚烧、秸秆翻耕还田和秸秆覆盖还田 3 种方式土壤含水量差异的比较得出，麦秸还田一个月后秸秆覆盖还田可改善农田土壤水分状况，而秸秆翻耕还田对耕层土壤水分影响效果小。在对华北平原冬小麦夏玉米不同培肥措施的节水增产效应研究中得出，秸秆还田和增施有机肥可以减少田间耗水量，调整冬小麦、夏玉米的耗水结构，提高水分利用效率，对土壤剖面水分的影响范围可达2 m。

在根系周围温度升高可以促进根系生长，增加出苗率。张淑香等报道，秸秆还田不同深度的土壤温度均高于对照以 0~5 cm 最为明显，还田比对照增加 9 ℃。5~15 cm 是作物根系集中的地方，温度升高对根系生长有促进作用，使该区玉米早出苗 3~5 d，并防止了缺苗还田的出苗率较对照高 10%，为作物后期的生长奠定了良好的基础。易玉林等报道，秸秆等有机肥施入后，各处理土壤温度有明显变化，在作物生长前期，由于叶面积系数小，地表覆盖度较小，地表温度较对照高 0.7~0.9 ℃；随着小麦返青后和玉米进入拔节期后与化肥配合施用，养分供应充足，植株生长旺盛，叶面积系数和地表覆盖度较大，土壤蒸发量变小，土壤温度较对照单施肥料区低 0.4~2.3 ℃。

3. 改善土壤养分状况

作物秸秆含有一定养分和纤维素、半纤维素、木质素、蛋白质和灰分元素，既有较多有机质，又有氮、磷、钾等营养元素。如果把秸秆从田间运走，那么残留在土壤中的有机物仅有 10% 左右，造成土壤肥力下降。那么，只有通过施肥或秸秆还田等途径才能得以补充。秸秆还田可以直接补偿土壤潜在肥力的消耗，加速土壤物质的生物循环，促使土壤有益微生物的生长，改善养分供应状况，培肥地力，使土壤中的全磷、无机磷含量也明显提高，并促进有机磷的矿化，使氮、磷、钾肥效得以提高，有利于增强作物抗性。秸秆本身含有一定的氮、磷、钾及各种微量元素，秸秆在分解过程中产生的有机酸等中间产物可使土壤中一些养分的有效性增加。

长期施用化肥，尤其是氮肥可以提高土壤中全氮及速效氮含量。但施入的无机氮肥很少能在土壤有机质中积累，只有同时增加有机碳（秸秆还田等）时，才能增加有机氮含量，并提高其矿化作用，有利于生物吸收氮素。曲周试区长期秸秆还田配施氮磷肥的研究得出，增施秸秆和氮肥并采用免耕措施可以增加土壤速效氮的含量，秸秆配施磷肥对提高土壤表层速效磷含量和维持土壤速效钾有积极的作用。在草甸暗棕壤上进行长期秸秆还田 12 a 后，秸秆配施低、中、高量化肥的处理土壤全氮仅分别减少 0.03 g/kg、0.05 g/kg 和 0.011 g/kg，可认为试验期间并未减少。秸秆配施高量化肥的处理土壤，全磷增加最多；秸秆配施化肥的处理土壤速效氮较对照增加 12~23 mg/kg，有效磷增加 32.2~77.5 mg/kg。辽北地区秸秆还田微区培肥试验研究结果表明，秸秆还田使土壤速效氮明显提高，还田量最大的处理速效氮提高 11.18%，同时全氮含量也明显增加；对全磷也有提高，且对速效磷的提高极为明显，提高幅度为 48.97%~85.04%；对全钾影响不大，对速效钾提高 21.08%~28.24%。

长期施肥对土壤微量元素的影响比较复杂。其中土壤 pH 和有机质对微量元素的存在形态及其有效性影响较大。长期施用无机肥，尤其是氮肥，可增加土壤中有效铁、锰、铜和硼的含量，但降低有效锌含量。单施有机肥，土壤有效铁、锌含量降低，而有效锰、铜和硼含量增加。有机无机肥配施，土壤有效铁、铜、锌和硼含量均不同程度增加，而有效锰含量却降低。秸秆还田不仅能增加土壤有效铜、锌、铁、锰的含量，而且还能增加其缓冲性。其原因归结于秸秆还田后分解，释放出铜、锌、铁、锰和改变土壤生物化学环境条件，改变了微量元素的有效性。广东赤红壤上进行的长期肥料试验表明，所有秸秆还田处理的土壤有效铁含量远超出富铁水平，有效锰、硼含量均趋下降，有效铜、锌含量上升。通过对黑钙土的培养试验，研究了玉米秸秆及其根茬施入土壤后不同分解时间对土壤有效微量元素的影响。在整个培养过程中，玉米秸秆及其根茬处理的土壤有效微量元素含量均高于对照。施用玉米秸秆土壤有效锌、锰、铁、铜提高幅度分别为 0.70～2.05 mg/kg、4.77～5.94 mg/kg、3.24～5.28 mg/kg 和 0.19～0.63 mg/kg；施用玉米根茬土壤有效锌、锰、铁、铜分别为 0.21～0.64 mg/kg、2.30～3.72 mg/kg、3.96～6.63 mg/kg 和 0.21～0.68 mg/kg。玉米根茬留田的土壤有效微量元素均高于对照，加强了不可给态微量元素向可给态的转化，提高了微量元素的有效性，培肥效果明显。

土壤有机质既是植物矿质营养和有机营养的源泉，又是土壤中异养型微生物的能源物质，同时也是形成土壤结构的重要因素。因此，土壤有机质直接影响着土壤的保肥性、保水性、缓冲性、耕性和通气状况等。长期施用秸秆和化肥对土壤有机质的影响因土壤类型、肥料种类和作物轮作方式等而异。张振江报道，在 CK（不施肥）区土壤有机质平均每年减少 0.45 g/kg，单施秸秆区平均每年减少 0.12 g/kg，而秸秆配施低、中、高化肥区平均每年却分别增加了 0.16 g/kg、0.17 g/kg、0.05 g/kg。无机化肥提高土壤有机质的原因，主要是化肥使作物生长繁茂，根茬、枝叶等残留量增多。可见，秸秆配施化肥是解决土壤有机质递减的有效途径。有机肥种类不同对土壤有机质的影响亦不相同，一般是秸秆的效果大于厩肥，厩肥的效果又大于堆肥，绿肥的效果较差。不同轮作方式在长期秸秆还田条件下，对土壤有机质含量变化的研究表明，大（小）麦—玉米（大豆）轮作方式的有机质含量呈增加趋势，最终趋于定值 2.25%，达动态平衡；棉花—棉花连作方式的有机质含量略有下降，最终趋于定值 1.75%，达动态平衡。长期施肥改变土壤有机质含量的同时，也使有机质在剖面中的分布发生变化。有机肥或氮磷钾化肥对土壤有机质的影响深 100 cm，但 60 cm 以上土层变化明显。

4. 促进微生物活动

秸秆还田土壤微生物在整个农业生态系统中具有分解土壤有机质和净化土壤的重要作用。有机物的合成由植物叶绿素来完成，有机物的分解则由微生物来完成。秸秆还田给土壤微生物增添了大量能源物质，各类微生物数量和酶活性也相应增加；实行秸秆还田可增加微生物 18.9%，接触酶活性可增加 33%，转化酶活性可增加 47%，尿酶活性可增加 17%。这就加速了对有机物质的分解和矿物质养分的转化，使土壤中的氮、磷、钾等元素增加，土壤养分的有效性也有所提高。经微生物分解转化后产生的纤维素、木质素、多糖和腐殖酸等黑色胶体物，具有黏结土粒的能力，同黏土矿物形成有机与无机的复合体，促进土壤形成团粒结构，使土壤容量减轻，增加土壤中水、肥、气、热的协调能力，提高土壤保水、保肥、供肥的能力，改善土壤理化性状。

细菌、放线菌和真菌是土壤中的三大类微生物，它们对土壤中有机物的分解、氮和硫营养元素及其化合物的转化具有重要作用。连续种植和施肥影响土壤的理化性质，从而改变了土壤中的生物平衡，这将导致某些种类的微生物增减。长期施用有机肥或有机无机肥配施可大大提高土壤中细菌、真菌和放线菌的数量，其中氨化细菌、硝化细菌、磷细菌、自生固氮菌等增加显著。土壤中微生物呼吸、微生物种类及数量、有机碳含量之间存在着显著的相关关系。赵秀兰等报道，秸秆还田后明显增加了土壤微生物的总量，并表现出秸秆还田数量越多，时间越长，增加量越多的规律。其中细菌的增幅为 7.9%~68.9%，与微生物总量增加趋势一致。霉菌增加量在潮棕壤上特别明显（12.9%~91.7%），草甸土上增加仅有 3.8%~19.8%，这可能与棕壤的水分条件较好有关。在土壤中尽管霉菌没有细菌数量多，但霉菌的生物量多，在秸秆的矿化和腐殖化过程中的作用是不可忽视的。放线菌在草甸土中增加较多，可能与草甸土通气状况良好有关。在氮素转化相关微生物方面，固氮菌仅增加 6.59%~22.09%，而硝化细菌以 47.5%~135.6% 大幅度增加，这对土壤氮素的有效化是有利的，但也带来硝态氮的淋失。有机肥种类不同，对土壤微生物的影响亦不相同。猪粪主要是增加氨化细菌和固氮菌的数量，而秸秆主要是增加固氮菌和纤维分解菌的数量。化肥对土壤微生物的影响比较复杂，因肥料种类、用量或不同肥料之间的配合方式而异。单施氮肥能促进土壤中真菌的繁殖，反复地大量施用氮肥，也能促进放线菌的快速生长，但强烈抑制自生固氮菌的生长，氮磷肥配施既可增加土壤中细菌的数量，也可降低土壤中细菌的总数，这主要是由于土壤类型和肥料用量不同的缘故。磷钾肥主要增加土壤中的细菌数量，单施磷肥也能增加土壤中真菌的数量，但不如氮肥效果显著。钾对土壤微生物数量一般没有影响。施用高量含氯化肥强烈抑制细菌的生长，而对真菌却有一定的刺激作用。

研究表明，秸秆还田能促进土壤中真菌和细菌的大量繁殖，提高土壤中微生物的数量。土壤微生物能分解土壤有机质，使其成为植物可吸收利用的无机盐；分解植物不能吸收的矿物质，使其转化成植物可以吸收的状态；同化大气中游离的氮素供给植物氮素营养；合成腐殖质，增加土壤团粒结构。同时微生物可吸收养分，使土壤中养分免于流失，死亡后分解被植被利用。因此，土壤微生物在有机质的矿化、腐殖质的形成和分解、植物营养的转化、土壤污染的修复等过程中起着不可替代的作用。

5. 增加了土壤酶活性

秸秆在土壤中腐解所释放的大量养分，可在土壤酶的催化作用下进行转化，可用土壤酶表征土壤肥力。研究结果表明：玉米整个生长过程中，玉米秸秆深翻还田可显著提高土壤酶活性，以土壤脲酶的增加幅度最高，其中秸秆深翻2年，要高于1年。通过大田定位试验，研究在小麦—玉米轮作条件下，秸秆还田对土壤酶活性的影响，结果表明：秸秆还田配施氮肥可显著提高土壤蔗糖酶和脲酶活性。还田第一年，土壤脲酶、转化酶和过氧化氢酶活性最大，分别提高69.0%、70.4%和32.1%；还田第二年，分别提高了13.9%、11.3%和7.9%。

研究表明，秸秆还田可以增加土壤中各种酶的数量，而且给土壤酶提供了大量作用底物，提高了土壤酶的活性。有研究显示，秸秆还田使土壤中的转化酶、蛋白酶、淀粉酶、蔗糖酶，磷酸酶、脱氢酶和ATP酶等的活性得到了不同程度的提高，而土壤酶活性的提高，必然促进土壤有机质的转化和养分的有效化。许多土壤酶的活性与有机质、碱解氮和速效磷含量呈正相关，而且多已达到显著或极显著水平，这表明可用土壤酶活性来表征土壤肥力。

6. 秸秆还田可减少化肥使用量

农业发达国家都很注重施肥结构，如美国农业化肥的施用量一直控制在总施肥量的1/3以内，加拿大、美国大部分玉米、小麦的秸秆都还田。作物所吸收的氮主要来自土壤中的原有氮素。来自化肥的仅占23%~24%。这说明即使施用化肥，土壤有机物对作物生长仍是最重要的。所以，秸秆还田是弥补化肥长期使用缺陷的极好办法。

7. 秸秆还田可改善农业生态环境

农村80%的秸秆主要采取燃烧处理，造成污染空气、影响交通、土壤表层焦化等，有时还引起火灾。另外，秸秆随意处置还会影响农业生态环境。所以，秸秆还田有利于实现农业废弃物的综合利用。

（二）促进植株生长效果

很多调查研究结果表明，不同的秸秆覆盖还田措施，都会在一定程度上抑制下茬作物种子的萌发和幼苗生长，覆盖还田量越多，抑制效应越显著。在拔节前，玉米处于营养生长阶段，秸秆覆盖对此期玉米生长存在一定的抑制效应。随着玉米生育进程的推进，营养生长与生殖生长并进，并逐渐向生殖生长转移，此时，随着环境温度的不断增加和还田秸秆腐解速率的增加，秸秆还田的正效应逐渐开始呈现。在对夏玉米的研究中指出：秸秆还田使作物进入旺盛生长的时期滞后，粉碎氨化秸秆与硫酸钙配施，能显著提高夏玉米的生长速率。秸秆还田配合其他耕作措施，对玉米生长也有很重要的影响。研究结果表明："深耕+秸秆还田"模式下夏玉米叶面积指数、籽粒灌浆速率均高于对照。研究"覆膜和秸秆还田"对玉米生长发育的影响结果表明：玉米生育前期株高、茎粗和叶面积低于不还田，但生育后期则相反。

在吉林省梨树县连续 5 a 实施不同秸秆覆盖量免耕耕作，结果表明：开花期以前，秸秆覆盖免耕处理的玉米株高、叶面积指数和干物质积累均有所降低，秸秆还田量越大，其降低幅度越大，收获时有效穗数较低，进而影响产量的提高。刘志华等则指出秸秆还田对玉米株高和叶面积影响不大。有研究表明，短期内秸秆还田可以延缓生育中后期玉米叶片的衰老，增加营养器官向籽粒的运转率。大量试验显示，秸秆覆盖能影响作物的生长发育，而这种影响，主要表现在生育前期。不同覆盖处理试验中的结果显示，覆盖能使作物整个生育期缩短 3~16 d。

由于覆盖处理的土壤环境明显改善，可促进玉米根系的生长发育，表现为根系发达，根条数多、吸收面积大；还能促进地上部生长，增加单株叶面积和干物质，玉米植株的叶龄、株、高、茎粗及地上部干物质均比对照不同程度的增产。适宜的秸秆还田不仅可以改善土壤的水、肥、气、热的一系列状况，还可以提高作物根系活力，为作物的生长发育创造有利的条件，为作物优质高产打下良好的条件基础。旱作农业区，秸秆覆盖可以保证玉米根系和植株生长的水分需求，有利于产量的提高。一定时间范围内的秸秆覆盖于地表，可延缓作物根系的衰老。研究表明，在 40~60 cm 土层，秸秆覆盖免耕的玉米根长密度较大。

（三）提高玉米产量效果

秸秆还田因具有良好的土壤效应、生物效应和农田效应，故能提高作物产量。近年来，经过多次试验表明，秸秆还田与不还田比较，平均增产率为 10.8%。秸秆还田虽然降低了播种质量，但由于提高了旱农区水分利用效率，产量仍比传统耕作高，达到了增产增收的效果，具有较好的经济效益。试验表明对水田土壤进行有机物料还田也能显著增加作物产量。

研究结果表明：3 种秸秆还田方式均可提高高油玉米的产量。战秀梅等指出：秸秆连年还田玉米产量增加 5.18%~5.89%。在我国北方旱区，进行秸秆不同还田方式的定位试验研究指出：通过长达 19 a 的产量分析，秸秆还田使得玉米产量累计增加 11.6%~20.9%，水分利用效率累计提高了 2.3~3.3 kg/(hm² · mm)。3 种秸秆还田方式中产量和水分利用率均以秸秆养畜粪肥还田最高，秸秆覆盖还田次之，秸秆粉碎还田产量最低。研究表明：短期的秸秆还田处理并未显著提高玉米籽粒的产量，但对产量构成因素有一定的影响。全量鲜秸秆还田处理更能增加产量。有报道指出：玉米秸秆覆盖生育期可延迟 1~4 d，有利于雌穗分化，通过增加穗长和穗粒数来提高产量，最高可增加 19.1%。李洪文等认为：秸秆覆盖处理后提高了旱区土壤的水分利用率，产量增加 16%。刘泉汝等研究秸秆覆盖和种植密度优化组合对玉米产量和水分利用率的影响。结果表明：在 7.5 万株/hm² 的种植密度下，秸秆覆盖能使玉米生育中期的水分利用率增加 21.9%，产量提高 21.94%。在辽西地区研究秸秆深层还田对玉米根系及产量的影响结果表明：秸秆深层还田可促进根系的生长和发育，增加次生根数，土层分布范围加深，集中在 21~30 cm，增强玉米的扎根能力，扩大根系分布的空间，扩展了土壤养分空间，同时增加产量。研究秸秆持水深埋对玉米产量的影响结果表明：秸秆持水深埋还田可有效提高叶片光合效率、叶绿素含量和干物质积累量，但随着还田量的逐渐增加，叶片叶绿素含量和干物质积累缓慢或降低。因此，对于第一年的秸秆还田来说，应适量在"800 kg/hm² 秸秆+化肥"处理，各项指标均处最优，产量可增加 3.5%~8.8%。而秸秆深层还田3 a 后，玉米产量增加 4.7%~8.5%。

三、适于区域

辽西地区适宜秸秆覆盖免耕还田，辽北地区适宜深翻秸秆还田。

四、注意事项

（1）各类秸秆收割后最好立即耕翻入土，以避免水分损失而不易腐解，在水田上更应注意。

（2）秸秆还田后，在腐解过程中会产生许多有机酸，在水田中易累积，浓度大时会造成危害。因此在水田水浆管理上应采取"干湿交替、浅水勤灌"的方法，并适时搁田，改善土壤通气性。

（3）应使用无病健壮的植物秸秆还田，防止传播病菌，加重下茬作物病害。

（4）要用足够马力的机械将秸秆切碎，长度不超过 10 cm，耕翻入土深度在15 cm 以下，覆土要盖严、镇压保墒，既可加速秸秆分解，又不影响播种出苗。

（5）配合施用氮、磷肥。新鲜的秸秆碳、氮化大，施入田地时，会出现微生物与作物争肥现象。秸秆在腐熟的过程中，会消耗土壤中的氮素等速效养分。在秸秆还田的同时，要配合施用碳酸氢铵、过磷酸钙等肥料，补充土壤中的速效养分。

（6）翻压时间与水分管理。可边收割边耕埋，利用收获时含水较多，及时耕埋利于腐解。土壤水分状况是决定麦秸腐解速度的重要因素。在水分管理上，对土壤墒情差的，耕翻后应立即灌水；而墒情好的则应镇压保墒，促使土壤密实，以利于秸秆吸水分解。

（7）深耕或深旋耕时可选择高留茬，即留茬高度在 15~20 cm，并使秸秆均匀撒在地面，以利耕作。少免耕田块，可选择矮留茬，并将作物秸秆均匀撒在地面，这样既省力又利于出苗。

第五章　辽宁省旱地保水技术

水分是限制干旱半干旱地区作物生长发育的最重要的生态因子，干旱缺水固然是影响该区旱地作物生产潜力得以充分挖掘的重要限制因素，然而自然降水的大量流失和无效蒸发则是造成旱地作物产量低而不稳的根本原因。北方旱农区连续 15 a 科技攻关计划研究结果显示，在有限的降水中，因径流损失的水分占总降水的 20%，而休闲期无效水分蒸发则占降水的 24%，真正能被农业生产利用的降水只有总量的 56%，就在这利用的 56% 中，也有 26% 由于田间蒸发而散失，作物真正利用的降水只有总量的 30%。为了高效利用有限降水资源，最大限度提高其利用效率，长期以来，科技工作者在继承和发扬传统旱作农业技术的基础上，吸收现代农业科技成果，近年来，通过大量试验研究，因地制宜开发出许多行之有效的旱作农田降水资源高效利用新技术，显示出旱地农业发展具有巨大潜力和广阔前景。

土壤保水技术作为一项重要的基础农技手段，受到了广泛的重视和充分的利用。土壤保水的目的：一是有效利用降水或流水，将水分储存于土壤中，提高土壤蓄水能力，供作物生长时利用；二是提高土壤肥力，保证土壤活性；三是改良土壤，为农作物高产稳产提供可靠保障。我国旱地的保水形式主要以地表覆盖保水和化学试剂保水为主。其中，地表覆盖技术是改善农田小气候的重要措施之一，形成与发展已有六七十年的历史，其通过减少地表裸露降低径流和蒸发等水分损失，对土壤水分、温度和养分等的调节改善和作物的增产有重要作用，已被广泛地运用在玉米、小麦、马铃薯及苜蓿等作物的栽培中。目前形成体系的地面覆盖技术主要有砂田覆盖、秸秆覆盖、地膜覆盖，秸秆覆盖措施主要利用麦秸、玉米秸、稻草、绿肥等覆盖于已翻耕或免耕的地面。生产实践证明采用少免耕、地膜覆盖、作物秸秆覆盖等种植模式有利于保蓄旱地土壤水分，可以减轻和缓解干旱，增产增收效果显著；而化学试剂保水技术主要以化学覆盖保水和保水剂保水为主。化学覆盖剂是将高分子化学物质加工成乳剂并喷洒到土壤表面，形成一层覆盖层，阻止水分子通过，从而抑制土壤水分的蒸发。其主要作用是保墒、增墒、改良土壤结构、促进作物生长发育，从而提高作物产量；保水剂是一种高效吸水性树脂，也是一种高分子材料，能吸收自身重量数百倍甚至上千倍的水分且吸水快速，同时，在干旱条件下还可以再释放水分供作物利用。其主要作用体现在：一是提高土壤吸水能力，增加土壤含水量；二是增强土壤保水能力，降低土壤水分蒸发量和水分渗透速度；三是改善土壤结构，提高土壤保肥能力。

辽宁省旱地保水技术是针对旱作农业发展实际，以示范推广旱作节水技术为重点，以保持田间水势和提高水分利用效率为突破口，综合运用农艺节水技术措施，因地制宜，优化组合，集成创新，一方面有利于促进农民增产增收，另一方面也促进了农业环境的可持续发展。目前，辽宁省的旱地保水技术主要包括：地膜覆盖保水技术、秸秆覆盖保水技术、化学试剂保水技术和免耕覆盖保水技术。

第一节 地膜覆盖保水技术

旱地农业措施的中心是充分利用自然降水，而有效利用土壤深层水分是其途径之一。地膜覆盖栽培技术在发展旱作农业方面具有巨大的潜力，因其在大气与土壤接触面间形成了一个隔离层，可以阻断土壤水分垂直蒸发，使水分横向迁移，增大水分蒸发的阻力，有效抑制土壤水分的无效蒸发，抑制蒸发能力可达80%以上。覆膜的抑蒸保墒效应促进了"土壤—作物—大气"体系中水分的有效循环，增加了耕层土壤储水量，有利于作物利用深层水分，改善作物吸收水分条件、水热条件以及作物生长状况，有利于土壤矿物质养分的吸收利用。当旱晚气温较低时，在膜下形成水滴并不断滴在膜下的土壤中，再渗入下层土壤。当白天气温升高时，土壤水分再次蒸发，温度降低时又凝结成水。这样周而复始，会形成一个水汽小循环，使土壤含水量增加。另外，地膜覆盖后地表温度会升高，在无重力水的情况下，由于土壤热梯度的差异，可促进深层土壤水分向上转移，提高上层土壤含水率。

中国自1978年引进塑料薄膜以来，每年以15%~20%的速度扩大面积，目前，我国已经成为世界上地膜覆盖栽培作物面积最大的国家，已在全国30多个省区市的40多种农作物上大面积推广应用。经过30 a的开发应用研究，形成了具有中国特色的地膜覆盖栽培技术体系，引起了一场农业生产上的"白色革命"。据统计数据，全国地膜覆盖面积从1981年的1.5万 hm^2 上升到2015年的1 831.8万 hm^2，增长了1 221.2倍，且增加趋势仍在持续，预测到2024年中国地膜覆盖面积将达到2 200万 hm^2。

多年来全国各地对不同作物覆盖效应进行深入细致的研究，研究表明：①地膜覆盖增加土壤保水性。覆盖地膜后，从土壤中蒸发出的水分因遇薄膜阻隔而凝结于膜下，又不断落入土中，使土壤的保水性增加。②改善土壤的物理性状，增加土壤养分。覆膜后由于避免了雨水冲刷，减少了灌水造成的土壤板结，因而可使土壤保持疏松，有利于根系生长；疏松的土壤有利于微生物活动，分解有机物减少土壤养分的挥发和流失，从而使土壤养分增加。③减少表层土壤盐分的积累。覆盖地膜后，由于土壤水汽凝聚在薄膜内侧形成水滴进入土中，盐分也随之下渗，使表层土壤盐分含量降低。④促进作物生长发育。覆盖地膜可以改善土壤的气、热、水、肥状况，为作物的生长发育创造适宜的环境，从而达到提早收获、增加产量的目的。

并且，我国在研制开发新型地膜方面也逐步走到世界前列，不断有新型或改良型覆盖材料问世，诸如针对普通地膜不渗水的缺点开发出带有微孔的渗水地膜，针对普通地膜适应栽培作物的种类范围不广以及应用中费工费时的缺点而研制的高分子液膜，针对普通地膜抗分解性造成土壤和环境的污染问题研制出不同类型的可降解地膜等。

结合辽宁旱地生产实际情况和保水特性，地膜覆盖保水技术主要根据覆膜时间和覆膜材料的不同，可分为秋覆膜保水技术、春季覆膜保水技术和渗水地膜保水技术；另外，考虑地膜覆盖后的环境效益，可采用可降解地膜保水技术和液体地膜保水技术。

一、技术内容

(一) 秋季覆膜保水技术

秋覆膜技术是传统地膜覆盖栽培技术的创新和延伸，其核心是针对春旱严重、降雨资源年内分布不均的气候特点，在秋收后、霜冻之前进行灭茬、覆膜处理，通过减少秋、冬、春三季农田土壤水分的无效损失，有效保蓄夏秋季降水，实现对旱地土壤水分的跨季节调节，从而达到"秋雨春用、春墒秋保"的效果。辽宁省西部风沙半干旱区干旱少雨、春季多为无效降水、夏季一次降水强度大，土壤蓄水保水能力差，降水利用率和利用效率低，作物产量不稳，经济效益不高。因此，在该区域应用秋季覆膜保水技术，可有效解决春旱这一农业生产中的"瓶颈"问题。

秋季覆膜技术覆膜周期为一年，即前一年秋季收获后到翌年秋季收获。操作时主要技术要点为：

1. 整地

秋收后灭茬，进行翻耕，耕地深度因地制宜，为 20~25 cm，土壤全方位深松可每隔 2~3 a 进行一次即可，旋耕加镇压。作业地块地表应平整，距地表 80~120 mm 耕层内，最大外形尺寸超过 40 mm 的土块数量应少于 5%，清除作业地杂物。

2. 施肥与化学锄草

秋季肥料一次性施入土壤，其中，优质有机肥 3 000~5 000 kg/亩。施入化肥量可按测土配方施入适量化肥，并根据翌年所种植的作物和除草剂安全使用技术规范选择适宜的除草剂和用量，于秋季覆膜时均匀喷洒在土壤表面，预防杂草。

3. 覆膜

于整地、施肥、打药、镇压后进行覆膜，地膜为普通 PE 白色地膜，厚度为 0.008 mm，地膜宽度为 1.2 m。地膜覆盖方式为每 100 cm 为一个单元，其中，等行距秋覆膜垄宽 1 m，垄高 10~15 cm（图 5-1）；双垄面秋季全膜覆盖，大垄宽 40 cm，小垄宽 30 cm，垄高 10 cm（图 5-2）。覆膜后应防止牲畜和鸟类对地膜进行破坏。

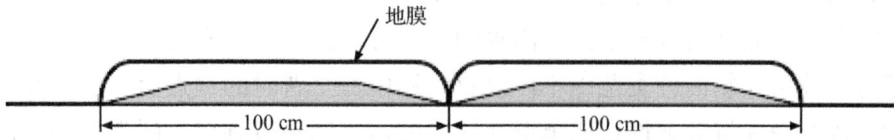

图 5-1 等行距秋季覆膜示意图

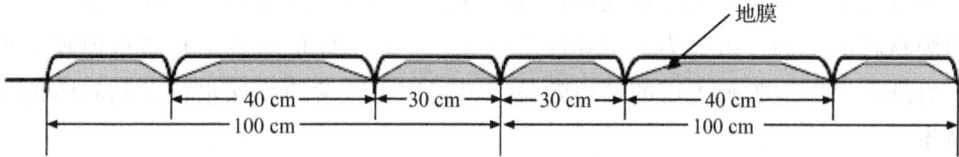

图 5-2 双垄面秋季全膜覆盖示意图

4. 配套种植技术

由于覆膜栽培可以促进作物生长，使作物提早成熟，因此，在作物品种的选择上，应选择选用适合当地种植的优质中晚熟品种。当地表下 0～15 cm 土壤温度达到 8 ℃以上，并稳定 3 d，即可播种，一般为 4 月下旬到 5 月上旬。两种秋季覆膜方式的配套种植方式存在一定的差异。其中，等行距秋季覆膜技术，播种位置为垄上两行作物，种植方式为大垄双行［将原来的两垄合成一条大垄，垄上种植两行玉米。大垄垄底宽 90～100 cm，大垄上玉米行间距 40 cm 左右（窄行），宽行玉米行距为 60 cm 左右］；双垄面秋季全膜覆盖技术，播种位置为大小垄交接垄沟（每条种植带分为一大垄双小垄，总宽 100 cm，大垄宽 40 cm，小垄宽 30 cm，高 10 cm。大小垄交接垄沟为播种沟，每个播种沟对应一大一小两个集雨垄面）。播种后的病虫害防治和田间管理与传统种植方式一致。

5. 残膜回收

残膜回收，是地膜覆盖保水技术中一个重要环节。如果处理不当，则会影响耕地质量和下一季作物生长，造成环境污染。因此，地膜回收按照 NY/T 2086 残地膜回收机操作技术规程和 NY/T 1227 残地膜回收机作业质量执行。地膜残留标准按照 GB/T 25413 农田地膜残留量限值及测定执行。最终使表层拾净率≥90%，深层拾净率≥70。

（二）春季覆膜覆盖保水技术

春季覆膜覆盖保水技术与秋季覆膜覆盖保水技术相似，但在整地、施肥和覆膜时间上存在差异，其主旨是春季播种时进行覆膜，秋季收获后保留原来地膜，到第二年春播前进行重新铺设新地膜。春季覆膜技术覆膜周期也为 1 a，但与地膜利用时间节点不同，即当年春季覆膜播种到翌年春季整地覆膜播种。操作时主要技术要点为：

1. 残膜回收

春季覆膜覆盖保水技术的残膜回收标准与秋季覆膜一致，但地膜回收的时间为春季整地前。

2. 整地

整地技术和要求与秋覆膜整地技术相同，但为每一年春季进行灭茬、整地。

3. 施肥和化学锄草

施肥和化学锄草技术与秋覆膜覆盖技术一致，但时间为春季整地后。

4. 覆膜、播种

由于春季覆膜技术的覆膜时间是在春季，即于春季揭膜、整地、施肥、打药、镇压后进行覆膜和播种，覆膜方式和种植技术与秋季覆膜一致。若使用配套农机具，则施肥、喷施除草剂、铺膜和播种可同时进行。

5. 收获

收获时避免人为或农机具对地膜进行破坏影响休闲期的保水效果，在休闲期也应防止牲畜和鸟类对地膜进行破坏。

(三) 渗水地膜覆盖保水技术

采用秋季覆膜和春季覆膜保水技术虽然可以保住一定的土壤水分，但在增温保墒的同时，由于对雨水的阻隔作用，使得降雨入渗减少，一方面不利于对雨水的充分利用，另一方面加大了地表径流，大面积的地膜覆盖必然影响到地区的水循环条件，改变原来的水文特性，甚至使水资源状况发生变化。针对覆盖普通地膜在接纳雨水方面起阻隔作用这一问题，由山西省农业科学院姚建明等专家研制的渗水地膜可使水分从膜面直接渗入土壤，具有渗水、保水、增温、微通气、耐老化等功能。渗水地膜面世后，研制单位和其他研究单位对渗水地膜在小麦、玉米、高粱、水地谷子等大田作物上的应用进行了大量研究，为不断完善干旱半干旱地区作物覆盖栽培理论与技术体系起到积极推动作用。

1. 渗水地膜覆盖技术原理

渗水地膜具有渗水、保水、调温、微通气、提高表土层肥料利用率等多种功能，比普通地膜覆盖增产 20%～40%，增产效果显著。这主要是基于渗水地膜的单向渗水特性设计理论，其基础是黑洞原理、微孔自调节原理和线性小孔（不）扩散原理。①将黑洞原理引入膜的结构设计：使渗水地膜具有使水分借助重力作用穿过地膜进入膜下土壤中的通道，当这个通道面积与非通道面积的比值足够小时，水分再从这个通道散发回大气中的机会变得非常少，犹如只有入水口的水窖，灌入水的速度可以很快，但从入水口散发走水分的速度却很慢，水分的入渗与蒸发具有明显的不平衡性，即 $dv_入 \gg dv_出$。农田地膜覆盖本身又是一个半封闭系统，物质与能量的流动具有一定的可分离性，在地膜上增加一定程度的微米级微孔的水分通道，可以使雨水进入土壤，但膜下截获的能量却不完全以水分蒸发散热的形式来维持能量平衡，所以对原系统不会带来明显的副作用，反而增加了新的功能；②微孔的自调节原理：利用高分子材料固有的弹力特性，使膜具有了自调节活性，即：对膜两侧的物质和能量的"流"进行有条件的自动反馈控制。渗水地膜制造的主要原料是聚乙烯塑料，聚乙烯塑料膜具有一定的弹力，当狭窄的水分通道受到水的重力作用时，通道变大，膜面雨水顺利入渗；当膜面雨水入渗完毕时，狭窄的水分通道受聚乙烯塑料膜的弹力作用而闭合，阻止了膜下水分蒸发。由于弹力的可恢复特性，赋予渗水地膜有单向渗水的自调节活性。当膜下地温过高时，膜下形成了较高的蒸汽压，可将通道自动打开，利于散热与内外气体交换；当膜下地温下降到一定程度时，由于弹力作用通道又自动闭合。③将小孔扩散原理进行了修正，提出了线性小孔（不）扩散原理。小孔扩散原理认为：当自由水面放置多孔膜时，由于多孔膜的孔边缘降低了自由水面的表面张力，使水分子脱离水面的概率增大，蒸发速度（V）与边缘长度（L）成正比，比值 $\rho = V/L$，由此推论出：当多孔膜置于自由水表面时，随着小孔边缘长度的增加会明显加快自由水面的蒸发速度。这一理论的明显缺陷是没有考虑到小孔边缘的间距的影响。提出的线性小孔（不）扩散原理认为：当自由水面放置的多孔膜，孔形发生由圆孔拉长的线性改变小孔的边缘线性收缩到闭合状态时，尽管多孔膜单位面积的孔边缘长度没有变化，但是，水分子脱离水面的通道受到抑制，水面的蒸发速度就会变得非常小。因此，蒸发速度（V）与边缘长度（L）的关系发生变化，比值 $\rho^* \ll \rho$。由此推论出：当小孔的孔形发生线性改变、边缘线性收缩到闭合状态的多孔膜置于自由水表面时，会明显抑制自由水面的蒸发速度，即线性小孔不扩散原理。依据这一原理，即使单位面积上线性小孔的数量成倍增加，自由水面的蒸发速度也会受到明显抑制。

根据上述原理，在保持普通地膜理化特性基本不变的前提下，采用化学（在选用的低密度聚乙烯吹塑料中加入一定比例的渗水助剂）加机械的方法，吹制出了具有单向渗水性特性的渗水地膜产品。经山西省技术监督局测定，在23 ℃、101.3 kPa条件下，单位体积（1 cm³）的渗水地膜渗水速率大于 2.4 mm/h，在 101.3 kPa、100 ℃条件下，30 min 的覆盖自由水面的保水量 40%。单向渗水性具体地讲，是依据膜上水分的重力作用、表土水势梯度力对膜上水的拉力作用，使渗水过程发生，同时依据膜上通道线性变化和自封口的理化弹力作用控制水分的蒸发而形成的。当膜上有重力水存在时，在土壤水势梯度拉力的协同作用下，打开通道，此时入渗量过程占主导地位；当膜上无重力水存在时，通道受弹力作用处于封闭状态，蒸发过程受到明显抑制。此外，随膜上与膜下温度梯度差异，其水分的入渗与蒸发过程也受到不同影响；经过上述分析，渗水地膜的单向渗水的理论表达可归纳为：

$$入渗势\ \Psi_1 = F_1 \times \frac{h \times p_0 \times p \times (t_2 - t_1)}{p_2 p_1}$$

$$蒸发势\ \Psi_2 = F_2 \times \frac{p_2}{p_0 \times h \times p_1(t_2 - t_1)}$$

式中：h——膜上水深度；

p_0——地面拉力（表面张力、扩散力、土壤水势、土壤亲水力）；

p——滴冲击力；

p_1——微通道弹力；

t_2——膜下温度；

t_1——膜上温度；

p_2——膜下蒸汽压。

2. 渗水地膜覆盖技术要点

渗水地膜覆盖保水技术，由于其自身的渗水、保温、增湿、调温、微通气、耐老化等功能，因此在覆膜周期的选择上，不同作物之间存在一定的差异，地下作物（如花生、甘薯）覆膜周期为作物的生育期，即当季作物播种都到当季作物收获后整地，而地上作物（如玉米、谷子）覆盖周期为 1 a，即前一年播种都到翌年播种前整地。操作时主要技术要点为：

（1）整地

分为秋季整地和春季整地。其中，秋季整地为前茬作物收获后及时灭茬，深耕 25~30 cm，及时耙耢保墒。播种时整地质量要好，播前结合施肥进行浅中耕、重耙耱、细整地，最终达到地面平整、土壤细碎、无坷垃及无根茬等播种覆膜要求；春季整地为前茬是地膜覆盖的旱地，在春季播种前进行整地。

（2）覆膜与播种

施肥、喷施除草剂、覆膜与播种这几项措施，由覆膜播种施肥机同时完成。选择厚 0.006 mm、宽 1 200 mm 的超薄渗水膜，采用波浪形渗水地膜全膜覆盖技术（图 5-3），每 100 cm 为一个单元，即垄上小沟种植，垄宽 1 m，垄高 20~25 cm，垄上小沟 10~15 cm，做到铺平、铺正、拉紧、压严、紧贴地面达到不跑温、不漏气、风揭不动、草顶不起，出苗后要及时检查，及时放苗。

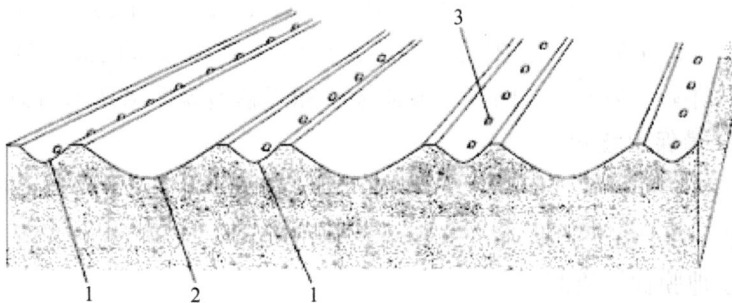

1. 播种沟；2. 垄间集雨沟；3. 播种孔

图 5-3 波浪形渗水地膜全膜覆盖示意图

（3）其他技术要点

在作物播种期、品种选择、施肥量、除草剂选择、田间管理和残膜回收的技术要点与秋季覆膜保水技术一致。

（四）液体地膜保水技术和可降解地膜覆盖保水技术

虽然普通地膜覆盖和渗水地膜覆盖的保水增温效果明显，但随着地膜覆盖栽培作物面积的不断扩大，农田残膜污染问题日益严重，我国农用地膜主要使用的是聚氯乙烯和聚乙烯膜，平均分子量为25 000~30 000，具有很好的物理、化学和生物稳定性，在自然条件下不易降解且回收率低，大量残留积累在土壤中，形成持久性"白色污染"，对农业可持续发展构成严重威胁。中国农业科学院监测数据显示，目前我国长期覆膜的农田土壤，平均每亩地膜残留量在 5~15 kg。2013 年 5 月 8 日 CCTV-1《焦点访谈》"农田里的白色污染"节目中提到，最严重污染地的残膜量达 597 kg/hm²。我国地膜残留问题如此突出，一方面是由于用量较大，另一方面是由于厚度太薄。国际上塑料地膜厚度通常不小于 0. 012 mm，美国通常为 0. 024 mm，韩国为 0. 020 mm，日本为 0. 015 mm，我国国家标准规定塑料地膜的厚度不应小于 0. 008 mm，但是，目前一些生产企业为满足农民降低农业投入成本的要求，在生产中降低塑料地膜的厚度，因此，市面上有不少塑料地膜的厚度只有 0. 005 mm，甚至更薄。由于地膜太薄，横向拉力不强，故而纵裂多，残片量大，旧膜难以回收。绝大部分塑料膜被留在农田中或者被农民不加控制地焚烧。其中，残膜随风四处飘散，会造成视觉污染，动物误食会导致死亡，而焚烧产生的各种有毒有害的温室气体更会对环境造成负面影响；而残留在土壤中的地膜碎片会对土壤、土壤微生物以及作物产生多种负面影响。首先，土壤中的残膜易形成"阻隔带"，这对土壤含水量、孔隙度、土壤容重以及相对密度都会产生影响；残膜还会改变或切断土壤孔隙连续性，增大孔隙的弯曲性，阻碍土壤毛管水和自然水的渗透，影响土壤的吸湿性，从而对水分运动产生阻碍，使其移动速度减慢。残留在土壤中的地膜改变了土壤孔隙度和容重，势必会影响到土壤微生物的正常活动以及土壤酶的活性。其次，残膜会阻碍作物对水分和养分的吸收、利用和转化，影响作物生长和发育甚至产量。作物播种后，如果种子落在残膜上，会导致种子吸水和扎根困难，造成烂种，从而降低了出苗率。基于以上问题，液体地膜和降解地膜保水技术得以应用。

1. 液体地膜保水技术

液体地膜是一种乳状悬浮液，经喷施后在土壤表层形成一层胶状薄膜，使土壤颗粒连接起来，起到保温、保墒、减少蒸发的作用。

（1）液态地膜保墒机制

①机械保墒机制：液膜中的高分子必须渗入土壤表层的孔隙内才能产生保墒效果，在封闭表层空隙较小的土壤时，机械镶嵌是主要因素；

②吸附保墒机制：液膜的保墒效果体现为液膜与土表颗粒接触的界面力，主要是分子间作用力，要使液膜有效润湿土表，液膜的表面张力应小于土表的临界表面张力，这样液膜中的高分子才能浸入土表的凹陷与空隙形成良好润湿，润湿使液膜与土表紧密接触，所包含的化学键有离子键、共价键、范德华力；

③扩散保墒机制：液膜的保墒效果通过液膜与土表颗粒的扩散产生，当液膜含有能够运动的长链高分子时扩散保墒机制是适用的；

④静电保墒机制：液膜与土表颗粒形成双电层产生静电引力，有较强的黏合力封闭土壤表层。

（2）液态地膜种类

在辽宁省旱地保水技术应用中，液体地膜覆盖技术根据材料和功能不同可分为4种。

①天然高分子降解材料。天然高分子可降解材料具有良好降解性、透气性、安全性、经济性，并且所产生的产品废弃后可完全生物降解，从而进入自然界循环生物链。

Ⅰ. 纤维素基可降解液体地膜。

纤维素（Cellulose）是由葡萄糖组成的大分子多糖。不溶于水及一般有机溶剂，是植物细胞壁的主要成分。纤维素是自然界中分布最广、含量最多的一种多糖，占植物界碳含量的50%以上。常温下，纤维素既不溶于水，又不溶于一般的有机溶剂，纤维素基可降解液体地膜主要以植物纤维为主要原料，配加以其他添加剂和水构成，对其部分改性，以改善液体地膜的黏结性、生物降解性和对农药化肥的缓释性能，使制作的液体地膜不仅湿强度大，而且具有保温、保墒、保苗和生物环保性能，以稻草秸秆为原料，在加入土壤黏附剂、增强剂聚、增塑剂、交联剂、湿强剂、表面活性剂。

Ⅱ. 淀粉可降解液体地膜。

淀粉是葡萄糖分子聚合而成的一种天然的廉价资源，容易生物降解。但由于分子间处在强烈氢键作用，需将淀粉进行改性，以达到使用要求的各项要求。以淀粉和聚乙烯醇（PVA）为主要材料和以腐殖酸钠和淀粉为主要材料制备可降解液体地膜，淀粉/PVA液体地膜和淀粉/腐殖酸钠液体地膜都能起到一定的保墒、保湿作用。

Ⅲ. 木质素可降解液体地膜。

木质素（Lignin）是一种广泛存在于植物体中的无定形的、分子结构中含有氧代苯丙醇或其衍生物结构单元的芳香性高聚物。它是一种取之不尽的可再生资源，木质素是由四种醇单体（对香豆醇、松柏醇、5-羟基松柏醇、芥子醇）形成的一种复杂酚类聚合物，木质素是一种含许多负电集团的多环高分子有机物，对土壤中的高价金属离子有较强的亲和力。木质素作为农业化学广泛应用于土壤改良剂、农药缓释剂、有机螯合肥料等。我国造纸工业发达，而造纸工业废水中制浆废液对于环境污染最为严重，加强对造纸黑液中某些物质的综合利用，不仅可以缓解资源危机的压力，还可避免其对环境的污染。木质素液体地膜的研究应用对减轻环境压力，增加木质素产品附加值以及开拓新的降解地膜产品具有重要意义。

②多功能液态地膜。液体地膜代替的农用塑料地膜，随着液体地膜技术的改进，多功能液态地膜越来越受到人们的青睐。多功能液态地膜不仅代替普通液体地膜，而且加入肥料、土壤改良剂、农药、除草剂等物质，既有保温保水的作用，又可以除草、防虫、施肥的作用，这种液体地膜应用前景广阔。

Ⅰ.马铃薯渣基多功能可降解液体地膜。

马铃薯渣源于马铃薯淀粉加工过程中的副产物，含水量高达80%以上，并富含马铃薯淀粉、纤维素、半纤维素、果胶、蛋白质、游离氨基酸、脂肪和盐类。交联羧甲基马铃薯淀粉渣为基料，辅以增塑剂、增强剂、湿强剂、交联剂等改良助剂，研制一种新型马铃薯渣基多功能可降解液体地膜，可提高土壤含水量，并且具有良好的生物降解性能。

Ⅱ.蒙脱石、腐殖酸多功能可降解液态地膜。

将蒙脱石、腐殖酸进行改性，在交联剂、成膜剂的作用下形成高分子，然后再与各种添加剂、硅肥、微量元素、农药和除草剂混合制成多功能可降解黑色液态地膜。该地膜使用普通农用喷雾器喷洒地表面干燥后成膜，该地膜既可以解决土壤保温、保水、防止地表蒸发、提高植物出苗速度，又可以保肥、减少养分流失、防止土壤板结。尤其是在作物收获后，该产品不仅在土壤中自己分解快，还能起到提供植物养分，改善土壤环境的功效。

Ⅲ.腐殖酸多功能可降解黑色液态地膜。

腐殖酸是动植物遗骸，主要是植物的遗骸，经过微生物的分解和转化，以及地球化学的一系列过程造成和积累起来的一类有机物质。它的总量大得惊人，数以万亿吨计。江河湖海，土壤煤矿，大部分地表上都有它的踪迹。最有希望加以开发利用的腐殖酸资源，是一些低热值的煤炭，诸如泥炭、褐煤和风化煤。在它们之中，腐殖酸含量达10%～80%。腐殖酸多功能可降解黑色液态地膜是以褐煤、风化煤或泥炭对废液比如造纸黑液、海藻废液、酿酒废液或淀粉废液进行改性，然后添加生产土壤所需的有机肥；木质素、纤维素和多糖在交联剂的作用下形成高分子，然后再与各种添加剂、硅肥、微量元素、农药和除草剂混合制取腐殖酸多功能可降解黑色液态地膜。

Ⅳ.污泥多功能全降解液态地膜。

污泥是污水用物理法、化学法、物理化学法和生物法等处理废水时产生的沉淀产物，是一种由有机残片、细菌菌体、无机颗粒、胶体等组成的极其复杂的非均质体。污泥的主要特性是含水率高（可高达99%以上），有机物含量高，容易腐化发臭，并且颗粒较细，比重较小，呈胶状液态。它是介于液体和固体之间的浓稠物，可以用泵运输，但它很难通过沉降进行固液分离。此地膜以污泥中加入由水溶解的三氯异氰尿酸构成的灭菌剂除臭灭菌后，再加入腐殖酸原粉、无机盐和水，混合、搅拌、均质、研磨，通过反应制成膏状体构成的母料；取聚丙烯酰胺及其衍生物、木质素磺酸盐和纤维素衍生物构成具有成膜、渗透、分散、螯合和保水性能的子料；使用时用水将子料溶解，加入母料中搅拌制成粥状体，然后兑水稀释，即可由喷雾器喷洒形成地膜。

③高分子可降解液体地膜，其材料用于降解地膜。化学高分子材料一般分子链较长，较稳定。对土壤黏附作用较强，其分子链在一定的条件下，会形成网络结构，具有一定的塑性，从而有较好的保温保墒的作用。

Ⅰ. PVA。

PVA 是唯一可被细菌作为碳源和能源利用的乙烯基聚合物，在细菌和酶的作用下，46 d 降解 75%，属于一种生物可降解高分子材料，可由非石油路线大规模生产。以聚乙烯醇为原料基物质配制液态地膜，价格低廉，具有保温保墒效果。

Ⅱ. 石油沥青。

石油沥青是原油加工过程的一种产品，在常温下是黑色或黑褐色的黏稠的液体、半固体或固体。在太阳光高能紫外线下切断某些链状结构发生光氧化在和微生物作用下将其降解，以此配出的液体地膜能提高农作产量，具有保温作用。

④复合型液体地膜。复合型液体地膜，将多种物质和溶剂交联复合，是液体地膜在各方面的效果达到相对较高的水平，形成一个新型的相对全面功能的液体地膜，是下一代地膜发展趋势。

Ⅰ. 有机无机复合材料。

有机无机复合材料，是由两种或两种以上不同性质的材料，是一种混合物，通过物理或化学的方法，在宏观（微观）上组成具有新性能的材料。有机无机材料在性能上互相取长补短，产生协同效应，使这种复合材料的综合性能优于原组成材料而满足各种不同的要求，在很多领域都发挥了很大的作用，代替了很多传统的材料。如将蒙脱石（硅铝酸盐）、腐殖酸进行改性，在交联剂、成膜剂的作用下形成高分子，然后再与各种添加剂、硅肥、微量元素、农药和除草剂混合制成多功能可降解黑色液态地膜。蒙脱石吸水性很强，吸水后其体积膨胀而增大几倍至十几倍，具很强的吸附力和阳离子交换性能，该地膜既可以解决土壤保温、保水问题，防止地表蒸发，提高植物出苗速度，又可以保肥、减少养分流失、防止土壤板结。尤其是在作物收获后，不仅在土壤中自己分解快，还能起到提供植物养分，改善土壤环境的功效；液态地膜中添加的甲基硅酸盐具有疏水作用，达到防止水分蒸发和起到压碱的作用，该液体地膜不含成膜剂和表面活性剂，制备工艺简单，便于大规模生产。液态地膜分解后终产物为二氧化硅，为自然界的产物，不会对环境造成危害。

Ⅱ. 石油沥青材料。

石油沥青，英文名：Petroleum asphalt，是原油加工过程的一种产品，在常温下是黑色或黑褐色的黏稠的液体、半固体或固体，主要含有可溶于三氯乙烯的烃类及非烃类衍生物，其性质和组成随原油来源和生产方法的不同而变化。石油沥青有一定的黏滞性又称黏性或黏度和一定的塑性效果，将石油沥青直接喷洒在土壤表面，一段时间后变硬，形成一层结层，此结层会在土壤微生物的作用下被分解掉，具有保温效果，但保墒效果差，性能较差于传统的地膜。

（3）液体地膜保水技术要点

①液态地膜种类的选择。首先液体地膜的种类以可降解液体地膜为主，根据区域内环境条件和作物种类，并结合作物地膜覆盖安全期理论，选择适宜的液体地膜。

②液体地膜喷施。考虑到液体地膜的特殊性，在液体地膜喷施操作之前，必须考虑两个因素：一是土壤表面粗糙度，未经平整土地高低不平，表土颗粒大小不一，液态地膜与其结合程度低。二是润湿性，液态地膜与土表连续接触的过程称为润湿，液膜对土壤表面良好的润湿可以保证液膜与土壤活性位点结合增强保墒效果。因此，整地时间选择在春季播种前，进行浅中耕、重耙耱、细整地，最终达到地面平整、土壤细碎、无坷垃及无根茬。采用平作的方式进行播种，播种后进行液体地膜的喷施。

③其他技术要点。液体地膜覆盖保水技术在实施过程中，作物品种选择、播种时间、施肥量、种植密度和病虫害防治操作均与传统平作栽培模式一致。

2. 降解地膜覆盖保水技术

解决地膜污染的另外一个途径，是采用降解地膜。降解地膜按照降解方式，可分为光降解、热降解、氧化降解、生物降解以及组合降解等，我国降解地膜发展经历了从崩解型到氧化降解的过程（图5-4）。目前，常用的降解地膜主要以生物降解地膜、氧化降解地膜和氧化—生物双降解地膜为主。

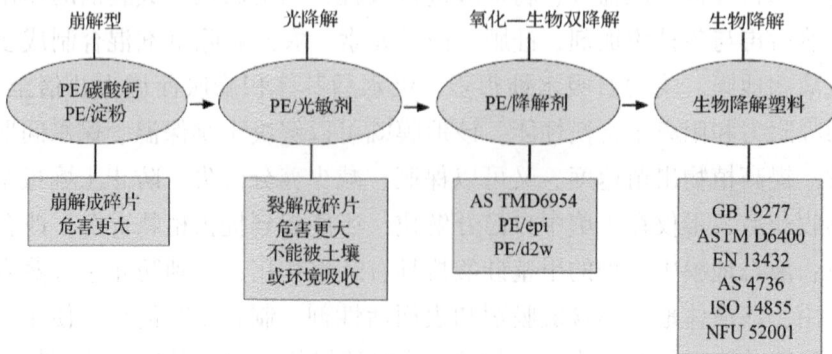

图5-4 我国降解地膜发展过程

（1）目前常用的可降解地膜的种类

①生物降解地膜。生物降解地膜是指在使用后较短时间内，能够在自然条件下被真菌、细菌等微生物最终分解成二氧化碳、水等无机物，且分解产物不会对环境产生恶劣影响的高分子材料。生物降解过程主要包括微生物作用的4个步骤：a. 微生物在地膜表面定殖；b. 分泌细胞外酶类切割多聚物高分子；c. 将酶解后的小分子吞入细胞；d. 通过有氧呼吸将小分子裂解生成二氧化碳和水。在这个过程中微生物获得其生长发育所需的碳源与能量。

②氧化降解地膜。氧化降解地膜主要以不可被微生物食用的惰性聚烯烃（如聚乙烯）为原料，加入具有引发、促进氧化反应作用的敏感基团或物质，催化聚烯烃大分子在特定诱导条件下断裂为低分子化合物，表现出地膜力学性质减弱，地膜破裂或崩解等现象。可通过调整抗氧化剂与助氧化剂的类型和比例制备具有不同耐候性的地膜产品。这类地膜制备工艺简单、生产成本低廉、增温保墒效果良好，但是早期的氧化降解地膜产品，由于聚烯烃高分子在断裂为短链或翻压到土壤中后难以继续降解，仍将长时间存留在农田土壤中，影响土壤理化性质、微生物种类活性，以及作物的生长发育，未能从根本上解决地膜残留污染问题。

③氧化—生物双降解地膜。较新研发的氧化—生物双降解地膜在融合氧化降解过程的化学反应、生物降解过程的酶促反应基础上，引入了纳米科技技术。通过构建具有多重降解功能的纳米级氧化—生物降解单元，形成了以光敏性纳米粒子（纳米 TiO_2 等）为结构框架，均匀掺杂具有氧化功能的金属离子（Co^{2+}、Mn^{2+}、Fe^{3+} 等）及具有生物降解促进功能的生物制酸性物质（柠檬酸、茶多酚等）的降解添加剂。并通过对纳米降解单元的表面修饰，进一步降低了纳米粒径，加强了降解添加剂在聚烯烃高分子原料中的分散均匀度。有人认为这种地膜产品在自然环境条件下能够快速降解为相对分子质量1万以下的低聚物，再进一步通过微生物的作用最终降解成二氧化碳和水。

（2）降解地膜的选择与技术要点

在实际操作中，为有效替代传统 PE 地膜，降解地膜应用体系还需满足"四性一配套"要求，即操作性——提高生物降解地膜的拉伸强度，满足机械覆膜需求；功能性——改善生物降解地膜的增温保墒性能，为作物生长创造良好微环境；降解可控性——保持一定时间不破裂和降解，满足作物功能需求，生长季结束后在自然条件下完全降解，且降解产物不会对环境造成恶劣污染；经济性——通过多种措施，降低生物降解地膜的成本，实现经济可用；配套性——根据生物降解地膜特性，改革种植模式和方式，形成与生物降解地膜应用相适应的技术体系。

Ⅰ. 在辽宁旱地可降解地膜覆盖保水应用体系中，考虑到辽宁旱地休闲期蒸发量大，降解地膜覆盖保水应结合秋季覆膜保水技术，其操作方式与普通秋季地膜覆盖保水技术基本一致。

Ⅱ. 考虑到氧化降解地膜在土壤中可能难以降解，降解地膜种类应以生物降解地膜和氧化—生物双降解地膜为主。

Ⅲ. 最主要的技术要点则集中在可降解地膜的降解时间的选择环节。首先需明确作物的地膜适宜覆盖时间，然后再根据区域气候和环境条件确定可降解地膜的种类。为此，在可降解地膜的降解时间的选择上，需根据严昌荣提出的作物地膜覆盖安全期概念进行确定——"正常的自然条件和农事操作下，作物在某一区域要求地膜覆盖营造光温、水肥环境的最佳天数，并且过了这一天数，地膜覆盖会对作物生理或农田生态环境产生负效益，如抑制作物的生长发育对作物产量和品质的提升具有生理负效益；对作物的生理负效益不明显，但会显著增加残膜回收的成本，降低回收或降解的效果对农田生态产生潜在危害。"

作物地膜覆盖安全期估算方法主要有两种：一是基于主要功能测定估算法。通过对作物覆盖地膜条件下土壤温度和水分的连续监测，构建作物地膜覆盖与未覆盖农田土壤温度、水分的时序图，通过研判 2 个处理地温和水分时序图的变化特点，寻求二者的交汇或者重合点，即地膜覆盖的增温保墒功能消失或者基本消失的时间节点，从覆盖到这个日期的天数分别属于某种作物地膜覆盖的温度安全期和水分安全期。二是基于农作物郁闭度估算法。作物郁闭度是指农作物冠层垂直投影面积与其生长农田面积之比。利用郁闭度来确定作物地膜覆盖安全期包括以下步骤：①系统测定作物郁闭度，并同时监测地膜增温保墒和抑灭杂草功能，建立作物郁闭度与地膜覆盖主要功能的关系曲线；②通过对作物郁闭度与地膜覆盖主要功能关系曲线的研判，确定覆盖地膜功能消失时作物郁闭度，并将此值确认为该作物在该地区地膜覆盖功能消失的阈值；③计算从作物覆膜起到作物郁闭度达到地膜覆盖功能消失的阈值的日数，以此确定作物地膜覆盖安全期。

可以采用仪器进行直接测定，获得作物郁闭度值，如用作物冠层仪可直接测定作物冠层开度，计算作物郁闭度直接用。考虑到测定方便，也可以采用样点法对作物郁闭度进行估算，具体是通过在农田内设置样点，判断样点是否为作物冠层遮盖，统计被遮盖样点数，计算郁闭度，即某种作物郁闭度为作物冠层遮盖样点数与样点总数的比值。

二、技术效果

（一）秋季覆膜覆盖保水技术

在冬季、春季降水较少的干旱、半干旱地区，旱地秋季覆膜具有明显的蓄水保墒功能，这一措施可使深 1 m 左右的土层贮水数量明显增加。由于该旱作区冬季、春季降水量很小，对改善当地土壤墒情的作用有限，春季干旱是制约该区农业生产的主要因素；虽然覆膜栽培已经在当地广为应用。但由于春季干旱、无水可保，保墒效果大多不佳。秋覆膜技术以"秋雨春用、春墒秋保"为目标，通过减少冬、春两季农田土壤水分的无效蒸发，实现农田水资源的跨季调控，具有蓄秋墒、抗春旱、提地温和增强作物逆境成苗、促进增产增收等多种功效。通过研究显示，在辽宁省阜新蒙古族自治县，秋季全覆盖处理的出苗率最高，较不覆盖处理高出23.44%（表5-1）。

表5-1　不同处理玉米出苗率

处理	秋季覆膜（AM）	春季覆膜（SM）	不覆膜（B）
出苗率/%	92.41Aa	78.99Bb	38.97Cc

注：AM 代表秋季覆膜；SM 代表传统春季覆膜，即秋收后整地揭膜，B 代表裸地不覆膜

而在缺水年型下，秋覆膜处理可以明显增加玉米株高、茎粗、叶面积指数和生物量，促进干物质积累（图5-5~图5-7），籽粒产量较春覆膜处理和不覆膜处理分别高18.76%、14.51%和10.79%、76.93%（表5-2）。

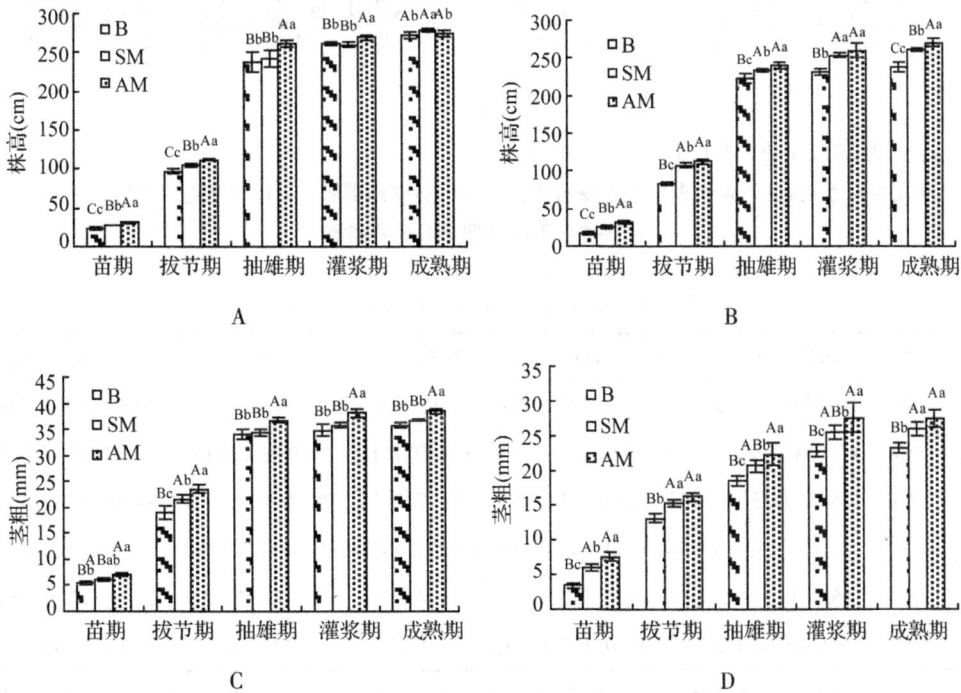

注：A、C 为 2014 年的数据；B、D 为 2015 年的数据。

图5-5　不同处理下的玉米株高、茎粗

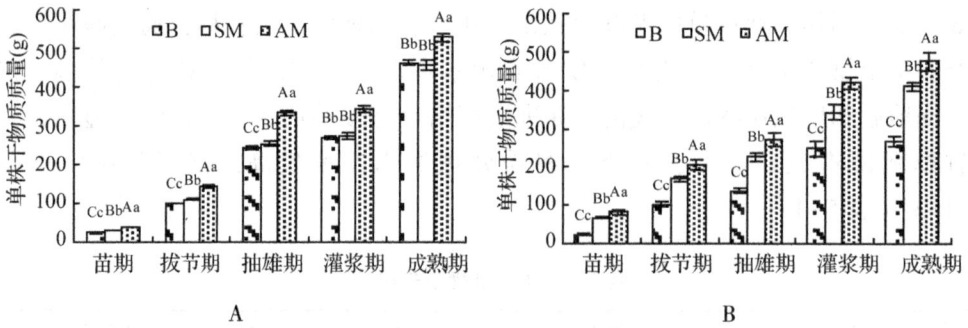

注：A 为 2014 年的数据；B 为 2015 年的数据。

图 5-6　不同处理下的对玉米干物质积累

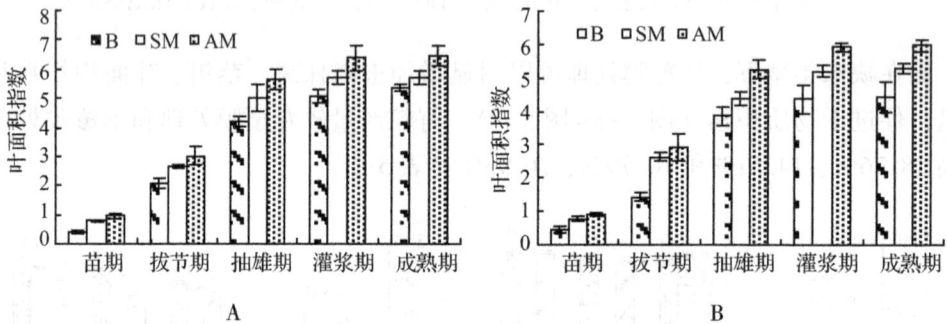

注：A 为 2014 年的数据；B 为 2015 年的数据。

AM 代表秋季覆膜；SM 代表传统春季覆膜，即秋收后整地揭膜；B 代表裸地不覆膜

图 5-7　不同处理下叶面积指数

表 5-2　不同处理下的玉米产量及构成因素

年份	处理	穗长（cm）	穗粗（mm）	粒数	百粒重（g）	产量（kg·hm⁻²）
	B	16.55±0.249 a	50.43±0.492 a	552.67±17.699 a	36.59±1.228a	12 470±363.059 b
2014	SM	16.03±0.281 a	51.08±0.88 a	531.33±19.701a	35.93±0.581a	12 024±312.692 b
	AM	16.8±0.353 a	51.14±0.375 a	556.27±17.295a	38.46±0.757a	14 280±330.327 a
	B	12.07±0.575 b	44.49±0.547 b	373.47±20.467b	388.00±57.376 b	6 850±303.150 c
2015	SM	16.4±0.375 a	50.11±0.587 a	524.13±24.249a	534.67±13.92 a	10 940±238.956 b
	AM	15.97±0.451 a	49.56±0.322 a	536.4±19.380a	560.00±9.238 a	12 120±300.499 a

注：AM 代表秋季覆膜；SM 代表传统春季覆膜，即秋收后整地揭膜；B 代表裸地不覆膜，同列不同小写字母表示不同处理在 5% 水平上差异显著，不同大写字母表示处理在 1% 水平上差异显著。

　　并且，秋覆膜处理连续 2 a 均显著地提高了播前的土壤蓄水量，比休闲期不进行地膜覆盖的地块多储存了 31~35mm 的降水，因此可以为玉米的生长提供了更多的水分（表 5-3）。

表 5-3 不同处理土体蓄水量和水分利用

年份	处理	播前蓄水量	收获后蓄水量	生育期降雨量	耗水量	WUE$_Y$	WUE$_B$
		mm	mm	mm	mm	g·m^{-2}·mm^{-1}	g·m^{-2}·mm^{-1}
	AM	204±3.60 a	134±2.40 a	310	381±1.21 a	3.75±0.08 a	8.42±0.08 b
2014	SM	165±3.17 b	134±2.18 a	310	341±0.98 b	3.52±0.09 a	8.73±0.09 a
	B	165±3.45 b	134±2.47 a	310	341±1.02 b	3.66±0.10 a	8.13±0.02 b
	AM	147±2.12 a	117±1.78 a	249	279±0.48 a	4.35±0.10 a	10.2±0.05 b
2015	SM	116±2.18 b	115±1.88 a	249	250±0.36 b	4.37±0.09 a	10.9±0.14 a
	B	117±2.02 b	112±1.65 a	249	253±0.42 b	2.71±0.12 b	6.36±0.14 c

注：AM 代表秋季覆膜；SM 代表传统春季覆膜，即秋收后整地揭膜；B 代表裸地不覆膜

玉米的降水利用效率也显示（图 5-8），在半干旱地区雨养农田连续应用秋覆膜技术，即使在较为干旱的年情下仍可以实现作物的高产，该技术是提高本地区春玉米产量和农田降水利用效率的有效措施。

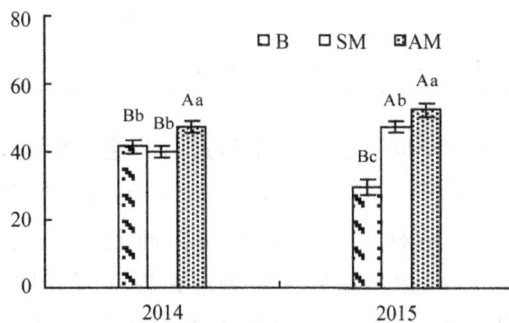

图 5-8 不同处理下玉米生育期内的降水利用效率

（二）渗水地膜覆盖保水技术

渗水地膜覆盖除具有普通地膜的增温、保水、提墒以及改善土壤理化性状等作用外，更具有普通地膜所不具有的从膜面垂直入渗降水的作用。这是由于渗水地膜是一种带有局部双层微米级线性小孔结构的通透性的新型地膜，具有渗水、保温、增湿、调温、微通气、耐老化等功能和调减膜下最高温度和利于作物根系呼吸生长等特性，为作物生长创造了比普通地膜覆盖更适宜的近地面微生物环境作用，对半干旱地区小雨发生频率高达 70% 的降水资源利用特别有效，平均可节水 100 m³/亩。在辽宁旱地农业保水技术中，我们最主要的是利用其渗水特性，使小雨可充分入渗，最大限度地利用降水，在年降雨量 400 mm 的甘肃中部半干旱地区显示渗水地膜覆盖旱地种植谷子比普通地膜能接纳更多的雨水（在抽穗期，渗水地膜下 0~20 cm、20~

40 cm、40~60 cm 耕层的含水量分别为 8.1%、10.3%、12.7%，而普通地膜为 8.1%、9.3%、12.6%，在成熟期，渗水地膜覆盖 0~20 cm、20~40 cm、40~60 cm 耕层的含水量分别为 7.4%、9.6%、10.7%，而普通地膜为 5.8%、6.3%、9.1%）。

通过在属于半干旱地区的山西对不同覆盖材料的收获后到翌年播种前保墒效果进行测定，结果显示（表 5-4），经过秋冬季节的覆盖保墒，由于渗水膜的小孔入渗特性及其良好的保墒效应，不同土层的土壤含水率要高于其他措施，其覆盖的蓄水量要高于其他处理，为 302.8 mm，其播前贮水量与覆盖前 290.6 mm 相比较有所增加。普通膜覆盖的保墒作用相对较差，为 273.9 mm，而秸秆覆盖只有 263.3 mm，露地为 277.2 mm。良好的播前土壤水分状况对于玉米全生育期的生长发育都有积极的意义。

表 5-4　不同处理播前土壤含水量比较

| 处理 | 土层深度（cm） | | | | | | 均值 | 蓄水量 |
	10	30	50	70	90	110	（%）	（mm）
渗水地膜	12.4	16.6	16.2	16.7	15.2	13.8	14.6	15.1	302.8
普通地膜	11.9	14.9	14.9	15.1	13.6	11.7	13.3	13.6	273.9
秸秆覆盖	10	13.8	13.9	15.8	14.7	11.8	11.7	13.1	263.3
裸地	10.8	14.6	14.6	14.0	14.1	14.2	14.3	13.8	277.2

而通过对降雨后 7 d 的不同土层的含水量进行测定，结果显示（表 5-5），在降雨（降雨量为 30.1 mm）后第 7 d，浅层土壤（0~40 cm）的含水量各处理之间差别不太明显。渗水膜覆盖、秸秆覆盖、露地和普通膜覆盖含水量依次为 13.5%、13.0%、13.9% 和 13.4%。含水量差异主要表现在较深层土壤。在 40~140 cm 这一土层，渗水膜覆盖土壤水分含量最高。虽然渗水膜和普通膜对雨水有较强的阻止蒸发作用，但在同样降雨的情况下，渗水膜的微孔入渗作用及其对地面蒸发的有效抑制作用使得保留在膜下的水分要多，雨水由膜面直接进入的垂直入渗能力强，单位体积的含水量增加，对降雨的有效利用率提高。

表 5-5　降雨后 7 日不同处理含水量比较（%）

| 处理 | 土层深度（cm） | | | | | | |
	10	30	50	70	90	110	130
渗水地膜	12.6	14.3	17.2	16.8	17.5	17.4	18.8
普通地膜	12.5	14.2	15.9	16.6	17.6	16.6	17.5
秸秆覆盖	12.3	13.6	15.1	17.4	16.7	15.5	15.7
裸地	12.7	15.2	15.7	15.0	15.6	15.4	15.6

另外，在作物水分利用研究上显示（表5-6），渗水地膜的水分利用效率在 1 hm² 农田上每毫米耗水量可生产玉米 34.9 kg。由于渗水膜覆盖对自然降水的有效利用程度较高，旱作玉米高产的主要制约因子干旱缺水，一定程度得到了缓减，最终表现为籽粒产量增加。

表5-6　不同处理水分利用效率比较

处理	产量 （kg·hm⁻²）	覆盖前蓄水 （mm）	覆盖期降水 （mm）	收获时蓄水 （mm）	耗水量 （mm）	水分利用效率 （kg·hm⁻²·mm⁻¹）
渗水地膜	7 846.2	290.6	251.8	317.5	224.9	34.9
普通地膜	6 255.0	284.9	251.8	243.7	293.0	21.3
秸秆覆盖	5 859.0	294.3	251.8	258.6	287.5	20.4
裸地	3 568.5	280.6	251.8	267.9	264.5	13.5

而在辽宁省阜新市对覆盖渗水地膜种植玉米的研究中显示（表5-7），渗水地膜耗水量较覆盖普通地膜低26.7 mm，并在后期干旱季节使土壤水分分布均匀。覆盖渗水地膜作物水分利用效率较不覆盖、覆盖秸秆和覆盖普通地膜分别提高8.17 kg/（hm²·mm）、4.50 kg/（hm²·mm）、3.17 kg/（hm²·mm）。

表5-7　不同覆盖处理对玉米水分利用效率的影响

处理	耗水量 （mm）	产量 （kg·hm⁻²）	水分利用效率 （kg·hm⁻²·mm⁻¹）
渗水地膜	388.5 Cc	11 750.2 Aa	30.25 Aa
普通地膜	415.2 Bb	11 018.6 ABb	26.54 Bb
秸秆覆盖	381.3 Cc	9 815.1 Bc	25.74 Bc
不覆盖	455.8 Aa	10 063.7 Bc	22.08 Cd

（三）液体地膜保水技术

液态地膜具有固定土壤的作用，在植物耕种的初期阶段有效喷施可降解液态地膜，可在地表面形成一层土膜，提高土壤湿度，减少土壤水分蒸发，同时可以降低植物生长土体层的盐分含量，减少水土流失，促进植物生长。根据不同作物选择理想可降解液体地膜，没有白色污染。翻压入土后，具有改良土壤团粒，改善土壤通透性等作用，最终达到作物增产和土壤改良目的。在对几种常用的液体地膜保水功效的研究上显示其具有一定的保水特性。

1. 天然高分子降解材料

①纤维素基可降解液体地膜，以稻草秸秆为原料，再加入土壤黏附剂、增强剂聚、增塑剂、交联剂、湿强剂、表面活性剂，可使20 cm表层土壤可增温1~6 ℃，水分蒸发抑制率为20%以上，土壤水分含量增加10%以上，土壤稳定性团粒含量增加超过5%，土壤孔隙度增加5%以上，容重降低5%，在土壤中60~180 d达到全降解。

②淀粉可降解液体地膜，以淀粉和聚乙烯醇（PVA）为主要材料和以腐殖酸钠和淀粉为主要材料制备可降解液体地膜，形成的薄膜保水性能比较好，机械强度较高，因一定的保湿与较强的土壤增温作用，可以发现其在种子的出苗期出苗数量和生长速度方面有明显优势。

③木质素可降解液体地膜，具有显著的保水效应，对不同土壤层次含水量影响程度差异显著。20~30 cm土层木质素液体地膜处理的保水性能相对塑料地膜处理要好，土层含水量较塑料地膜处理平均高4.24%，较对照平均提高7.81%。

2. 多功能液态地膜

①马铃薯渣基多功能可降解液体地膜，采用交联羧甲基马铃薯淀粉渣为基料，通过溶液共混交联共聚反应，制备多功能可降解液体地膜。马铃薯渣基液体降解地膜可提高地温0.8~1.6 ℃，提高土壤含水量6.4%~17.9%，降低土壤pH，减小土壤容重3.3%~26.9%，提高土壤孔隙度4.2%~36.1%，增加土壤肥力（氮、磷和钾）5.1%~15.3%，土埋60 d，降解地膜土埋质量损失率高达67.8%，具有良好的生物降解性能。

②蒙脱石、腐殖酸多功能可降解液态地膜，由中汇国豪生物科技有限公司制成，该液体地膜使用普通农用喷雾器喷洒地表面干燥后成膜，该地膜既可以解决土壤保温、保水问题，防止地表蒸发，提高植物出苗速度，又可以保肥、减少养分流失、防止土壤板结。尤其是在作物收货后，该产品不仅在土壤中自己分解快，还能起到提供植物养分，改善土壤环境的功效。

3. 高分子可降解液体地膜

①PVA是唯一可被细菌作为碳源和能源利用的乙烯基聚合物，采用聚乙烯醇、壳聚糖、玉米淀粉等原料，通过特定工艺，制得一种可降解的环保液体地膜，液体地膜成膜后，30~50 d裂开，120~180 d全部降解，该液体地膜生产加工简单，使用方便，性能优良。

②石油沥青是在太阳光高能紫外线下切断某些链状结构发生光氧化，在和微生物作用下将其降解，以此配出的液体地膜能提高农作产量，具有保温作用，但成膜较厚，成膜较慢，使用颇少。

4. 复合型液体地膜

①有机无机复合材料，以甲基硅酸盐 20%~30%，强碱 1%~5%，余量为水，此发明利用甲基硅酸盐的疏水原理，达到防止水分蒸发和起到压碱的作用，液态地膜分解后终产物为二氧化硅，为自然界的产物，不会对环境造成危害。

②石油沥青材料。石油沥青，有一定的黏滞性又称黏性或黏度和一定的塑性效果，将石油沥青直接喷洒在土壤表面，一段时间后变硬，形成一层结层，此结层会在土壤微生物的作用下被分解掉，具有保温效果，但保墒效果差，性能较差于传统的地膜。

（四）降解地膜覆盖保水技术

生物降解地膜在作物种植生产中表现出良好的增温保墒、抑制杂草等作用，较不覆膜种植生产明显提高了作物的产量与品质，达到甚至超过传统 PE 地膜的作用水平，显示出了巨大的应用潜力，为解决地膜残留污染问题提供了重要途径。

在半干旱气候环境下，研究了可降解地膜对土壤水分和玉米生长的影响，结果显示（表 5-8），在播种当天及播种后 7 d，地膜覆盖和露地对照 0~20 cm 与 20~40 cm 土壤水分含量差异不显著；这是因为在地膜覆盖的短时间内其保水效应尚没有体现出来。而在三叶期和拔节期，地膜覆盖土壤水分含量均明显高于对照且差异显著，但不同地膜之间差异不显著；这说明随着覆盖时间增加地膜的保水作用得以体现，并在玉米营养生长期发挥关键作用，不同厚度可降解地膜和普通地膜的保水作用相当。在大喇叭口期有降雨的情况下，地膜覆盖 0~20 cm 土壤水分含量略低于对照，大于 20~40 cm 土壤水分含量略高于对照，但差异均不显著，说明地膜覆盖并不影响降雨的有效入渗。

表 5-8　不同处理覆盖下土壤质量含水量变化

土层	处理	播种	播种后 7 d	三叶期 播后 30 d	拔节期 （播种后 46 d）	大喇叭口期（播种后 72 d）
0~20 cm	可降解地膜 0.005 mm	14.3 a	13.1 a	11.2 a	6.2 a	8.1 a
	可降解地膜 0.008 mm	14.2 a	13.1 a	11.3 a	6.3 a	8.0 a
	普通地膜	14.2 a	13.0 a	11.4 a	6.6 a	8.2 a
	裸地对照	14.3 a	12.5 a	10.1 b	4.9 b	8.3 a

续表

土层	处理	播种	播种后 7 d	三叶期 播后 30 d	拔节期 （播种后 46 d）	大喇叭口期（播 种后 72 d）
20~40 cm	可降解地膜 0.005 mm	13.1 a	12.0 a	10.6 a	7.2 a	9.2 a
	可降解地膜 0.008 mm	13.1 a	12.1 a	11.1 a	6.9 a	9.0 a
	普通地膜	13.0 a	12.2 a	11.7 a	7.3 a	9.3 a
	裸地对照	13.2 a	12.2 a	10.4 b	5.6 b	8.9 a

注：大喇叭口期有降雨。小写字母表示 0.05 差异显著水平。

中国生物降解地膜的研发应用仍处于起步阶段，面临诸多问题，需要深入开展地膜降解机制与影响因素分析，加强生物降解地膜原材料、配方和生产工艺等研发改进，进一步降低生物降解地膜生产成本，提高生物降解地膜品质与适用范围，开发出能够满足不同环境和作物生长发育所需要的生物降解地膜产品。

三、适于区域

（1）秋季覆膜覆盖保水技术，适宜在辽宁省西部半干旱偏旱区应用，其年降雨量 400 mm 左右。该区域春季风大雨少，十年九春旱，土壤墒情差，春旱严重威胁春播生产。另外，辽宁省西部风沙半干旱区水资源匮乏，且降水年内分配严重不均，7—9 月份降水量占全年降水量的 70% 以上。在该地区发展秋覆膜技术，提高天然降水的利用效率，缓解作物需水与天然降水时间之间不协调的矛盾，是十分必要的。

（2）春季覆膜覆盖保水技术适宜的区域与秋覆膜一致，但是春覆膜技术需选择地上作物（如玉米、谷子、高粱等），地下作物在收获时会对地膜造成破坏，则影响了地膜在休闲期保水。

（3）渗水地膜覆盖保水技术在年降水量为 300~500 mm 的干旱与半干旱地区的旱地均适宜。由于渗水地膜覆盖比普通地膜的水分利用率高，风险性小，每年累计在 100 mm 以上的小雨（每次降水小于 10 mm 的小雨）可充分利用，单位面积作物产量可大幅度提高。

（4）液体地膜具有一定的保水特性，但是在增温方面则不如其他材料的地膜，并且对整地效果要求较高，所在液体地膜在辽宁旱地作物栽培中主要选择在辽宁省的半干旱偏湿润区，年降雨量 500 mL 左右。

（5）可降解地膜覆盖保水技术由于利用了"地膜覆盖安全期"理论，在作物生长期就已进行了降解，要想在休闲期进行保水，则只能进行秋季覆膜保水，生育期进行降解。一般适用的区域与秋季覆膜区域相同。

四、注意事项

（一）秋季覆膜保水技术、春季覆膜保水技术和渗水地膜覆盖保水技术

（1）选地，在选地方面要求地势平坦肥沃，土层较深厚，排水方便，土壤以壤土或砂壤为宜。坡地坡度在 15° 以内，但是秋季整地后覆膜由于注重其休闲期的保水作用，因此对土壤含水量有一定的要求，具体质地和含水量标准见表 5-9。

表 5-9　玉米秋季覆盖的适宜土壤含水量

质地	≤0.01 mm 颗粒（%）	土壤含水量（%）
砂　土	7.7	9.2~10.4
粉壤土	25.0	13.8~15.5
壤　土	50.8	15.3~17.3
黏　土	67.8	18.8~21.2

（2）施肥，在肥料种类的选择和施肥量上，才用测土配方施肥的方式，秋季覆膜采用秋季一次性施肥，春季覆膜采用春季一次性施肥。缓释肥可根据温度环境选择适宜秋季和春季施入的肥料。

（3）作物的选择上，春季覆膜保水技术不能选择地下作物，如花生、马铃薯、甘薯等。

（4）机械化铺膜，并使用单幅或成卷的地膜，地膜幅宽应比垄（畦）宽 200~300 mm，并且隔 3~4 cm 在膜上压一条土腰带，以防风接膜。

（5）加强对休闲期地膜的保护，促进休闲期覆膜保水。

（二）液体地膜

（1）理论上任何材料覆盖于土壤表层都可以形成物理阻隔层阻碍地表蒸发，但液态地膜与一般材料不同，由于其具有较大的分子量的物质存在，且功能基团可以与土壤活性位点结合，在保证效果的同时可减少用量。

（2）在对几种常用的液体地膜保水功效的研究上显示其具有一定的保水特性，但是保水效果没有普通地膜和渗水地膜好，而且对整地要求较高，在不适宜平作的地区。

（3）相对完美的液体地膜几乎并不存在，要求具有良好的保温、保水作用，这类地膜固化后往往成模型、塑性较好，但种子发芽需要顶破地膜，影响发芽率，影响产量。要求降解性好，往往保温保水效果有相对减弱。

（三）降解地膜覆盖保水技术

（1）产品抗拉强度值得注意，不同材质的降解地膜的机械强度不够，无法进行规模化作业是生物降解地膜大规模应用的限制因子之一。由于基础材料本身的特性，大多数生物降解地膜抗拉伸强度不够，在一些以机械作业为主的农区，无法进行机械化覆膜作业，这个问题尤为突出。

（2）降解可控性与农作物需求可能存在差异，大多数降解地膜破裂和降解可控性还存在问题，受不同区域气候环境变化异常影响，现有的生物降解地膜产品破裂和降解过早，覆盖时间远低于作物地膜覆盖安全期，导致其功能无法发挥。所以，在降解地膜的技术研究需进一步提升，开发出适宜辽宁省旱地保水技术的可降解地膜。

第二节　秸秆覆盖保水技术

秸秆是成熟农作物茎叶（穗）部分的总称。在中国北方地区，秸秆通常是指小麦、水稻、玉米、薯类、油菜、棉花、甘蔗和其他农作物（通常为粗粮）在收获籽实后的剩余部分。秸秆的用途很多，除少量用于垫圈、喂养牲畜，部分用于堆沤肥外，大部分都作燃料被烧掉。自 20 世纪 80 年代以来，粮食产量大幅提高，秸秆数量增多，然而，随着省柴节煤技术的推广，烧煤和使用液化气的普及，农村中出现大量富余秸秆。富余秸秆的主要用途就是当作燃料，因此极大地造成了环境污染，导致近年来恶劣的"雾霾"天气。

秸秆覆盖技术指将作物残茬秸秆、粪草、树叶等覆盖于土壤表面，用人工的方法在土壤表面设置一道物理阻隔层，阻碍土壤与大气层间的水分和能量交换，可以起到蓄水、保水、保土、培肥、抑草、调温等多种功效的一种耕作栽培技术。在自然条件下，土壤表层受雨滴的直接冲击，土壤团粒结构被破坏，土壤孔隙度减小，形成不易透水透气、结构细密紧实的土壤表层，影响降水就地入渗。而在土壤表面覆盖一层秸秆，避免了降水对地表的直接冲击，团粒结构稳定，土壤疏松多孔，因而土壤的导水性强，降水就地入渗快，地表径流少。

我国农民对作物秸秆的利用有悠久的历史，据古书《齐民要术》记载，公元 6 世纪中叶，我国人民已经在蔬菜地（胡荽）采用覆盖麦草进行越冬和保湿。由于从前农业生产水平低、作物产量低，秸秆数量少，一直以来我国秸秆相应的技术发展较落后。现代部分核心的秸秆覆盖技术则起源于美国，而现代秸秆覆盖的试验研究在我国起步较晚，大约开始于 20 世纪 70 年代，但主要还是 80 年代以后，当时的研究多以一种秸秆覆盖量的免耕或少耕与传统耕作不覆盖进行比较，而缺乏秸秆覆盖量方面的研究，所以有些试验不够理想。从目前掌握到的资料来看，以原西北农学院韩思明等 1984 年开始进行的不同量秸秆覆盖试验最早。进入 21 世纪，我国北方地区农业科研单位和农业院校对秸秆覆盖不同量的研究进入了高潮。

大量的研究表明，作物秸秆覆盖（直接还田的一种）是农田资源循环利用的一种有效方法，也是改善农田生态环境效应有效的措施之一，还可以防止燃烧秸秆造成的资源浪费和环境污染，对旱地农业的可持续发展具有重要意义，作物秸秆覆盖的作用主要体现在以下几个方面：

①秸秆覆盖可以显著改善土壤物理性状，减轻降水对土壤的直接拍打、淋洗和冲击，使表土不被压实，也可以消除因阳光暴晒而引起的表土龟裂，维持土壤的良好结构；覆盖还田后，提高了土壤有机质量，加之土壤中蚯蚓等动物活动的增强，可使耕层土壤的结构得以较大改善。

②覆盖秸秆后，不仅阻止了太阳的直接辐射，减少了土壤热量向大气中的散发，且有效地反射了光波辐射。故此，秸秆覆盖条件下土壤温度的季、日变化均趋向缓和，在低温时具有"增温效应"，而高温时则有"低温效应"。两种效应在作物不同生育时期，对其生长均十分有利，可有效地减缓地温剧变对作物造成的伤害。

③秸秆覆盖，耕层疏松多孔，有利于降水入渗，增加土壤蓄水量，特别是在地面不平或坡耕地上，遇到大暴雨时，秸秆覆盖可增加地表糙率，延缓径流产生，稳定提高入渗率，减少径流量，有效控制水土流失。在作物生育期可以减少土壤水分蒸发，显著提高土壤的含水量，且有随秸秆覆盖量的增加而提高的趋势。

④农作物秸秆自身的有机质及营养元素比较丰富，也是土壤养分及有机质的重要补充来源。随着秸秆覆盖年限的增加，其增加肥力的效果愈显著。

⑤在提高土壤碳库管理指数方面，秸秆覆盖或秸秆还田的贡献大于传统耕作措施，说明对土壤进行秸秆覆盖或还田，有利于土壤碳库管理指数提高。

⑥秸秆覆盖对土壤温度有明显的调节作用，也对土壤有机质和速效养分有较大影响，而且对土壤微生物数量增加有利，所以会使土壤酶活性增加。

⑦秸秆覆盖能使土壤细菌总数、放线菌数、棒状细菌数和贫营养细菌数量增加，特别是能使芽孢杆菌数量增多几倍，还可使土壤真菌、固氮菌、好气性纤维素菌和嫌气性纤维素菌等微生物数量增加，土壤生物学活性改变。

⑧农田覆盖秸秆后，因秸秆的导热率和反射率高于裸地不覆盖处理，加之粗糙度也发生了变化，从而使农田的地表热学和动力学性质得到了改变，进而改善了农田小气候。覆盖秸秆后，农田的近地层气温、空气湿度和温度均发生了明显的变化，但风速的变化不甚明显。

⑨覆盖秸秆可抑制农田杂草，与不覆盖相比，可降低农田的杂草密度。

⑩秸秆覆盖在坡耕地和风沙严重的地区，水保性能更加明显。因为秸秆覆盖地面可以降低近地表风速，防止风力直接作用于地表土壤，特别是立茬覆盖还能把处于风蚀过程中的土壤颗粒截留下来，以免造成严重的风蚀。

降水是干旱与半干旱地区农田水分的唯一补充来源，保护性耕作技术中的秸秆覆盖措施可以将有限的降水资源有效地利用起来。秸秆覆盖技术大面积推广，既可以节省处理秸秆的生产投入，又可增加土壤的蓄水保墒能力，使干旱地区的雨水资源得到高效利用，是我国北方干旱地区旱作农业可以持续稳定发展的有力保障。辽宁省旱地主要集中在半干旱地区，在辽宁省发展和推广秸秆覆盖保水技术过程中，不仅科学地减少地表裸露降低径流和蒸发等水分损失，对土壤水分、温度和养分等的调节改善和作物的增产有重要作用，还可以促进秸秆的再次利用，减少环境污染。目前辽宁省最主要的旱地作物为玉米，也是我国 13 个粮食主产区之一。每年种植玉米面积200 万 hm^2 以上，其秸秆量也十分巨大。所以，在辽宁旱地开展秸秆覆盖保水技术主要以玉米秸秆覆盖为主，并配合机械化操作。主要分为秋季秸秆覆盖保水技术和秸秆还田结合秋覆膜覆盖保水技术，而秋季秸秆覆盖又可分为整秆覆盖和粉碎秸秆覆盖。

一、技术要点

（一）秋季秸秆覆盖保水技术

秋季秸秆覆盖保水技术其主旨是指在作物收获后，将作物秸秆覆盖于土壤表面，以减少地表蒸发和降雨径流，增强降雨入渗，提高耕层供水量，到翌年春播前进行翻耕，将秸秆进行还田后进行播种。其技术要点为：

1. 收获、秸秆覆盖

整秆秋季覆盖与粉碎秋季覆盖存在一定的差异。

①地表整秆覆盖，即机械收获时关闭玉米收获机的还田动力，保证秸秆均匀平铺在地表，人工收获，秸秆放倒平铺地表，避免秸秆成堆铺放，或摘穗后将站立的秸秆用农机压倒，保证秸秆均匀覆盖地表，保证下一排根压住上一排稍，在秸秆交接处压少量土，以免大风刮走，秸秆覆盖厚度为 10~15 cm；

②粉碎覆盖机械收获时利用玉米收割机的还田装置将秸秆粉碎，均匀覆盖地表；人工收获后利用打秆机械将秸秆粉碎，均匀覆盖地表。

2. 整地

结合满足播种条件的土壤 5~10 cm 的温度连续 3 d 稳定通过 8 ℃，进行灭茬、翻耕，将秸秆翻耕到 30 cm 以下，达到不影响播种为宜。每隔 2~3 a 可结合一次土壤全方位深松，作业地块地表保证平整。

3. 施肥、播种、化学锄草

整地后，进行抢墒播种，以保证作物出苗。施肥、播种、除草剂喷施可由机械化操作同时完成，肥料用量、播种方式、除草剂适用与传统耕作方式一致。

4. 田间管理

由于秸秆还田的影响，加重了杂草和病虫害的发生概率，应及时喷除草剂，即玉米齐苗后 3~5 d 内用 25% 快杀灵乳油 45 mL 加植病灵 II 号 800 倍液体加玉米除草剂或 50%阿合剂 150 mL 加面肥兑水 45 kg 混合喷雾,可有效防治瑞典蝇、地下害虫、蓟马、病毒病和田间杂草。

(二) 秸秆还田结合秋覆膜覆盖保水技术

考虑到秸秆还田后不能充分腐解,则会影响播种质量、出苗及作物生长。所以,秸秆还田技术要向省工、省时、增效和降低作业成本的方向发展。而这一技术重点在于如何加快秸秆腐解的速率。而辽宁省主要的旱地集中在西北部半干旱区,且在该区域秸秆连年还田,秸秆腐解过程可能会受到一定影响。所以,针对这一问题,相关专家利用覆膜结合秸秆还田的技术,利用地膜覆盖的增温保墒作用加速秸秆的分解,以提高保水能力和作物的水分利用效率。在辽宁开展秸秆还田结合秋覆膜覆盖保水技术,其技术要点为:

1. 整地

收获时利用玉米收割机的还田装置将秸秆粉碎,利用翻耕机进行秸秆翻耕还田,还田深度为 30 cm 左右,土壤全方位深松可每隔 2~3 a 进行一次即可,旋耕加镇压。作业地块地表应平整,距地表 80~120 mm 耕层内,最大外形尺寸超过 40 mm 的土块数量应少于 5%,清除作业地杂物。

2. 施肥、化学锄草和预防病虫害

秋季肥料一次性施入土壤。施入化肥量可按测土配方施入适量化肥。考虑到秸秆还田会加重了杂草和病虫害的发生概率,应及时喷除草剂和杀虫剂,即于秋季覆膜时用 25%快杀灵乳油 45 mL 加植病灵 Ⅱ 号 800 倍液体加玉米除草剂或 50%阿合剂 150 mL 加面肥兑水 45 kg 混合喷雾均匀喷洒在土壤表面,可有效防治瑞典蝇、地下害虫、蓟马、病毒病和田间杂草。

3. 其他技术要点

覆膜方式与秋季覆膜保水技术一致,覆膜后应防止牲畜和鸟类对地膜进行破坏。配套种植技术、田间管理和残膜回收均与秋季地膜覆盖保水技术一致。

二、技术效果

(一) 秋季秸秆覆盖保水技术

秸秆覆盖保水技术作为旱作农业的重要保水技术措施,保水效果十分明显。国内外的研究人员已针对不同作物证实在作物休闲期利用秸秆覆盖进行保水,效果显著。Jia 和 Ungerb 研究证实土壤湿润深度随覆盖层的增加而增加,并且秸秆覆盖抑制了土壤水分的蒸发,具有增加土壤水分储存量的作用。赵聚宝也证实春玉米田冬闲期秸秆覆盖处理,土壤蓄水量比不覆盖多 45.2 mm。不仅能在降雨过程中使土壤积蓄较多的水分,更重要的是干旱条件下能减少土壤水分蒸发。正是由于秸秆覆盖具有调控土壤供水的作用，使作物苗期耗水减少，需水关键期耗水增加，农田水分供需状况趋于协调，从而提高了水分利用效率。辽宁省主要的旱作农业区水蚀、风蚀并存，水土流失严重，每年春、夏、秋频繁的交替干旱已给农业造成严重损失。因此，辽宁省的农业科研专家利用秸秆覆盖开展了相关的保水效果研究。在辽宁省西部半干旱区的建平县研究了玉米秸秆持水吸肥效果，证实了在该区域，利用秸秆玉米秸秆持水吸肥深埋技术具有增强土壤保墒供水能力，促进作物生长发育，改善生育性状，提高玉米产量的作用。其中，秸秆持水吸肥还田1 000 kg/亩，亩产达729.07 kg，比常规耕作亩产增加269.12 kg，增产率高达58.51%，与邻近水浇地产量基本持平。

辽宁省农业科学院的研究人员在辽宁省西部半干旱区开展了多年作物秸秆覆盖试验。结果表明：相对传统不覆盖的处理，秸秆覆盖不仅具有保护土壤免遭风蚀和水蚀的作用，且能有效地使土壤水、肥、气、热等状况得到综合改善，聚水效果可提高1.42%，增产幅度最高可达18%，而且粉碎秸秆覆盖比整秸秆更利于腐烂，不影响下一年耕作。

秸秆覆盖会影响土壤温度，在出苗期，秸秆覆盖处理5 cm、10 cm、15 cm、20 cm耕层温度分别比CK低1.8 ℃、1.1 ℃、1.2 ℃和1.2 ℃，差异均达到显著水平。4叶期，秸秆覆盖处理的耕层温度亦低于CK，但差距缩小，比CK低0.3~1.1 ℃，差异均未达到显著水平见表5-10。

表 5-10 不同处理出苗期和 4 叶期土壤温度

处理	出苗期				4 叶期			
	5 cm	10 cm	15 cm	20 cm	5 cm	10 cm	15 cm	20 cm
秸秆覆盖	15.4*	15.3*	14.7*	14.2*	21.0	20.0	19.8	19.7
传统耕作	17.2	16.4	15.9	15.4	21.7	21.1	20.6	20.0
差值	1.8	1.1	1.2	1.2	0.7	1.1	0.8	0.3

通过对不同的秸秆覆盖量土壤含水量的变化的测定显示，3 个秸秆覆盖量（J05、J10、J15 覆盖量分别为6 000 kg/hm²、12 000 kg/hm²、18 000 kg/hm²）在聚墒区（20~40 cm），J05、J10 和 J15 处理的含水率较 LD 分别高出 2.39%、3.04% 和 1%，而不同的土壤层次中 J10 处理保水性优于 J05 和 J15 处理见表 5-11，这也说明适当的秸秆覆盖量可以有效提高土壤含水率，而过多的秸秆覆盖量会降低土壤含水率。

表 5-11 不同处理各层土壤含水率变化量 %

土壤剖面	LD	J05	J10	J15
3~5 cm	−2.20	2.67	4.63	4.41
8~10 cm	0.61	3.48	3.73	3.2

续表

土壤剖面	LD	J05	J10	J15
12~15 cm	1.89	2.62	3.48	2.70
20~40 cm	2.65	4.94	5.69	3.65
60~100 cm	1.1	2.02	1.52	0.87
140~180 cm	1.32	0.72	0.51	1.92

应用秸秆覆盖保水技术显著降低了棵间蒸发量，全生育期内少量覆盖和大量覆盖分别比无覆盖少蒸发 51.4 mm 和 75.43 mm，且在作物需水量大、降雨量小的拔节—抽雄期，蒸发抑制作用最为显著见表 5-12。

表 5-12 不同覆盖量各生育期棵间土壤蒸发速率（mm/d）

处理	出苗—拔节	拔节—抽雄	抽雄—灌浆	灌浆—成熟
秸秆不覆盖	1.56 a	2.38 a	1.28 a	1.49 a
少量覆盖	0.62 b	0.88 b	0.42 b	0.96 b
大量覆盖	0.28 b	0.17 c	0.17 b	0.54 b

秸秆覆盖对玉米产量及水分利用效率影响显著，在作物生育期内，由于秸秆的覆盖，影响着降雨的入渗和土壤水的蒸发，不同小区的土壤贮水量变化不同，经统计，不同秸秆覆盖量的总耗水量存在着一定的差异，这主要是由于秸秆不覆盖导致蒸发损失较多，而秸秆覆盖量大，则秸秆腐解会消耗更多的水。因此，适当的秸秆覆盖量可以明显提高玉米产量，而随着秸秆覆盖量的增加，影响了根系对土壤水分和养料的吸收，植株长势下降，因此降低了作物的产量。由于耗水量和玉米产量的影响，导致土壤水的利用效率提高，说明适当的秸秆覆盖会减小耗水量，同时提高产量和水分利用效率。另外，单位玉米产量的耗水系数最小，也提升了经济效益见表 5-13。

表 5-13 玉米产量及水分利用效率

处理	生育期降雨量（mm）	土壤蓄水量变化（mm）	耗水量（mm）	产量（kg/hm²）	WUE（kg/hm²·mm）	耗水系数（mm/kg）
覆盖量 0 t/hm²	268	60.7	328.7	5 048	15.35	0.065
覆盖量 5 t/hm²	268	51.6	319.6	5 265	16.47	0.061
覆盖量 10 t/hm²	268	44.3	312.3	5 789	18.53	0.054
覆盖量 15 t/hm²	268	71.8	339.8	5 437	16.00	0.062

连续 2 a 覆盖后土壤容重在 0～10 cm 和 10～20 cm 覆盖区分别低于对照区 0.095 g/cm³ 和 0.085 g/cm³，土壤孔隙度在 0～10 cm 和 10～20 cm 覆盖区分别高于对照区 3.58% 和 3.21%。由此可见，连续秸秆覆盖对降低土壤容重和提高土壤孔隙度有明显的效果见表 5-14。

表 5-14 连续 2 a 秸秆覆盖后土壤物理性质变化

处理	土壤容重（g·cm⁻³）		土壤孔隙度（%）	
	0～10 cm	10～20 cm	0～10 cm	10～20 cm
CK	1.445	1.423	45.47	46.30
覆盖	1.350	1.338	49.05	49.51
差值	-0.095	-0.085	3.58	3.21

（二）秸秆还田结合秋覆膜覆盖保水技术

在旱地农田，为了使秸秆还田更有效地促进作物生长和提高水分利用效率，我国专家利用覆膜结合秸秆还田进行了相关研究。在中国甘肃，研究人员证实，秋覆膜全膜双垄沟播秸秆还田处理秸秆腐烂效果好，显著改善了土壤养分，增加了 0～60 cm 土体含水量，促进了玉米生长，提高了产量。辽宁省西部旱作农业区多年平均降水量仅 350～500 mm 且年内分配不均，年际间变差大，该地区春季低温干旱、蒸发强烈，水资源严重不足，水分和温度是制约该区开展秸秆还田技术的主要因素。辽宁省农业科研人员利用秋覆膜结合秸秆还田的技术，通过增温保墒作用加速秸秆的分解，提高旱地的水分利用效率和秸秆还田效率。

在 2014 年和 2015 年的研究结果上显示，单独秸秆还田处理有一定保水特性，但随着玉米的生长，保水能力逐渐减弱，而秸秆还田结合秋覆膜处理可以显著提高春玉米田各层含水率，见图 5-9。

利用两年春玉米播种期和收获期 0～100 cm 土壤质量含水量，计算相应的土体蓄水量，结果显示（图 5-10），两个试验年份里，秋季覆膜结合秸秆还田处理的播种期的土体蓄水量，可分别平均达到 180.27 mm 和 203.38 mm，收获期可分别平均达到 150.89 mm 和 141.77 mm，明显高于不覆盖的土体蓄水量，单独秸秆还田处理可以有效提高土体蓄水量，而秸秆还田结合秋覆膜处理则可更显著提高春玉米田蓄水能力，特别是在较为干旱的时期。

对两年春玉米产量及产量构成进行测定比较（表 5-15），单独秸秆还田处理第一年对玉米增产作用并不明显，而第二年则可显著提高春玉米产量，产量的提高源自穗粗的增加，而秸秆还田结合秋覆膜处理虽然在第一年无明显增产优势，但在第二年能显著提高春玉米产量，产量构成上穗长、穗粗、粒数、百粒重均对增产起了积极作用。

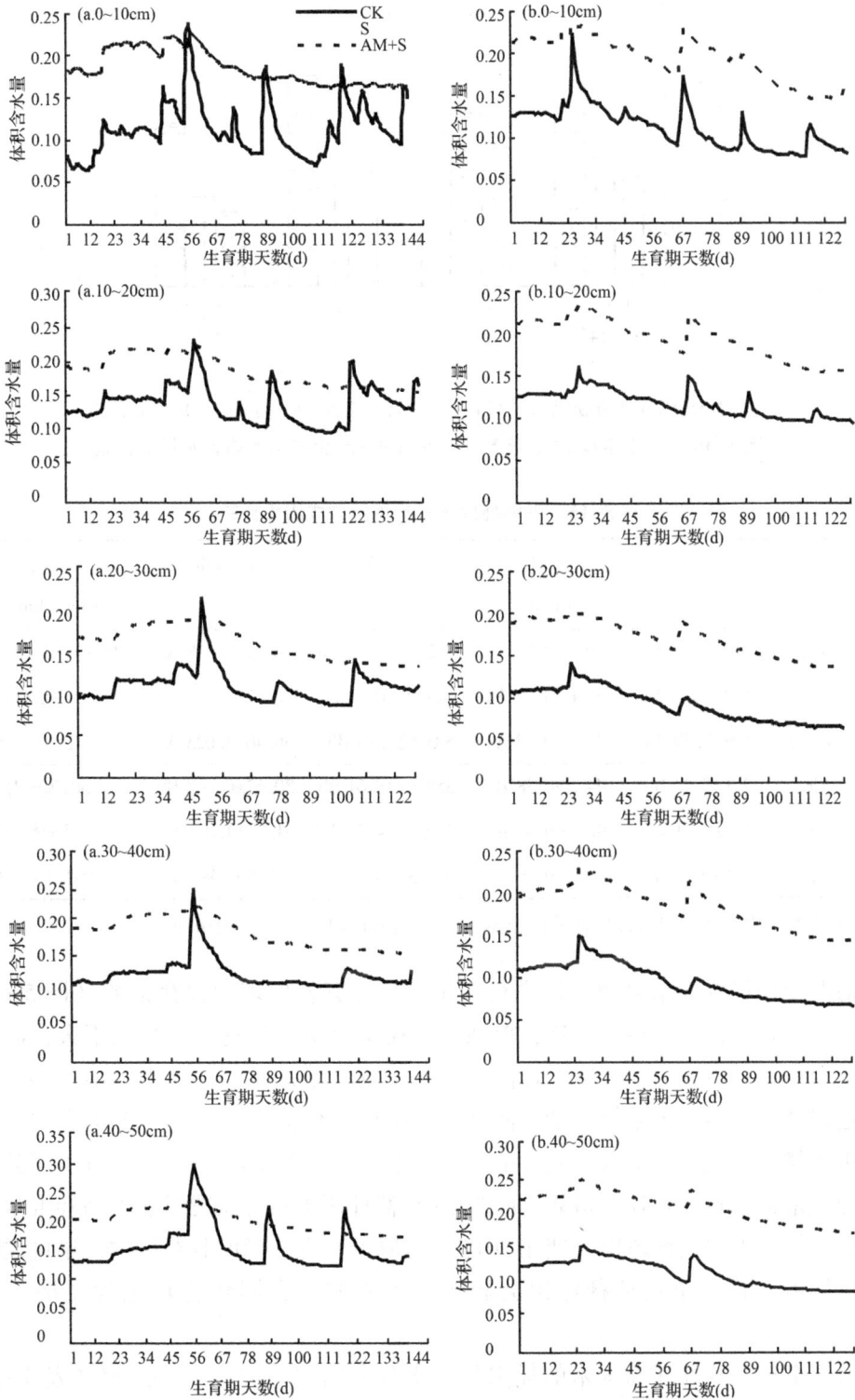

注：AM+S 代表秋覆膜结合秸秆还田技术，S 代表秸秆还田，CK 代表裸地。

图 5-9　2014 年（a）和 2015 年（b）不同处理 0~50 cm 各土层土壤体积含水率的动态变化

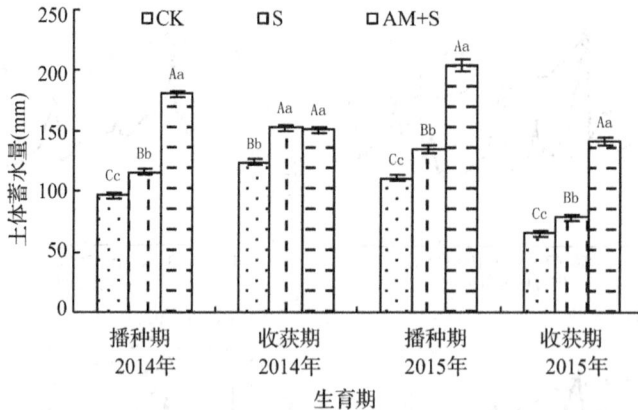

注：AM+S 代表秋覆膜结合秸秆还田技术，S 代表秸秆还田，CK 代表裸地。

图 5-10　2014 年和 2015 年各处理 0~100 cm 土层的土体蓄水量的比较

表 5-15　不同处理玉米产量及构成因素比较

年份	处理	穗长 （cm）	穗粗 （mm）	粒数	百粒重 （g）	产量 （kg·hm⁻²）
	CK	16.6±0.43 Aa	50.4±0.51 Aa	552.7±12.57 Aa	36.59±1.228 Aa	12 195±503.76 Aa
2014	S	16.2±0.32 Aa	50.6±0.05 Aa	548.9±10.43 Aa	36.67±1.440 Aa	116 29±438.40 Aa
	AM+S	15.9±0.29 Aa	49.6±0.67 Aa	503.6±7.73 Bb	36.46±1.023 Aa	11 711±473.25 Aa
	CK	12.1±0.44 Bb	44.5±0.38 Bc	358.4±18.64 Bb	30.62±0.667 Bb	6 850±303.15 Cc
2015	S	13.0±0.61 Bb	46.4±0.61 Bb	419.3±24.07 ABb	31.33±1.031 Bb	8 327.5±366.92 Bb
	AM+S	17.1±0.50 Aa	50.2±0.46 Aa	523.3±48.56 Aa	37.9±0.984 Aa	13 560±167.03 Aa

注：AM+S 代表秋覆膜结合秸秆还田技术，S 代表秸秆还田，CK 代表裸地。

对两个年份春玉米生物产量进行测定，并计算各处理的收获指数（图 5-11），结果显示，在秸秆还田后第一年，单独秸秆还田对玉米生物产量影响不大，而秸秆还田结合秋覆膜可在一定程度上提高春玉米生物产量，至秸秆还田后第二年，单独秸秆还田会提高春玉米生物产量，而秸秆还田结合秋覆膜对提高春玉米生物产量的优势更为显著。在收获指数方面，秸秆还田第一年降低了收获指数，即使结合秋覆膜处理也未提高春玉米收获指数，而 2015 年秸秆还田结合秋覆膜能提高春玉米的收获指数，但是单独秸秆还田处理在 2015 年也降低了春玉米的收获指数，这也说明在较为干旱的年份，单独秸秆还田会影响春玉米的光合同化物转化为经济产品的能力。

对两个年份各处理春玉米的耗水量和水分利用效率进行计算比较（表 5-16），结果显示，两个试验年均属较干旱年份，秸秆还田后的第一年，单独秸秆还田处理不会提高春玉米的水分利用效率，而秸秆还田结合秋覆膜处理会消耗更多的可利用

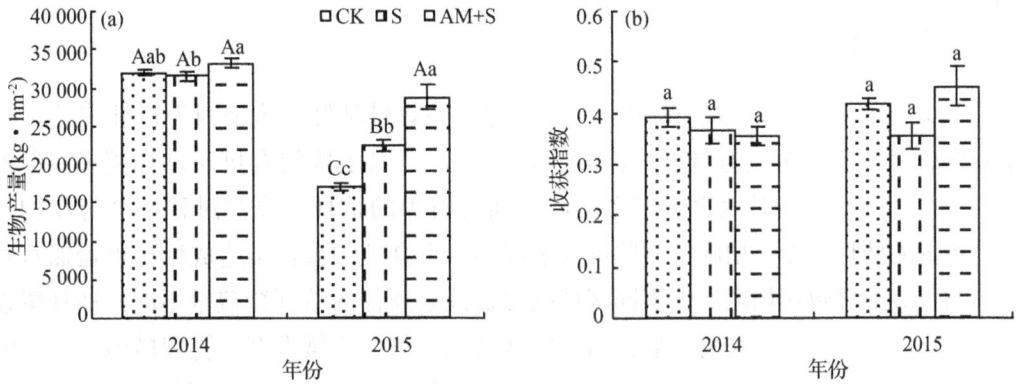

注：AM+S 代表秋覆膜结合秸秆还田技术，S 代表秸秆还田，CK 代表裸地。

图 5-11 2014 年和 2015 年不同处理玉米生物产量和收获指数的比较

水，降低了玉米的水分利用效率；至秸秆还田后的第二年，即使在更为干旱的年份，单独秸秆还田处理也会显著提高玉米的水分利用效率，而秸秆还田结合秋覆膜处理的优势更为明显。

表 5-16 不同处理玉米耗水量和水分利用效率的比较

年份	处理	生育期降水量（mm）	作物耗水量（mm）	生物产量水分利用效率（kg·hm⁻²·mm⁻¹）	籽粒产量水分利用效率（kg·hm⁻²·mm⁻¹）
	CK	300.6	272.81±0.853 Bb	115.07±0.711 Aa	44.98±1.858 Aa
2014	S		264.3±4.598 Bb	120.28±4.139 Aa	43.71±1.648 Aa
	AM+S		329.98±2.509 Aa	98.85±1.508 Bb	34.97±1.413 Bb
	CK	231.7	277.13±0.278 Ab	59.23±1.445 Cc	24.74±1.0948 Cc
2015	S		288.02±2.387 Aab	80.6±2.978 Bb	28.44±1.253 Bb
	AM+S		293.31±7.638 Aa	105.58±8.011 Aa	47.09±0.58 Aa

三、适合区域

秸秆覆盖因栽培区域及降雨年型不同其表现效应差异很大，辽宁省秋季秸秆覆盖保水技术在辽宁省旱地保水技术中的适合区域的选择，主要根据环境特点考虑降雨量和降雨规律，以及碎秆秋季覆盖受风的影响。

（1）秋季整秆覆盖，可适合区域为辽宁西部风沙半干旱地区，该区域年降雨量400~500 mL 且秋冬休闲期风沙大，作物生育期降雨相对集中；

（2）秋季碎秆覆盖，适合区域为辽宁省西北部，年降雨量 350 mL 以上，秋冬休闲期风沙量较小；

（3）秸秆还田结合秋覆膜覆盖保水技术，适合区域在辽宁省旱地中较为干旱的地区，年降雨量 300 mL 以上，土壤保水性差且秋冬季降雨量较少的区域。

四、注意事项

（1）秸秆覆盖量越多，保水，保土、保肥的效果越好。这是因为秸秆残茬覆盖量越多，径流越少蒸发量越低，同时，秸秆腐烂后对土壤的有机质增加越多。但覆盖的秸秆过多，也会对地表温度有影响，而且覆盖的秸秆在腐烂过程中会与作物争氮，覆盖的秸秆越多，增施的氮肥也要求越多。不合理的覆盖量造成秸秆覆盖保水效果不明显甚至导致作物减产，不同区域的覆盖效果最佳的秸秆覆盖量不同，秸秆覆盖量对土壤水分和作物生长的影响，因不同区域的气候、土壤类型、管理措施等条件的不同而产生不同的效果。辽宁省秸秆秋季覆盖保水技术，最佳覆盖量以 7 500~8 000 kg/hm² 左右为宜。而秸秆还田结合秋覆膜覆盖保水技术要考虑水分入渗影响、秸秆腐解和适用区域为较为干旱的区域，因此最佳覆盖量以 4 500~5 000 kg/hm² 为宜。

（2）科学合理的秸秆覆盖量不仅达到良好的储水保墒效果，也可预防冬春作物遭受冻害。从农田生产实际来看，合理地利用冻融作用可提高耕作层春播的底墒。辽宁省秸秆秋季覆盖保水技术的覆盖厚度为 15 cm 左右时，效果最佳；

（3）秸秆具有吸水性，降雨时可能延缓雨水的入渗，所以降雨量较少的地区，已秋季覆膜结合秸秆还田技术为主；

（4）由于秸秆覆盖的影响，加重了杂草和病虫害的发生，应及时喷除草剂和杀虫剂，可有效防治瑞典蝇、地下害虫、蓟马、病毒病和田间杂草。

第三节　化学试剂保水技术

化学调控技术正是基于水肥因子调控的一种重要旱地农业技术。它是应用特殊的化学制剂来进行水肥的调控，以土壤和作物为调控对象，调控方式则是将化学制剂直接施用到土壤中或作物上，以提高水肥利用效率为核心目标，在源头上减少水肥的摄入，在过程中减轻水肥的损失，在应用中增强作物对水肥利用的能力，从而达到高效利用水肥资源、减少灌溉和肥料施用、提高作物抗旱性能、减轻农业面源污染的目的，在提高旱地农业系统生产功能的同时减轻因农业生产对生态环境造成的压力。目前已有大量的研究显示，通过表土改良剂、土壤保水剂、土壤激活剂、植物激素、黄腐酸等化学制剂的合理应用，可以起到有效改善土壤结构、减少水土流失、增加水肥入渗和土壤保蓄能力、降低作物蒸腾、促进作物生理生长、改善作物品质等效用。

以抗旱保水为主的化学试剂调控是通过影响土壤和作物系统中水分入渗、保蓄和吸收利用等途径来实现的，其作用效应的实现在于化学调控剂（化控制剂）的应用及其自身性质的发挥，本质上来讲是化控制剂的作用机制。目前应用于抗旱保水的控制剂种类较多，综合来看，主要分为三大类型：土壤结构改良调控类、土壤水肥保蓄调控类、作物生理调控类。

①土壤结构改良调控类在保水技术上以土壤改良剂为主，主要是对表层土壤结构进行调节。早在19世纪末到20世纪初，西方一些发达国家便利用纤维素、腐殖酸、瓜儿豆提取液、淀粉共聚物等天然高分子聚合物来进行土壤改良，虽然效果显著，但土壤微生物对上述物质分解速度较快且用量比较大，所以，这类天然土壤改良剂没有得到广泛使用，之后越来越多的人工合成土壤改良剂开始出现。最早的人工合成改良剂是20世纪50年代，美国研制的以聚丙烯酸钠盐为主要成分的Krilium土壤结构改良剂，之后陆续又出现了许多人工合成聚合物，包括聚乙烯醇（PVA）、水解聚丙烯腈（HPAN）、聚丙烯酰胺（PAM）等多种高聚物，其中PAM得到了多数人的肯定。

PAM是一种线型水溶性高分子，一般为白色颗粒态，由多个同样的丙烯酰胺和相关的单体经聚合而形成的，是丙烯酰胺及其衍生物的聚合物统称，主要分为阳离子、阴离子、非离子和两性离子型，其中，阴离子型PAM多用于进行农田土壤的改良。PAM通过调控作用能固持土壤并减轻表土封闭，促进连通孔隙的形成，增加水肥的入渗，减轻土壤侵蚀，减少溶解态和吸附态养分的流失。一方面，PAM是一种高分子聚合物，其吸水后所形成的凝胶化物质能够吸附分散的土壤颗粒，土壤颗粒不断聚集从而形成更多团聚体结构，而土壤黏粒表面吸附PAM分子后，引起土壤颗粒表面物理—化学条件的变化又减轻了土壤颗粒间的排斥反应，使得形成的土壤团聚体结构更加稳定，团聚体表面的黏结力进一步加强，能够有效减弱降雨对团聚体结构的打击溅蚀力，减轻土壤表面结皮和封闭，促进水肥的入渗。另一方面，PAM分子可以同土壤中的金属离子发生"桥接"作用，从而形成更多的连通孔隙，增强了土壤的入渗性能，减轻径流对下游土壤的冲刷，从而减少了溶解态和吸附态养分的流失。研究发现，PAM具有很强的吸水、保水能力，吸水率为自身质量几百倍甚至上千倍且具有反复吸水、缓慢释放吸持水分供作物利用，可以增加土壤团聚体含量，降低土壤容重，增大土壤总孔隙度，抑制土壤水分无效蒸发，提高土壤持水能力，从而提高降水利用效率。

②土壤水肥保蓄调控类在农业保水技术上主要以保水剂为主。保水剂（Aquasorb或Super Absorbent Polymer，SAP或Water-retaining agent，WRA）又称土壤保水剂、高吸水剂、保湿剂，它是利用强吸水性树脂制成的一种具有超高吸水保水能力的高分子聚合物，含有大量结构特异的强吸水基团，可吸收自身质量的数百倍至上千倍的纯水。保水剂pH一般为中性，既不溶于水，也不溶于有机溶剂，具有很强的吸水能力；吸水膨胀后为水溶胶，即使受压也不易被挤出，可缓慢释放水分供作物吸收利用。保水剂已有较长时间的研究历史，早在1950年以前，天然纤维和蛋白质等是人类使用较多的吸水材料。进入50年代以后，在医学领域内，研究出了一系列诸如羟基烷基，它们溶胀度为50%左右。而后，又有研究者在这种丙烯酸

类聚合物材料在原有性能的基础上进行了大量的研究和改良，研究出了其溶胀度可达到75%左右的高吸水材料，这些材料很快被应用到生物试验和建筑材料等相关领域，这种高分子吸水材料就是人类最早的保水剂产品。1965年，美国科学家首先研发了聚乙烯醇等交联高分子吸水材料，其吸收纯水倍率可达到自身重量的20~30倍。1969年，美国农业部北部研究中研究出了淀粉接枝聚丙烯腈类保水剂，这类保水剂的吸水倍率可达到200~2 000倍，当时，这类保水剂主要是应用在农业保水、育种和改良土壤等方面。1974年，美国一家化工公司进行了保水剂的工业化生产。此后，日本购买了专利，又进行了大量的科学研究与试验，超越美国开发出了新一代聚丙烯酸盐系列产品，这种高吸水性树脂到1983年时年产量已经达到3 340 t，可以占到世界总产量的一半左右。到1987年，保水剂产品的世界总产量达到了60 000 t，而日本占到55%以上，其中一半的保水剂产品出口到比较干旱的中东国家和地区。无论是保水剂的生产能力还是其应用范围，日本在世界上均处于绝对领先的地位。1990年以来，保水剂的研究和应用在世界上已达到30多个国家和地区，美、日、法等发达国家还专门设立了专门的研究机构，尤其是近些年，越来越多的研究机构已经开始研究多种吸水材料的共混、复合技术，这些研究有利于保水剂在农业上的推广和应用。保水剂在中国的研究起步较晚，但发展迅速。20世纪80年代初，随着北京化学纤维研究所成功研制出了SA型保水剂，很多科研单位都陆续研制出了很多保水剂产品，如中科院化学研究所的KH841型保水剂、长春应用化学研究所的LAC13型保水剂和中科院兰州化学物理研究的LPA型保水剂等，这些保水剂产品也被广泛应用于我国农林生产中。进入90年代以来，随着科学技术的不断进步，科研能力的不断发展，一批新型保水剂厂家和产品陆续问世。例如，中国矿业大学（北京）利用风化煤研制出腐殖酸复合保水剂；河北科翰树脂公司研制出了科翰980系列抗旱保水剂PSI；唐山博亚科技（集团）有限公司研发出了12种系列农用保水剂产品，年产量1.5万 t左右，被我国农业部命名为国家保水剂生产示范基地。

生产上使用的保水剂种类较多，根据其原来可划分：由于保水剂种类繁多，按原料不同，可以分为表5-17中的几种。每种保水剂材料都有各自的特点：水解聚丙烯腈或淀粉、纤维素接枝聚丙烯腈类保水剂聚合后需进行水解，难以造粒，在土壤中容易流失；淀粉与丙烯酸（或丙烯酰胺）、交联性的单体接枝共聚物类保水剂吸水性和耐盐性较好，成本低，但稳定性较差；丙烯酸盐交联聚合物类保水剂吸水性能强，稳定性好，但耐盐性较差，其钠盐会造成土壤板结和盐渍化，一般宜用其钾盐或铵盐；丙烯酰胺交联聚合物类保水剂吸水性能稍差，但耐盐性和稳定性较好；复合型保水剂不仅保水吸水性能好，而且耐盐性和稳定性也较好。目前，国内外应用的保水剂主要有丙烯酰胺—丙烯酸盐交联共聚物、聚丙烯酰胺（polyacrylamide，PAM）等复合型保水剂为主。

表 5-17　保水剂的原料及种类

原料	淀粉类	纤维素类	合成聚合物类	其他天然物及其衍生物系、共混物及复合物
种类	淀粉—聚丙烯酰胺型、淀粉—聚丙烯酸型	羧甲基纤维素型、纤维素型	聚丙烯酸型、聚丙烯腈、聚乙烯醇等	复合型、天然物中萃取型等

保水剂，农业上人们把它比喻为"微型水库"。无论哪种类型的保水剂，都是利用强吸水性树脂制成的一种具有超高吸水保水能力的高分子聚合物。保水剂的吸水是由于高分子电解质的离子排斥所引起的分子扩张和网状结构阻碍分子扩张相互作用所产生的结果。这种高分子化合物的分子链无限长地连接着，分子之间呈复杂的三维网状结构，使其具有一定的交联度。在其交联的网状结构上有许多羧基、羟基等亲水基团，当它与水接触时，其分子表面的亲水性基团电离并与水分子结合成氢键，通过这种方式吸持大量的水分。在吸水过程中，网链上电解质使得网络内部溶液与外部水分之间产生渗透势差。在这一渗透势差的作用下，外部水分不断进入分子内部。网络上的离子遇水电解，正离子呈游离状态，而负离子基团仍固定在网链上，相邻负离子产生斥力，引起高分子网络结构的膨胀，在分子网状结构的网眼内进入大量的水分。研究认为，保水剂保水作用主要表现在四方面：自身保水、改良土壤结构增加土壤保水、促进植物生长提高肥料利用率、缓慢释水减少蒸发。高分子的聚集态同时具有线型和体型两种结构，由于链与链之间的轻度交联，线型部分可自由伸缩，而体型结构能使之保持一定的强度，而不能无限制地伸缩。因此，保水剂在水中只膨胀形成凝胶而不溶解。当凝胶中的水分释放殆尽后，只要分子链未被破坏，其吸水能力仍可恢复。保水剂的这种特性，使其加入土壤后能提高土壤对水分的吸收能力，如遇降水或灌溉则会减少地表径流量，增加水分的入渗速率，对防止坡地土壤侵蚀也有一定意义。并且，保水剂的这种效果对结构不良的风沙土较为明显，所以在干旱地区向土壤中施入保水剂对旱地土壤的保墒具有重要意义。

③作物生理调控类在农业保水技术上主要以抗蒸腾剂（Antitranspirant）为主，抗蒸腾剂也称为蒸腾抑制剂，是指主要作用于叶表面等部位，能降低植物蒸腾强度，减少水分散失的一类化学物质的总称。农业上在对抗蒸腾剂的研究已有多年的研究历史，在 20 世纪 50 年代，国外即开始了对抗蒸腾剂的研究。因此，也较早地形成了相关的研究体系。研究对象涉及上百种物质，其中对苯汞乙酸（PMA）、脱落酸（ABA）、高岭土（kaolin）、聚氨基葡萄糖（Chitosan）、5-苯丙咪唑酮等的研究较多。我国抗蒸腾剂的研究始于 1965 年，武汉化工研究所研制成功的以 C16-22 二醇氧化乙烯烷基醚为主要成分的水温上升剂，它能在水面形成单分子膜，抑制水分蒸发，提高水温。我国在 70 年代初期、中后期、末期至 80 年代中期先后形成过土面、水面抑制蒸发剂及植株抗蒸腾剂的研究高潮，并且每个阶段都有其代表产

品，并取得积极的研究和应用成果，如1979年研制成功第一个用于植物的薄膜型抗蒸腾剂——京2B，其抑制蒸腾率达到45.6%。我国对植株抗蒸腾剂的研究与应用前后持续近20 a，并形成了自身鲜明的特点，自70年代末期开始，我国以抗旱节水为目的抗蒸腾研究进入对黄腐酸抗旱剂的研究阶段，先后研制出了我国第一个产业化专门用于抗旱的代谢型抗蒸腾剂——"抗旱剂一号"及"FA旱地龙""农气一号"等产品并投入实际生产中，并且取得了较好的效果。

抗蒸腾剂本身有不同的成分和不同的作用特点，可以根据这些分为三大类：成膜型、代谢型、反射型药剂。第一类是代谢型抗蒸腾剂，也称为气孔关闭型（如苯汞乙酸、阿特拉津、脱落酸、黄腐酸等），这类化合物能关闭或减小气孔开张度，从而抑制蒸腾并参与作物代谢。第二类是薄（成）膜型抗蒸腾剂（主要是某些高分子的化合物，如鲸蜡醇、松脂二烯、氯乙烯二十二醇等），这类化合物可以在叶面成膜，并能封闭气孔来阻止叶片上水分的蒸腾散失。第三类为反射型抗蒸腾剂（如高岭土、高岭石等），其对$0.4 \sim 0.7 \mu$的辐射具有一定的选择反射能力，能反射一部分的太阳辐射能，并减少叶片对太阳辐射的吸收，从而减少蒸腾、降低叶温由于反射型抗蒸腾剂目前主要采用的反射材料高岭土和高岭石，其不具有（或只具有一定的、能够反射部分）选择性吸收和反射太阳辐射的能力，因此实际应用价值较小。近年来与抗蒸腾剂相关的研究主要集中于代谢型和薄膜型抗蒸腾剂。代谢型抗蒸腾剂能使气孔关闭或减小气孔以抑制蒸腾，并通过对保护酶系统活性的影响而提高植物的抗旱性；成膜型抗蒸腾剂在叶面形成一层薄膜，使透过气孔扩散进入空气中的水分大大减少，从而降低由于蒸腾作用造成的水分损失，延缓作物萎蔫并提高降水利用效率。研究证明，腐殖酸类物质进入作物体并被吸收后，一方面可能刺激根系生长，使次生根增多，促进了对无机养分、水分的吸收；另一方面可以减小叶片气孔的开启度，并降低蒸腾强度，使植株及土壤能保持较多水分，提高了作物的抗旱能力；此外还增加了植物体内多种酶的活性、叶绿素含量等，加快新陈代谢，增强光合作用，使糖分、干物质累积增多，从而提升作物抗寒、病、重金属等逆境的能力，并提高了作物的产量及品质。

目前，化学调控技术在旱地水肥资源高效利用方面主要偏重于田间尺度的应用模式研究，在化学控制剂的施用方法和施用量方面有较多的成果，辽宁省在旱作农业区发展化学试剂保水技术，主要以土壤改良剂、土壤保水剂和作物抗蒸腾剂为主，并且在明确化控制剂的施用方法、施用量和化控机制的基础上，选择满足作物生长和减少成本的同时，注重环境效益。

一、技术内容

（一）土壤改良剂（PAM）

PAM剂型和施用浓度对土壤入渗的影响差异较大，既可减轻结皮起到增强土壤入渗率的目的，也可形成"人工结皮"而阻碍溶液和溶质的入渗。PAM可采用干颗粒态拌土或与其他材料（石膏、石灰石等）混合后在地表撒施，也可以将PAM溶于灌溉水后进行浇施和喷施。就坡地而言，应尽量在翻耕、锄草等措施之后和雨季到来之前的这段时间施入地表，施入后应避免大规模的耕作措施，且随着坡度的增加，其施用量应适量增加；就平地而言，应特别注意PAM的施用量，将PAM用量控制在合理的范围内才能起到减轻表土结皮和提高土壤入渗率的目的。

（二）土壤保水剂（SAP）

合成材料、粒径等自身因素和温度、pH、CEC、微生物、根系分泌物等土壤环境或作物生理因素都会对SAP作用性能产生影响。因此，应用时应针对不同的土壤条件和作物类型选取适宜的SAP。SAP的应用方法主要有包衣、蘸根、基质培育、穴施、沟施等。就果树而言，一般选用大粒径SAP，在果树萌芽期施入，施入后需要进行一次充分灌溉再覆土掩埋；就大田作物和蔬菜而言，可选用小粒径SAP用作土壤基质育苗，可使出芽时间提前，并提高种子萌发率，也可以通过穴施方式使用中等粒径的SAP来提高土壤的水肥保蓄能力，持续供给作物。

辽宁省农业科学院耕作栽培所的旱作农田耕作栽培技术创新团队根据辽宁省旱地农田生产实际，致力于辽宁省旱作农田保水技术为主攻方向，研发了一种干旱、半干旱地区农田土壤保水剂，该保水剂目的是针对上述技术中存在的不足，提供一种适于干旱、半干旱地区农田的保水剂。通过适用化学制剂来实现松土效果，克服现有制剂很难同时解决物理深松和化学保水不能兼顾的难题，解决了覆盖节水栽培无法进行松土的问题，不仅使土壤在深松过程中实现及时保水，又能使保水剂具有蓄水功能的效果，为最大限度地利用降水和土壤水提供了新的产品。

该产品成分主要包括聚乙烯醇、十二烷基脂肪醇聚氧乙烯醚硫酸铵、十二烷基醇聚氧乙烯醚、三十烷醇、正辛醇、聚丙烯酸、磷酸二氢铵、硫酸钾、黄腐酸、吲哚乙酸、硫酸镁、水，按比例混合、搅拌、过滤。将各组分在称好重量后按比例在常温（20~25 ℃）下混合、充分搅拌40~60 min后，形成均匀混合物，过滤后得到成品，并形成了两种不同比例成分的保水剂：保水剂1，在降水（20 mL）前后每亩每次适用10 mL，用喷雾器喷施于地表；保水剂2，采用微灌系统随水施入农田土壤。一般土壤的合适比例为在春耕前后和秋后每亩每次30 mL，在降水（20 mL以上）或灌溉（15m³/亩以上）前后每亩每次施用10 mL，根据在降水或灌溉发生前后用喷雾器、微灌系统将保水剂喷于地表或随水施入土壤。

（三）抗蒸腾剂（FA）

FA的应用可采用叶面喷施和随水浇灌等方式。随水浇灌是将FA按一定浓度比例加入灌溉水中进行，可以增强根系活性，改良土壤结构；而从抑制作物"奢侈"

蒸腾和增强光合作用两方面来说，叶面喷施是较为常用的应用方式。施用时，应根据作物类型对 FA 进行稀释处理，施用浓度应视具体作物而定，在作物关键生育期、关键需水期或严重干旱时进行施用，应选择在无风的时候，在叶面进行均匀喷打，以 FA 液体布满叶面不滴为宜；另外，也可将 FA 与酸性农药进行混合喷打，FA 能增强农药药效，可以起到减少农药药量的目的。

辽宁省利用化学试剂调控来实现旱地保水时，主要利用以上 3 种化学试剂，结合在不同旱地环境和作物下应用，具体操作以增强土壤水肥保蓄、提高坡地水土保持、改善作物水肥利用性能、提升作物品质和产量等方面为目标选择与之适应的化学试剂。

二、技术效果

（一）增强土壤水肥保蓄

土壤水肥保蓄是整个旱地农业生产系统中的基础环节。在水肥保蓄方面的化学调控分为 3 个层面，目前研究主要涉及的调控目标、技术方法及效果见表 5-18。水肥保蓄的第一个层面，是要增加水肥进入土体的数量。雨养农业是北方旱区农业的主要生产方式之一，农田土壤易在降雨的打击下形成结皮而造成土壤封闭，降低土壤表层导水率，形成大量地表径流，造成水肥流失。化学调控技术通过 PAM 来改善表层土壤结构状况，减轻土壤结皮程度并形成更多的连通孔隙，可增强表层土壤的入渗能力。将 PAM 以溶液态、溶胶态或干粉态施于地表，均能起到增加水肥入渗的作用。结果显示，将 PAM 以液体形态喷施在土壤表面可以减轻土壤封闭程度；将 PAM 干施在坡面地表并进行人工降雨试验，也发现其能够提高土壤入渗率，减少径流量；而喷洒 PAM 溶胶、溶液和干粉 3 种方式显示，直接使用干粉 PAM 不仅具有较好效果，且施用方法简单易行，适合在旱作农业区推广使用。

水肥保蓄的第二个层面，是要将水肥蓄持在作物根系层。北方旱区夏季温度较高，土面蒸发强烈，使水分大量散失。砂质壤土的水肥保蓄能力较弱，降雨和灌溉后，入渗的水肥易快速渗漏而进入地下水，导致水肥利用效率降低，且对地下水质造成影响。化学调控技术则可通过在作物根系层施入 SAP 来降低水分蒸发和水肥渗漏，即通过 SAP 对水肥反复吸持的能力和其对土壤结构的调控效应来增强土壤的热容量和土壤持水能力，使表层土与下层土的水势梯度变陡，降低土壤的导水率，减缓了土面蒸发和水肥淋溶，将水肥尽量保蓄在作物根系层。研究显示（表 5-18），SAP 施用后，SAP 层及 SAP 下层土壤含水率会普遍提高，当 SAP 与沙子混合施用时，可提高沙子的持水时间，复合 SAP 能够较对照减少淋出液体积，显著降低氮磷钾的累计淋溶率，在保证植株完成移栽后正常营养生长阶段的发育进程情况下，可减少基肥氮素用量并降低氮素淋溶损失。

表 5-18　增强水肥保蓄的技术方法和技术效果

调控目标	应用方法	作用效果
增加水肥入渗	土表喷施液态 PAM	提高入渗率 3.0~5.0 倍
	土表喷洒溶胶态 PAM	提高稳定入渗率 1.0~2.5 倍
	土表喷洒溶液态 PAM	提高稳定入渗率 1.7~2.8 倍
	土表喷洒干粉态 PAM	提高稳定入渗率 0.25~1.8 倍
	与土壤混施	提高团聚体稳定性 1.01~3.9 倍
	土表干施 PAM	提高土壤入渗率，减少径流量
保蓄水肥	将 SAP 同沙子混合施用	使沙子的持水时间增加 3 倍
	层施 SAP	土壤含水率会增加 1.1~1.9 倍
	在育苗基质中加入 SAP	降低 80%基肥氮素用量
	混施复合 SAP	钾淋溶减少 8.17% ~31.38%
缓释水肥	SAP 磷酸缓释肥	磷素可缓释，其利用率得到提升
	尿素缓释型 SAP	含氮 21.1%，生物降解性好
	复合 SAP	含氮 15.13 mg/g，钾 52.05 mg/g
	有机—无机复合 SAP	氮肥利用率提高 1 倍以上
	复合 SAP	磷素提高 0.23~2 倍

　　辽宁省农业科学院发明的一种复合型的 SAP，所含有的聚乙烯醇、十二烷基脂肪醇聚氧乙烯醚硫酸铵、十二烷基醇聚氧乙烯醚中的有效成分中含有多价阴离子，可被土壤束缚水的氢置换出来，增加土壤阳离子交换量，从而使土壤微粒胶体随水在土壤中发生移动，形成较多的细小孔隙，改变土壤团粒结构，增加土壤库容，实现疏松土壤的效果；聚丙烯酸为吸水、保水的物质；三十烷醇为植物生长调节剂，具有促进种子发芽、发根的效果；正辛醇为溶剂混合消泡剂，磷酸二氢铵、硫酸钾为速效肥料；黄腐酸能促进植物生长，提高作物抗旱抗逆能力；吲哚丁酸为植物激素生根剂，可促进作物发根；硫酸镁是双元素肥料（含 Mg 和 S），硫、镁均为中量营养元素，为作物增产提质所必需，能促使作物加快吸收土壤中氮、磷等元素，增加植物抵抗疾病的能力。使用本产品，生产操作简单，组方科学合理，适当干旱、半干旱地区农田土壤松土和保水的需要，破除土壤板结，疏松土壤，改善透气性，促进团粒结构形成，打破农田犁低层，增加耕层深度，节省人力作业成本，扩大土壤水库库容，提升土壤蓄水能力，进一步增强保水效果，改善土壤环境条件，促进作物根系发育，土壤水利用率提高 12%~18%，作物水分利用效率提高 15%促进作物节水增产，提高农业生产效益。

　　水肥保蓄的第三个层面，是要使水肥缓慢释放，持续供给作物生长所需，提升水肥的有效利用效率。将养分元素加入 SAP 中制成 SAP 缓释肥也起到了很好的水肥保蓄效果，SAP 缓释肥既具备吸持水分的性能，又能够将复配的养分元素进行缓慢释放，提升养分利用的有效性，可减少外源化肥的施用见表5-18。这些单源肥料复合型SAP都能在一定程度上缓释养分，降低肥料的流失，同时提升了作物对肥料的利用率。在多源肥料复配方面，将改性的蔗渣和丙烯酸嵌入磷酸盐岩，并加入氨、磷酸盐和氢氧化钾作为氮、磷和钾源，结果表明该种保水剂中有效氮、磷、钾养分均具有很好的养分缓释性能，而用金属离子、腐殖质、磷酸盐混合制成的复合型SAP不溶于水，但可溶于根系分泌的有机酸，这可以使保水剂随着根系的生长缓慢释放磷素供作物生长所需，在将这种保水剂应用于磷缺失的玉米生产上时，结果显示玉米生长得到恢复，与施用水溶性磷肥的效果相当。

（二）提高坡地水土保持

坡地是北方地区常见的一种地形，在辽宁省的旱地农田也较为常见，而且坡地农业也是北方旱地农业生产方式中较为常见的一种生产方式。水土流失是制约坡地农业发展的关键因素，由于水土流失，造成肥料流失，降低了肥料的利用效率，而由此形成的农业面源污染对下游水体又会造成污染，如何提高坡地水土保持能力、减少坡地水土侵蚀是旱地农业生产系统中的重要环节。坡度、坡长、植被和降雨强度等都是影响坡地水土侵蚀和径流的主要原因，而PAM施用量和施用方式的差异则可能起到截然相反的应用效果。调控技术及作用效果见表5-19。

表5-19　提高坡地水土保持的调控方法及作用效果

类型	应用方法	作用效果
PAM剂型	1.2×10^7、1.5×10^7、1.8×10^7 Da 分子量	分别比对照减少土壤侵蚀 26.3%、52.6%、26.3%
	7%、20%、35%水解度	土壤侵蚀分别为对照的 38.7%、33.8%、36.4%
PAM用量	0.5 g/m²、1.0 g/m²	减少坡面径流
	2.0 g/m²	增大坡面径流
	0~2.0 g/m²	增加土壤饱和导水率
	>2.0 g/m²	减小土壤饱和导水率
PAM覆盖度	低、中、高覆盖	细沟侵蚀临界坡长分别增加 4.95 m、10.75 m、29.40 m
	80%、60%、40%覆盖	提高降雨入渗量 17%、14%、6%
	PAM 和石膏	能够增强沙土和粉沙壤土的入渗率 4 倍并减少 30%的土壤侵蚀
PAM配施	PAM 和石灰石、石膏、沸石、腐殖质	土壤固磷能力由大到小依次为石灰石、腐殖质、石膏、沸石
	PAM 和粉煤灰	有效地抵御 14 m/s 风沙流历时 30 min 的吹蚀

在 PAM 选择方面，其剂型、施用浓度和覆盖度是影响 PAM 作用效应的主要因素，土壤入渗率和径流量对其的响应敏感性很强。PAM 剂型主要在于分子量和水解度的选择，不同的分子量和水解度使 PAM 分子的聚合链长度和电荷密度不同，这跟土壤入渗和侵蚀有直接的关系。研究结果显示，当 PAM 的分子链可以穿透土壤空隙时，才能对土壤颗粒产生较好的黏结效果，起到固持水土的作用。剂型决定了 PAM 的理化特性，而施用浓度则是其自身性质的累积作用，也对土壤入渗和侵蚀产生直接影响。在进行坡面土壤侵蚀防治时，并不是 PAM 施用浓度越高越好，而应是将浓度控制在一个合理的范围内。在 15°的剖面小区上，2.0 g/m² 的 PAM 施用浓度是增加土壤饱和导水率、减少剖面径流的一个极大值，当用量大于 2.0 g/m² 时，将会出现降低饱和导水率而增大径流的效果。当 PAM 施用浓度较小时可以起到减少径流的作用，当浓度较大时，甚至在 2.0 g/m² 的施用量时就已经出现增大径流的效果。PAM 覆盖度对于坡面水土保持也有较大的影响，主要体现在对坡面侵蚀临界坡长和土壤入渗率等方面的影响。PAM 覆盖会使细沟发育的临界坡长增加，PAM 的覆盖度越大，发生细沟侵蚀的临界坡长越长。当 PAM 覆盖率为 80% 时，其入渗效果最好，而 PAM 覆盖率为 40% 不能有效地达到增加土壤入渗的目的。由此可见，在应用 PAM 进行调控时，应尽量增大 PAM 的覆盖面积，但施用浓度需要控制在一个合理的范围内，并非越大越好。

PAM 施用方式多样，其作用效果也有较大差异，或将 PAM 溶于水后进行喷施，或将颗粒态 PAM 在地表进行撒施，也可以将颗粒态 PAM 与石膏、腐殖质和粉煤灰等进行联合应用见表 5-19。将 PAM 与石膏进行联合应用能够产生较好的应用效果，一方面可以提高 PAM 改良土壤的作用效果，另一方面则是可以降低应用成本。结果显示，将 PAM 和石膏共同施用，有效地提高了降雨入渗率并减轻土壤侵蚀，用量为 2 g/m² 时，石膏用量大时入渗效果比较好；而在石膏用量为 20 g/m² 时，则不能起到增加水分入渗的作用。除石膏以外，石灰石、粉煤灰等材料也可与 PAM 进行联合应用，其在防治风力侵蚀和污染物流失方面均有不错的效果。对 PAM 配施材料的选择应以防治目标为准，将粉煤灰与 PAM 进行喷施来抵御风沙流侵蚀，粉煤灰施用率为 20% 和 PAM 施用率为 0.05% 的用量是风蚀防治的最佳用量，与石膏、沸石、腐殖质相比，石灰石同 PAM 配施处理组合对土壤磷吸附能力最强，可减少磷素向水体的释放。

（三）改善作物水肥利用性能

对作物水肥利用性能的调控关系到作物对水肥资源的利用效率，也关系到作物的最终品质，是定量化研究作物生理生长对化学调控技术响应机制的关键所在，是化学调控技术在旱地农业生产系统中进行应用的核心环节。调控技术及作用效果见表 5-20。

表 5-20 改善作物水肥性能的调控技术及作用效果

类型	应用方法	作用效果
SAP 单施	30~45 kg/hm²	棉花产量提高 10%,每公顷增加铃数 5.7 万~9.4 万个
	60 kg/hm²	郑麦 9694 产量提高 47.4%
	60 kg/hm²	矮麦 58 产量提高 42.5%
	22.5 kg/hm²、45.0 kg/hm²	增加纤维根系数目
SAP 与肥料混施	SAP 结合氮肥	延长马铃薯茎叶生育期 14~15 d,增加块茎产量 75.0%~108.3%
	SAP 结合肥料	小麦增产 10.14%,水分利用效率明显提高
	SAP 结合速效肥	氮、磷和钾的总养分吸收量分别增加 16.56%、8.25% 和 12.75%

化学调控技术可以在作物根系层土壤中施 SAP,通过其反复吸释水肥的特性来形成类似于"小型水库"和"小型营养库"的水肥蓄持带,减少水肥的淋溶渗漏量,提供作物水肥供给充足的环境,从而对根系产生影响,促进作物的生长及对水肥的利用效率。在对棉花的研究中发现,SAP 的施用能够加快棉花前期根系生长发育,增强根系活力,使根系在土壤内的分布更为合理;在对冬小麦的研究中发现,SAP 的施用还能降低冬小麦根系质膜透性和可溶性糖含量,提高根系活力;在对夏玉米的研究中发现,SAP 的施用减小了玉米根系的总长度和表面积,能增加纤维根系(直径小于 0.5 cm)的数目,增强根系对水肥的吸收和运输能力。另外,有大量研究表明,适量配施肥料与 SAP 共同应用可以得到更好的效果。施入 SAP 能够促进小麦生长,提高小麦产量与水分利用效率,与肥料混合施用时,增产效果更加显著,将 SAP 结合氮肥施用,也可以提高不同阶段马铃薯叶片的光合速率,促进产量的形成。

(四)提升作物品质和产量

作物的品质和产量形成是作物生长中极为重要的一环,也是整个旱地农业生产系统中的最后一环。实现对品质和产量的调控,是化学调控技术在旱地农业生产上经济效益的体现,也是化学调控技术在旱地农业生产中能够得到大面积推广应用的前提条件。调控目标、技术方法及效果见表 5-21。

表 5-21　提升作物品质和产量调控目标、技术方法及效果

调控目标	应用方法	作用效果
促进作物水肥利用性能	SAP 200 g/棵	土壤含水率提高 21.53%，果实品质提高
	SAP 90 kg/hm²	棉花单株铃数和单铃质量增加 8.1%~14.1% 和 3.1%~4.6%
	SAP 60 kg/hm²	有利于裸燕麦大多数品质性状的提高以及矿质元素的吸收利用
	FA 400 倍液	苹果增产可达 4.88%~7.32%，平均单果质量增加 4.2%~8.4%
	FA 480 倍液	较对照显著提高叶绿素 a 含量达 24%
增强作物抗逆防病能力	成膜型 FA	抑制活性氧的产生，保证氧自由基清除系统的正常运行
	新型 FA	提高硝酸还原酶活性，春玉米增产 5.37%~29.58%

化学调控技术在作物品质和产量提升方面主要有两方面效应。一方面是采用 SAP 可以促进作物对水分和肥料的利用，增强作物的生长机能，促进干物质的积累。研究发现，SAP 对杏树果实品质的提高在于其能够提高水分利用效率，其在干旱阶段的效果更加明显；SAP 增强了水分由根系向茎叶的运输能力，促使干物质由营养器官向生殖器官的分配比增加，从而促进了花根系和蕾铃发育；而且，无论是传统灌溉还是滴灌，施用 SAP 后均能提高燕麦对矿质元素的利用率并增加其产量。

另一方面是叶面喷施 FA 不仅可以抑制作物"奢侈"蒸腾提升水分利用效率，还可以起到叶面有机肥的目的，促进作物的生长和产量的提高。更为重要的是，FA 还可以增强作物抗逆防病能力，不仅改善了果实外观，还提升了果实的品质。研究表明，喷施成膜型植物抗蒸腾剂（PFA）可以有效地维持旗叶的水分生理环境，抑制活性氧的产生，维持细胞膜的完整性，从而维持较高光合速率，同时有效降低蒸腾速率；能提高春玉米硝酸还原酶活性和游离脯氨酸含量，降低蒸腾强度并促进玉米生长。此外，FA 与农药混用时还可以起到增强农药药效的作用，在减少农药浓度和用量的情况下也能起到很好的除害效果，其对作物果实品质的提高也有很大帮助。

三、适于区域

土壤改良剂（PAM）在不同土壤上的应用效果存在一定的差异，土壤团聚体的稳定性越差，PAM 增强团聚体稳定性的能力就越强，PAM 改良土壤结构和团聚体稳定性方面的有效性跟黏粒活性和影响 PAM 吸附的土壤条件等因素有关，所以，辽宁省旱地保水技术应用 PAM，其适用区域为旱地中沙质土壤所在地区。

保水剂（SAP）基于保水特性主要适用于辽宁省半干旱偏旱区和半干旱偏湿润

区，对于较为干旱年型效果不明显。

抗蒸腾剂（FA）主要采用叶面喷施和随水浇灌等方式，因此，在旱地中可以选择的区域受到一定的限制，旱区有灌溉条件或半干旱偏湿润地区。

四、注意事项

（1）掌握好土壤改良剂和保水剂的用量非常重要，保水剂用量过少，效果不明显，用量过多，一方面增加成本，另一方面蓄水量过大，会降低土温，延迟种子萌芽或使土壤透气不良，引起烂种、烂根现象。

（2）土壤改良剂和保水剂在高浓度下使用会对土壤物理化学性质产生负面影响，并且在土壤水分充足时对农作物生长产生抑制作用。与使用成本结合考虑，应当注意适宜的用量和使用方法。

（3）在利用保水剂进行保水过程中，肥料施加在土壤中，会对保水剂的吸水效果产生一定的影响。肥料溶液浓度越高，吸水率越小。尿素、磷酸二氢钾、氯化铵和氯化钾溶液对保水剂的吸水效果影响程度不同，分子水解性尿素溶液，对保水剂结构性质的影响较小，表现为对保水剂吸水率的影响不大，而其他电解质肥料溶液，对保水剂的吸水率影响较大，所以保水剂在使用过程中应尽量避免和电离性强的高浓度肥料混合使用，以免影响保水剂的使用效果。

（4）粒径不同导致保水剂吸收与释放水分的速率不同，粗粒径吸水速度快，短时间内即可达到吸水饱和状态，但是当处于水分胁迫状态时，向外释放水分的速度也很快，表现出吸水快释水也快的特点。而细粒径吸水速度较慢，水分向外释放也较慢。所以粗细粒径配合施用可以很好地调节保水剂的吸水与释水性能，使得保水剂既能在短时间内充分吸水，又能缓慢地将水分释放出来供作物整个生长季使用。因此，针对不同质地的土壤，选择合适的保水剂粒径配比及适宜的施用量，不仅能达到最佳的保水、增产效果，还能降低经济成本。

（5）有些类型保水剂虽然在纯水中吸水倍数较高。但有离子影响时，吸水倍数很低。因此，在生产实践中选择保水剂时，要结合当地的土壤性质、土壤中的离子类型及浓度确定所用保水剂类型。

第四节　免耕与覆盖保水技术

土壤生态系统是极其复杂的，土壤水分和有机质中任何一个发生改变都会对土壤的其他性质产生重大影响。尤其是在生态系统异常脆弱的北方干旱和半干旱地区，必须综合考虑土壤有机碳和土壤水分的相互作用。免耕是人们遭遇了严重的水土流失和风沙危害的惨痛教训之后，逐渐研究和发展起来的一种新型的土壤耕作模式。它作为保护性耕作主要的技术之一，可以最大限度地减少耕作对土壤的破坏，被视为重要的可持续农业技术。秸秆覆盖还田又可以为土壤输入新鲜的有机物料，从而改变传统耕作带来影响。秸秆覆盖免耕栽培技术作为一种保护性耕作措施与传统栽培技术不同的是以养地、保土、保水和简化作业环节、降低生产成本为目的，秸秆全部还田和减少耕作环节；改过去不计成本一味追求高产为更加注重对耕地的种养结合、近期与长远结合、综合效益提升、持续稳产高产。与常规耕作相比，免耕措施借助于秸秆覆盖，同时减少土壤扰动，已被证明免耕秸秆覆盖可以减少径流52.5%，和减少侵蚀80.2%。有研究表明，在北方旱区经过20 a免耕秸秆覆盖土壤表层有机碳比常规耕作增加100%。而在干旱和半干旱地区的保护性耕作技术，与常规耕作技术相比，可以增加降雨入渗量，降低棵间蒸发，增加土壤储水量，提高作物水分利用效率。

　　免耕覆盖相对于其他旱地保水措施开始还研究的时间相对较早，试验研究开始于20世纪30年代的美国，随后苏联、英国、澳大利亚、加拿大、法国和日本都相继进行了免耕试验的研究与推广。中国从20世纪70年代开始进行免耕研究，由北京农业大学姜秉权、朱文珊、施森宝等人首先提倡，并在北京郊区试验成功，效果良好，后来在黄淮海地区逐步推广。1990年就由中国耕作制度研究会在北京首次召开了全国少免耕和覆盖技术学术讨论会。研究显示，秸秆覆盖耕作方式下的土壤紧实度比传统耕作方式可降低7.9%，免耕方式下的土壤紧实度比传统耕作方式可降低1.1%，土壤紧实度与土层深度呈显著正相关，而且免耕秸秆不同覆盖量和免耕秸秆不同覆盖年限耕作方式都比传统耕作增加了表层（0~20 cm）土壤紧实度。土壤紧实度影响了土壤养分的转化、利用及农作物根系的生长和发育；固定了作物的根系，增强了作物的抗倒伏能力；秸秆覆盖地表，降低了土壤蒸发强度；而且由于土壤紧实度明显降低，相当于深松的效果，土壤疏松，团粒结构好，大小孔隙比例适当，水、肥、气、热各因素相互协调，有利于根系生长，形成庞大的根系，利于深层养分和水分的吸收。另外，秸秆覆盖免耕增加表层土壤蓄水量的同时，也改良了土壤结构，进而优化了耕层不同深度水分的运移和再分配。相比之下，传统耕作0~30 cm表层土壤因翻耕形成的较大空隙，致使土壤饱和导水率较高，土壤表层水分含量因蒸发流失而降低；而30~40 cm深度，因犁底层的影响，该处出现水分含量变化拐点。因此，秸秆覆盖免耕可提高植物可利用水分含量，更好地促进作物生长发育。

　　辽宁省作为全国13个粮食主产省之一，主要以旱地雨养农田为主，但主产区农田风蚀沙化严重、土壤瘠薄、秸秆就地焚烧浪费严重、地力下降、粮食产量不稳、经济效益低下等问题突出。辽宁省秸秆覆盖免耕保水技术，主要以玉米秸秆覆盖为主，即在秋收后秸秆不焚烧、直接覆盖地表，播种前不耕整土地，秸秆覆盖地表的情况下采用免耕播种机直接完成播种作业，主要分为站秆覆盖、地表整秆覆盖和粉碎覆盖。

一、技术内容

秸秆免耕覆盖保水技术虽然分为站秆覆盖、地表整秆覆盖和粉碎覆盖，在具体操作上以实现全程机械化为目标，具体操作大致相同。

1. 秸秆覆盖

在玉米成熟以后，可以人工收获或者用联合收获机收获。如果是站秆覆盖，人工摘穗或机械摘穗后秸秆不做任何处理，站立在田间即可；如果是地表整秆覆盖，机械收获时关闭玉米收获机的还田动力，保证秸秆均匀平铺在地表；人工收获，秸秆放倒平铺地表，避免秸秆成堆铺放，或摘穗后将站立的秸秆用农机压倒，保证秸秆均匀覆盖地表；如果是粉碎覆盖，机械收获时利用玉米收割机的还田装置将秸秆粉碎，均匀覆盖地表；人工收获后利用打秆机械将秸秆粉碎，均匀覆盖地表。

2. 播种

第二年春天春季4月末到5月初，土壤5~10 cm的温度连续3 d稳定通过8 ℃，采用选用前置圆盘切刀、安装有分草轮的免耕播种机具（机具性能需达到 NY/T 1628 和 GB/T 20865 的要求）播种，播种深度以覆土镇压后种子距地表3~5 cm为宜，依据土壤墒情调节播种深度，但最大深度不宜超过7 cm。播种作业质量应达到 NY/T 1608 标准，单粒率97%以上，空穴率3%以下。种植密度，密植型品种以6万株/hn^{2}为宜，稀植型品种不宜超过5万株/hm^2。

3. 施肥

施底肥与播种同时进行，选用粒状肥料，优先选择粒径均匀、颗粒硬度适宜的化肥。施肥量，依据当地农业生产实际合理施肥，一般建议施玉米专用长效复合（混）肥600 kg/hm^2、口肥（磷酸二铵）100 kg/hm^2。施肥深度，采取侧位深施方式施肥，要求种、肥（底肥）横向间隔5~7 cm，施肥深度12 cm以上。

4. 杂草和病虫害防控

①农业防控，过作物轮作的方式防止或降低伴生性杂草。

②化学防控，采用苗前封闭除草为主，苗后触杀除草为辅的原则防控田间杂草。如苗前封闭除草效果不佳，可在玉米3叶期至5叶期用烟嘧磺隆等苗后除草剂防控杂草。

③病虫害防控，采取农业防治、生物防治为主，化学防治为辅的方式防控病虫害。加强病虫害预测预报，做到有针对性地适时用药，未达到防治指标或益害虫比合理的情况下不用药。根据防治对象的特性和危害特点，允许使用生物源农药、矿物源农药和低毒有机合成农药，有限度地使用中毒农药，禁用剧毒、高毒、高残留农药。严禁使用禁止使用的农药和未核准登记的农药。注意不同作用机制的农药合理交替使用和混用，以提高防治效果。坚持农药的正确使用，严格按使用浓度施用，施药力求均匀周到，不漏施，不重施。

农业防治，实行 2~3 a 轮作，选用抗病、虫的品种，适期播种，合理密植，清除田间和田边杂草，及早铲除病株。

物理防治，根据害虫生物学特点，采用黑光灯、频振式灯、糖醋液、黄色黏虫板、银灰膜等方法诱杀害虫。

生物防治，保护害虫天敌资源防控虫害；利用植物源、抗生素源、活体农药、病毒类农药等防治病虫害，如玉米心叶期，用含 40 亿~80 亿/g 孢子的白僵菌粉制成颗粒施在玉米顶叶内侧防治玉米螟。

化学防治，秸秆连年覆盖地表，可能会出现病虫害加剧的风险，生产中可按表5-22 中的方法进行防控。

表 5-22　春玉米主要病虫害防治方法

病虫害名称	防治方法
苗期病害 （丝黑穗病、顶腐病、苗枯病等）	采用种子包衣或拌种的方式防治，选用含有三唑类杀菌剂（如烯唑醇、三唑酮）和克百威或丙硫克百威（有效成分达 7% 以上，≥7.5% 最好）的种衣剂包衣处理种子进行防控
地下害虫 （地老虎、蛴螬、蝼蛄、金针虫等）	采用 3% 辛硫磷颗粒剂 1.5~2 kg/亩，或辛硫磷乳油 100 mL/亩，加水 500 mL，拌 15 kg 细干土制成毒土，随底肥施入土壤中进行防控
生育期主要病害 （大斑病、灰斑病、弯孢叶斑病、褐斑病、纹枯病等）	结合玉米生育期主要害虫防治措施，在玉米喇叭口期一次性喷施杀菌谱广、渗透性或内吸性好、活性高、持效期长的适宜杀菌剂，如 10% 苯醚甲环唑水分散粒剂 20 g/亩、或 25% 嘧菌酯悬浮剂 20 mL/亩、或 18.7% 扬彩悬乳剂 50 g/亩、或 32.5% 阿米妙收悬浮剂 20 g/亩、或 50% 扑海因可湿性粉剂 75 g/亩进行防控
生育期主要虫害 （黏虫、玉米螟、玉米蚜虫等）	结合玉米生育期主要害虫防治措施，在玉米喇叭口期一次性喷施持效期长、高内吸活性或高渗透性、高传导性、高化学稳定性的广谱杀虫剂，如 20% 氯虫苯甲酰胺悬浮剂 10 mL/亩或 40% 氯虫·噻虫嗪水分散剂 10 mL/亩进行防控

注：1 亩 ≈ 667 m^2。

二、技术效果

针对秸秆免耕覆盖技术，大量的研究显示，免耕和秸秆覆盖能够让土壤空隙的孔径更加均匀，保证孔隙度良好、稳定和连续，能够有效地将灌溉水、雨水保持在土壤中，也就是说具有很好的保水性和渗入性；同时，由于土壤表面覆盖有秸秆，因此能够减缓水分的蒸发，在气候较为干旱的时候，深层水会由于毛细作用上升至土壤表面，如果没有采用保护性耕作技术，水分就会快速蒸发，对水分利用率有不良影响，因此，能够起到"蓄水保墒"的作用。其次，免耕技术能够让土壤中的有机物不断增加，并且秸秆不断腐烂，同样会增加有机物，而有机物的增加会促进微生物活动，让土壤更富养分和活力，因此，保护性耕作还具有"肥沃土壤"的作用。

在辽宁省旱地农业保水技术研究中，辽宁省农业科学院对玉米秸秆免耕覆盖技术进行了深入的研究，结果显示，采用玉米秸秆免耕覆盖，土壤的水分含量、土体蓄水量、玉米产量和水分利用效率等指标有了明显的提高，并改善了土壤的结构，促进了玉米的生长。

1. 耕层土壤水分

土壤水分是土壤的重要组成部分，是土壤肥力因素中最活跃的因素，土壤水分的变化，也影响其他因素发生变化，进而影响土壤肥力。只有在水的参与下，土壤中许多物质转化过程才能进行。耕作措施对土壤水分的影响主要在土壤的耕层（0~20 cm），土壤耕层的状况对作物的生长发育非常重要，良好的耕层可以有效地蓄纳雨水，减少蒸发，为土壤生物创造适宜的生态环境，进而促进作物的生长发育。

2014—2015 年，辽宁省农业科学院相关研究人员在辽宁省阜新市阜蒙县开展了不同秸秆量覆盖免耕种植技术研究，试验以传统耕作（RT）为对照，在免耕条件下设置 4 个秸秆覆盖量处理，无秸秆覆盖（NT-0）、秸秆覆盖量 3 000 kg/hm²（NT-33）、秸秆覆盖量 6 000 kg/hm²（NT-67）、秸秆覆盖量 9 000 kg/hm²（NT-100，即该区全量秸秆覆盖），种植密度为 60 000 株/hm²，种植的行距为 50 cm，株距为 33 cm，其他管理正常。研究表明，免耕可以显著提高耕层土壤含水量，耕层土壤含水量随秸秆覆盖量的增加而增加，在试验区域全秸秆覆盖免耕至少可以提高耕层土壤含水量 3 个百分点，这将有利于保障春天种子的萌发。而常规耕作的土壤经机械扰动，土壤大孔隙增多，地表裸露，加之垄作的影响，直接受太阳的辐射面积增加，地表温度升高快，蒸发强烈，土壤失墒迅速；而免耕土壤保持了土壤的自然状态，加之表层秸秆覆盖的保护作用，减少了土壤接受太阳的辐射能，造成土壤升温缓慢，土壤蒸发降低，土壤含水量高，见图 5-12。

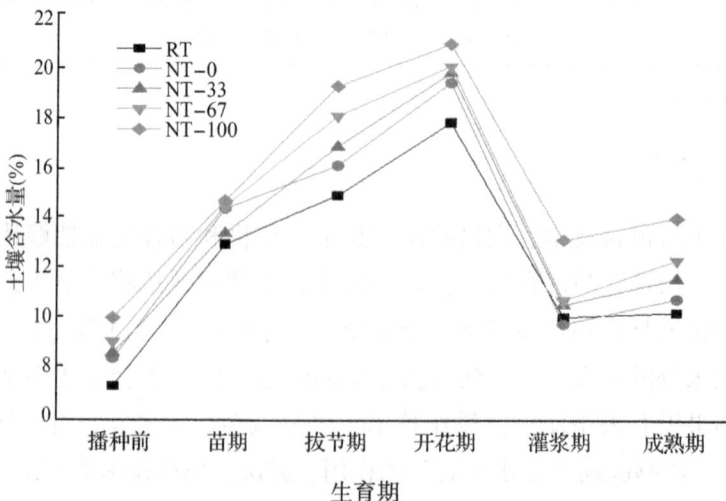

图 5-12　不同耕作处理对土壤耕层（0~20 cm）土壤含水量的影响

2. 玉米出苗率

玉米出苗率在很大程度上决定玉米生长状况和产量丰歉，玉米出苗速度、出苗率与土壤水分和温度有关，春旱经常导致种子不发芽、不出苗或出苗较差。2014—2015 年，辽宁省农业科学院相关研究人员在辽宁省阜新市阜蒙县试验区开展了玉米全程机械化生产技术示范，每个示范区设立 3 种种植方式，即春整地+传统种植、秋整地+传统种植和免耕种植，玉米 3 叶期调查实际出苗情况。调查结果表明，采用免耕种植方式，可以显著提高玉米的出苗率，通过加权平均表明，免耕种植方式的玉米平均出苗率为 92.84%，秋整地的条件下的玉米出苗率为 86.11%，传统春整地的玉米出苗率为 82.39%，见表 5-23。辽西地区春旱频发，春播保苗问题一直是制约当地玉米生产的难题，而免耕种植因其良好的保墒特性，逐渐得到农民的认可。

表 5-23　不同种植方式对玉米出苗率的影响

时间	调查地点	种植方式	调查垄长（m）	株距（cm）	出苗数（株）	出苗率（%）
2014 年	大固本镇	春整地+传统种植	50	33.5	125	83.75
		秋整地+传统种植	50	33.5	129	86.43
		免耕种植	50	34.2	138	94.39
	建设镇	春整地+传统种植	50	35.1	118	82.84
		秋整地+传统种植	50	35.3	124	87.54
		免耕种植	50	33.7	139	93.69
2015 年	大固本镇	春整地+传统种植	50	33.5	127	85.09
		秋整地+传统种植	50	33.5	129	86.43
		免耕种植	50	33.6	133	89.38
	建设镇	春整地+传统种植	50	33.5	123	82.41
		秋整地+传统种植	50	33.6	127	85.34
		免耕种植	50	34.2	137	93.71
	阜新镇	春整地+传统种植	50	35.3	114	80.48
		秋整地+传统种植	50	35.2	121	85.18
		免耕种植	50	34.1	135	92.07
	王府镇	春整地+传统种植	50	33.7	121	81.55
		秋整地+传统种植	50	33.6	127	85.34
		免耕种植	50	33.8	139	93.96
	佛寺镇	春整地+传统种植	50	35.1	116	81.43
		秋整地+传统种植	50	35.2	124	87.30
		免耕种植	50	33.9	135	91.53

3. 土壤容重

土壤容重是土壤物理性质的一个常用指标，它影响到土壤的孔隙度、孔隙大小分配以及土壤的穿透阻力，进而影响到土壤水肥气热条件与作物根系在土壤中的穿插。适宜的土壤紧实度有利于作物根系的生长，土壤过松、过紧都不利于土壤水分和养分的运动，实行免耕后是否会引起表层土壤容重的增加，导致土壤板结进而影响作物生长，一直是农业工作者普遍关心的问题。2015 年春播前辽宁省农业科学院相关研究人员在大固本玉米综合试验示范基地进行不同耕种方式对土壤容重影响的研究。调查结果表明，实施免耕的第 2 a，土壤容重较传统耕作增加，特别是表层 0~10 cm，土壤容重增加近 20%，但 10 cm 以下耕作对土壤容重影响较小，免耕与传统旋耕相近。虽然免耕增加了土壤的容重，但数值仍在适宜玉米生长的最佳容重范围之内，并不影响春播的正常进行（图 5-13）。

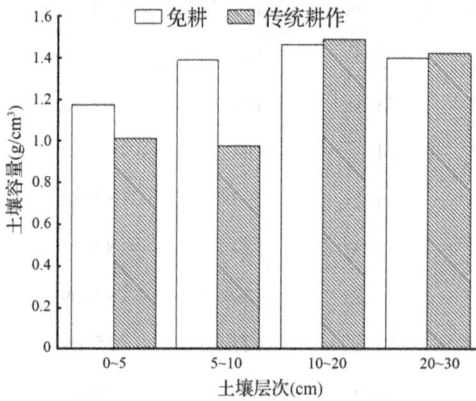

图 5-13 不同耕作措施对土壤容重的影响　　图 5-14 不同耕作措施对土壤坚实度的影响

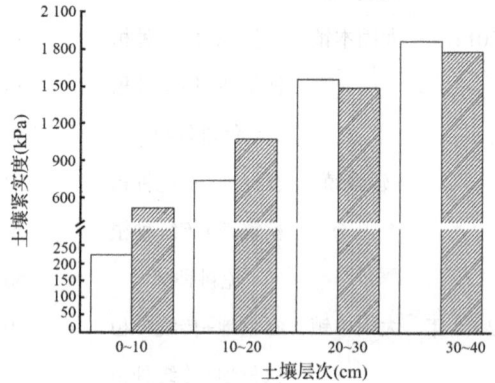

4. 土壤坚实度

土壤坚实度是土壤强度的一个合成指标，在坚实的黏土中，种子发芽和幼苗出土困难，造成出苗延迟，影响出苗率等，同时根系下扎受阻。过松的土壤，造成植物根系不能与土粒紧密接触，吸水吸肥都有困难，还可发生吊根现象，造成幼苗死亡。调查数据可知，免耕对耕层 0~10 cm 土壤影响较大，免耕的土壤坚实度是传统耕作的 2.32 倍；在 10~20 cm，免耕是传统耕作的近 1.44 倍；在 20 cm 以下两种耕作措施的土壤紧实度基本相近（图 5-14）。

5. 玉米苗期生长

根系是作物吸收土壤中水分和养分的重要器官，其形态及生理指标、特性与地上部生长发育及产量形成有着密切的联系，根系生长的动态可以作为作物生长发育状况的一个重要标志，促进根系生长是提高玉米产量的关键所在。

2015 年研究人员在辽宁省农业科学院大固本基地的调查结果表明，免耕种植方式有利于玉米苗期的生长，较传统种植玉米根系干重增加 21.7%，地上部生物量积累增加 11.4%，见图 5-15。免耕措施增大了土壤的坚实度，这不但没有阻碍玉米的生长，反而促进了其生长，可能与该区域水分是限制玉米生长的关键因子有关，免耕可以最大限度地提高土壤的蓄水能力，而且辽西地区的光热充足，土壤升温快，对玉米生长影响较小，因此，免耕种植在该区域有利于玉米苗期的生长。

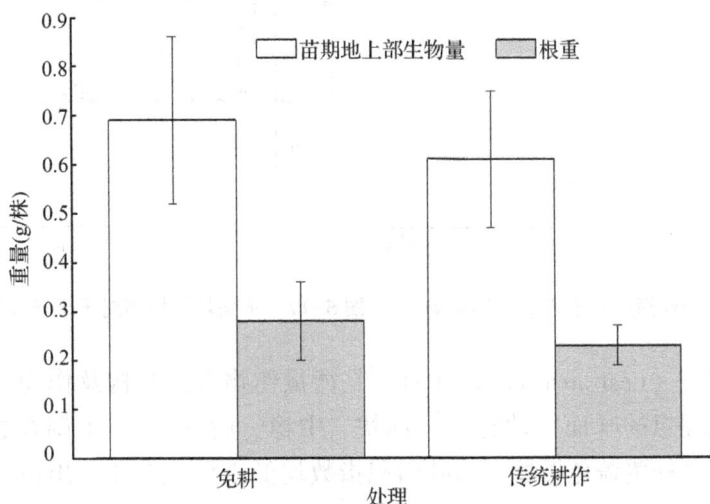

图 5-15 不同耕作措施对苗期玉米生长的影响

6. 玉米生长动态

株高受玉米品种的遗传特性影响比较大，但环境也对其生长有一定的影响。由调查数据可知，秸秆覆盖免耕处理（NT-100/67/33）在拔节期以前明显延缓了春玉米的生育进程，玉米的株高表现出随秸秆覆盖量增加而降低的趋势，尤其是全量秸秆覆盖条件下，玉米苗期的生育进程明显落后于传统耕作。NT-0 和 RT 的株高差别不大，说明仅耕作方式改变，即常规垄作改为免耕平作，在辽西地区对春玉米的生长并未造成明显影响，秸秆覆盖量的多少影响玉米的生长发育，这可能与秸秆覆盖的低温效应有关（图 5-16）。其他相关的研究结果表明，随着覆盖量的增加，在播种 45 d 后春玉米的株高、叶面积等农艺性状观测值均随着明显提高，这与本研究的结果一致。

干物质（生物量）是产量形成的基础，作物要获得较高的产量，必须实现"源、库、流"的协调发展，形成较多的干物质，才能保证最终获得高产。由调查数可知，在玉米苗期，传统耕作的地上部干物质积累均高于秸秆覆盖免耕处理（NT-100/67/33），却低于无秸秆覆盖免耕，秸秆覆盖免耕处理的干物质积累表现出随秸秆量增加而降低的趋势。自开花期开始，秸秆覆盖免耕处理的地上部干物质积累高于传统耕作，但干物质的积累量并不是秸秆覆盖量越大，干物质积累得越多，而是以秸秆覆盖量为 6 000 kg/hm² 时干物质的积累量最高，无秸秆覆盖免耕的地上部干物质最终积累量与传统耕作相近（图 5-17）。

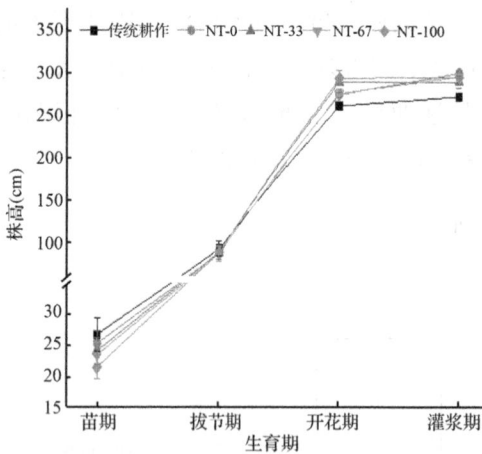

图 5-16　不同耕作措施对玉米株高的影响　　图 5-17　不同耕作措施对玉米干物质积累的影响

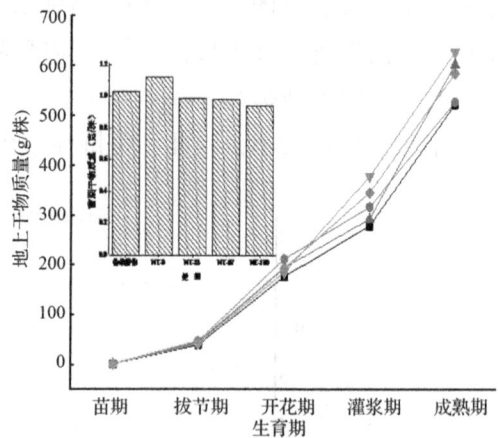

叶面积系数（Leaf area index，LAI）是衡量作物群体结构及作物生长情况的一个重要指标。理想的叶面积动态是"前快、中稳、后不衰"。由调查数据可知，在玉米的苗期，秸秆覆盖免耕处理的叶面积指数均低于传统耕作。出苗后 40 d，免耕各处理的叶面积指数增长迅速，尤其是全量秸秆覆盖免耕处理的增长速率最高，是传统耕作的 1.7 倍。自拔节期（出苗后 40 d）至成熟期，免耕各处理的叶面积指数一直维持在较高的水平，在出苗后 100 d 左右，叶面积指数开始下降，传统耕作的下降速度高于免耕各处理（图 5-18）。相关研究也表明：促进玉米前期的生长，使叶片尽早达到最佳状态，减少前期光能漏射损失，从而截获更多的光能是玉米高产的关键，而本研究的结果表明，免耕各处理基本符合"前快、中稳、后不衰"理想要求。

7. 玉米的光合速率日变化

作物生产的实质是干物质的积累，作物通过光合作用形成的有机物占作物总干重的 95%左右。研究免耕条件下光合速率的日变化情况，有利于分析其具体增产机制，由调查结果可知，免耕光合速率的峰值出现时间较常规耕作晚，光合速率在峰值附近维持时间较长，这可能与较好的田间水分条件有关，同时也支持了免耕条件下地上部干物质积累较好的研究结果，见图 5-19。

8. 产量及其构成因素

在辽宁西部地区实施免耕种植并没有出现减产的现象，反而较传统耕作增产 9.8%。从产量构成因素角度分析，增产的主要原因是穗长、穗粒数及百粒重的增加，这可能与当地特殊的气候因素有关，水分是当地农业生产的主要限制因子，而免耕则最大限度地保蓄了土壤水分，进而利于玉米的生长，最终增加了玉米的产量，见表 5-24。

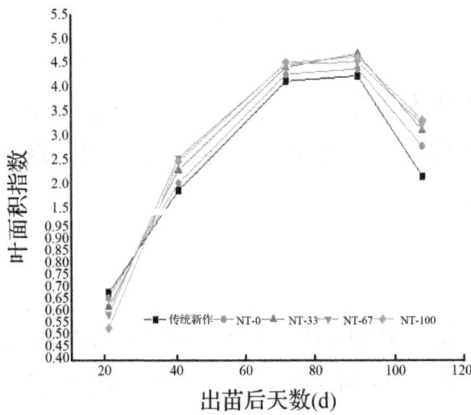

图 5-18　不同耕作措施对玉米叶面积
指数的影响

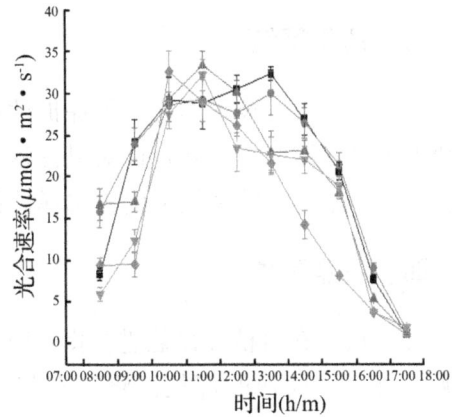

图 5-19　不同耕作措施对玉米光合速率
日变化的影响

表 5-24　不同耕作模式对玉米产量及其构成因素影响

时间	处理	穗长（cm）	穗粗（cm）	穗粒数	百粒重（g）	产量（kg/亩）
2014 年	NT-100	21.4±0.2 bc	5.72±0.06 bc	786.6±23.0 b	37.3±1.0 b	920±36 a
	NT-67	21.9±0.2 c	5.74±0.08 c	810.4±21.9 b	34.8±0.5 ab	949±45 a
	NT-33	20.2±0.6 b	5.44±0.07 ab	778.8±17.1 b	37.5±0.8 b	904±34 a
	NT-0	20.6±0.5 bc	5.40±0.06 a	749.7±21.1 b	32.4±1.2 a	831±36 a
	常规耕作	17.2±0.2 a	5.22±0.05 a	616.4±19.9 a	37.9±0.6 b	819±43 a
2015 年	免耕	17.1±0.57	5.17±0.04	566.8±11.2	38.8±1.1	900±24
	传统耕作	15.5±0.17	5.03±0.03	519.6±19.1	38.4±0.7	843±29

9. 生产成本

两种种植方式下种子、化肥等生产成本相同，本研究仅比较农机及人工投入的差别，调查结果表明，免耕种植年均生产成本约为 190 元/亩，而传统耕作则高达 330 元/亩，采用免耕种植可节约成本投入 140 元/亩，见表 5-25。

表 5-25　不同耕作方式下玉米平均生产成本（元/亩）

时间	处理	灭茬	旋耕	播种	杂草防控	收获	秸秆处理	深松	成本合计
2014 年	免耕	0	0	50	32	90	0	20	192
	传统耕作	15	40	30	15	110	120	0	330
2015 年	免耕	0	0	50	32	70	0	20	172
	传统耕作	15	40	30	15	130	130	0	360

注：免耕条件下深松作业按 3 a 一次计算。

三、适于区域

免耕覆盖保水技术作为一种保护性耕作技术措施，可适用于辽宁省半干旱、偏旱和半干旱偏湿润区，并且针对风蚀沙化严重、土壤瘠薄、玉米秸秆过剩、地力下降、粮食产量不稳的区域可优先选择该技术。

四、注意事项

（1）秋季在对秸秆覆盖进行操作时，一是收获机的轮子和运粮食机械的轮子不能碾压到来年播种的部位，将收获机的轮距调整到 180 cm，可碾压在当年的窄行间。

（2）秸秆覆盖还田尽量及时，一般在茎秆呈现绿色而穗叶呈现白色的时候还田，以此来保持土壤中的水分。

（3）由于秸秆覆盖在春季播种时会造成一定低温效应，因此，需保证土壤 $5\sim 10$ cm 的温度连续 3 d 稳定通过 8 ℃，即为播种适宜期。

（4）播种时，播种机具选择选用前置圆盘切刀、安装有分草轮的免耕播种机具，机具性能需达到 NY/T 1628 和 GB/T 20865 的要求，作业后机器不得碾压在疏松带上，并且干旱时慎重作业。

（5）增施口肥（也叫种肥）严格控制施肥量，不得超过 75 kg/hm^2；使用专用口肥品种，不得使用含氮量高的化肥。一般建议施玉米专用长效复合（混）肥 600 kg/hm^2、口肥（磷酸二铵）100 kg/hm^2。

（6）严格控制播种深度，较传统播种浅 $1\sim 2$ cm 为宜，并且不要盲目增加播种密度，须按照品种说明书要求进行，一般密植型品种以 6 万株/hm^2 为宜，稀植型品种不宜超过 5 万株/hm^2。播种质量，播种作业质量应达到 NY/T 1608 标准，单粒率 97% 以上，空穴率 3% 以下。

（7）施肥深度，采取侧位深施方式施肥，要求种、肥（底肥）横向间隔 $5\sim 7$ cm，施肥深度 12 cm 以上。

第六章　辽宁省旱地农业高效用水技术

辽西地区气候干旱化、水资源短缺、节水灌溉技术落后、配套节水设备不完善等突出问题，导致作物产量不稳、水资源利用率低已经成为制约农业可持续发展的瓶颈障碍。为了满足不断增加的粮食需求，需要不断增加灌溉面积保障粮食稳产增产，为此需要提高水资源利用效率。目前我国农业灌溉用水浪费现象十分严重，不少灌区尤其是北方新增灌区，对灌溉水的利用系数只有 0.4~0.5，与发达国家 0.7~0.9 相比，相差 0.3~0.4；井灌区一般为 0.6，同发达国家相比要低 0.2~0.4，农作物水分利用效率平均为 1.0 kg/m^3，与以色列 2.32 kg/m^3 相比，相差 1.32 kg/m^3。现有灌溉用水量超过作物合理灌溉用水量的 0.5~1.5 倍，农业节水灌溉潜力很大。

近年来，国家启动实施了东北四省区"节水增粮"行动，辽宁省实施了"千万亩"滴灌节水工程，辽西北地区是辽宁省新增灌溉面积的核心地区，但由于补灌作物增产潜力开发不全面、灌溉技术与农艺技术融合度差、灌溉水肥一体化技术与设备不完善等诸多问题的限制，通过应用高水效作物品种、高效种植模式、抗旱坐水播种、节水补充灌溉、水肥一体化等高效用水技术，最大限度地发挥作物群体高效用水潜力，提高单位水分利用效率，进一步使已建成的农业节水灌溉工程发挥出应有的效益。

第一节　作物高水效品种应用技术

一、技术内容

品种是影响玉米高产的主要因素之一，不同区域、不同种植技术下选择适宜品种对节水生产具有重要意义。从机制上，水高效生理和遗传机制在不同品种间差异较大，籽粒产量与水分利用率差异也较大。旱地品种一般在不灌溉条件下水分利用率较高；水旱兼用型品种在灌溉较少条件下水分利用率最大；而水地品种则一般在充分灌溉条件下，水分利用率和产量协同达到最优。因此在雨养与灌溉条件下，不同玉米品种生长性状、籽粒产量和水分利用效率不同。

辽西地区雨养玉米，侯志研等以抽雄至抽丝的间隔时间、棒三叶均角、水分利用效率等指标研究了不同玉米品种的抗旱性，白伟等采用灰色关联度分析方法对阜新地区 12 个主栽玉米品种进行了评价表明适宜阜新地区的玉米品种为辽单 565、良玉 11 和郑单 958，但针对灌溉条件下玉米高水效品种筛选与评价研究较少。在灌溉条件下，不同品种玉米籽粒产量和水分利用效率进行研究，并对不同玉米品种的产量进行分析，可明确灌溉条件下影响不同品种产量的主要参数指标，明确不同品种的生物节水增产潜力，为节水灌溉生产中应用高水效玉米品种及其评价方法提供依据。

二、技术效果

（一）玉米产量与水分利用效率

根据辽宁省农业科学院在建平灌溉站的试验表明，不同玉米品种间灌溉产量差异显著；雨养不同玉米品种间（不灌溉）玉米产量差异不显著，根据不同玉米生育灌溉下限指标，2015 年灌溉量比 2014 年多 50 mm，2015 年灌溉玉米产量为 1 024 kg/亩，与 2014 年差异显著。灌溉产量的增加是提高 WUE 的主要因素，2015 年奥瑞金、辽单 1211、豫奥 6 号、新单 001 产量相对较高，均超过 1 000 kg/亩，辽单 1211 灌溉产量最高为 1 140 kg/亩，WUE 最高为 2.52 kg/m³，部分灌溉高产品种的水分利用效率差异不显著；灌水利用效率（IWUE）差异显著（$P<0.05$）（表 6-1）。连续两年 IWUE 可以进一步地区分膜下滴灌条件下，玉米不同品种产量对灌水的响应情况。

表 6-1　不同玉米品种产量与水分利用效率比较（2014—2015 年）

时间（年）	玉米品种	不灌溉产量（kg/亩）	灌溉产量（kg/亩）	降水量（mm）	耗水量（mm）	灌溉量（mm）	PUE（kg/m³）	WUE（kg/m³）	IWUE（kg/m³）
2014	惠美 988	765.70 ab	866.70 c	301.1	382 a	90	2.54	2.27 a	1.12 bc
	新单 336	795.27 a	906.83 bc	301.1	384 a	90	2.64	2.36 a	1.24 c
	新单 001	736.93 c	919.10 b	301.1	387 a	90	2.45	2.37 a	2.02 a
	辽单 1211	778.27 ab	955.43 a	301.1	391 a	90	2.58	2.44 a	1.97 a
	豫丰 508	748.77 b	934.67 a	301.1	401 a	90	2.49	2.33 a	2.07 a
	飞天 358	749.43 b	835.67 cd	301.1	377 ab	90	2.49	2.22 ab	0.96 c
	宏硕 899	711.23 c	858.00 c	301.1	385 a	90	2.36	2.23 ab	1.63 b
	龙 238	712.37 c	824.87 d	301.1	387 a	90	2.37	2.13 ab	1.25 c
	辽单 565	718.33 c	861.30 c	301.1	376 ab	90	2.39	2.29 a	1.59 b
	辽单 120	764.53 ab	918.90 b	301.1	395 a	90	2.54	2.26 a	1.72 b
	均值	749.32	888.15	301.1	386.4	90	2.49	2.29 a	1.56

续表

时间 （年）	玉米品种	不灌溉产量 （kg/亩）	灌溉产量 （kg/亩）	降水量 （mm）	耗水量 （mm）	灌溉量 （mm）	PUE （kg/m³）	WUE （kg/m³）	IWUE （kg/m³）
	奥玉 3007	786.6 a	974.6 b	310	438 a	140	2.54	2.23 ab	1.34 c
	新单 336	758.2 b	986.5 ab	310	443 a	140	2.45	2.23 ab	1.63 b
	东单 70	790.7 a	997.5 ab	310	448 a	140	2.55	2.23 ab	1.48 c
	试 138	747.6 bc	988.7 b	310	436 a	140	2.41	2.27 ab	1.72 b
	豫奥 6 号	761.6 b	1 087.4 a	310	441 a	140	2.46	2.47 a	2.33 a
2015	赤单 218	759.4 b	985.7 ab	310	437 a	140	2.45	2.26 ab	1.62 b
	新单 001	752.6 b	1 046 a	310	445 a	140	2.43	2.35 a	2.10 ab
	辽单 1211	787.8 a	1 140.5 a	310	448 a	140	2.54	2.55 a	2.52 a
	辽作一号	765.4 b	1 030.6 a	310	446 a	140	2.47	2.31 ab	1.89 b
	冀玉 9 号	768.7 b	975.6 b	310	435 a	140	2.48	2.24 ab	1.48 c
	奥瑞金	771.5 ab	1 108.5 a	310	441 a	140	2.49	2.51 a	2.41 a
	辽单 120	765 ab	975.6 b	310	438 a	140	2.47	2.23 ab	1.50 c
	均值	767 ab	1 024.77 a	310	441 a	140	2.48	2.32 a	1.83 b

注：数据后小写字母表示差异为 5%水平，数据后大写字母表示差异为 1%水平，下同。

（二）玉米品种聚类分析

根据欧氏距离的大小，运用最短距离法，以 2014—2015 年的 17 个玉米品种籽粒产量与灌水利用效率（IWUE）为指标，通过聚类分析将 17 个玉米品种分成如图 6-1 所示低水效组和高水效组品种，高水效组玉米品种的 IWUE 均达到 2.0 kg/m³ 以上，低水效品种组品种 IWUE 平均值均低于 2.0 kg/m³，对比筛选出的高水效品种分别为辽单 1211、新单 001、奥瑞金、豫丰 508 等，可在辽西玉米膜下滴灌种植区进行大面积示范推广。

（三）灌溉玉米品种产量性状对比及相关分析

通过对产量构成要素的比对分析，可以明确灌溉增产的产量要素主要因子。如表 6-2 所示，膜下滴灌条件下玉米不同品种产量构成中，2014 年与 2015 年两年产量各性状差异均不显著（$P>0.05$）。

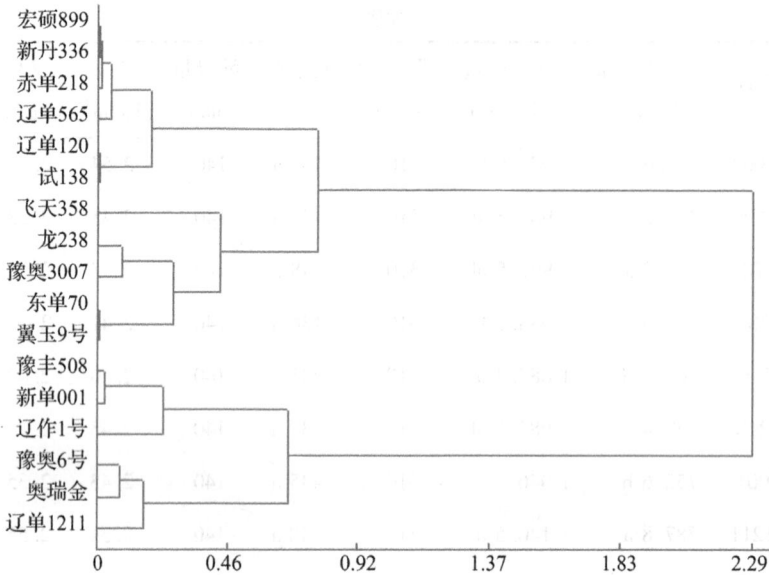

图 6-1 基于灌水水分利用率（IWUE）的品种聚类图（2014—2015 年）

表 6-2 玉米产量性状指标（2014—2015 年）

时间（年）	品种	穗长 X_1（cm）	行数 X_2	行粒数 X_3	粒长 X_4（mm）	秃尖 X_5（cm）	百粒重 X_6（g）	产量 X_7（kg/亩）	IWUE X_8（kg/m³）
	宏硕 899	19.98	18	38.8	11.07	0.54	40.3	858.3	1.63
	辽单 565	17.9	15.6	37	11.6	0.23	47.7	861.2	1.59
	飞天 358	18.06	16	38.4	11.98	0.56	41.8	835.67	0.96
	龙 238	18.74	20	37.8	12.2	0.45	37.25	824.87	1.25
2014	新单 336	19.14	16.8	41.8	12.37	0.38	44.5	906.83	1.24
	新单 001	21.42	20	39.2	12.55	0.21	41.6	919.1	2.02
	辽单 120	23.44	16.8	44.8	11.94	0.59	43.85	918.9	1.72
	辽单 1211	22.52	18	42.6	11.61	0.45	43.45	955.43	1.97
	豫丰 508	22.12	18	41.4	11.97	0.32	44.9	934.67	2.07
	均值	20.37a	17.69a	40.20a	11.92a	0.41a	42.82a	890.55b	1.61 b
	豫奥 6 号	19.36	15.2	38.2	12.74	0.35	47.12	1087.4	2.33
	豫奥 3007	19.74	16.8	40.0	12.73	0.43	41.04	974.6	1.34
	新丹 336	19.52	18	38.0	12.93	0.54	44.6	986.5	1.63
2015	东单 70	19.98	20	38.0	12.93	0.54	39.5	997.5	1.48
	辽作 1 号	22.5	15.9	42.0	12.49	0.34	42.2	1030.6	1.89
	赤单 218	18.1	19.2	34.2	13.02	0.52	43.8	985.7	1.62
	辽单 120	20.8	17.4	39.4	11.72	0.65	42.1	975.6	1.50

续表

时间（年）	品种	穗长 X_1（cm）	行数 X_2	行粒数 X_3	粒长 X_4（mm）	秃尖 X_5（cm）	百粒重 X_6（g）	产量 X_7（kg/亩）	IWUE X_8（kg/m³）
	翼玉9号	19.8	16.4	36.8	12.99	0.37	38.8	975.6	1.48
	辽单1211	20.6	17.8	37.8	13.34	0.23	44.8	1 140.5	2.52
2015	新开001	18.8	16	36.2	14.03	0.56	44.1	1 046	2.10
	试138	16.2	19.2	36.6	11.99	0.43	36.3	988.7	1.72
	奥瑞金	21.7	18.4	42.6	13.47	0.36	42.5	1 108.5	2.41
	均值	19.83a	17.81a	39.40b	12.89a	0.44a	42.57 a	1027.6a	1.86 a

注：粒长＝（穗粗-轴粗）/2。

表 6-3 可以表明，在膜下滴灌条件下，2014—2015 连续两年产量性状调查结果表明，行粒数与穗长均达到了极显著正相关，相关系数达到0.922 5，与行数呈负相关（-0.009 23）；粒长与穗长呈显著负相关（-0.306 69），与行数、行粒数呈正相关（0.102，0.243 2）；秃尖与穗长呈显著正相关（0.319 4），与行数、粒长呈正相关，与行粒数呈负相关（-0.247 7）；百粒重与行数呈显著负相关（-0.536），与穗长呈负相关（-0.233 8），与行粒数、粒长、秃尖呈正相关；产量与粒长、百粒重呈显著正相关（0.718 8，0.574 5），与行数和行粒数呈负相关关系；灌溉水利用率则与百粒重、产量呈显著正相关（0.516 1，0.574 9），与穗长、行数呈正相关，与行粒数、粒长、秃尖长呈负相关。

表 6-3　玉米主要产量性状相关分析

农艺性状	X_1 穗长	X_2 行数	X_3 行粒数	X_4 粒长	X_5 秃尖	X_6 百粒重	X_7 产量	X_8 IWUE
X_1	1.00	0.058 6	0.922 5	-0.306 9	0.319 4	-0.233 8	0.286 2	0.371 9
X_2	—	1.00	-0.092 3	0.102	0.177 1	-0.536	-0.205 3	0.273 1
X_3	—	—	1.00	0.243 2	-0.247 7	0.264 6	-0.301 9	-0.288 4
X_4	—	—	—	1.00	0.075 9	0.053 2	0.718 8	-0.185 7
X_5	—	—	—	—	1.00	0.138 9	0.052	-0.476 4
X_6	—	—	—	—	—	1.00	0.574 5	0.516 1
X_7	—	—	—	—	—	—	1.00	0.574 9
X_8	—	—	—	—	—	—	—	1.00

相关分析结果表明，灌溉农田玉米各农艺性状之间存在着相互制约的关系，秃尖直接影响产量，主要产量指标如百粒重、粒长等相对较高，而其他性状趋于相对

平衡才能实现对灌溉水的高效利用。

(四) 灌溉玉米主要性状主成分分析

为了进一步明确各灌溉玉米产量相关性状的重要性，进行了主成分分析（Bartlett 球形检验，卡方值为76.647，df=28），如表6-4所示，计算出特征值和累计贡献率，通过主成分因子分析，从表6-4可以看出，可以确定主成分为4个，累计贡献率为87.89%。其中，第1主成分的累计贡献百分率为36.26%，第2主成分的累计贡献百分率为25.18%，第3主成分的累计贡献率百分为15.89%，第4主成分的累计贡献百分率为10.56%。

表 6-4 相关系数矩阵的特征值及其贡献率和累计贡献率

主成分排序	特征值	贡献百分率（%）	累计百分率（%）
1	2.901 2	36.264 8	36.264 8
2	2.014 2	25.177 9	61.442 7
3	1.271 6	15.894 9	77.337 6
4	0.845	10.562 1	87.899 7
5	0.488 5	6.105 8	94.005 5
6	0.334 6	4.183	98.188 5
7	0.090 3	1.128 8	99.317 3
8	0.054 6	0.682 7	100

通过主因子对应的载荷矩阵（表6-5）可以看出，第1主成分主要由X_1、X_3、X_4、X_6、X_7、X_8决定，呈现出较强的相关性，其特征向量值较高的为灌水利用效率、产量和百粒重，特征向量值较高且为负值的为行数和秃尖长。表明第1主成分是灌水利用效率，产量和百粒重值越大，行数和秃尖值越小；第2主成分主要由X_1、X_2、X_3、X_4、X_5、X_7、X_8决定，呈现出较强的相关性，其特征向量值较高的为产量，说明第2主成分主要是秃尖性状因子；第3主成分主要由X_2、X_4、X_6决定，呈现出较强的相关性，其特征向量值较高的为穗位、百粒重，特征向量值较高且为负值的为百粒重，表明第3主成分中粒长越高，百粒重越小；第4主成分主要由X_3决定，呈现出较强的相关性，其特征向量值最高为粒长，说明第4主成分是行粒数状因子。因此，辽西地区在灌溉玉米品种筛选时，应重点考虑的灌水利用效率，其农艺因子应主要考虑为产量、秃尖、粒长、行粒数和百粒重。

表6-5　主因子对应的载荷矩阵

	第1主成分	第2主成分	第3主成分	第4主成分	共同度	特殊方差
X_1 穗长	0.297	0.406 1	-0.142 8	0.497 8	0.97	0.03
X_2 行数	-0.235 2	0.623	0.440 3	-0.192 5	0.96	0.04
X_3 行粒数	0.193 3	0.238	0.266 4	0.606 6	0.86	0.14
X_4 粒长	0.296 7	0.214	0.490 8	-0.426 8	0.94	0.06
X_5 秃尖	-0.315 1	0.301 8	-0.217 4	0.110 1	0.99	0.01
X_6 百粒重	0.393 2	-0.421 3	0.476 6	0.171 1	0.84	0.16
X_7 产量	0.459 7	0.245 9	-0.328 7	-0.327 7	0.85	0.15
X_8 IWUE	0.515 7	0.124 4	-0.302 4	-0.127 2	0.98	0.02
特征值	3.62	2.51	1.59	1.06	0.61	—

三、适于区域

适宜于光热资源丰富、适宜补充灌溉的区域。

四、注意事项

不同作物品种在开花期和成熟期较高的干物质积累量、较高经济系数和较高的营养器官开花前贮藏同化物向籽粒的转运量和转运率及对形成籽粒的贡献率，是其作物高效用水获得高产的主要原因。不同品种产量和水分利用效率在一定补灌量范围内有一个最佳值，各品种获得最佳值的灌水量和灌水次数不同，籽粒产量与灌水量之间呈抛物线关系，适度水分亏缺有益于提高籽粒产量和水分利用效率。

第二节　高水效群体构建技术

一、技术内容

种植模式与种植密度是影响作物冠层结构的重要因素，是协调高密度群体条件下个体通风受光条件、水分与营养等状况并最终作用于产量的主要因素。灌溉条件下玉米适宜种植密度和高效种植模式优化，以提高粮食产量和水资源利用率为核心，开展灌溉条件下玉米高水效、高光效种植模式研究，明确不同种植模式下、不同种植密度下的光效利用差异，构建高效用水作物群体，形成辽西地区灌溉农田高效节水种植模式，如图6-2所示。

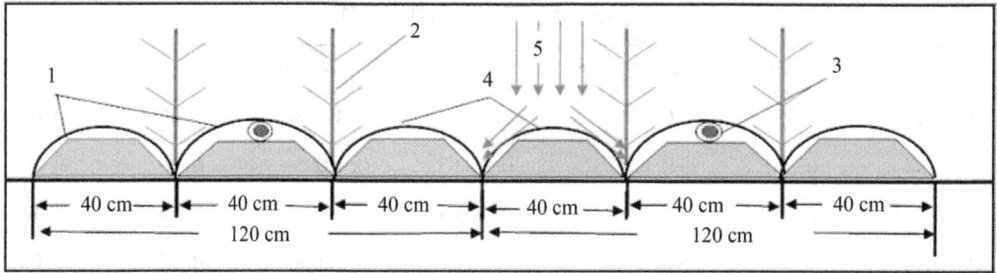

1. 地膜；2. 作物；3. 滴灌带；4. 集雨垄面；5. 降水

图6-2 覆膜滴灌玉米双垄播沟二比空高效种植模式示意图

二、技术效果

（一）不同种植模式的叶面积指数变化

玉米群体 LAI 的大小影响冠层光截获，叶面积消长规律是群体结构和高产理论研究的重要组成部分，适宜的叶面积动态是玉米获得高产的重要指标之一。辽宁省农科院在建平的试验数据表明，在整个生育期覆膜滴灌与不滴灌在 3 种不同种植方式中的叶面积指数（LAI）变化，总体上二比空与大垄双行种植方式叶面积指数无显著差异，覆膜滴灌与不滴灌玉米的叶面积指数差异显著，叶面积指数在苗期差异不显著，最大值均出现在抽丝期；膜下滴灌下玉米二比空、大垄双行与等行距 LAI_{max} 分别为 5.86、5.74 和 5.63，二比空种植模式更接近理想的最优叶面积指数，见图 6-3。

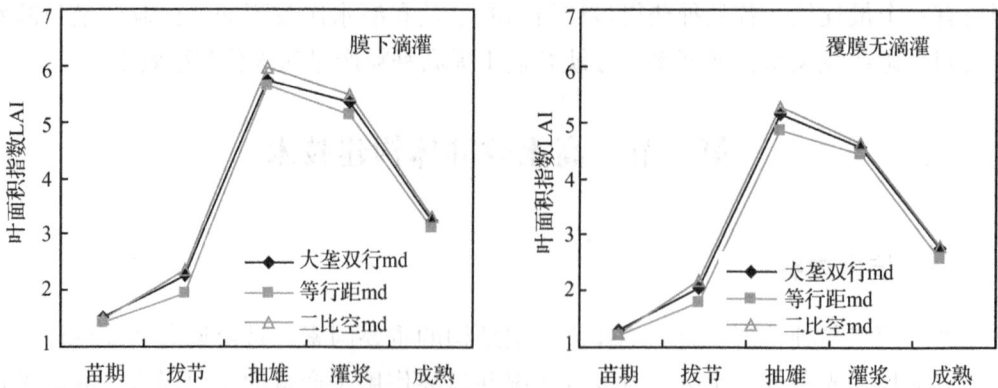

图6-3 膜下滴灌不同种植模式下叶面积指数变化动态

（二）不同种植方式对玉米消光系数的影响

玉米冠层各层次的 K 值主要反映叶面积、叶角度的垂直分布状况和光在冠层的垂直递减状况。消光系数主要基于 LAI 和光截获的变化动态，相关回归以 LAI 为 0 作为起点，消光系数 K 为直线斜率。如图 6-4 所示，在膜下滴灌各种植模式中，二比空的 K 值要大于大垄双行；而覆膜无滴灌种植模式下，大垄双行的 K 值要高于二比空；不同供水模式下，二比空与大垄双行的 K 值均大于等行距。表明在膜下滴灌充分供水条件下 K 值随行距的增加而升高，利用增加光截获总量；当 LAI 值相对接近时，不均匀的行距分布导致了不均匀的冠层层次结构，这将在一定程度上提高消光系数。

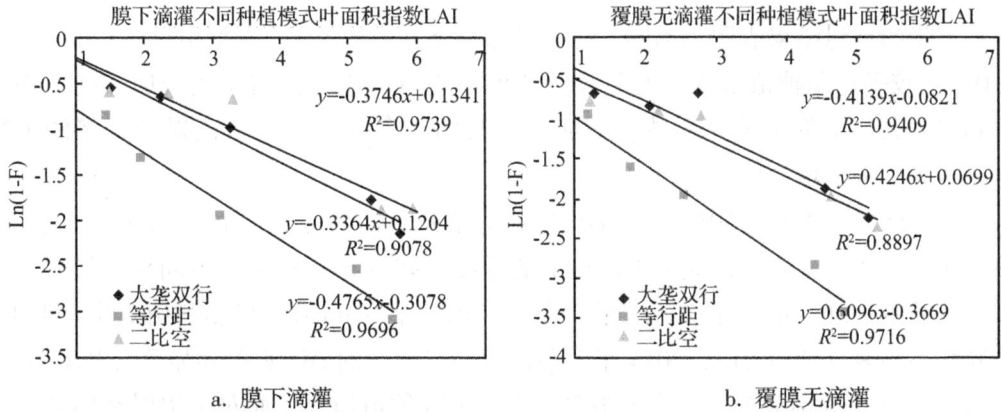

图中文字：
膜下滴灌不同种植模式叶面积指数LAI
$y=-0.3746x+0.1341$
$R^2=0.9739$
$y=-0.3364x+0.1204$
$R^2=0.9078$
$y=-0.4765x+0.3078$
$R^2=0.9696$
Ln(1-F)
◆ 大垄双行
■ 等行距
▲ 二比空
a. 膜下滴灌

覆膜无滴灌不同种植模式叶面积指数LAI
$y=-0.4139x-0.0821$
$R^2=0.9409$
$y=0.4246x+0.0699$
$R^2=0.8897$
$y=0.6096x-0.3669$
$R^2=0.9716$
◆ 大垄双行
■ 等行距
▲ 二比空
b. 覆膜无滴灌

图 6-4　膜下滴灌不同种植方式对玉米消光系数的影响

（三）不同种植模式灌浆后期光合作用参数变化

通过改变种植模式构建合理冠层来提高灌浆期光合能力是提高玉米产量的潜力所在。如表 6-6 所示，2015 年进一步对相同水肥管理条件下，3 种种植模式净光合速率表现为二比空>大垄双行>等行距（$P<0.01$），由于不同种植模式处理改变了等行距原来的受光环境、二比空与大垄双行种植玉米行间的通风透光率，因此，大垄双行种植模式与二比空种植模式较等行距种植模式更易于进行光合作用，可以积累更多的光合产物，为玉米增产增收提供了重要的物质基础。

表 6-6　不同种植模式和玉米光合作用参数变化（2015 年）

处理	Photo （mmol · m⁻² · s⁻¹）	Cond （mmol · m⁻² · s⁻¹）	Ci （mmol · m⁻² · s⁻¹）	Trmmol （mmol · m⁻² · s⁻¹）
DLSH-mnd	28.08±0.877c	0.14±0.003a	127.64±0.749bc	8.228±0.159e
DLSH-md	36.75±0.624a	0.35±0.013a	86.61±1.365g	15.931±0.380a
DHJ-mnd	23.28±0.504d	0.09±0.004a	142.21±2.374a	6.970±0.306f
DHJ-md	32.28±0.456b	0.26±0.003a	119.32±0.792d	12.122±0.225b
EBK-mnd	29.49±0.397c	0.17±0.004a	124.60±0.704c	8.973±0.202d
EBK-md	38.06±0.257a	0.43±0.01a	90.42±1.466 f	16.19±0.414a

膜下滴灌技术可以显著提高玉米的光合速率，两种水分条件下的净光合速率，均表现为膜下滴灌>滴灌不覆膜，且各处理间存在极显著差异（$P<0.01$），充分供

应土壤水分可以明显提高玉米的光合作用，而且覆膜滴灌在为作物提供充足的水分前提下，又可以调节土壤水热状况，活化土壤养分，提高养分有效性和水分利用效率，维持更好的光合同化功能，为籽粒灌浆结实提供更多的光合产物。

（四）不同玉米种植模式产量及资源利用效率分析

玉米的产量结果表明，不同水分管理条件下均表现为膜下滴灌>覆膜不滴灌（$P<0.01$）；较等行距种植模式，大垄双行种植模式与二比空种植模式增加了叶面积指数和光截获，降低了消光系数，增加了灌浆期光合速率，进而积累了更多的干物质，实现了玉米增产增收。

连续两年（2014—2015 年）的研究结果表明，玉米不同种植模式下对水、光、热利用效率存在差异，造成玉米产量上的差异。如表 6-7 所示，不同种植模式、不同覆盖灌溉处理产量、作物耗水量、水分利用效率（WUE）与热利用效率（TUE）差异均不显著（$P>0.01$），2014 年大垄双行与二比空的 IWUE 差异显著（$P<0.05$），2015 年二者差异不显著，表明大垄双行为高水效种植模式；而对于辐射利用效率来说，2014 年大垄双行与二比空的辐射利用效率（RUE）差异不显著（$P>0.01$），2015 年大垄双行与二比空 REU 差异显著，均与等行距差异显著（$P<0.01$），表明二比空为高光效种植模式。

表 6-7　不同种植模水分利用效率、辐射利用效率与热利用效率比较

时间（年）	主处理	副处理	Y（kg·hm⁻²）	I（mm）	ET（mm）	WUE（kg·m⁻³）	IWUE（kg·m⁻³）	RUE（g·MJ⁻¹）	TUE（kg·hm⁻²·℃⁻¹）
2014	大垄双行 DLSH	mnd	13 419b	—	454.9 b	2.95b	—	1.41 b	7.5 b
		md	15 369a	90	462.9 b	3.32 a	1.44 a	1.54 a	8.1 a
		均值	14 490a		473.5 a	3.07 a		1.48	7.60 A
	等行距 DHJ	mnd	12 699b	—	434.2 bc	2.92 b	—	1.30 b	7.2 b
		md	14 419	90	449.2 b	3.21 a	1.27 b	1.42 ab	7.9 a
		均值	13 559		467.2 a	2.97 A		1.46	7.37 A
	二比空 EBK	mnd	13 320b	—	436.7 c	3.05 ab	—	1.35 b	7.4 b
		md	15 221a	90	468.3 b	3.25 a	1.31 b	1.58 a	8.3 a
		均值	14 359		470.5 a	3.05A		1.35	7.36 A
2015	大垄双行 DLSH	mnd	11 475b	—	435b	2.64 c		1.52 ab	7.6 a
		md	15 075a	140	478a	3.15 b	2.57 a	1.58a	7.8 a
		均值	13 275	140	456.5a	2.90 b		1.55	7.7 a

续表

时间（年）	主处理	副处理	Y（kg·hm^{-2}）	I（mm）	ET（mm）	WUE（kg·m^{-3}）	IWUE（kg·m^{-3}）	RUE（g·MJ^{-1}）	TUE（kg·hm^{-2}·℃$^{-1}$）
2015	等行距 DHJ	mnd	11 310b	—	423b	2.67 c		1.41 b	6.9 b
		md	14 775a	140	468a	3.16 a	2.48 ab	1.38 b	7.2 a
		均值	13 043	140	445.5b	2.92 n		1.40	7.1 b
	二比空 EBK	mnd	11 940b	—	438b	2.73 c		1.55a	7.4 a
		md	15 150a	140	464a	3.27 a	2.29 b	1.61 a	8.2 a
		均值	13 545	140	451a	3.00b		1.58	7.8 a

注：mnd（mulching non-drip-irrigation）为覆膜雨（不灌溉）养处理，md（mulching drip-irrigation）为膜下滴灌处理；RUE=GY$\big/ \sum 0.5R$（$1-e^{kLAI}$），TUE=GY$/\sum$（$T_{mean}-T_{base}$）。其中，RUE 为光辐射利用效率（Radiation-use efficency），TUE 为热利用效率（Thermal-use efficency），GY 为籽粒产量，LAI 为叶面积指数，k 为消光系数（玉米为 0.65），T_{mean} 为日均地温，T_{base} 为玉米生物学下限温度（10 ℃）。

（五）二比空种植模式下种植密度和施氮对产量的影响

如表 6-8 所示，双垄沟全覆膜滴灌条件下，种植密度与氮肥互作效应显著（$P<0.05$），在 4 个密度水平下，密度由 M3 增加到 M4 时，产量随氮肥量的增加而降低，施氮量由 N1 增加至 N3，平均产量总体随氮肥量增多而增加；氮肥水平间产量差异显著（$P<0.05$），产量以 N2 最高，与 N3 水平产量差异不显著，与其他 2 个氮肥水平产量差异显著，结果表明，4 个密度下，当施氮量为 16 kg/亩时氮肥的增产作用明显，增加或减少施氮量，氮肥的增产作用下降，不利于增加单产。

表 6-8 膜下滴灌玉米种植密度与氮肥水平对穗部性状和产量的影响

处理	穗长（cm）	穗粗（cm）	秃尖长（cm）	轴粗（cm）	粒长（cm）	行数	行粒数	百粒重（g）	产量（kg/亩）
M1N0	18.9	4.28	0.91	3.03	1.98	15.9	35.5	38.9	577.3
M1N1	19.5	5.62	0.75	3.25	2.21	16.5	43.6	42.2	964.7
M1N2	20.2	5.78	0.65	3.35	2.23	16.8	44.5	42.4	973.5
M1N3	19.3	5.48	0.62	3.28	2.22	16.5	43.3	43.1	893.9
均值	19.48	5.29	0.73	3.22	2.16	16.43	41.7	41.5	852.4
M2N0	17.6	3.96	1.54	2.95	1.56	15.2	32.5	36.7	582.4
M2N1	18.4	5.54	1.04	3.14	2.04	15.9	41.4	41.5	978.5
M2N2	18.8	5.62	1.02	3.17	2.06	15.8	42.6	42.8	1 010.2
M2N3	17.6	5.46	0.86	3.11	2.03	15.6	42.7	42.2	961.4

续表

处理	穗长（cm）	穗粗（cm）	秃尖长（cm）	轴粗（cm）	粒长（cm）	行数	行粒数	百粒重（g）	产量（kg/亩）
均值	18.1	5.145	1.12	3.09	1.92	15.63	39.8	40.8	883.1
M3N0	16.5	3.87	1.96	2.93	1.56	14.9	32.5	35.5	508.4
M3N1	17.8	5.34	1.32	3.08	1.91	15.1	39.8	40.8	1 087.7
M3N2	17.6	5.49	1.23	3.06	1.95	15.5	40.3	41.9	1 096.5
M3N3	16.9	5.12	1.21	3.02	1.93	15.3	40.4	42.1	1 016.9
均值	17.2	4.955	1.43	3.03	1.84	15.2	38.3	40.1	927.4
M4N0	16.3	3.67	2.15	2.86	1.43	14.2	33.6	33.7	558.3
M4N1	17.1	4.95	1.79	2.98	1.78	14.5	38.4	41.8	999.7
M4N2	17.3	5.02	1.67	3.02	1.85	14.7	38.6	41.5	1 033.4
M4N3	17.2	4.87	1.57	2.96	1.81	14.6	37.5	42.6	994.6
均值	16.9	4.63	1.795	2.96	1.72	14.5	37.1	39.9	896.5

在不同密度条件下，施氮处理的单株粒重、穗粒数和穗粒重在不同密度间差异均极显著，表现为 M1>M2>M3>M4；不同氮肥水平间亦极显著，表现为 N2>N3>N1>N0；密度与氮肥水平间交互作用显著（$P<0.05$）。不同种植密度下，株粒重、穗粒数和穗粒重均为施氮处理高于不施氮肥处理，N1 水平的株粒重、穗粒数和穗粒重均高于 N3，表明 N3 水平的施氮量为过量，限制了个体植株的生长。各个处理间均以 D3 即施氮量为 225 kg/hm² 时为最高，说明当施氮量为 225 kg/hm² 时，玉米单株的生产能力处于较高水平，增加或减少施氮量，玉米单株的生产能力均下降。

各处理中均以 N2 即施氮量为 16 kg/亩时最高，表明在此施氮水平下，玉米单株生产能力处于较高水平，增加或减少施氮量，产量均下降。不同密度水平施氮处理的百粒重显著高于不施氮（N0），施氮处理间差异不显著（$P>0.05$），百粒重是相对较为稳定的产量构成因素，产量差异主要穗数和穗粒重决定。

如表 6-8 所示，穗部农艺性状中的穗长、穗粗、轴粗、粒长和行粒数随密度增加呈减少趋势，施氮肥处理的各指标均显著高于不施氮；在 3 个密度下穗长、穗粗、轴粗、粒长和行粒数均以施氮量 16 kg/亩（N2）时最高，N2 与 N3 处理差异不显著（$P>0.05$）；秃尖长随密度的增加而增大，各处理均低于未施氮处理，4 个密度下秃尖长以 16 kg/亩最低，表明适宜的施氮量可降低穗部秃尖长度，有效增加穗粒数，增加玉米的单产。

（六）穗部性状与穗粒数相关性分析

对辽单 588 的穗部各个性状进行相关分析，结果如表 6-9 所示，穗粒数与秃尖长呈负相关，相关系数（R2）为-0.964 8，穗粒数与穗长、穗粗、轴粗穗行数和行粒数均成正相关，影响穗粒数的主要相关，穗粒数与行粒数相关系数最高为0.994 5，影响穗粒数的主要穗部性状为行粒数和秃尖长度。

表6-9　玉米穗部性状相关性分析

	穗长（cm）	秃尖长（cm）	穗粗（cm）	轴粗（cm）	粒长（cm）	行数	行粒数	穗粒数	百粒重（g）
穗长	1	—	—	—	—	—	—	—	—
秃尖长	-0.964 8	1	—	—	—	—	—	—	—
穗粗	0.993 4	-0.967 3	1	—	—	—	—	—	—
轴粗	0.991 3	-0.938 3	0.972 7	1	—	—	—	—	—
粒长	0.984 6	-0.952 1	0.991 3	0.979 2	1	—	—	—	—
行数	0.882 9	-0.858 3	0.921 3	0.909 2	0.907 1	1	—	—	—
行粒数	0.974 5	-0.952 1	0.982 9	0.970 8	0.968 7	0.991 3	1	—	—
穗粒数	0.990 1	-0.964 4	0.965 4	0.953 3	0.951 2	0.922 9	0.994 5	1	—
百粒重	0.894 1	-0.963 1	0.964 2	0.952 1	0.95	0.985 4	0.955 3	0.843 2	1

（七）对氮素经济系数的影响

玉米单株子粒产量及单株干重见表6-10，在不同密度下表现为 M1>M2>M3>M4。在低密度（M1）情况下，N2 水平的单株粒重、单株干重最高，N3 与 N2 差异不显著（$P>0.05$）。在低密度下，氮肥施用量为 16 kg/亩时，玉米单株地上部干物质生产能力较强，而继续增加施氮量，地上部的干物质没有增加，籽粒中的干物质亦没有增加。在低密度下，氮肥施用量超过适宜的范围时，籽粒产量下降的原因是干物质向籽粒中的分配下降。

在 M3 和 M4 密度情况下，单株籽粒产量、单株干重均以 N2 水平为最高，增加或减少氮肥施用量，单株籽粒产量、单株干重均下降。在中、高密度，N2 的籽粒产量、干重均高于 N3，说明施氮量为 0~16 kg/亩时，施氮使玉米的单株地上部干物质积累量增加，当施氮量超过 16 kg/亩时，单株地上部的干物质积累量下降。表明在高密情况下，籽粒产量的下降随干物质积累总量减少。

玉米单株籽粒含氮量和茎秆含氮量随密度的增加含氮量呈下降趋势，施氮处理高于不施氮处理。在 M1 密度时，籽粒含氮量、茎秆含氮量和氮素经济系数均以 N1处理即 8 kg/亩时为最高，增加氮肥施用量各项指标下降，说明在低密度群体数量少，对氮肥需求相对就少。在 M3 和 M4 密度下，籽粒含氮量、茎秆含氮量和氮素经济系数均以 N2 最高，增加或减少氮肥施用量各项指标下降。表明 M3 和 M4 密度下16 kg/亩氮肥施用量，可以使玉米植株吸收的氮素合理高效地向籽粒中分配，从而提高氮肥的利用效率，继续增加氮肥施用量，会使氮肥的利用效率下降。

表 6-10　种植密度、氮肥水平对经济系数和氮素经济系数的影响

编号	单株干物质重（g）	单株籽粒重（g）	籽粒含氮量（g/株）	茎秆含氮量（%）	氮素经济系数（%）
M1N0	215.52	168.9	2.87	1.65	63.50
M1N1	398.19	259.7	3.62	1.42	71.83
M1N2	402.34	247.8	3.63	1.44	71.60
M1N3	395.54	246.5	3.46	1.42	70.90
均值	352.90	230.7	3.40	1.48	69.46
M2N0	193.53	145.9	1.97	1.03	65.67
M2N1	247.84	186.6	2.73	1.18	69.82
M2N2	258.43	193.7	2.67	1.16	69.71
M2N3	198.54	183.4	2.61	1.13	69.79
均值	224.59	177.4	2.50	1.13	68.75
M3N0	186.37	135.4	1.53	0.93	62.20
M3N1	193.56	168.9	2.08	0.97	68.20
M3N2	215.34	171.2	2.32	1.05	68.84
M3N3	186.75	123.9	2.04	0.94	68.46
均值	195.51	149.9	1.99	0.97	66.92
M4N0	125.67	131.5	1.41	0.83	62.95
M4N1	177.38	153.2	1.94	0.91	68.07
M4N2	183.45	158.9	2.16	0.97	69.01
M4N3	164.71	124.7	1.83	0.89	67.28
均值	162.80	142.1	1.84	0.90	66.83

三、适于区域

适于光热资源丰富、有灌溉条件的玉米种植区域。

四、注意事项

我国北方半干旱地区，在玉米的生育阶段，都存在不同程度的缺水问题，均需要不同程度的补充灌溉。针对各地不同的水资源状况，在充分利用降雨的基础上，按以供定需的原则制订的，根据玉米各阶段对水分的要求适当地调整生育期间的灌水次数、时间与定额，力求在节水的前提下获取相对较高的产量。春玉米生育期中

的关键灌水时期一是抽雄—开花期，二是播种期。抽雄期受旱对产量影响最大。春玉米的播种—出苗期（4—5月）降雨量较少，保证播前有充足水分状况，能促成玉米全苗和壮苗。因此，在节水补灌时，一定要保证玉米抽雄期前后和播种期的用水。

第三节　坐水播种高效用水技术

东北风沙半干旱区春作物播种期间降水量少，土壤表面蒸发强度大，耕层土壤含水量低，不能满足作物种子发芽，即使种子发芽，幼苗也难以正常生长，形不成壮苗，严重影响作物产量，为解决这一问题，人为增墒的抗旱保苗坐水播种技术得到研究和应用。坐水种是应对"十年九春旱"的一项重要播种保苗种植措施，主要是进行种床局部有限灌溉技术，即在播种的同时将适量的水灌入播种沟内，以满足种子发芽出苗的需水，是一种抗旱型半灌溉技术。坐水播种技术适宜在春旱严重造成无法按时播种和正常出苗，或由于土壤墒情差，作物出苗率低影响全年产量，出苗后一般能赶上雨季，正常年份降雨基本满足后期生长需要的地区。

一、技术内容

坐水播种的方法为挖坑或开沟、坐水、播种、盖土，注水的深度一般应超过播种深度，以利于与底墒相接，增强抗旱能力。注水量每穴 2~3 L，每亩 6~9 m³。坐水播种应优先选择离水源较近的地块，后选择离水源较远的地块。采用坐水播种的方法，可以适时播种，提高播种质量，达到苗全、苗壮的目的。坐水播种要有可靠的水源和取水、运水设备。

二、技术效果

从作物种子萌发到出苗的生长发育过程中，种子或幼苗本身对水分的需求量少，但其对土壤小环境中水分的要求较高。坐水种的坐水量需根据播种前土壤墒情而定，坐水量太少效果较弱达不到保苗效果，太多不仅降低成本和工作效率，而且会引起种子飘移，降低种子在播种沟内分布的均匀度。种子发芽和出苗的适宜相对土壤含水量（田间持水量）约为70%。通过坐水种可将水一次性注入播种穴或播种沟，以改善土壤小环境中水分状况，使种子或种苗处于湿土团或近似横向湿土柱中，既可满足种子发芽或种苗出土对水分的需求，又促进了种子周围土壤养分的移动，提高了养分有效性，有利于种苗出土和苗期生长。同时该技术体现了利用有限水分进行润芽或润根，而不是灌地的节水新理念，实现了节水保苗的目的。

（一）不同质地土壤作物出苗的适宜底墒

对辽宁西部风沙半干旱区沙土、壤土和黏土在不同底墒条件下的玉米出苗率进行了研究。试验在严格控制降水条件的旱棚中进行。底墒上限高于田间持水量，下限低于萎蔫系数值。

由表 6-11 看出，随着壤土底墒的增加，玉米出苗率明显提高。底墒低于 9%时不能正常出苗，底墒在 11%~16%时能够出苗，但出苗率不足 70%。底墒为 19%时，出苗率高达 88.9%。底墒高于 22%以后，随着底墒增加出苗率逐渐降低。当底墒为 28%时出苗率较底墒为 19%的 55.6 个百分点。可见底墒过低或过高都不利于玉米出苗。在沙土和黏土中的出苗率与在壤土中的表现出现相似的变化趋势。分析得出不同质地土壤适宜玉米出苗的底墒，分别为壤土 19%~22%、黏土 26%~29%、沙土 13%~15%。

表 6-11　不同质地土壤底墒的玉米出苗率

处理	沙土		壤土		黏土	
	底墒	出苗率（%）	底墒	出苗率（%）	底墒	出苗率（%）
1	4	0	5	0	9	0
2	5	0	7	0	11	0
3	6	0	9	0	13	0
4	7	55.6	11	55.6	15	33.3
5	9	66.7	13	66.7	18	66.7
6	11	77.8	16	66.7	22	77.8
7	13	100	19	88.9	26	100
8	15	88.9	22	77.8	29	100
9	17	88.9	24	44.4	31	88.9
10	18	77.8	26	44.4	33	88.9
11	19	66.7	28	33.3	35	88.9

（二）坐水种的坐水量

在东北壤土地区当 0~20 cm 土层重量含水量为 6%~8%时，玉米坐水量为 60~90 m³/hm²；含水量为 8%~10%时，玉米坐水量为 45~65 m³/hm²。据在辽宁阜新地区的试验结果表明，播种前不坐水 0~20 cm 土层土壤含水量只有 6%~10%，而玉米种子发芽适宜的土壤含水量为 12%~14%，因此需要通过补墒的途径提高种子发芽率。

坐水种可用少量的水迅速将种子周围的土壤含水量提高 5~6 个百分点，以此达到种子发芽对土壤水分的需求。坐水前后土壤硬度的变化情况如图 6-5 与图 6-6，坐水前土壤硬度很大，坐水后土壤硬度从表层开始，随着时间延长向下逐渐降低，形成了一个湿润通道，连接耕层下部湿土利于提墒，为作物种子发芽、出苗及苗期生长提供适宜条件。同时对保苗和壮苗的效果进行了研究，试验设 4 个处理，分别为不坐水、坐水 40 t/hm²、坐水 60 t/hm²、坐水 80 t/hm²，每个处理重复 3 次，种植密度为 50 000 株/hm²，播前土壤含水量为 9.81%。通过出苗率调查发现，坐水播种能够显著提高玉米的出苗率（表 6-12），尤其坐水量 60 t/hm² 和坐水量 80 t/hm² 两个处理播种效果好，出苗率高，分别较对照提高 22.7 和 21.4 个百分点。坐水种不但能保证玉米良好的出苗率，而且对玉米苗期的生长发育有很大的影响，由表 6-13 可以看出，坐水 40 t/hm² 较不坐水株高提高 30.7%，坐水 60 t/hm² 较不坐水株高提高 51.4%，坐水 80 t/hm² 较不坐水株高提高 54.5%。

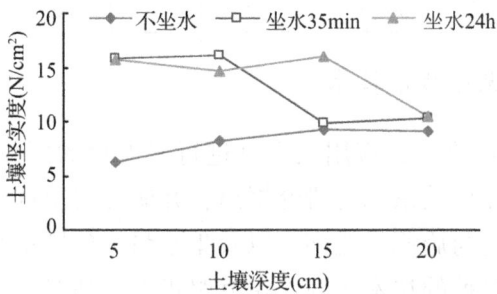

图 6-5 坐水种对土壤含水量的影响

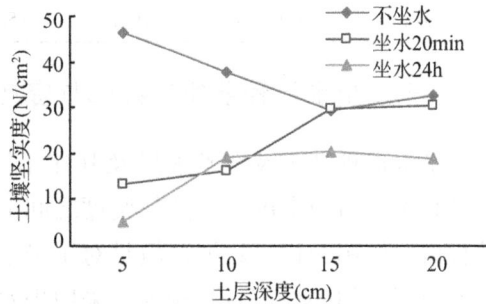

图 6-6 坐水种对土壤含水量的影响

表 6-12 不同坐水处理出苗率比较

处理	每 100 穴出苗数			出苗率（%）	增减幅度（%）
	重复 1	重复 2	重复 3		
不坐水	79	76	78	77.7aA	—
坐水 40t/hm²	94	92	88	91.3bB	17.5
坐水 60t/hm²	95	97	94	95.3cB	22.7
坐水 80t/hm²	93	96	94	94.3cB	21.4

表 6-13 不同坐水处理玉米苗期株高比较（cm）

处理	每 100 穴出苗数			出苗率（%）	增减幅度（%）
	重复 1	重复 2	重复 3		
不坐水	5.84	5.56	6.04	5.80 aA	—
坐水 40 t/hm²	7.53	7.38	7.84	7.58 bAB	30.7
坐水 60 t/hm²	8.74	8.43	9.16	8.78 bcB	51.4
坐水 80 t/hm²	8.79	9.13	8.96	8.96 cB	54.5

注：平均值标有相同字母表示差异不显著，标有不同字母表示差异显著。

坐水种能够为作物种子发芽和苗期生长提供较好的环境，从而为作物稳产增产提供基础。从表 6-14 可以看出坐水处理除穗粗和穗行数外，其他产量性状均要优于不坐水，坐水播种较不坐水增产1 234~1 563 kg/hm²，增幅为 12.3%~15.6%，增产效果十分显著。同时，如采取机械化坐水播种还可一次完成开沟、坐水、施肥、播种和覆土等多项作业，工作效率高，还可节支 12~42 元/hm²。

表 6-14　不同坐水处理对玉米产量和经济性状影响

处理	穗长（cm）	穗粗（cm）	穗行数	行粒数	百粒重（g）	产量（kg/hm²）
不坐水	17.36 aA	4.92 aA	14.7 aA	33.30 aA	37.54 aA	10 017 aA
坐水 40 t/hm²	18.14 bAB	5.05 aA	15.1 aA	36.55 bB	39.80 bB	12 251 bcB
坐水 60 t/hm²	18.74 cB	5.09 aA	14.8 aA	36.95 bB	40.78 bB	12 453 bcB
坐水 80 t/hm²	18.03 cB	5.08 aA	15.2 aA	36.80 bB	39.31 bB	12 580 cB

（三）坐水播种条件下施肥与密度优化栽培技术

坐水播种技术及在坐水量及其在不同作物上的应用效果已进行了大量的研究，同时有关肥料与密度、水分与密度之间的互作关系也有研究报道，并研究得出许多具有指导作用的科学数据，但是对于坐水量与施肥量之间，以及坐水量、施肥量与种植密度之间的报道目前较少。采用坐水播种的技术措施，在克服正常春播时期土壤墒情不足问题的同时，注重合理施肥和合理密植，初步提出了半干旱区玉米高产栽培措施，以期能够为辽西及同类型地区农业生产提供技术支撑。

辽西阜新地区采用坐水量、氮肥、磷肥、钾肥、密度五因素（1/2）二次回归旋转组合设计（因素水平编码见表 6-15），1/3 氮肥及全部的磷、钾肥作种肥播种时施入，2/3 的氮肥作追肥于大喇叭口期施入。坐水与施肥均采用人工方法，即在种床开出 6~7 cm 深的播种沟，在播种沟内按照试验设计方案均匀施水（坐水），同时在播种沟中加施种肥，将种子根据试验设计方案密度进行点播、覆土、镇压。5 月 4 日播种，5 月 16 日对各小区缺苗地方按试验设计密度要求进行催芽补种。

表 6-15　因素水平编码

水平编码	因素				
	坐水量（X_1）（t/hm²）	氮 N（kg/hm²）	磷 P_2O_5（kg/hm²）	钾 K_2O（kg/hm²）	密度（X_5）（Plants/hm²）
-2	0	60	0	0	42 000
-1	15	140	60	60	54 000
0	30	220	120	120	66 000
1	45	300	180	180	78 000
2	60	380	240	240	90 000
间距	15	80	60	60	12 000

1. 产量模型的建立及检验

将各小区产量折合成公顷产量后，分别对各处理的产量结果进行统计分析，得到玉米的产量（y）与坐水量（X_1）、氮肥（X_2）、磷肥（X_3）、钾肥（X_4）和密度（X_5）5 个因素在编码空间的多元回归模型方程（1）。

$y = 12\ 194.87 + 732.213\ 87X_1 + 985.926\ 29X_2 + 562.275\ 12X_3 + 705.445\ 46X_4 + 319.259\ 04X_5 - 338.047\ 1\ 4X_1^2 - 366.348\ 26X_2^2 - 579.225\ 14X_3^2 - 305.605\ 64X_4^2 - 370.030\ 64X_5^2 + 294.915\ 06X_1X_2 + 77.014\ 44X_1X_3 - 127.606\ 31X_1X_4 + 202.916\ 81X_1X_5 - 125.643\ 81X_2X_3 - 259.211\ 31X_2X_4 + 310.593\ 31X_2X_5 - 332.082\ 69X_3X_4 - 72.6045\ 6X_3X_5 - 53.372\ 18X_4X_5$ 　　　　　　　　　　　　　　　　　　　　　　　　　　　（1）

方程检验 $F(9,15) = 15.87$，达到极显著水平（$F_{0.01} = 2.59$），失拟不显著，$F(6,15) = 1.65(F_{0.05} = 2.79)$，所建立的模型可用于在设计范围内的预测。尽管个别系数未达到 0.05 显著水平，表明相应的项对指标影响较小，但这些项系数的绝对值并不接近于 0，又由于方程是非线性的，并且不存在某个因素的一次项、二次项及与其相关的交互项均不显著的情况，故不考虑剔除这些系数，采用原方程进行预测。

2. 肥料、密度重要性分析

采用庄恒扬提出的方法，即 X_i 的回归平方和 SS_i = 一次项回归平方和+二次项回归平方和+所有与该因素有关的交互项的回归平方和的一半，因素对目标项的影响大小取决 SS_i 的大小。根据各因素的回归平方和计算结果，各因素对玉米（辽单565号）产量的作用大小顺序为氮肥>坐水量≈磷肥>钾肥>密度。

3. 因素效应分析

由于试验满足正交的要求，模型中各项回归系数彼此独立，各项效应可线性相加，所以可以通过降维的方法，考察各因素与产量的变化关系。我们分别固定 4 个因素于 0 水平，从而可求得剩下的一个因素与产量的一元降维的回归模型。

坐水量与产量：$y = 12\ 194.87 + 732.213\ 87X_1 - 338.047\ 14X_1^2$ 　　　　　（2）

氮肥与产量：$y = 12\ 194.87 + 985.926\ 29X_2 - 366.348\ 26X_2^2$ 　　　　　（3）

磷肥与产量：$y = 12\ 194.87 + 562.275\ 12X_3 - 579.225\ 14X_3^2$ 　　　　　（4）

钾肥与产量：$y = 12\ 194.87 + 705.445\ 46X_4 - 305.605\ 64X_4^2$ 　　　　　（5）

密度与产量：$y = 12\ 194.87 + 319.259\ 04X_5 - 370.030\ 6X_5^2$ 　　　　　（6）

在试验设计的水平值范围内，各因子的产量效应如图 6-7 所示，坐水量、氮肥、磷肥、钾肥、密度各因素的产量效应曲线均为抛物线，表明各因素在一定范围内都有明显的增产效应。

4. 因素边际效应

边际产量可反映各因素的最适投入量和单位水平投入量变化对产量增减速率的影响，各因素在不同水平下的边际产量可通过对回归子模型（2）（3）（4）（5）

（6）求一阶偏导，则分别得到各因素的边际效应方程（7）（8）（9）（10）（11），将不同编码值代入得图6-8，并令 $dy/dx = 0$ 来求得产量的最大值。

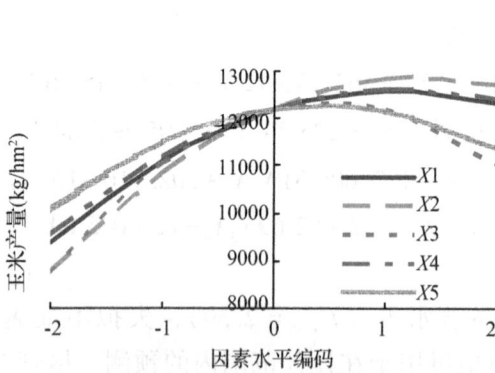

图 6-7　各因素产品税量效应

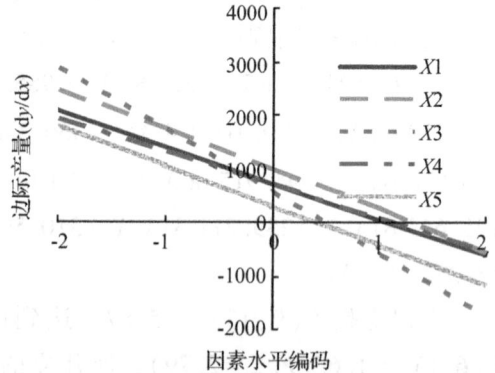

图 6-8　各因素边际产量效应

$$坐水量：dy/dx = 732.213\ 87 - 676.094\ 28X_1 \tag{7}$$

$$氮肥：dy/dx = 985.926\ 29 - 732.696\ 52X_2 \tag{8}$$

$$磷肥：dy/dx = 562.275\ 12 - 1\ 158.450\ 28X_3 \tag{9}$$

$$钾肥：dy/dx = 705.445\ 46 - 611.211\ 28X_4 \tag{10}$$

$$密度：dy/dx = 319.259\ 04 - 740.061\ 28X_5 \tag{11}$$

图6-8中曲线反映出各因素对产量的影响速率，在各因素编码水平为-2时（各因素水平为最低时），磷肥的起始增产速率最大，为2 879.18 kg/hm²，其次为氮肥（2 351.32 kg/hm²），坐水量的增产速率排在第三位（2 084.40 kg/hm²），排在第四、第五位的分别为钾肥（1 927.87 kg/hm²）和密度（1 799.38 kg/hm²）。随着因素水平的提高，各因素的增产速率均下降。下降的快慢次序为 $X_3 > X_5 \approx X_2 > X_1 > X_4$。当 $X_1 = 1.083$（坐水量，46.25 t/hm²）、$X_2 = 1.346$（N，327.68 kg/hm²）、$X_3 = 0.485$（P_2O_5，149.10 kg/hm²）、$X_4 = 1.154$（K_2O，189.24 kg/hm²）、$X_5 = 0.431$（密度，71 172.00株/hm²）时，边际产量均为0，产量可达14 059.62 kg/hm²。

5. 产量的模拟寻优

将编码因素的取值范围缩小（水平数仍为5，步长缩小），对其进行寻优，寻找出产量大于 10 560 kg/hm² 的高产栽培技术方案（表6-16）。

表 6-16　玉米坐水播种高产农艺措施组合

坐水量 （t/hm²）	氮 N （kg/hm²）	磷 P_2O_5 （kg/hm²）	钾 K_2O （kg/hm²）	密度 （plants/hm²）
41～54	276～348	145～165	166～217	64 728～72 726

本试验条件下，各因素对产量影响最大的为氮肥，其次为坐水量和磷肥，再次

为钾肥和密度，说明在半干旱区，氮素是促进玉米增产的主要因素。各因素编码水平为最低时，磷肥的起始增产速率最大，其次为氮肥、坐水量、钾肥和密度分列第三、四、五位，说明磷肥在土肥缺乏和严重缺乏的条件下，磷肥的施用能达到较好的增产效果，这与前人研究结果（密度>氮肥>磷肥>钾肥）略有不同，这可能一方面与选用的玉米品种特性（不同的种植密度对辽单565号玉米产量影响相对较小）有关，另一方面与试验土壤速效磷较低（31.8 mg/kg）有关。本试验土壤（典型褐土）的速效钾（196 mg/kg）含量较高，可能也在一定程度上影响了钾肥以及各因素之间互作的效应。

三、适于区域

适宜于春旱严重、春播出苗率低地区。

四、注意事项

目前坐水种尚存在需要解决的技术问题，主要包括：作业效果不稳定、作业效率低、坐水量不精准等技术问题。坐水种技术是干旱半干旱区作物节水、增产的新型生产技术。该技术的核心是坐水增墒抗旱。坐水均匀度是衡量该技术作业质量的一项重要指标。因为坐水不均匀，会导致作物出苗时期不同，生长高低不整齐，最终影响籽粒产量。坐水均匀度受土壤质地、地面平整地、作业速度、水箱中水压差等因素的制约，要提高坐水质量，以提高坐水均匀度。严重春旱，还应适当增加坐水量，以保证接墒，若催芽坐水种则不宜过早，以免由于地温太低（<6 ℃）而使幼根幼芽感病，影响出苗。

第四节　补充灌溉节水技术

水资源短缺与供水不足，已成为全球性的问题。我国农业是用水大户，干旱缺水已成为当前我国农业发展面临的首要制约因素。农业用水目前面临的形式日益严峻。一方面，虽然用水量占总用水量的70%，但耕地每亩水资源占有量仅为世界平均值的2/3，且随着国民经济发展，农业灌溉用水占总用水的比重呈逐渐降低的趋势，同时，受水资源时空分布不均的影响，近半数的灌溉面积集中在严重缺水地区，每年春季是冬春农作物大量需水时期，降雨稀少，径流量仅占全年的10%左右，春旱严重，常年农作物受旱面积为 $0.2 \times 10^7 \sim 0.27 \times 10^7$ hm²，每年损失粮食 $2.5 \times 10^{10} \sim 3.0 \times 10^{10}$ kg，仅辽宁省自2000年以来，就发生了2000年特大旱灾、2001年和2002年严重的春旱、2006年特大伏旱，辽西地区继全省2001年又遭受了1949年以来最严重的春旱，2002年全省发生严重的春旱、初夏旱和秋旱。2003年与2004年连续发生春旱，此后接连发生了2006年特大伏旱、2007年严重夏旱和2009年严重干旱，

2017 年发生了 66 年一遇的严重春旱；另一方面，农业用水浪费的现象又十分严重，灌溉水的平均利用率仅为 40%，农业灌溉中普遍存在着输配水系统效率偏低、灌区用水管理粗放、田间灌排技术落后等突出问题。

为了缓解农业用水压力和解决粮食安全问题，国内外学者进行了大量研究，研究结果表明，我国灌溉面积占总耕地面积的 42% 左右，种植业灌溉用水量占农业用水量的 80%，灌溉用水的综合利用率和发达国家 70%～80% 相比，明显偏低，如果采用先进的灌溉节水技术，将灌溉水利用率在现有基础上提高 10%～20%，即使农业用水总量不再增加，也可以满足农业发展用水需求，因此，自 20 世纪 70 年代以来，节水农业受到普遍关注。近年来，随着节水农业理论与技术的进一步发展成熟，国家非常重视，将节水农业提高到前所未有的高度，作为一项重大战略加以实施。通过长期不懈的努力，节水农业事业取得了显著的节水增长效益，农田灌溉用水量减少，而灌溉面积明显增加，粮食总产量和人均粮食产量都比预测的有很大增加。

一、技术内容

根据作物需水规律，有效利用水资源，从而获得最佳经济、社会和生态环境效益的节水灌溉技术是节水农业的主要措施之一，不仅具有节水、增长、省工、改善作物产品质量等优点，同时，可以促进农业现代化、生产集约化和管理的科学化。因此，随着节水农业的推广，节水灌溉技术得到了快速发展，主要集中在对地面灌溉技术的改进和提高以及借助灌溉设备的灌溉技术，如微喷灌、滴灌等节水灌溉技术，并在滴灌的基础上实施水肥一体化的随水施肥施药技术。

补充灌溉是指在降水量不足以提高足够的水分的时候，为保证作物正常产量，为作物补充提供额外的水分。发展补充灌溉，不仅是缓解降水不足的有效途径，同时也是转变农业增长方式，使传统农业向高产、优质、高效农业转变的重大战略举措。因此，辽宁省发展补充灌溉，在促进农业可持续发展的同时，为半干旱地区农业干旱防御与抗旱减灾提供一定的技术支撑。微灌是以低压小流量出流将作物所需的灌溉水和养分供应到作物根部附近的土壤表面或土层中的一种灌水方法。与传统地面灌溉及喷灌相比，微灌只以少量水分湿润作物根区附近的部分土壤，因此又叫局部灌溉。按所用设备及出流形式的不同，微灌可以分为滴灌、微喷灌、渗灌及小管出流 4 种。针对辽西半干旱地区气候干旱化加剧、水资源短缺等突出问题，根据辽西地区节水灌溉制度，明确辽西地区玉米产量与需水量的变化关系，因地制宜，构建适宜辽西旱地的微喷灌与滴灌补充灌溉模式，为季节性干旱、防灾减灾、保障作物稳产增产提供技术支持。

二、技术效果

(一) 玉米需水规律

根据辽宁省建平县灌溉试验站的多年定位监测数据得出，通过对不同产量水平对应的耗水量进行回归分析，求出节水灌溉制度情况下玉米的产量 (Y) 与需水量 (ET_c) 之间的关系 (图 6-9)，玉米产量与耗水量呈二次抛物线趋势变化。根据玉米实测资料，计算得到的产量与需水量关系实例方程为节水灌溉制度情况下玉米产量与需水量之间成的关系：

$$Y = -0.011\ 3ET_c^2 + 10.827ET_c - 1\ 710.6\ \ (R^2 = 0.979\ 8)$$

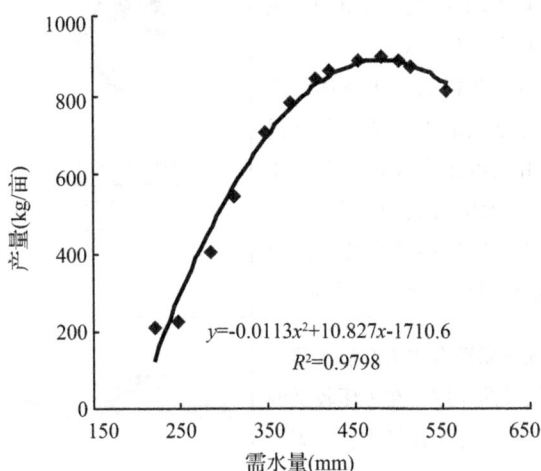

图 6-9　玉米产量与需水量回归关系

通过 2010—2012 年的研究结果表明，生育前期和中期连旱对玉米性状影响很大，产量减产 40% 左右；灌浆期轻旱和苗期轻旱与适宜水分相比对产量影响不大，苗期适当轻旱，能促进根系下扎，提高抗旱能力；玉米的需水敏感期为抽雄期—灌浆期。可以计算出产量最高时对应的需水量为 479.1 mm，还可以计算出，水分生产率最高值的需水量是 394.10 mm。从 394.10 mm 到 479.1 mm 是进行非充分灌溉确定灌溉定额区间。

(二) 补充灌溉技术模式

不同节水补充灌溉技术如表 6-17 所示，包括滴灌、微润灌、微喷灌等，在不同灌溉条件下的水分处理对玉米生态指标、耗水量及产量的影响进行探讨，以及不同节水灌溉模式下需水量及水分利用规律和基础数据采集，对辽西北农业干旱防御与抗旱减灾关键技术研究，为示范应用实用补灌技术提供科学依据。

表 6-17 主要微灌补灌技术原理与田间应用

补灌技术	描述	滴头/喷头	田间应用
滴灌	滴灌利用塑料管道将水通过直径约 10 mm 毛管上的孔口或滴头送到作物根部进行局部灌溉。大田膜下滴灌系统常用的为单翼迷宫式滴灌带，播种时采用机械化铺设于膜下		
压片式微喷灌	由聚乙烯塑料薄片制成的上片和下片及由两片 0.6 mm 厚的聚乙烯塑料压合而成，两侧压合缝4.5 mm长，在上片上打有一定规则的孔。在一定规则压力下，将灌溉水均匀灌溉到田间，满足作物正常生长需要的水分 压片式微喷带，其特征在于所述的聚乙烯塑料薄片制成的上片和下片通过两侧压边，由压边热合设备融合为中空筒状的整体带体，由机械打孔设备在上片打成按一定规则排布的一组出水孔，沿中心轴轴向循环连续排列		
微润灌	微润灌溉系统依靠吸力式微润灌水器上导水芯的毛细浸润作用，在水压较低的条件下，向作物根部土体导水，以满足作物生长需求		

1. 微喷灌溉应用模式

（1）大豆微喷灌

2016 年在阜蒙县沙扎兰试验基地对压片式微喷带模式进行应用推广，利用压片式微喷带灌溉大豆，整个大豆生长期内，压片式微喷带灌溉对大豆株高没用明显影响，除成熟期压片式微喷带灌溉处理株高稍高于传统漫灌外，株高相近；压片式微喷带灌溉对大豆茎粗也无显著影响。大豆叶面积指数在生育期内先增大后减小，在鼓粒期达到最大；结荚期压片式微喷带灌溉条件下，叶面积指数大于传统漫灌灌溉，成熟期后，叶面积指数差异均达到显著水平。

整个大豆生育期，压片式微喷带灌溉大豆耗水介于传统漫灌灌溉和无灌溉两者之间，相对漫灌节水 7.2%。测产结果表明，使用压片式微喷带灌溉产量最高，约 4 125 kg/hm²，较常规漫灌灌溉增产 3.3%（图 6-10）。压片式微喷带灌溉条件下水分利用效率为 1.14，显著高于传统漫灌灌溉和无灌溉。

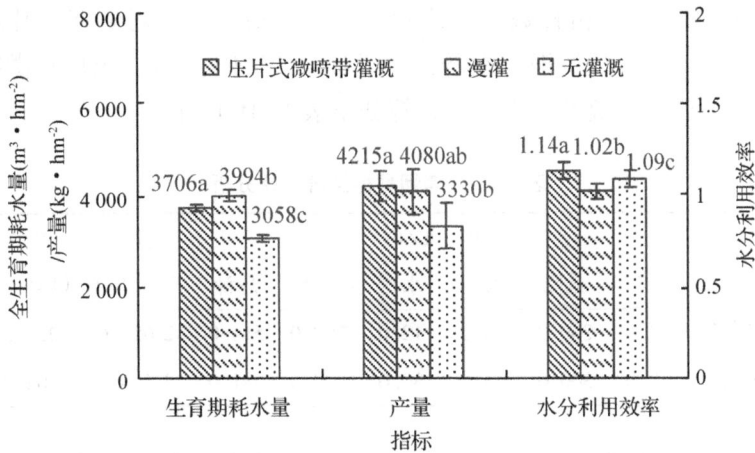

图6-10 不同灌溉处理全生育期耗水量、产量和水分利用效率

3种不同处理种植大豆效益分析表明，产值大小顺序为压片式微喷带灌溉>漫灌>无灌溉；费用多少顺序为漫灌>压片式微喷带灌溉>无灌溉；压片式微喷带在田间具有较好的工作性能，同时具有节水增产效益，适宜用于节水农业生产。

（2）烟草微喷灌技术模式

2016年在朝阳市建平试验站对压片式微喷带模式进行应用推广。系统工作制度：为了考虑降低管路投资，减少工程造价，确保工程正常运用，项目区采用轮灌的工作方式。每次有1条压片式微喷带工作，灌水时间2 h，此外，在压片式微喷带灌溉的同时铺设一条预备压片式微喷带。压片式微喷带适应压力范围较广，从0.05 MPa到0.2 MPa均能进行灌溉，本项目设计工作压力为0.15 MPa。

烤烟移栽安排在5月15日，17日开始灌溉，采用压片式微喷带灌溉每亩灌水14.4 m³，工作压力为0.12 MPa，大水漫灌每亩灌水量为30 m³。移栽期压片式微喷灌比大水漫灌缓苗提前2 d，缓苗快，地温也比大水漫灌均高1.8 ℃，垄台湿润，土壤湿度达到85%，垄沟含水率较低、干燥；大水漫灌垄台和垄沟土壤湿度都达到100%。灌后7 d左右，垄沟出现杂草，进行铲蹚除草；压片式微喷带灌溉垄沟杂草较少；伸根期需水量少，此期降水30.1 mm，土壤湿度没有达到下线，不用灌水。7月6日旺长期第二次微喷灌，灌水量14.4 m³/亩，大水漫灌灌水量为30 m³/亩，9月22日最低温度零下2 ℃，烤烟受霜冻，停止生长。烤烟（成熟期）压片式微喷带灌溉与大水漫灌形态指标与产量对比如表6-18所示。

表6-18 不同灌溉处理烤烟形态指标及产量

处理	株/亩	叶片数	株高（cm）	茎粗（cm）	叶面积指数（%）	产量（kg/亩）
压片式微喷带灌溉	1 200	22	142.6	3.66	3.0	221.3
传统漫灌灌溉	1 200	22	140.1	3.50	2.6	202.0

从表6-18看出，在亩株数、保留叶片数一致情况下，烤烟在压片式微喷带灌溉条件下形态指标好于传统漫灌灌溉，产量提高19.3 kg/亩。压片式微喷带灌溉与传统漫灌的费用、毛效益和净效益计算如下表6-19所示。

表6-19 烤烟种植经济效益分析

| 处理 | 费用（元/亩） | | | | | | 毛效益 | 产量 | 净效益 |
	苗	化肥	农药	水费	人工	总计	（元/亩）	（kg/亩）	（元/亩）
压片式微喷带灌溉	12.0	260.0	30.0	12.0	200.0	514.0	2 655.6	221.3	2 141.6
传统漫灌灌溉	12.0	300.0	45.0	30.0	300.0	687.0	2 424.0	202.0	1 737.0

从表6-19效益分析看出，压片式微喷带灌溉比传统漫灌效益高，增产404.6元/亩，压片式微喷带灌溉从农药，水费、人工、化肥上就节省173.00元/亩。产量多19.3 kg，增收231.6元/亩。

（3）玉米微喷灌技术模式

采用玉米微喷灌比空种植模式如图6-11所示，整个玉米生育期，微喷灌玉米耗水介于传统沟灌和无灌溉两者之间，相对沟灌节水10~20 mm。表6-20测产结果表明，使用微喷灌溉产量最高，两年平均约为840 kg/亩，较常规漫灌灌溉增产4.2%。微喷带灌溉条件下水分利用率和灌溉水利用率分别为1.87 kg/m³和3.12 kg/m³，显著高于传统沟灌灌溉和无灌溉。

图6-11 玉米微喷灌比空种植模式

表6-20 微喷灌对玉米产量和水分利用效率的影响

年份	灌溉方式	降水量（mm）	灌溉量（mm）	土体水分变化量（mm）	产量（kg/亩）	水分利用效率（kg/m³）	灌水利用效率（kg/m³）
2012	无灌溉	442.5	0	51.5	698.7	1.41	—
	沟灌	442.5	45	45.7	784.6	1.61	1.91
	微喷灌	442.5	35	44.5	805.9	1.65	3.03
2013	无灌溉	360.5	0	63.6	616.6	1.45	—
	沟灌	360.5	100	58.7	827.1	1.97	2.11
	微喷灌	360.5	80	56.3	873.4	2.10	3.21

3种灌溉方式种植玉米效益分析表（表6-21），经济效益排序为微喷灌>沟灌>无灌溉；表明微喷带的田间应用具有很好的经济效益、工作性能和节水增产效果，

适用于阜新节水农业生产。

表6-21 微喷灌玉米经济效益分析

处理	产值（元/hm²）			费用（元/hm²）					净收益（元/hm²）
	产量（kg/hm²）	单价（元/kg）	产值	人工费	电费	种子	化肥	合计	
无灌溉	9 864.75	2	19 729.5	1 200	150	50	750	2 150	17 579.5
沟灌	12 088.05	2	24 176.1	1 600	180	360	750	2 890	21 286.1
微喷灌	12 586.875	2	25 173.75	1 000	—	50	750	1 800	23 373.75

2. 滴灌灌溉应用模式

（1）膜下滴灌对玉米产量构成要素的影响

辽宁省水科院与辽宁省农科院在建平对玉米各生育期的灌水控制下限进行组合，采用正交试验设计，共18个处理，3次重复。以当地覆膜不灌和不覆膜不灌为对照。共18个处理，3次重复，以传统滴灌为对照。试验处理设计与编号见表6-22。

表6-22 玉米滴灌灌溉下限处理（占田间持水量的百分比%）

覆盖	处理	苗期	拔节	抽雄	灌浆	覆盖	处理	苗期	拔节	抽雄	灌浆
对照1	CK1	覆膜不灌溉				对照2	CK1	不覆膜不灌溉			
覆膜	C1	70	70	70	70	不覆膜	C10	70	70	70	70
	C2	80	80	60	80		C11	80	80	60	80
	C3	60	60	80	60		C12	60	60	80	60
	C4	70	70	60	60		C13	70	70	60	60
	C5	80	80	80	70		C14	80	80	80	70
	C6	60	60	70	80		C15	60	60	70	80
	C7	70	70	80	80		C16	70	70	80	80
	C8	80	80	70	60		C17	80	80	70	60
	C9	60	60	60	70		C18	60	60	60	70

对不同水分处理条件对玉米产量构成要素进行分析，结果见表6-23。结果表明，不同水分处理对玉米产量构成要素具有一定影响。C4和C13处理玉米穗重、百粒重和亩产量都最低，表明在玉米抽雄期和灌浆期生理干旱将会影响玉米产量；C5和C14处理产量也显著低于其他处理（$P > 0.05$），表明在玉米生育期一直保持较高灌水水平也将对玉米产量造成影响。因此，在玉米各生育期的灌水量要适宜。

表 6-23　不同水分处理对玉米产量构成要素影响方差分析结果

覆盖	处理	穗重 （g）	穗长 （cm）	秃尖长 （cm）	穗行数 （行）	行粒数 （粒）	百粒干重 （g）	亩产 （kg/亩）
覆膜 滴灌	C1	332.6±38.2a	21.3±20.5a	1.17±0.21ab	18.0±0.0a	37.0±1.73a	40.67±4.54ab	1096±2.51 ab
	C2	375.8±32.5a	20.1±0.9ab	0.97±0.45ab	17.33±1.15a	40.0±2.0a	42.47±3.13b	1188.63±3.35c
	C3	345±34.1a	20.2±1.2ab	1.1±0.46ab	17.33±1.15a	38.67±1.53ab	41.43±3.19ab	1100.67±4.27c
	C4	262.1±40.9b	18.6±0.6ab	2.93±1.19b	16.67±0.58a	33±3.46b	37.07±1.95a	1038.63±4.38a
覆膜 滴灌	C5	346.3±29.8a	20.2±0.3ab	1.93±0.76ab	17.33±0.58a	37.33±2.52a	41.97±2.04b	1062.83±3.68b
	C6	338.8±2.9a	19.7±0.4ab	2.73±2.31ab	17.67±0.58a	37.67±0.58a	40.8±0.92ab	1240.7±1.04d
	C7	380.0±11.2a	21±0.3ab	0.87±0.47a	16.67±0.58a	40.0±1.73a	45.27±2.01b	1243.23±1.63d
	C8	317.0±55ab	19±1.7ab	2.43±1.5ab	16.33±0.58a	36±5.29ab	41.43±2.67ab	1190.9±6.31c
	C9	360.9±18.2a	20±0.4ab	0.9±0.3a	17.0±1.0a	37.67±1.15a	42.8±1.83b	1186.87±2.08c
	CK1	90.97±11.47c	15.53±0.06b	3.87±1.93c	16±3.46b	23.33±7.23c	35.97±1.03c	502.93±2.44e
不覆膜 滴灌	C10	331.47±23.73b	19.73±0.6a	1.10±0.3a	18.0±0.0a	38.0±1.0a	39.03±2.91a	1049.8±4.85c
	C11	307.6±47.98b	19.43±1.55ab	1.77±0.35a	17.0±1.0a	36.67±2.31a	37.03±1.95a	1023.53±5.05d
	C12	300.53±37.71b	19.6±0.79ab	1.40±0.2a	17.0±1.0a	37.33±1.53a	35.8±2.29a	1021.57±4.3d
	C13	278.83±3.18b	19.27±0.4b	1.60±0.4a	17.0±0.0a	35.33±1.53a	35±0.68a	897.6±0.78e
	C14	324.07±10.39b	19.8±0.46ab	1.33±0.32a	17.67±0.58a	37.0±1.0a	37.63±1.15a	999.23±1.62e
	C15	323.3±29.96b	19.2±0.6ab	1.17±0.57a	16.67±0.58a	37.33±2.52a	41.53±1.57a	1194.57±3.56a
	C16	311.6±20.88b	20.03±0.42ab	1.27±0.29a	16.33±0.58a	38.67±0.58a	37.93±1.82a	1094.9±2.19c
	C17	326.4±30.97b	20.37±0.57ab	1.50±0.36a	17.0±1.73a	37.67±3.06a	38.47±2.81a	1166.03±4.71c
	C18	310.7±22.17b	19.57±0.7ab	1.57±0.38a	17.33±1.15a	37.33±3.51a	35.83±1.39a	1176.47±2.14b
	CK2	82.13±3.29a	15.07±0.23c	3.63±0.51b	13.33±3.51a	19.67±7.64b	34.43±2.12a	483.6±1.11f

　　分析结果表明，C6 和 C7 处理的穗重和亩均产量都显著高于其他处理，亩均产量分别为 1 240.7 kg/亩和 1 243.2 kg/亩，两者比较，C7 处理稍高于 C6 处理 2.5 kg/亩，差异不显著（$P>0.05$）；在不覆膜条件下，C15 产量最高，为 1 194.6 kg/亩。因此，在玉米生育前期、苗期和拔节期可以保持适宜的水分或者稍干旱，利于玉米蹲苗扎根，到了玉米形成籽粒和籽粒饱满的抽雄期、灌浆期就要给予充分灌水，利于玉米籽粒饱满。

　　（2）不同处理对水分利用效率的影响差异

　　玉米整个生育期不同处理灌水量和灌水次数见图 6-12。对比结果表明：生育期内覆膜滴灌较不覆膜滴灌少灌水 1~3 次，覆膜滴灌亩均比不覆膜滴灌少灌溉水 38 m³/亩，亩均节水近 20%，表明覆膜滴灌降低了土壤的无效蒸发，蓄水保墒作用显著，见表 6-24。

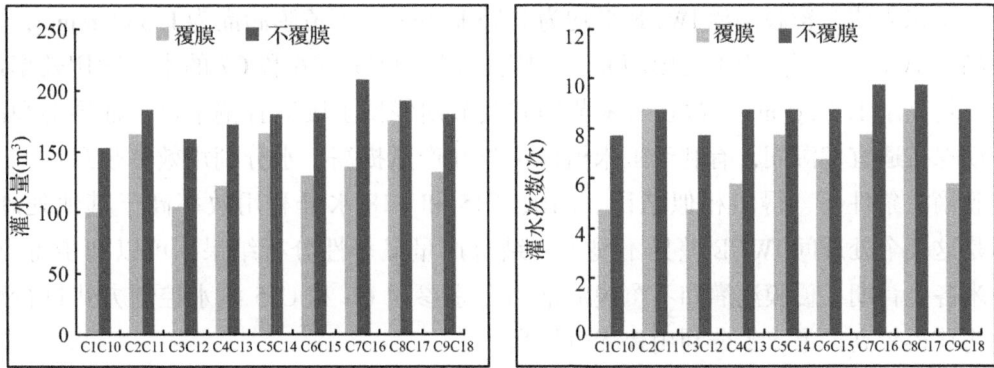

图 6-12　不同处理玉米各生育期总灌水量和灌水次数对比

表 6-24　不同处理条件下玉米水分利用效率差异

覆盖	处理	亩均产量 （kg/亩）	降水量 （mm）	灌溉量 （mm）	总耗水量 （mm）	IWUE （kg/mm）
	C1	1 049.8	233.8	180.5	336.3	1.63b
	C2	1 188.6	233.8	246.3	407.3	1.68b
	C3	1 100.7	233.8	156.2	310.1	1.93a
	C4	1 038.6	233.8	182.9	332.8	1.61b
覆膜	C5	1 062.8	233.8	278.2	428.4	1.31c
	C6	1 240.7	233.8	223.4	372.6	1.98a
	C7	1 243.2	233.8	219.8	373.3	1.98a
	C8	1 190.9	233.8	238.6	387.1	1.78b
	C9	1 186.9	233.8	214.0	365.9	1.87ab
	C10	1096.0	233.8	266.5	411.9	1.49ab
	C11	1 023.5	233.8	307.4	458.8	1.18b
	C12	1 021.6	233.8	240.7	403.6	1.33ab
	C13	897.6	233.8	267.7	428.8	0.97c
不覆膜	C14	999.2	233.8	297.6	457.1	1.13bc
	C15	1 194.6	233.8	304.0	466.6	1.52ab
	C16	1 094.9	233.8	313.5	470.1	1.30bc
	C17	1 166.0	233.8	290.3	453.7	1.50a
	C18	1 176.5	233.8	302.6	459.4	1.51a
覆膜不灌溉	CK1	502.9	233.8	0	219.9	
不覆膜不灌溉	CK2	483.6	233.8	0	233.5	

结果表明，覆膜滴灌 IWUE 平均为 1.75 kg/mm，不覆膜滴灌为 1.33 kg/mm，覆膜滴灌 IWUE 显著高于不覆膜滴灌。覆膜滴灌处理 C3、C6 和 C7 的水分利用效率最高，均高于 1.9 kg/mm，故在玉米苗期和拔节期保持土壤适宜偏干旱，抽雄期和灌浆期保持适宜偏湿润，有利于玉米植株生长和产量提高，水分利用效率也最高。不覆膜滴灌条件下，得出相似结论。C10、C15 和 C18 水分利用效率高于其他处理，但是这几个处理间 IWUE 差异不显著。结合产量显著性分析结果，可以初步得出，玉米各生育期，覆膜滴灌和不覆膜滴灌可分别参照 C6 和 C15 灌水控制方式进行灌水将获得较高产量，水分利用效率也最高。

3. 不同补灌模式对比与评价

节水补灌可显著提升水资源利用效率，实现农业最佳经济效益，通过对不同补灌模式对比，可明确最佳补灌技术模式。

（1）不同补灌技术对玉米生育进程的影响

灌溉技术不同，对玉米生长发育的进程影响也不相同。从表 6-25 可以看出，T1（膜下微润灌）、T2（膜下滴灌）、T3（膜下微喷灌）、T7（传统漫灌）生育期均为 129 d，较 T4（裸地微润灌）、T5（裸地滴灌）、T6（裸地微喷灌）提前 8 d，较 T8（无灌溉）处理提前 4 d。由此可见，覆膜与否对玉米生长发育进程有显著影响。建平地区无霜期相对较短，多年初霜日最早为 9 月 22 日，终霜日最晚为 5 月 9 日，该区采用地膜覆盖栽培可使生育期较长，产量较高的品种按期成熟，地膜覆盖栽培在该区具有明显的技术优势。

表 6-25 不同处理生育期

处理	T1	T2	T3	T4	T5	T6	T7	T8
生育期	129	129	129	137	137	137	129	133

注：玉米各生育时期土壤水分控制下限分别为苗期 60%（占田间持水量）、拔节期 65%、抽雄期 70%、灌浆期 65%、成熟期 60%。各灌溉处理在玉米生育期分别灌水 4 次，总灌水量分别为 T1 136 mm、T2 134 mm、T3 135 mm、T4 139 mm、T5 139 mm、T6 160 mm、T7 195 mm。

地膜覆盖栽培明显促进玉米的生长发育，主要原因是地膜覆盖可明显提高玉米耕层地温。以膜下滴灌和裸地滴灌为例分析了覆膜与否对地温的影响。表 6-25 所示为 5 月 20—24 日不同处理各土层地温均值。可以看出，覆膜玉米在不同土层深度土壤温度均比不覆膜玉米高，只是温差值不同。覆膜处理增温效果随土层深度的增加而减弱，其中 5 cm 土层地温覆膜比不覆膜平均增加 1.9 ℃，5 d 便可累积提高地温 9.5 ℃，增温效果显著，10 cm 土层覆膜比不覆膜增温 1.5 ℃，15 cm 土层增温 1.2 ℃，25 cm 土层增温 0.2 ℃。

（2）不同处理对玉米植株形态的影响

由图 6-13 可知，T8 无灌溉处理株高和茎粗最小，长势最差，其次为 T4、T5、

T6 未覆膜处理。T2 处理前期与中期长势较好，后期逐渐平缓。T3、T7 处理前期植株长势较稳定，后期复水后植株长势达到最高；不同处理对玉米叶面积指数有显著影响，由图 6-14 可以看出，T8 无灌溉处理整个生育期叶面积指数最小。T3、T7 处理生育前期叶面积指数相对较高，后期逐渐平缓，T2 处理整个观测期平均叶面积指数最高。

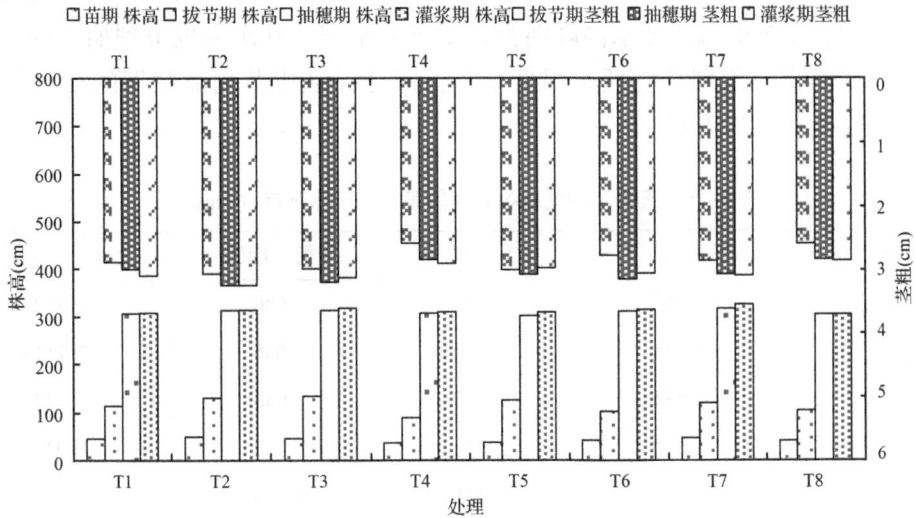

图 6-13　不同处理对玉米株高和茎粗的影响

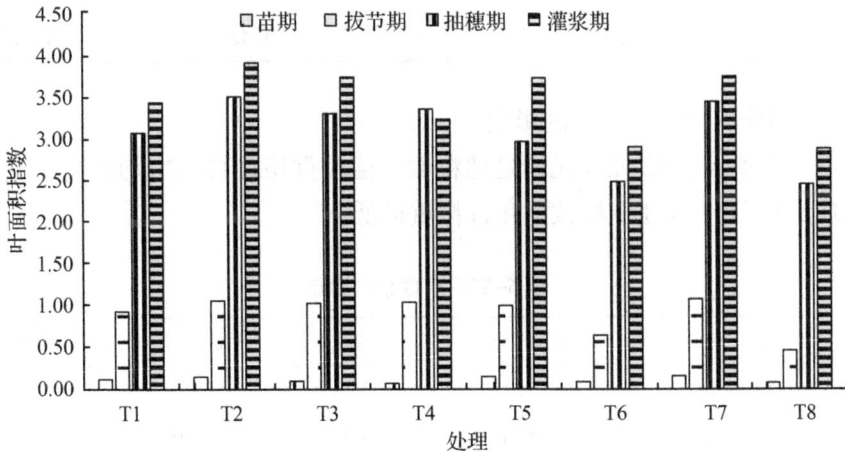

图 6-14　不同处理对玉米叶面指数的影响

（3）不同处理对玉米耗水强度的影响

表 6-26 所示为玉米不同灌溉技术各生育时期平均每日耗水强度。可以看出，各处理总体上呈现出前期耗水强度小、中期逐渐变大、后期又减少的趋势，这与玉米的生理活动密切相关。出苗到拔节期，气温相对较低，植株矮小，叶面积指数较小，其水分消耗以棵间蒸发为主，耗水强度相对较小；拔节到抽穗期，植株进入旺

盛生长期，叶面积指数迅速增大，同时随着气温的升高，日均耗水强度迅速升高，这时作物耗水量转变为以植株蒸腾为主；抽穗到灌浆期，随着玉米的生长发育，叶面积指数达到整个生育期最大值，此阶段是整个生育期耗水强度最大的时期；灌浆到成熟期，各处理日均耗水强度较拔节到灌浆期耗水强度明显降低。各处理生育期平均耗水强度以 T7 传统漫灌最大，T8 无灌溉处理最小，膜下微润灌，膜下滴灌和膜下微喷灌平均耗水强度略大于相应不覆膜处理。从不同灌溉技术玉米日均耗水强度可以看出，玉米的日均耗水高峰期为抽穗到灌浆期，其次为拔节到抽穗期，再次为灌浆到成熟期，苗期日均耗水强度最小，因此保证拔节到灌浆期的玉米需水要求，对确保高产尤为重要。

表 6-26 玉米不同处理各生育阶段日均耗水强度 （mm/d）

处理	出苗—拔节	拔节—抽穗	抽穗—灌浆	灌浆—成熟
T1	0.967	3.431	3.686	2.752
T2	0.985	3.589	3.636	2.711
T3	1.037	3.537	3.636	2.742
T4	1.381	2.518	4.219	1.934
T5	1.376	2.521	4.220	1.936
T6	1.413	2.908	4.065	2.350
T7	2.077	3.911	3.626	3.184
T8	0.070	2.113	3.426	1.635

（4）不同处理对玉米产量的影响

如表 6-27 所示，T2 处理无论是穗粒数、穗粒重还是百粒重均最高，其次是 T3 和 T7 处理。T8 无灌溉处理穗粒重和百粒重最低。

表 6-27 产量结构调查

处理	穗长（cm）	穗粗（cm）	穗粒数	穗粒重（g）	百粒重（g）
T1	21.0	5.4	722.0	287.0	41.7
T2	22.5	5.6	840.4	301.0	44.6
T3	21.1	5.4	743.2	296.0	43.3
T4	21.5	5.4	708.0	286.0	40.9
T5	19.8	5.3	701.7	283.8	41.9
T6	20.5	5.5	732.2	286.9	41.7
T7	21.8	5.4	743.8	296.0	42.8
T8	19.0	4.9	739.2	194.8	27.5

表 6-28 所示为不同灌溉技术玉米产量以及生育期耗水量。可以看出，由于灌溉方式不同，不同处理玉米的经济产量差异较大。在所有灌溉处理中，T2 膜下滴灌产量最高，比传统漫灌增产 1.5%，灌溉水利用率和水分利用率最高，比传统漫灌分别增加 52.7%和 21.2%。其次是 T3 膜下微喷灌处理，其产量和灌溉水利用率及水分利用率仅次于膜下滴灌，较传统漫灌增产 1.1%，灌溉水利用率和水分利用效率较传统漫灌分别增加 50.0%和 20.1%。T4、T5 和 T6 处理，相对于 T1、T2 和 T3 处理，由于地表未覆盖地膜，棵间蒸发较大，水分损失较多，苗期幼苗长势较弱，因而该 3 种灌溉处理产量低于相应覆膜处理，灌溉水利用率及水分利用效率也较低。T7 传统漫灌耗水量最多，灌溉水利用率和水分利用效率最低，主要是由于漫灌灌溉易产生深层渗漏，造成水分养分流失，进而造成耗水量大，灌溉水利用率和水分利用效率偏低。T8 无灌溉处理耗水量最小，产量也最低。由以上分析可以看出，最佳灌溉技术是膜下滴灌，具有很好的节水增产效果。其次是膜下微喷灌。辽西地区最佳补充灌溉技术是膜下滴灌，具有明显的节水增产效果。

表 6-28 不同处理产量及水分利用效率

处理	耗水量 （mm）	产量 （kg/hm²）	灌溉水利用率 （kg/m³）	水分利用效率 （kg/m³）
T1	341.6	13 972.5	2.88	4.09
T2	342.2	14 680.5	3.45	4.29
T3	343.9	14 623.5	3.39	4.25
T4	339.9	13 633.5	2.57	4.01
T5	339.9	13 800.0	2.69	4.06
T6	360.2	13 947.0	2.44	3.87
T7	408.3	14 467.5	2.26	3.54
T8	209.4	10 053.0	—	4.80

（三）滴灌水肥一体化技术

膜下滴灌应用中存在的较为突出的问题是灌溉施肥管理仍然沿用地面灌溉、撒施肥料等传统施肥方式，生育期内所需的肥料在玉米大喇叭口期一次性施入（俗称"一炮轰"），尤其氮肥损失严重、利用率较低。由于相关研究工作很少，致使膜下滴灌技术的适宜施肥管理模式缺乏，通常只能照搬常规滴灌。

膜下滴灌水肥一体施用技术体现水肥互作、分次追施的优势，氮肥不但可以通过滴灌系统直接到达作物根系附近便于作物吸收，而且可根据作物需肥规律，有效地选择水溶性肥料，控制施肥量、施肥时间和灌水量，从根本上避免了化肥淋洗造成土壤和地下水污染以及过量施肥和灌溉带来的土壤板结等问题，避免常规施肥方法肥料损失，提高灌溉水、氮肥利用效率，对于减氮增效具有重要意义。相关研究表明在相同施氮条件下，覆膜可有效提高氮肥利用效率，促进作物对肥料的吸收利用，施肥管理措施对水肥的调控机制以及作物生长和产量的响应规律也将发生变化。作物根系吸收利用氮素的主要形态是铵态氮和硝态氮，酰胺态氮也是通过转换成铵态氮和硝态氮从而被作物吸收。作物不同生育阶段对铵态氮和硝态氮吸收利用应存在差异，根际环境增施铵态氮肥，作物生长发育更好，膜下滴灌条件下随水增施氮肥将进一步提高氮素利用率。

1. 膜下滴灌水溶氮肥类型对玉米生长发育的影响

选取的水溶肥性氮肥分别为尿素、硝酸铵、硝酸钙、氯化铵、硫酸铵，以不追氮肥为对照（CK），玉米种植密度为 4 400 株/亩，各处理底肥一致，均施用三元复合肥（N15%P15%K15%）30 kg/亩，各处理追施纯氮量一致（15 kg/亩），将不同氮肥按设计用量按 3 个生育期（拔节期、大喇叭口期、灌浆前期）分 3 次随灌溉水施入，如表 6-29 所示，共 3 次重复。

表 6-29　滴灌施氮设计追肥时期和追肥量（kg/hm²）

氮素形态	追氮肥时期及氮肥量		
	拔节期	大喇叭口期	灌浆期
对照 CK	—	—	—
氯化铵	360	360	180
硫酸铵	429	429	214.5
硝酸钙	600	600	300
硝酸铵	264	264	132
尿素	195	195	97.5

（1）不同形态氮素对玉米灌浆期光合作用的影响

作物生长及产量形成的实质就是干物质的积累，在作物干重中通过光合作用所形成的有机物约占 95%，作物产量的提高是通过改善作物的光合生理性能来实现的。研究显示，追施不同水溶性氮肥对灌浆期玉米叶片的 P_n 有显著影响。两年的试验研究结果证明追施氮肥处理 P_n 都显著高于对照。2014 年，追施氮肥处理中以硝酸铵处理 P_n 最高，与其他追施氮肥处理差异显著，比硝酸钙、尿素、硫酸铵、氯化铵处理 P_n 分别提高 3.7%、11.5%、12.0%、19.2%。其次为硝酸钙处理，氯化铵处理 P_n 最低；2015 年硝酸铵和硝酸钙处理 P_n 最高，二者差异不显著，但与氯化铵、硫酸铵、尿素处理差异显著。其中硝酸铵处理 P_n 比氯化铵、硫酸铵、尿素处理分别提高 5.2%、4.8%、10.4%，硝酸钙处理 P_n 比氯化铵、硫酸铵、尿素处理分别提高 3.8%、3.4%、8.8%。两年的试验结果可以看出，追施硝酸铵或硝酸钙对于提高玉

米灌浆期 P_n 的作用最为显著，这一方面是由于植物以铵态氮为唯一氮源时会降低光合作用效率，引发植物体内代谢失调，而以硝态氮为氮素来源时，多余的硝态氮可以贮存在细胞的液泡中，而不影响植物的其他代谢过程；另一方面与硝态氮肥溶解度高及移动性好、利于玉米吸收有关。光合速率高可以积累更多的光合产物，为玉米增产提供重要的物质基础。

（2）不同形态氮素对玉米干物质积累的影响

追施不同形态氮肥对膜下滴灌玉米不同生育时期干物质积累影响较大，追施氮肥各处理干物质积累量显著高于对照。拔节期，硝酸铵处理干物质积累量最大，比氯化铵、硫酸铵、硝酸钙、尿素处理分别增加 20.3%、22.3%、10.9%、22.7%，氯化铵、硫酸铵、尿素处理差异不显著；抽雄期，硝酸铵处理干物质量积累比氯化铵、硫酸铵、硝酸钙、尿素处理分别增加 13.0%、5.5%、8.2%、11.2%，氯化铵、硫酸铵、硝酸钙、尿素处理差异不显著；灌浆期，硝酸铵处理干物质积累量比氯化铵、硫酸铵、硝酸钙、尿素处理分别增加 11.9%、11.3%、13.1%、7.7%，氯化铵、硫酸铵、硝酸钙、尿素处理差异不显著；成熟期，硝酸铵处理干物质积累量比氯化铵、硫酸铵、硝酸钙、尿素处理分别增加 16.4%、17.2%、9.8%、13.2%，氯化铵、硫酸铵、尿素处理差异不显著。玉米各生育阶段滴灌随水施用不同形态氮肥以硝酸铵处理干物质积累量最高。

（3）不同形态氮素对玉米产量和氮肥利用效率的影响

表 6-30 为玉米膜下滴灌追施不同类型水溶性氮肥对玉米产量性状及氮肥利用率的影响。可以看出，与 CK 相比，膜下滴灌随水追施不同形态氮肥均可显著提高玉米产量。2014—2015 年，硝酸铵处理增产幅度最大，比对照分别增产 29.2% 和 75.8%，其次为硝酸钙，比对照分别增产 26.6% 和 71.5%，主要由于这两种氮肥促进了玉米的光合作用，为增产奠定了重要的物质基础。2014 年所有追施氮肥处理中以氯化铵处理产量最低，比对照增产 20.3%，但与硫酸铵处理产量差异不显著。2015 年所有追施氮肥处理中以氯化铵处理产量最低，比对照增产 43.0%。

表 6-30 不同水溶性氮肥的产量及氮素利用效率

年份	氮素形态	穗长（cm）	穗粒数	百粒重（g）	籽粒产量（kg/hm²）	氮肥偏生产力（kg/kg）	氮肥农学效率（kg/kg）
	CK	17.4±0.59a	484.4±9.80b	45.5±0.21c	11 520±1311.0e	—	—
	氯化铵	17.0±0.68a	506.8±13.93a	46.4±0.15b	13 860±529.5d	47.4±1.81d	10.4±3.47d
	硫酸铵	17.4±0.45a	493.7±11.66a	46.4±0.12b	14 580±346.5d	47.0±1.18d	9.9±4.28d
2014	硝酸钙	17.6±0.77a	498.4±15.92a	49.3±0.14a	14 580±529.5b	49.8±1.84b	13.6±3.44b
	硝酸铵	18.5±0.37a	505.9±11.58a	49.7±0.12a	14 880±537.0a	50.9±1.81a	14.9±3.47a
	尿素	18.5±0.67a	512.4±17.50a	46.3±0.29b	14 190±559.5c	48.5±1.91c	11.9±3.34c

续表

年份	氮素形态	穗长 （cm）	穗粒数	百粒重 （g）	籽粒产量 （kg/hm²）	氮肥偏生产力 （kg/kg）	氮肥农学效率 （kg/kg）
	CK	17.4±0.59a	456.7±9.85b	45.5±0.20c	8 730±730.5d	—	—
	氯化铵	18.5±0.67a	483.1±17.52b	46.3±0.29b	12 480±472.5c	42.7±1.62c	16.7±1.14c
	硫酸铵	17.0±0.68a	499.6±13.91b	46.4±0.12b	13 710±802.5b	46.9±2.74b	22.1±0.32b
2015	硝酸钙	17.4±0.45a	516.1±11.68b	46.8±0.13b	14 970±784.5a	51.2±2.68a	27.7±0.24a
	硝酸铵	18.6±0.77a	548.1±20.22a	48.3±0.14a	15 345±577.5a	52.5±1.97a	29.4±0.68a
	尿素	18.5±0.37a	505.9±11.85b	48.7±0.12a	14 235±652.5b	48.7±2.23b	24.5±0.35b

注：氮素偏生产力（PFPN，kg/kg）＝籽粒产量/施氮量；氮肥农学效率（AEN，kg/kg）＝（施氮区籽粒产量-无氮区籽粒产量）/施氮量。

从产量构成上分析，追施不同形态氮肥对穗长均无显著影响。2015年除硝酸铵外对穗粒数无显著影响，但对百粒重均有显著影响。两年间，硝酸铵和尿素处理百粒重显著高于其他处理，氯化铵、硫酸铵和硝酸钙处理间百粒重无显著差异。追施不同形态氮肥主要是通过影响粒重来影响玉米产量。追施不同形态氮肥处理间由于施氮量相同，因此氮肥偏生产力和氮肥农学效率变化趋势与各处理产量变化趋势一致。

尿素对玉米 P_n、干物质积累量以及产量的影响显著低于硝酸铵和硝酸钙，这主要是由于尿素是酰胺态氮肥，施入土壤后，需要土壤中的脲酶将其水解成碳酸铵后，玉米根系才可以大量吸收其中的铵态氮，且尿素的溶解性相对较差，肥效相对比较慢，影响了肥效的发挥。

从试验结果可知，在特定的条件下，膜下滴灌玉米生育期追施不同形态氮肥对玉米 P_n、干物质积累量和籽粒产量均有显著影响，其中以追施硝酸铵增产效果最好，其次为硝酸钙。

2. 玉米膜下滴灌不同追施氮肥运筹对玉米生长发育及产量影响

试验采用3414试验设计，三因素为玉米3个追施氮肥关键期，四水平为随水追施纯氮量（0 kg/亩、4 kg/亩、8 kg/亩、12 kg/亩）；拔节期、抽雄前期与灌浆期提前5 d施用尿素，试验共14个处理，如表6-31所示，每处理3次重复，共42个小区，种植密度为4 400株/亩，水分控制下限与底肥施肥量同前。

（1）玉米膜下滴灌不同生育时期、不同追肥量的产量与氮素农学利用效率

玉米膜下滴灌下不同时期追施氮肥组合对玉米产量影响差异显著，总施氮量越大，玉米产量增加幅度越低，收获指数逐渐降低，氮素农学利用效率越低。如表6-32所示，2015年的玉米收获指数在0.46~0.54，与2014年差异不显著（$P>0.05$），氮素农学利用效率在15.26~28.88 kg/kg之间，显著高于2014年，追肥各处理产量均在900 kg以上，显著高于2014年；2015年中后期干旱严重，气温偏高，灌溉总

量为 140 mm（2014 年为 90 mm），提高了玉米产量与氮素利用效率，干旱年型下，膜下滴灌补充灌溉在随水追施氮肥可以显著增加玉米产量。

表 6-31　3414 试验编码值与不同时期追施尿素量

试验编号	处理	编码值			纯氮施用量（kg/亩）		
		J	O	F	拔节期	抽雄前期	灌浆期
1	J0O0F0	0	0	0	0	0	0
2	J0O2F2	0	2	2	0	16	16
3	J1O2F2	1	2	2	8	16	16
4	J2O0F2	2	0	2	16	0	16
5	J2O1F2	2	1	2	16	8	16
6	J2O2F2	2	2	2	16	16	16
7	J2O3F2	2	3	2	16	24	16
8	J2O2F0	2	2	0	16	16	0
9	J2O2F1	2	2	1	16	16	8
10	J2O2F3	2	2	3	16	16	24
11	J3O2F2	3	2	2	24	16	16
12	J1O1F2	1	1	2	8	8	16
13	J1O2F1	1	2	1	8	16	8
14	J2O1F1	2	1	1	16	8	8

表 6-32　玉米膜下滴灌不同生育时期最佳追肥量氮肥利用效率（2015）

不同处理	玉米产量 kg/亩	总施氮量 kg	收获指数	氮素农学利用效率 kg/kg
J0O0F0	545.3 e	0	0.49±0.021 b	—
J0O2F2	908.2 d	14.72	0.54±0.015 a	24.67
J1O2F2	967.2 b	18.40	0.52±0.019 a	22.95
J2O0F2	926.7 cd	14.72	0.51±0.022 a	25.93
J2O1F2	962.7 b	18.40	0.53±0.018 a	22.70
J2O2F2	1032.6 a	22.08	0.47±0.021 b	22.08
J2O3F2	971.4 b	25.76	0.45±0.022 b	16.55
J2O2F0	931.1 c	14.72	0.52±0.016 a	26.23
J2O2F1	972.5 b	18.40	0.53±0.014 a	23.23
J2O2F3	972.4 b	25.76	0.45±0.021 b	16.59
J3O2F2	938.2 c	25.76	0.46±0.019 b	15.26
J1O1F2	942.8 c	14.72	0.54±0.020 a	27.02
J1O2F1	953.2 bc	14.72	0.53±0.021 a	27.73
J2O1F1	970.1 b	14.72	0.51±0.018 a	28.88

如图6-15与图6-16所示，膜下滴灌条件随水追施氮肥组合产量与氮素利用效率与施氮素总量的相关分析结果表明，在2014年与2015年膜下滴灌玉米最高产量（883 kg/亩与983 kg/亩）分别对应氮素总量分别为21.6 kg和23.2 kg，在2014—2015年最佳施氮素农学利用效率下（11.2 kg/kg与25.9 kg/kg）分别对应的氮素总量分别为15.7 kg和16.1 kg，过量施用氮肥增产幅度下降，降低收获指数和氮素农学利用效率。

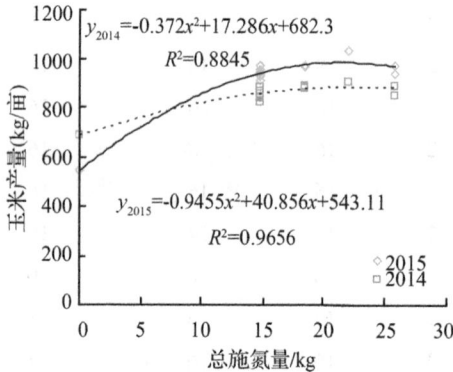

图6-15　膜下滴灌玉米施氮总量与产量相关关系

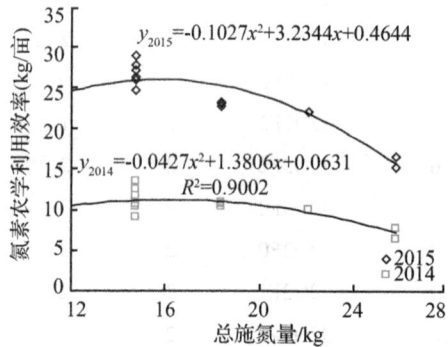

图6-16　膜下滴灌玉米施氮总量与氮素农学效率相关关系

（2）玉米膜下滴灌3个时期追施氮肥与产量效应关系

将玉米膜下滴灌不同追施时期和施氮量处理的玉米产量结果进行回归分析，2014年与2015年得到玉米籽粒产量（GY）与拔节期追氮肥量（N_1）、抽雄前追氮肥量（N_2）和灌浆期追氮肥（N_3）3个追肥时期的多元回归模型方程如表6-33所示。

表6-33　2014—2015年3次追肥产量方程

年份	多元回归模型方程	相关系数及显著性
2014	$GY = 685.568 + 17.00N_1 + 6.8462N_2 + 4.47N_3 - 0.45N_1^2 - 0.2091N_2^2$	$R^2 = 0.987$
	$-0.22N_3^2 - 0.236N_1N_2 - 0.0661N_1N_3 + 0.245N_2N_3$	$P = 0.0002 < 0.05$
2015	$GY = 546.06 + 27.73N_1 + 17.60N_2 + 15.07N_3 - 0.54N_1^2 - 0.3240N_2^2$	$R^2 = 0.959$
	$-0.3130N_3^2 - 0.4692N_1N_2 - 0.3488NK - 0.0083PK$	$P = 0.0019 < 0.05$

产量回归方程表明不同时期追施氮肥处理与产量间回归关系达到极显著水平，方程拟合性良好，能够反映玉米产量和不同追肥时期与追肥量的关系。将方程降维求导可以计算出滴灌条件下玉米氮素最优运筹施肥方案：拔节期（N_1）、大喇叭口期（N_2）和灌浆期（N_3）分别随水施尿素11.9~12.3 kg/亩、18.1~21.3 kg/亩和17.0~19.8 kg/亩；玉米亩产可以达到924.2~1040.5 kg，前期控制追施氮肥可以控

制玉米徒长，中后期增施氮肥可显著增加玉米产量。

（3）玉米膜下滴灌两次追肥与产量效应关系

为了探讨两次追肥时期间的互作效应，通过对产量回归模型进行降维，即固定某一追肥时期码值为零水平，则可得其他两个追肥时期的耦合效应回归子模型，如表6-34所示。

表6-34　两次追肥效应交互效应

年份	多元回归模型方程	显著性
2014	$GY_{灌浆} = 0 = 710.99 + 15.03N_{拔节} + 9.85N_{抽雄} - 0.43N_{拔节}^2 - 0.19N_{抽雄}^2 - 0.20N_{拔节}N_{抽雄}$	$P = 0.062\ 7$
	$GY_{抽雄} = 737.51 + 13.64N_{拔节} + 8.79N_{灌浆} - 0.46N_{拔节}^2 - 0.24N_{灌浆}^2 - 0.07N_{拔节}N_{灌浆}$	$P = 0.037\ 1 < 0.05$
	$GY_{拔节} = 841.50 + 3.25N_{抽雄} + 3.60\ N_{灌浆} - 0.22N_{抽雄}^2 - 0.23N_{灌浆}^2 + 0.24N_{抽雄}N_{灌浆}$	$P = 0.073\ 9$
2015	$GY_{灌浆} = 733.00 + 20.27N_{拔节} + 15.591N_{抽雄} - 0.53N_{拔节}^2 - 0.31P_{抽雄}^2 - 0.36N_{拔节}P_{抽雄}$	$P = 0.076\ 4$
	$GY_{抽雄} = 759.58 + 19.30N_{拔节} + 14.012\ 4\,N_{灌浆} - 0.55N_{拔节}^2 - 0.32N_{灌浆}^2 - 0.27N_{拔节}K_{灌浆}$	$P = 0.048\ 3 < 0.05$
	$GY_{拔节} = 864.86 + 9.19N_{抽雄} + 8.599\ 4\,N_{灌浆} - 0.33N_{抽雄}^2 - 0.31N_{灌浆}^2 + 0.07N_{抽雄}N_{灌浆}$	$P = 0.081\ 5$

将膜下滴灌玉米的3个追氮肥时期中的1个时期追氮量为0，得到其余2个追肥时期与追肥量与玉米产量的二元二次方程。由表6-34可知玉米拔节期与抽雄期、抽雄期与灌浆期追氮肥函数关系不显著（$P > 0.05$）。2014—2015年的回归方程结果表明，进行2次随水追肥，则最佳时期应在拔节期与灌浆期分别追尿素13~14.5 kg/亩、15~16 kg/亩则玉米产量可达到905~1 005 kg/亩。

（4）玉米膜下滴灌单次追肥与产量效应关系

在回归模拟计算中应用模型，分别研究玉米拔节期、抽雄期、灌浆期各滴灌追氮时期单次追肥的产量效应，将回归模型方式进行降维，将3个追肥时期中任意2个时期追尿素量码值为0，则得到其中单次追肥对产量的一元二次方程如表6-35所示。

表 6-35　玉米膜下滴灌单次追肥与产量效应关系

年份	单次追肥时期	回归模型方程	显著性
	拔节期	$GY_{拔节}=817.95\pm0.45N_{拔节}-0.45N_{拔节}^2$	$P=0.1417$
2014	抽雄期	$GY_{抽雄}=839.97\pm0.21N_{抽雄}-0.21N_{抽雄}^2$	$P=0.0289<0.05$
	灌浆期	$GY_{灌浆}=836.87\pm0.26N_{灌浆}-0.26N_{灌浆}^2$	$P=0.0485<0.05$
	拔节期	$GY_{拔节}=899.91\pm0.59N_{拔节}-0.59N_{拔节}^2$	$P=0.07201564$
2015	抽雄期	$GY_{抽雄}=918.39\pm0.38N_{抽雄}-0.37N_{抽雄}^2$	$P=0.0481<0.05$
	灌浆期	$GY_{灌浆}=908.34\pm0.37N_{灌浆}-0.38N_{灌浆}^2$	$P=0.0815$

综合 2014 年与 2015 年两年膜下滴灌玉米单次追肥与产量的回归方程常数项和二次项系数可以看出，膜下滴灌不同追肥时期对玉米产量的影响的顺序为 $N_{抽雄}>N_{拔节}>N_{灌浆}$，方程拔节期与灌浆期单次施肥产量均未达到显著水平（$P>0.05$），表明玉米膜下滴灌进行 1 次随水追肥应在灌浆期追尿素量为 16~18 kg/亩，玉米产量可达到 900 kg/亩以上。

（1）不同水溶性氮肥类型对膜下滴灌对玉米生长发育与产量形成有显著影响。通过构建并量化膜下滴灌地积温与玉米干物质积累、氮素吸收的相关关系，明确量化铵态氮肥（硝酸铵、硫酸铵）干物质量和氮素吸收量分别比施用硝酸钙处理高 20%~28% 和 24%~31%，酰胺态氮肥（尿素）干物质量和氮素吸收量分别比施用硝酸钙处理高 14% 和 21%。从氮素利用方面，施硝酸铵的氮肥偏生产力与农学利用效率最高，分别为 61.9 kg/kg 和 29.40 kg/kg，其次是硫酸铵，尿素与氯化铵差异不显著，均高于硝酸钙。综合玉米干物质积累、氮素吸收、光合特性和产量及氮素利用情况的结果，表明玉米覆膜滴灌条件下铵态氮肥为适宜的水溶性氮肥。

（2）玉米膜下滴灌下不同时期追施氮肥运筹组合对玉米产量影响差异显著。

通过构建并量化膜下滴灌玉米施氮总量与产量、氮素农学效率相关关系，表明 2014 年与 2015 年两年膜下滴灌玉米平均最高产量 933 kg/亩对应施氮总量为 22.4 kg，在 2014—2015 年两年平均最高施氮素农学利用效率下 18.6 kg/kg 对应的氮素总量为 15.9 kg，过量施用氮肥增产幅度下降，施氮量总量应控制在 15~22.4 kg/亩范围内。在此基础上连续两年构建不同时期追施氮肥交互与玉米产量效应方程表明，理论上 1 次随水追肥应在灌浆期追尿素量为 16~18 kg/亩，玉米产量可达到 836.87~910 kg/亩；2 次随水追肥玉米最佳时期应在拔节期与灌浆期，分别追尿素 13~14.5 kg/亩、15~16 kg/亩则玉米产量可达到 905~1 005 kg/亩；分别在拔节期、抽雄前期、灌浆期进行随水追肥，分别追施尿素 11.9~12.3 kg/亩、18.1~21.3 kg/亩和 17.0~19.8 kg/亩；玉米亩产可以达到 924.2~1 040.5 kg。根据玉米不同时期追施氮素的产量效应可明确氮素需求的规律，在不同生育期分期多次提供氮素养分，可以更好地实现氮素供应和玉米养分需求的同步，促进玉米生产氮肥减施增效，充分发挥滴灌施肥技术在粮食增产中的作用。

三、适于区域

微灌补充灌溉适用于辽西半干旱区及类似相关区域。

四、注意事项

因地制宜选用适宜补充灌溉技术，选择水溶性好的肥料作为施肥肥料，随水施肥后利用清水将系统内的肥液冲洗干净。

参考文献

[1] GAGNON B, LALANDE R, SIMARD R R, et al. Soil enzyme activities following paper sludge addition in a winter cabbage-sweet corn rotation [J]. Can. J. Soil Sci., 2000, 80: 91-105.

[2] LI F R, ZHAO S L, GEBALLE G T. Water use patterns and agronomic performance for some cropping systems with and without fallow crops in a semi-arid environment of northwest China [J]. Agriculture, ecosystems & environment, 2000, 79 (2-3): 129-142.

[3] LIU E, TECLEMARIAM S G, YAN, C, et al. Long-term effects of no-tillage management practice on soil organic carbon and its fractions in the northern China [J]. Geoderma, 2014, 213, 379-384.

[4] RAMAKRISHNA A, TAM H M, WANO S P, et al. Effect of mulch on soil temperature, moisture, weed infestation and yield of groundnut in northern Vietnam [J]. Field Crops Research, 2006, 95 (2-3): 115-125.

[5] WANG X B, CAI D X, PERDOK U D, et al. Development in conservation tillage in rainfed regions of North China [J]. Soil & Tillage Research, 2007, 93: 239-250.

[6] 白伟, 孙占祥, 郑家明, 等. 虚实并存耕层提高春玉米产量和水分利用效率 [J]. 农业工程学报, 2014, 30 (21): 81-90.

[7] 毕于运, 王道龙, 高春雨, 等. 中国秸秆资源评价与利用 [M]. 北京: 中国农业科学技术出版社, 2008: 69-77.

[8] 边少锋, 马虹, 薛飞, 等. 吉林省西部半干旱区深松蓄水耕作技术研究 [J]. 玉米科学, 2008 (1): 67-68.

[9] 卜玉山, 苗果园, 邵海林, 等. 对地膜和秸秆覆盖玉米生长发育与产量的分析 [J]. 作物学报, 2006, 32 (7): 1090-1093.

[10] 陈明忠. 农业高效用水科技产业示范工程研究 [M]. 郑州: 黄河水利出版社, 2005.

[11] 迟道才. 节水灌溉理论与技术 [M]. 北京: 中国水利水电出版社, 2009.

[12] 迟仁立, 左淑珍. 耕层土壤虚实说之探源与辨析 [J]. 中国农史, 1989, 1: 65-73.

[13] 丁昆企. 深松耕作对土壤水分物理特性及作物生长的影响 [J]. 中国农村水利水电, 1997 (11): 13-16.

[14] 丁瑞霞, 贾志宽, 韩清芳, 等. 宁南旱区沟垄微型集水种植谷子最优沟垄宽度的确定 [J]. 干旱地区农业研究, 2007, 25 (2): 12-15.

[15] 董智. 秸秆覆盖免耕对土壤有机质转化积累及玉米生长的影响 [D]. 沈阳: 沈阳农业大学, 2013.

[16] 樊廷录. 旱地农田微集水种植的水分生产潜力增进机理研究 [J]. 水土保持研究, 2003, 10 (1): 98-100.

[17] 冯晨, 郑家明, 冯良山, 等. 辽西北风沙半干旱区垄膜沟播处理对土壤氮、磷吸附/解吸特性的影响研究 [J]. 土壤通报, 2015, 46 (6): 1366-1372.

[18] 冯良山, 孙占祥, 肖继兵, 等. 辽西地区微集水不同覆盖方式对玉米生长发育的影响 [J]. 干旱地区农业研究, 2011, 29 (3): 118-121.

[19] 高利伟, 马林, 张卫峰, 等. 中国作物秸秆养分资源数量估算及其利用状况 [J]. 农业工程学报, 2009, 25 (7): 173-179.

［20］高鹏，刘作新. 小流域坡耕地集流梯田工程设计与应用［J］. 水利学报，2004，35（8）：103-107.

［21］高威. 辽宁省水资源开发利用情况浅析［J］. 东北水利水电，2015（1）：12-13，37.

［22］龚振平，杨悦乾. 作物秸秆还田技术与机具［M］. 北京：中国农业科学技术出版社，2012.

［23］郭香平. 机械化深松在保护性耕作中的地位和应用［J］. 当代农机，2012（9）：54-55.

［24］郭跃. 试论农耕作对土壤侵蚀的影响［J］. 水土保持学报，1995，9（4）：94-98.

［25］韩娟，贾志宽，任小龙，等. 模拟降雨量下微集水种植对玉米光合速率及水分利用效率的影响
［J］. 干旱地区农业研究，2008，26（1）：81-85.

［26］韩清芳，李向拓，王俊鹏，等. 微集水种植技术的农田水分调控效果模拟研究［J］. 农业工程学
报，2004，20（2）：78-82.

［27］何进，李洪文，高焕文. 中国北方保护性耕作条件下深松效应与经济效益研究［J］. 农业工程
学报，2006（10），62-67.

［28］洪德峰，陈红，唐振海，等. 不同深耕方式和秸秆还田对夏玉米植株形状及籽粒产量的影响
［J］. 山东农业科学，2015，47（1）：26-28.

［29］侯志研，冯良山. 旱地节水节能灌溉技术［M］. 北京：化学工业出版社，2012.

［30］黄毅，毕素艳，邹洪涛，等. 秸秆深层还田对玉米根系及产量的影响［J］. 玉米科学，2013，21
（5）：109-112.

［31］黄国勤，王兴祥，钱海燕，等. 施用化肥对农业生态环境的负面影响及对策［J］. 生态环境，
2004，13（4）：656-660.

［32］黄鸿翔，李书田，李向林，等. 我国有机肥的现状与发展前景分析［J］. 土壤肥料，2006（1）：
3-8.

［33］霍竹，王璞，付晋峰. 秸秆还田与氮肥施用对夏玉米物质生产的影响研究［J］. 中国生态农业
学报，2006，14（2）：95-98.

［34］贾志宽，任小龙，丁瑞霞，等. 旱作农田根域集水种植技术研究［M］. 北京：科学技术出版
社，2010.

［35］焦菊英，王万中，李靖. 黄土丘陵区不同降雨条件下水平梯田的减水减沙效益分析［J］. 水土
保持学报，1999，5（3）：59-63.

［36］荆绍凌，王冰寒，李淑华. 玉米秸秆还田以促进吉林省玉米生产可持续发展［J］. 农业和技术，
2014：3-5.

［37］康轩，黄景，吕巨智，等. 保护性耕作对土壤养分及有机碳库的影响［J］. 生态环境学报，
2009，18（6）：2339-2343.

［38］李传友，何润兵. 深松对土壤蓄水保墒效果影响试验研究［J］. 中国农机化学报，2013，34
（4）：108-112.

［39］李琪. 全国农村雨水集蓄利用系统及其发展［J］. 中国农村水利水电，2003（7）：1-3.

［40］李万良. 吉林省雨养农业区玉米秸秆还田机械化耕作技术研究［D］. 吉林农业大学硕士学位论
文，2005.

［41］梁金风，齐庆振，贾小红. 等. 不同耕作方式对土壤性质与玉米生长的影响研究［J］. 生态环境
学报，2010. 19（4）：945-950.

［42］林葆，林继雄，李家康. 长期施肥的作物产量和土壤肥力变化［M］. 北京：中国农业科技出版
社，1996，48-174.

［43］林超文，庞良玉，陈一兵，等. 四川盆地紫色土 N，P 损失载体及其影响因子［J］. 水土保持学

报，2008，22（2）：20-23.

[44] 林猛. 辽宁省阜蒙县牤牛河项目区水平梯田工程设计探讨 [J]. 北京农业，2015（6）：18.

[45] 刘殿英，石立岩，黄炳茹，等. 栽培措施对冬小麦根系及其活力和植株性状的影响 [J]. 中国农业科学，1993，26（5）：51-56.

[46] 刘广才，杨祁峰，李来祥，等. 旱地玉米全膜双垄沟播技术土壤水分效应研究 [J]. 干旱地区农业研究，2008，26（6）：18-28.

[47] 刘玲，刘振，杨贵运，等. 不同秸秆还田方式对土壤碳氮含量及高油玉米产量的影响 [J]. 水土保持学报，2014，28（5）：188-192.

[48] 刘爽，张兴义. 不同耕作方式对黑土农田土壤水分及利用效率的影响 [J]. 干旱地区农业研究，2012，30（1）：126-131.

[49] 刘武仁，郑金玉，罗洋，等. 不同耕层构造对玉米生长发育及产量的影响 [J] 吉林农业科学，2013，38（5）：1-3.

[50] 刘绪军，荣建东. 深松耕法对土壤结构性能的影响 [J]. 水土保持应用技术，2009（1）：9-11.

[51] 刘巽浩. 泛论我国保护性耕作的现状与前景 [J]. 农业现代化研究，2008，29（2）：208-211.

[52] 刘毅鹏，刘春生. 机械深松联合整地技术的探讨 [J]. 农机使用与维修，2006（4）：21.

[53] 刘志华，盖兆雪，李晓梅，等. 秸秆还田对玉米产量形成及土壤肥力的影响 [J]. 黑龙江农业科学，2014（7）：42-45.

[54] 吕开宇，仇焕广，白军飞，等. 中国玉米秸秆直接还田的现状与发展 [J]. 中国人口资源与环境，2013，03：171-176.

[55] 马宇，王淑伟. 辽宁省水资源现状分析及保护措施研究 [J]. 水利规划与设计，2015（11）：42-44，60.

[56] 孟庆秋，谢佳贵. 土壤深松对玉米产量及其构成因素的影响 [J]. 吉林农业科学，2000，25（2）：25-28.

[57] 莫非，周宏，王建永，等. 田间微集雨技术研究及应用 [J]. 农业工程学报，2013，29（8）：1-17.

[58] 牟金明，王明辉，宋日，等. 作物根茬留田对土壤有效微量元素动态的影响 [J]. 吉林农业科学，1998（1）：59-61.

[59] 牛灵安，秦耀生，郝晋珉，等. 曲周试区秸秆还田配施氮磷肥的效应研究 [J]. 土壤肥料，1998（6）：32-35.

[60] 裴金萍，张宽地，王志刚. 隔坡集流梯田工程的研究与规划 [J]. 中国农村水利水电，2004（11）：16-17.

[61] 裴攸，马旭. 宽窄行交互种植条带深松新耕法及配套机具研究 [J]. 农业工程学报，2000，16（5）：67-70.

[62] 彭少兵，黄见良，钟旭华，等. 提高中国稻田氮肥利用率的研究策略 [J]. 中国农业科学，2002，35（9）：1095-1103.

[63] 萨如拉，高聚林，于晓芳，等. 玉米秸秆深翻还田对土壤有益微生物和土壤酶活性的影响 [J]. 干旱区资源与环境，2014，28（7）：138-143.

[64] 史吉平，张夫道，林葆. 长期定位施肥对土壤中、微量营养元素的影响 [J]. 土壤肥料，1999（1）：3-6.

[65] 水利部农村水利司，中国灌溉排水发展中心. 雨水集蓄利用工程技术 [M]. 郑州：黄河水利出版社，2011.

[66] 宋日，吴春胜，牟金明，等. 深松对玉米根系生长发育的影响 [J]. 吉林农业大学学报，2000，22（4）：73-75.

[67] 苏正义，韩晓日. 氮肥深施对作物产量和氮肥利用率的影响 [J]. 沈阳农业大学学报，1997，28（4）：292-296.

[68] 王爱玲，陈阜. 黄淮海平原秸秆还田的现状、效应及发展趋势：持续高效农业理论与实践 [J]. 北京：气象出版社，2001，61-68.

[69] 王建波. 耕作方式对旱地冬小麦土壤有机碳转化及水分利用影响 [D]. 北京：中国农业科学院，2014.

[70] 王珏琼. 朝阳市土坎农业水平梯田设计与施工模式实践成果浅析 [J]. 水土保持应用技术，2016（6）：22-24.

[71] 王礼先，朱金兆. 水土保持学 [M]. 北京：中国林业出版社，2004.

[72] 王如芳，张吉旺，董树亭，等. 我国玉米主产区秸秆资源利用现状及其效果 [J]. 应用生态学报，2011，22（6）：15045-1510.

[73] 王淑平，周广胜，姜亦梅，等. 玉米植株残体留田对土壤生化环境因子的影响 [J]. 吉林农业大学学报，2002，24（6）：54-57.

[74] 王喜艳，窦森，张恒明，等. 玉米秸秆持水深埋对辽西瘠薄耕地土壤养分及玉米产量的影响 [J]. 西北农业学报，2014，23（5）：76-81.

[75] 王晓娟，贾志宽，梁连友，等. 旱地有机培肥对玉米产量和水分利用效率的影响 [J]. 西北农业学报，2009，18（2）：93-97.

[76] 王亚静，毕于运，高春雨. 中国秸秆资源可收集利用量及其适宜性评价 [J]. 中国农业科学，2010，43（9）：1852-1859.

[77] 王增丽. 秸秆不同处理还田方式对土壤理化特性和作物生长效应的影响 [D]. 咸阳：西北农林科技大学. 2012.

[78] 翁伟，杨继涛，赵青玲，等. 我国秸秆资源化技术现状及其发展方向 [J]. 中国资源综合利用，2004（7）：15-21.

[79] 吴发启，张玉斌，宋娟丽，等. 水平梯田环境效应的研究现状及其发展趋势 [J]. 水土保持学报，2003，17（5）：28-31.

[80] 吴发启，张玉斌，王健. 黄土高原水平梯田的蓄水保土效益分析 [J]. 中国水土保持科学，2004，2（1）：34-37.

[81] 肖继兵，孙占祥，杨久廷，等. 半干旱区中耕深松对土壤水分和作物产量的影响 [J]. 土壤通报，2011，42（3）：709-714.

[82] 肖剑英，张慕，谢德体，等. 长期免耕稻田的土壤微生物与肥力关系研究 [J]. 西南农业大学学报，2004，24（1）：82-85.

[83] 徐文强，杨祁峰，牛芬菊. 秸秆还田与覆膜对土壤理化特性及玉米生长发育的影响 [J]. 玉米科学，2013，21（3）：87-93，99.

[84] 许迪，SCHMID R，MERMOUD A. 夏玉米耕作方式对耕层土壤特性时间变异性的影响 [J]. 水土保持学报，2000，14（1）：64-70.

[85] 杨志臣，吕贻忠，张凤荣，等. 秸秆还田和腐熟有机肥对水稻土培肥效果对比分析 [J]. 农业工程学报，2008，24（3）：214-218.

[86] 员学锋，吴普特，汪有科，等. 免耕条件下秸秆覆盖保墒灌溉的土壤水、热及作物效应研究

[J]. 农业工程学报, 2006, 22 (7): 22-25.

[87] 詹长根, 帅峰, 胡梓桑. 水平梯田参数设计优化方法研究 [J]. 国土资源科技管理, 2015, 32 (1): 101-105.

[88] 战秀梅, 彭靖, 李秀龙. 耕作及秸秆还田方式对春玉米产量及土壤理化性状的影响 [J]. 华北农学, 2014, 29 (3): 204-209.

[89] 张宝林, 刘跃光, 寿祝邦. 辽宁坡耕地建设水平梯田的必要性与可能性 [J]. 水土保持研究, 1997 (4): 60-64.

[90] 张国合, 常建智, 李彦昌, 等. 不同耕作方式对夏玉米生长发育及产量的影响 [J]. 河南农业科学, 2013, 42 (11): 14-16.

[91] 张玉玲, 张玉, 黄毅, 等. 辽西半干旱地区深松中耕对土壤养分及玉米产量的影响 [J]. 干旱地区农业研究, 2009 (4): 167-170.

[92] 张振江. 长期麦秆直接还田对作物产量与土壤肥力的影响 [J]. 土壤通报, 1998, 29 (4): 154-155.

[93] 赵松岭. 集水农业引论 [M]. 西安: 西安科学技术出版社, 1996.

[94] 赵秀兰, 许大志, 高云. 玉米根茬还田对土壤肥力的影响研究简报 [J]. 土壤通报, 1998, 29 (1): 14-16.

[95] 甄丽莎, 谷洁, 高华, 等. 秸秆还田与施肥对土壤酶活性和作物产量的影响 [J]. 西北植物学报, 2012, 32 (9): 1811-1818.

[96] 郑东辉, 王保民, 王雪峰, 等. 机械超深松的作用与发展 [J]. 农机化研究, 2005 (5): 288.

[97] 周怀平, 解文艳, 关春林, 等. 长期秸秆还田对旱地玉米产量、效益及水分利用的影响 [J]. 植物养与肥料学报, 2013, 19 (2): 321-330.

[98] 邹洪涛, 张玉龙, 黄毅, 等. 辽西北半干旱区土壤深松对玉米生长发育及产量的影响 [J]. 沈阳农业大学学报, 2009, 40 (4): 475-477.

附件

风沙半干旱区玉米花生间作防风蚀种植技术规程

1　范围

本标准规定了玉米花生间作防风蚀种植中的品种选择、选地、整地与施肥、种植方式与密度、播种与种肥、病虫害防治、收获等生产操作要求。

本标准适用于辽宁省风沙半干旱区。

2　规范性引用文件

下列文件对于本文件的应用是必不可少的。凡是注日期的引用文件，仅所注日期的版本适用于本文件。凡是不注日期的引用文件，其最新版本（包括所有的修改单）适用于本文件。

GB/T 21962　　玉米收获机械技术条件

GB 4404.1　　粮食作物种子——禾谷类

GB 4407.2　　经济作物种子——油料类

GB/T 8321.9　　农药合理使用准则

NY/T 2393　　花生主要虫害防治技术规程

DB21/T 1418　　玉米病虫安全控害技术

DB21/T 1668　　花生机械收获作业技术规程

3　术语与定义

下列术语和定义适用于本文件。

间作（Intercropping）

指在同一田地上于同一生长期内，分行或分带相间种植两种或两种以上作物的种植方式。

4　品种选择

玉米品种选用株型较紧凑、抗逆抗病性强、适合间作的品种，经过国家或省级审定推广的玉米杂交种，种子质量达到 GB 4404.1 二级标准以上。

花生品种选用国家或省级审定推广的耐阴、高产、优质花生品种，种子质量达到 GB 4407.2 二级标准以上。

5 选地

选地势平坦肥沃，土层较深厚，排水方便，土壤以壤土或沙壤土为宜。

6 整地与基肥

秋收后立即进行翻耕，耕地深度因地制宜，为 20~25 cm，同时每亩施入优质有机肥 2 000~3 000 kg，随后灭茬，土壤深松（每隔 2~3 a 进行 1 次），旋耕加镇压。

7 种植方式与密度

7.1 玉米花生 6∶6 间作

间作带宽 6 m，行距 50 cm。玉米 6 行，株距 26.68 cm，5 000株/亩，花生 6 行，穴距 13~14 cm，双粒，20 000株/亩，年际间交替轮作，玉米收获后残体覆盖防风蚀（图 1）。

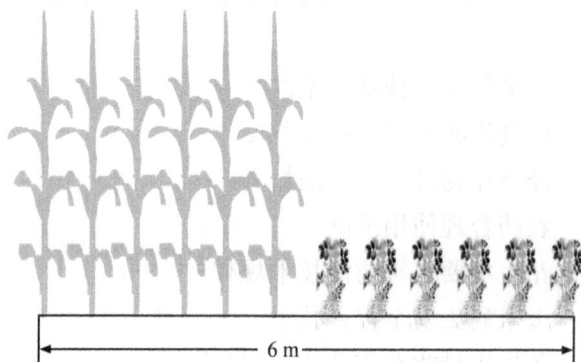

图 1   玉米花生 6∶6 间作种植示意图

7.2 玉米花生 8∶8 间作

间作带宽 8 m，行距 50 cm。玉米 8 行，株距 26.68 cm，5 000株/亩，花生 8 行，穴距 13~14 cm，双粒，20 000株/亩，年际间交替轮作，玉米收获后残体覆盖防风蚀。

8 播种与种肥

8.1 种子播前处理

有针对性地选用不同类型的玉米种衣剂和花生种衣剂，严格按照产品说明书要求进行种子包衣（图 2）。

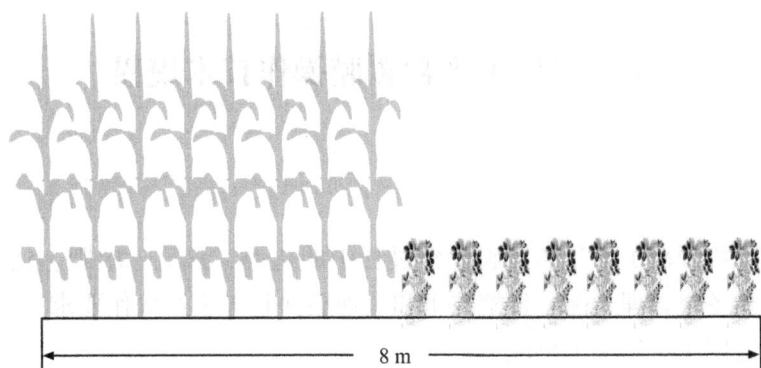

图 2　玉米花生 8∶8 间作种植示意图

8.2　播种

8.2.1　播种期

播种期为 5 月上旬，5~10 cm 土层温度稳定在 8 ℃连续 3 d 以上时即可播种。

8.2.2　播种量

玉米精量播种，播种量为 1.5~2.0 kg/亩，花生播种量为 11~15 kg/亩。

8.3　种肥

玉米一般每亩施三元复合肥（氮磷钾含量 45%）30~35 kg、硫酸钾 5~10 kg，缺锌地块还需施入硫酸锌 1~1.5 kg。花生每亩施入花生专用复合肥 20~30 kg 或磷酸二铵 15~20 kg+硫酸钾 8~12 kg。

8.4　化学除草

播种后用扑乙（含扑草净和乙草胺 40%）随播种机械喷洒地表，玉米具体用量为 120~150 mL 兑水 50~60 kg、花生亩用量 100~120 mL 兑水 50~60 kg。

8.5　追肥

结合中耕，玉米拔节期每亩追施尿素（含氮 46.7%）25~30 kg，花生始花期每亩分别追施尿素（含氮 46.7%）8~10 kg。

9　病虫害防治

按 DB21/T 1418 玉米病虫安全控害技术规程和 NY/T 2393 花生主要虫害防治技术规程执行。

10　收获

按 GB/T 21962 玉米收获机械技术条件和 DB21/T 1668 花生机械收获作业技术规程执行。

半干旱区玉米秋覆膜操作技术规程

1　范围

本技术规程规范了玉米秋覆膜操作过程中的选地、整地、施肥、化学除草、机械化覆膜、秋冬季管理、配套种植技术和残地膜回收等生产操作要求。

本标准适用于风沙半干旱区。

2　规范性引用文件

下列文件对于本文件的应用是必不可少的。凡是注日期的引用文件，仅所注日期的版本适用于本文件。凡是不注日期的引用文件，其最新版本（包括所有的修改单）适用于本文件。

GB 4404.1	粮食作物种子——禾谷类
GB 9321	农药合理使用准则
GB/T 13735	聚乙烯吹塑农用地面覆盖薄膜
GB 10395.1、GB 10395.5	地膜覆盖机械安全技术要求
GB/T 25413	农田地膜残留量限值及测定
NY/T 986	铺膜机　作业质量
NY/T 496	肥料合理使用准则　通则
NY/T 1355	玉米收获机作业质量
NY/T 2086	残地膜回收机操作技术规程
NY/T 1227	残地膜回收机　作业质量
DB21/T 1418	玉米病虫安全控害技术
DB21/T 1904	地膜覆盖机械作业技术规程

3　选地

选地势平坦肥沃，土层较深厚，排水方便，土壤以壤土或砂壤为宜。坡地坡度在15°以内，具体质地和含水量标准，见表1。

表1　玉米秋季覆盖的适宜土壤含水量

质地	≤0.01 mm 颗粒（%）	土壤含水量（%）
砂土	7.7	9.2~10.4
粉壤土	25.0	13.8~15.5
壤土	50.8	15.3~17.3
黏土	67.8	18.8~21.2

4 整地

秋收后灭茬，进行翻耕，耕地深度因地制宜，为 20~25 cm，土壤全方位深松可每隔 2~3 a 进行 1 次即可，旋耕加镇压。作业地块地表应平整，距地表 80~120 mm 耕层内，最大外形尺寸超过 40 mm 的土块数量应少于 5%，清除作业地杂物。

5 施肥

秋季肥料一次性施入土壤，其中，优质有机肥 3 000~5 000 kg/亩。施入化肥量可按测土配方施入适量化肥。没有采用测土的地块一般亩施三元复合肥（15 : 15 : 15）30~35 kg，缺锌地块还需施入硫酸锌 1~1.5 kg。

6 化学除草

按照 NY/T 1997—2011 除草剂安全使用技术规范通则，于秋季覆膜时均匀喷洒在土壤表面。

7 机械化覆膜

7.1 地膜种类

地膜质量满足 GB/T 13735 聚乙烯吹塑农用地面覆盖薄膜标准，并使用单幅或成卷的地膜，地膜幅宽应比垄（畦）宽 200~300 mm。

7.2 覆膜方式

两种覆膜方式分别为等行距覆膜（图 1），也可采用双垄面全膜覆盖（图 2）。

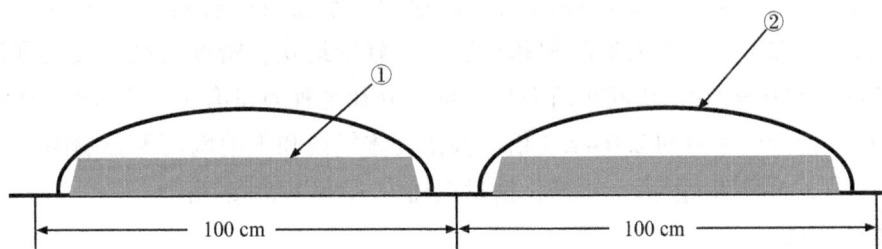

图 1 等行距秋覆膜示意图

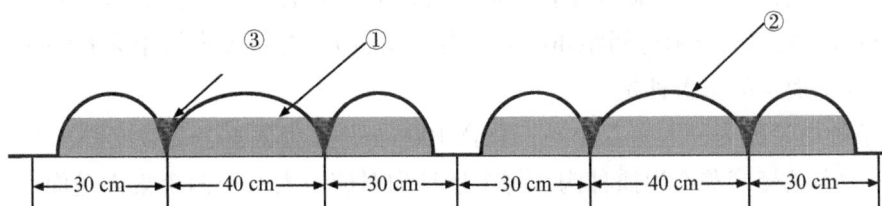

图 2 双垄面秋季全膜覆盖示意图

①代表垄；②代表地膜；③代表小垄与大垄交界处覆土。

7.3　地膜覆盖机械安全

地膜覆盖机械安全技术要求应满足 GB 10395.1、GB 10395.5 的规定。

7.4　地膜覆盖作业质量

地膜覆盖效果应满足 NY/T 986 铺膜机作业质量要求。

8　秋冬季田间管理

休闲期应防止畜禽对地膜进行破坏。

9　配套种植技术

9.1　品种选择

玉米品种选用生育期偏长、株型较紧凑、抗早衰、抗逆抗病性强等品种，经过国家或省级审定推广的玉米杂交种，种子质量达到 GB 4404.1 二级标准以上。

9.2　播种

9.2.1　播种期

当地表下 0~15 cm 土壤温度达到 8 ℃以上，并稳定 3 d，即可播种，一般为 4 月下旬到 5 月上旬。

9.2.2　播种量

精量播种的播种量可以采用以下公式计算：

$$亩精量播种量（kg）= \frac{亩计划留苗数×千粒重（g）}{发芽率（\%）×田间出苗率（\%）×10^6}$$

计划留苗数的确定，从群体出发考虑地力、水肥及品种特性等因素。生育期短、植株矮、株型紧凑的玉米品种和水肥条件好的地块，密度要高，反之则低。密度为 3 500~5 000 株/亩。田间出苗率与土壤水分和播种质量有关，为 80%~90%。穴播播种量是精量播种量的 2.0~2.5 倍，根据具体气候和土壤墒情等影响因素适当增减。穴播为 2.5~3.0 kg/亩，机械化精量点播为 1.0~1.5 kg/亩。

9.3　种植方式

9.3.1　大垄双行种植

大垄双行种植即将原来的两垄合成一条大垄，垄上种植两行玉米。大垄垄底宽 90~100 cm，大垄上玉米行间距 40 cm 左右（窄行），宽行玉米行距为 60 cm 左右。

9.3.2　双垄面全膜覆盖种植

每条种植带分为一大垄双小垄，总宽 100 cm，大垄宽 40 cm，小垄宽 30 cm，高 10 cm。大小垄交接垄沟为播种沟，每个播种沟对应一大一小两个集雨垄面。

9.4　病虫害防治

玉米病虫害按照 GB 9321 和 DB21/T 1418 执行防治。

9.5　收获

采用机械收获需达到 NY/T 1355 作业质量。

10　地膜回收

地膜回收按照 NY/T 2086 残地膜回收机操作技术规程和 NY/T 1227 残地膜回收机作业质量执行。地膜残留标准按照 GB/T 25413 农田地膜残留量限值及测定执行。

玉米秸秆覆盖免耕种植技术规程

1 范围

本标准规定了玉米秸秆覆盖免耕种植技术过程中的秸秆处理、播种条件、播种、施肥、化学除草、病虫害防控、适时收获等生产操作要求。

本标准适用于辽宁中部地区、辽西北地区的玉米种植。

2 规范性引用文件

下列文件对于本文件的应用是必不可少的。凡是注日期的引用文件，仅所注日期的版本适用于本文件。凡是不注日期的引用文件，其最新版本（包括所有的修改单）适用于本文件。

GB/T 20865　免耕施肥播种机

GB/T 21962　玉米收获机械技术条件

GB 4404.1　粮食作物种子——禾谷类

GB/T 8321.9　农药合理使用准则

NY/T 1628　玉米免耕播种机　作业质量

DB21/T 1390　风沙半干旱地区玉米节水高产优质栽培技术规程

DB21/T 1418　玉米病虫安全控害技术

3 术语和定义

下列术语和定义适用于本标准。

3.1 玉米秸秆覆盖免耕（No-tillage of maize stover mulching）

玉米秸秆覆盖免耕，指在秋收后秸秆不焚烧、直接覆盖地表，播种前不耕整土地，秸秆覆盖地表的情况下采用免耕播种机直接完成播种作业。

4 秸秆覆盖方式

玉米收获后，秸秆需均匀覆盖地表。

a）站秆覆盖

人工摘穗或机械摘穗后秸秆不做任何处理，站立在田间即可。

b）地表整秆覆盖

机械收获时关闭玉米收获机的还田动力，保证秸秆均匀平铺在地表；人工收获，秸秆放倒平铺地表，避免秸秆成堆铺放，或摘穗后将站立的秸秆用农机压倒，保证秸秆均匀覆盖地表。

c）粉碎覆盖

机械收获时利用玉米收割机的还田装置将秸秆粉碎，均匀覆盖地表；人工收获后利用打秆机械将秸秆粉碎，均匀覆盖地表。

5　播种条件

土壤 5~10 cm 的温度连续 3 d 稳定通过 8 ℃，即为播种适宜期。

6　播种

a）种子质量

选用籽粒均匀、饱满，无病虫和杂质的玉米杂交种子，种子发芽率在 98% 以上，且达粮食作物种子质量标准（GB 4404.1）。

b）种子包衣

播种前一周应进行晒种，并依据生产实际包衣，具体操作参照 DB21/T 1390 执行。同时，建议播种时在种箱内用少量石墨粉拌种，以增加种子光滑度利于播种。

c）播种机具选择

选用前置圆盘切刀、安装有分草轮的免耕播种机具，机具性能需达到 NY/T 1628 和 GB/T 20865 的要求。

d）种床要求

种床应整洁无杂草、碎秸秆，种床土层无夹干土。

e）播种深度

播种深度以覆土镇压后种子距地表 3~5 cm 为宜，依据土壤墒情调节播种深度，但最大深度不宜超过 7 cm。

f）播种质量

播种作业质量应达到 NY/T 1608 标准，单粒率 97% 以上，空穴率 3% 以下。种植密度，密植型品种以 6 万株/hm^2 为宜，稀植型品种不宜超过 5 万株/hm^2。

7　施肥

a）化肥品质

选用粒状肥料，优先选择粒径均匀、颗粒硬度适宜的化肥。

b）施肥量

依据当地农业生产实际合理施肥，一般建议施玉米专用长效复合（混）肥 600 kg/hm^2、口肥（磷酸二铵）100 kg/hm^2。

c）施肥深度

采取侧位深施方式施肥，要求种、肥（底肥）横向间隔 5~7 cm，施肥深度 12 cm 以上。

8　杂草防控

a）农业防控

通过作物轮作的方式防止或降低伴生性杂草。

b）化学防控

采用苗前封闭除草为主，苗后触杀除草为辅的原则防控田间杂草。如苗前封闭除草效果不佳，可在玉米 3 叶期至 5 叶期用烟嘧磺隆等苗后除草剂防控杂草。

9　病虫害防控

采取农业防治、生物防治为主，化学防治为辅的方式防控病虫害。加强病虫害预测预报，做到有针对性的适时用药，未达到防治指标或益害虫比合理的情况下不用药。根据防治对象的特性和危害特点，允许使用生物源农药、矿物源农药和低毒有机合成农药，有限度地使用中毒农药，禁止使用剧毒、高毒、高残留农药。严禁使用禁止使用的农药和未核准登记的农药。注意不同作用机制的农药合理交替使用和混用，以提高防治效果。坚持农药的正确使用，严格按使用浓度施用，施药力求均匀周到，不漏施，不重施。

a）农业防治

实行2~3 a 轮作，选用抗病、虫的品种，适期播种，合理密植，清除田间和田边杂草，及早铲除病株。

b）物理防治

根据害虫生物学特点，采用黑光灯、频振式灯、糖醋液、黄色黏虫板、银灰膜等方法诱杀害虫。

c）生物防治

保护害虫天敌资源防控虫害；利用植物源/抗生素源/活体农药/病毒类农药等防治病虫害，如玉米心叶期，用含 40 亿~80 亿/g 孢子的白僵菌粉制成颗粒施在玉米顶叶内侧防治玉米螟。

d）化学防治

秸秆连年覆盖地表，可能会出现病虫害加剧的风险，生产中可按表 1 方法进行防控，具体要求可参照 GB/T 8321.9、DB21/T 1418 及 DB21/T 1390 执行。

表 1　春玉米玉要病虫害防治方法

病虫害名称	防治方法
苗期病害（丝黑穗病、顶腐病、苗枯病等）	采用种子包衣或拌种的方式防治，选用含有三唑类杀菌剂（如烯唑醇、三唑酮）和克百威或丙硫克百威（有效成分达 7%以上，≥7.5%最好）的种衣剂包衣处理种子进行防控

续表

病虫害名称	防治方法
地下害虫 （地老虎、蛴螬、蝼蛄、金针虫等）	采用3%辛硫磷颗粒剂1.5~2 kg/亩，或辛硫磷乳油100 mL/亩，加水500 mL，拌15 kg细干土制成毒土，随底肥施入土壤中进行防控
生育期主要病害 （大斑病、灰斑病、弯孢叶斑病、褐斑病、纹枯病等）	结合玉米生育期主要害虫防治措施，在玉米喇叭口期一次性喷施杀菌谱广、渗透性或内吸性好、活性高、持效期长的适宜杀菌剂，如10%苯醚甲环唑水分散粒剂20 g/亩、或25%嘧菌酯悬浮剂20 mL/亩、或18.7%扬彩悬乳剂50 g/亩、或32.5%阿米妙收悬浮剂20 g/亩、或50%扑海因可湿性粉剂75 g/亩进行防控
生育期主要虫害 （黏虫、玉米螟、玉米蚜虫等）	结合玉米生育期主要害虫防治措施，在玉米喇叭口期一次性喷施持效期长、高内吸活性或高渗透性、高传导性、高化学稳定性的广谱杀虫剂，如20%氯虫苯甲酰胺悬浮剂10 mL/亩或40%氯虫·噻虫嗪水分散剂10 mL/亩进行防控

注：1 亩 ≈ 667 m^2。

10　收获

根据当地的栽培制度、气象条件、品种熟性和田间长势灵活掌握收获时期。粒用玉米要在完熟期收获，判定标准如下：

根据田间长势：玉米植株基部叶片变黄、苞叶成黄白色而松散，是成熟的标志。

根据籽粒状况：籽粒乳线消失，坚硬光滑，基部形成黑色层时要及时收获。

玉米贴茬少耕种植技术规程

1　范围

本标准规定了玉米贴茬少耕种植过程中的选地、品种选择及种子质量、玉米留高茬与秋整地、贴茬播种、苗期管理、病虫害防治及收获等技术要求。

本标准适用于玉米贴茬少耕种植。

2　规范性引用文件

下列文件对于本文件的应用是必不可少的。凡是注日期的引用文件，仅所注日期的版本适用于本文件。凡是不注日期的引用文件，其最新版本（包括所有的修改单）适用于本文件。

GB 4404.1　　　粮食作物种子——禾谷类
GB/T 21962　　玉米收获机械　技术条件
GB/T 8321.9　　农药合理使用准则
NY/T 1355　　　玉米收获机　作业质量
NY/T 496　　　 肥料合理使用准则　通则
DB21/T 1418　　玉米病虫安全控害技术

3　术语与定义

下列术语和定义适用于本文件

贴茬少耕种植（minimal tillage based on planting close to the stubble）

是一种保护性耕作技术，该方法为在作物收获时留高茬，播种前农田不进行耕作，贴茬直接播种。

4　选地

宜选择地势平坦的地块，坡耕地次之，壤土和沙壤土均可。

5　品种选择及种子质量

选用株型较紧凑、抗逆抗病性强的品种，经过国家或省级审定推广的玉米杂交种。可根据市场需求和生产目标选用优质的专用品种。

选用籽粒饱满、粒型均匀一致的玉米杂交种子，种子质量达到 GB 4404.1 二级标准以上。

6 玉米留高茬与秋整地

作物收获时留 20~30 cm 高茬，可在连续种植 3~4 a 之后于秋收后采用深松机进行土壤深松，深度为 30~35 cm，耕作后镇压。

7 贴茬播种

a）播种期

4 月下旬至 5 月上旬，当 5~10 cm 播种层地温稳定在 8 ℃以上 3 d 即可播种。

b）播种量

精量播种的播种量可以采用以下公式计算：

$$亩精量播种量(kg) = \frac{亩计划留苗数×千粒重(g)}{发芽率(\%)×田间出苗率(\%)×10^6} \tag{1}$$

c）播种方式

以传统耕作的均匀垄为基础，在上一年秋季玉米收获时留高茬，不灭茬。春季在种子涂层后采用播种施肥机贴茬的一侧直接沟播种植。第二年在原均匀垄根茬的另一侧进行播种。第三年沿原均匀垄根茬播种，连续贴茬种植 3~4 a 后于秋收后深松一次。

d）施肥

采用双层施肥方式，两垄之间垄沟内开深 18~20 cm 的施肥沟，施入尿素 25~30 kg/亩，保水剂 2 kg/亩。播种的同时施入磷酸二铵和三元复合肥各 10 kg/亩作为种肥。

e）化学除草

播种后可选用下列一组药剂兑水 50 kg 均匀喷洒在土壤表面，见表 1。

表 1　贴茬少耕种植化学除草方法

化学除草	具体做法
药剂 1	40%阿特拉津胶悬剂 200~250 mL/亩和 43%拉索乳油 150~250 mL/亩
药剂 2	50%乙草胺乳油 150~250 mL/亩
药剂 3	乙阿合剂（阿特拉津和乙草胺混合剂）150~200 mL/亩
药剂 4	90%禾耐斯 85~95 mL/亩

8 苗期管理

a）查田补苗

在三叶期前后进行查田。如缺苗断垄严重时，可进行补种或在间苗时带土移栽同品种的幼苗。

b）定苗

玉米如未采用精量播种，需在玉米 3~5 片叶时进行间苗，一般每穴留 1 株苗，缺苗处相邻两穴留双株。如地下害虫较多，定苗时间可适当推迟，但最晚不宜超过 6 片叶。玉米拔节期后，及时除掉玉米基部长出的分蘖。

9 病虫害防治

玉米病虫害防治按照 GB/T 8321.9 和 DB21/T 1418 执行。

10 收获

按照 GB/T 21962 玉米收获机械技术条件执行。当玉米植株基部叶片变黄、苞叶黄白色而松散，是成熟的标志，或根据籽粒状况，当籽粒乳线消失，坚硬光滑，基部形成黑色层时要及时收获。采用机械收获需达到 NY/T 1355 作业质量。

玉米交替间隔深松耕作技术规程

1　范围

本标准规定了玉米交替间隔深松耕作中选地、深松方式、作业时间、深松机具、深松深度、配套耕作措施、配套种植措施等生产操作要求。

本标准适用于玉米交替间隔深松耕作技术规程。

2　规范性引用文件

下列文件对于本文件的应用是必不可少的。凡是注日期的引用文件，仅所注日期的版本适用于本文件。凡是不注日期的引用文件，其最新版本（包括所有的修改单）适用于本文件。

GB 4404.1　　　粮食作物种子——禾谷类

GB/T 21962　　玉米收获机械技术条件

DB21/T 1418　　玉米病虫安全控害技术

DB21T 1910　　玉米深松施肥技术

3　术语及定义

下列术语和定义适用于本文件。

3.1　深松（Subsoiling）

深松是用深松犁或凿形铲等农机具疏松土壤而不翻转土层的耕作方法。深松是打破犁底层、增厚耕作层、提高土壤蓄水保肥能力、促进玉米根系下扎、保证土壤水肥高效利用的土壤耕作作业。

3.2　交替间隔深松（Alternating subsoiling）

第一年秋季作物收获后或春季播种前垄台上深松，第二年玉米拔节前结合中耕垄沟深松，第三年与第一年相同，以此类推。

4　选地

选择地势平坦、肥力中等以上的农田为宜。

5　深松方式

采用局部交替间隔深松方式，间隔距离应根据当地种植玉米的垄距确定，要保持深松间距一致，深松间距为 50~60 cm。

6　作业时间

垄台深松在作物收获后或春季作物播种前进行，中耕深松在玉米拔节前进行，深松位置为垄沟，具体见图1。

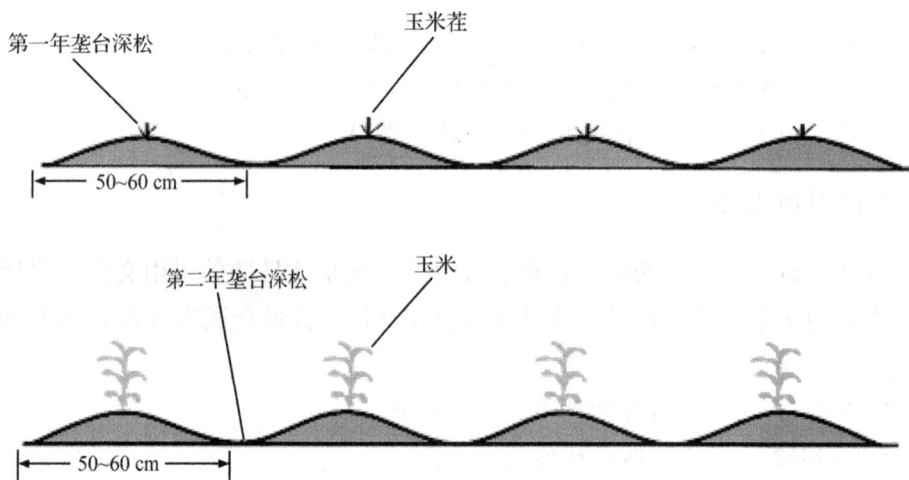

图1　交替间隔深松示意图

7　深松机具

第一年秋季作物收获后或春播前深松选用深松旋耕一体机，第二年中耕深松选用单柱式深松机。

8　深松深度

秋季或春季深松作业深度为30~35 cm，夏季中耕深松深松为25~30 cm。

9　配套耕作措施

9.1　灭茬

第一年结合深松进行灭茬，第二年在春播前只灭茬不深松。

9.2　镇压

秋季或春季深松后进行垄上镇压，减少土壤大孔隙比例，保持垄平土碎。

10　配套种植技术

10.1　品种选择

玉米品种选用抗倒伏抗病性强的品种，经过国家或省级审定推广的玉米杂交种，种子质量达到 GB 4404.1 二级标准以上。

10.2　种植方式

采用等行距种植模式，垄距在 50~60 cm。

10.3　播种技术

4 月下旬至 5 月上旬，5~10 cm 土层温度稳定在 8 ℃连续 3 d 以上时即可播种。

10.4　施肥

按 DB21 T 1910 执行。

10.5　病虫害防治

按 DB21/T 1418 执行。

10.6　收获

按 GB/T 21962 执行。

玉米高产耕层土壤改良技术规程

1　范围

本标准规定了玉米高产耕层土壤改良生产操作要求。

本标准适用于辽宁省褐土和棕壤区。

2　规范性引用文件

下列文件对于本文件的应用是必不可少的。凡是注日期的引用文件，仅所注日期的版本适用于本文件。凡是不注日期的引用文件，其最新版本（包括所有的修改单）适用于本文件。

GB/T 21962　　玉米收获机械技术条件

GB/T 5262　　农业机械试验条件　测定方法的一般规定

JB/T 6678　　秸秆粉碎还田机

NY/T 1004　　秸秆还田机质量评价技术规范

NY/T 1418　　深松机质量评价技术规范

3　术语及定义

下列术语和定义适用于本文件。

高产耕层土壤改良 high yield and plough layer soil improvement

针对耕层土壤的不良性状和障碍因素，采取相应的物理或化学措施，改善土壤性状，提高土壤肥力，增加作物产量的过程。

4　高产耕层土壤改良

4.1　有机肥

整地前将优质有机肥均匀铺撒于地表，亩施入量为2 000~3 000 kg。

4.2　秸秆还田

4.2.1　粉碎覆盖还田

4.2.1.1　采用联合收获作业，一次完成玉米收获与秸秆还田覆盖，秸秆长度≤100 mm；秸秆切碎合格率≥90%；抛撒不均匀率≤20%；秸秆覆盖率≥30%。

4.2.1.2　秸秆还田质量符合NY/T 1004秸秆还田机质量评价技术规范。

4.2.2　留茬还田

4.2.2.1　人工收获后，玉米秸秆留茬平均高度≤80 cm，秸秆含水量为20%~30%，用秸秆还田机进行一次秸秆还田作业。

4.2.2.2 秸秆还田质量符合 NY/T 1004 秸秆还田机质量评价技术规范。

4.3 深松

4.3.1 全方位深松选用倒 V 形全方位深松机，0～20 cm 土壤含水量在 15%～22%，深松深度为 30～35 cm；深松时间一般在秋季进行，2～3 a 1 次。

4.3.2 局部深松选用单柱式深松机，0～20 cm 土壤含水量在 15%～22%，深松深度为 25～30 cm，深松时间一般在春季进行，每年 1 次。

4.4 旋耕

旋耕深度为 15 cm 左右。

4.5 镇压

选用 V 形镇压器或环形镇压器镇压，镇压强度掌握在 500～550 g/cm²，当土壤墒情较差时（土壤含水量低于 12%），不应低于 650 g/cm²，压后土壤耕层容重达到 500～550 g/cm²。

4.6 联合作业

也可以施用深松旋耕一体机一次性完成深松、旋耕和镇压等作业环节。

5 玉米高产耕层土壤改良要求技术参数

5.1 褐土玉米高产耕层土壤改良要求技术参数

褐土玉米经济产量≥800 kg/亩耕层土壤改良要求技术参数为耕层厚度 22～35 cm，犁底层厚度 5～10 cm，土壤容重 1.1～1.3 g/cm³，有效耕层土壤量 190 000～300 000 kg/亩，土壤三相比 2：1：1；土壤有机质为 10～20 g/kg，速效氮为 150～180 mg/kg，速效磷为 30～60 mg/kg，速效钾为 150～200 mg/kg，土壤 pH 为 7.5～8.0。

5.2 棕壤玉米高产耕层土壤改良要求技术参数

棕壤玉米经济产量≥700 kg/亩耕层土壤改良要求技术参数为耕层厚度 20～30 cm，犁底层厚度 5～18 cm，土壤容重 1.25～1.3 g/cm³，有效耕层土壤量170 000～260 000 kg/亩，土壤三相比 2：1：1；土壤有机质为 20～30 g/kg，速效氮为 150～230 mg/kg，速效磷为 40～110 mg/kg，速效钾为 160～260 mg/kg，土壤 pH 为 6.5～7.0。

玉米垄膜沟播栽培技术规程

1 范围

本标准规范了玉米垄膜沟播栽培技术的选地、垄膜沟播、田间管理、收获等生产操作要求。

本标准适用于风沙半干旱地区玉米垄膜沟播种植。

2 规范性引用文件

下列文件对于本文件的应用是必不可少的。凡是注日期的引用文件，仅所注日期的版本适用于本文件。凡是不注日期的引用文件，其最新版本（包括所有的修改单）适用于本文件。

GB 15618　　　　土壤环境质量标准

GB 15671　　　　农作物薄膜包衣种子技术条件

GB 4404.1　　　　粮食作物种子——禾谷类

GB 5084　　　　农田灌溉水标准

GB 9321　　　　农药合理使用准则

SL 207　　　　节水灌溉技术规范

NY/T 1355　　　玉米收获机作业质量

NY/T496　　　　肥料合理使用准则　通则

DB21/T 1418　　玉米病虫安全控害技术规程

3 术语和定义

下列术语和定义适用于本文件。

垄膜沟播 ridge mulched film and furrow cultivation

是一种垄上覆膜、沟内播种的种植方式。

4 选地

宜选择壤土和沙壤土的平地，以及豆科作物茬口。土壤环境质量应符合 GB 15618 的要求。

5 垄膜沟播

5.1 整地与施基肥

作物收获后宜立即进行秋深翻或秋深松，深翻深度为 16~25 cm，深松以 23~

33 cm为宜，结合耕作宜施入优质腐熟有机肥2 000~3 000 kg/亩，耕后精细整地镇压。也可根据实际情况整地与施肥选择在春播前进行。

5.2 品种选择

根据市场需求和生产目标选用国家或省级审定推广的玉米杂交种。可根据市场需求和生产目标选用优质的专用品种。

5.3 种子质量

种子质量达到 GB 4404.1 二级标准以上。

5.4 种子播前处理

根据当地病虫害发生的种类和程度，选用适宜的种衣剂，参照 GB 15671 标准操作。

5.5 播种期

当地表下5 cm土壤温度稳定在8 ℃以上，即可播种，一般为4月下旬到5月上旬。

5.6 播种量

精量播种的播种量可以采用以下公式计算：

$$精量播种量(kg/亩) = \frac{亩计划留苗数×千粒重(g)}{发芽率(\%)×田间出苗率(\%)×10^6}$$

计划留苗数的确定，从群体出发考虑地力、水肥及品种特性等因素。生育期短、植株矮、株型紧凑的玉米品种和水肥条件好的地块，密度要高，反之则低。密度为4 000~5 000株/亩。田间出苗率与土壤水分和播种质量有关，为80%~90%。机械化精量点播为 1.0~1.5 kg/亩，传统播种方式播种量是精量播种量的 2.0~2.5 倍，根据具体气候和土壤墒情等影响因素适当增减。

5.7 播种与施种肥

采用垄膜沟播专用播种机一次完成起垄、覆膜、播种和施肥等作业，要求垄宽40 cm 左右，垄高 10~15 cm，沟宽 60 cm 左右，沟内种植两行玉米，玉米播种沟距膜侧 5 cm 左右，沟内玉米行距 50 cm，地膜宽度 50~70 cm，沟内可根据需要选择覆盖秸秆或地膜，示意图如图 1 所示。采用垄下播种的方式，株距 27~35 cm。播深为4~5 cm，要求深浅一致。结合播种，按照测土配方施肥方案施用种肥，每亩施入玉米专用复合肥 15~25 kg，如玉米生育中期不进行追肥，需施用缓释复合肥30~50 kg。根据农田草害情况，玉米播种后喷施适宜的玉米专用除草剂。

6 田间管理

6.1 中耕与追肥

中耕主要在定苗后、拔节期前进行，结合中耕追施普通尿素 30~40 kg/亩。

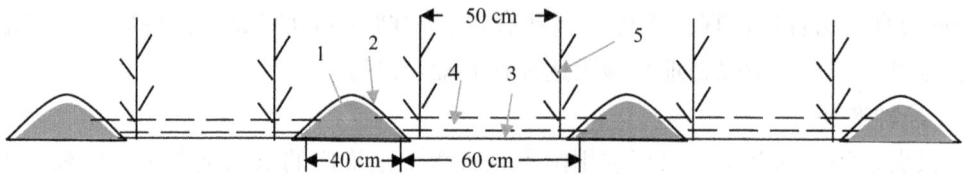

1. 垄；2. 垄面上覆盖地膜；3. 沟；4. 沟内选择性覆盖地膜或秸秆；5. 种植的玉米

图 1　玉米垄膜沟植微集水种植技术示意图

6.2　病虫害防治

玉米病虫害按照 DB21/T 1418 进行防治，农药使用按照 GB 9321 要求实施。

7　收获

根据田间长相，当玉米植株基部叶片变黄、苞叶黄白色而松散，是成熟的标志，或根据籽粒状况，当籽粒乳线消失，坚硬光滑，基部形成黑色层时要及时收获。采用机械收获需达到 NY 1355 作业质量。

玉米膜下滴灌栽培技术规程

1　范围

本规程规定了辽宁省玉米膜下滴灌生产过程中的品种选择、选地、整地与基肥、种植方式、播种与种肥、灌溉与追肥、病虫害防治、收获等生产操作要求。

本标准适用于辽宁省玉米膜下滴灌栽培。

2　规范性引用文件

凡是注日期的引用文件，仅所注日期的版本适用于本文件。凡是不注日期的引用文件，其最新版本（包括所有的修改单）适用于本文件。

GB 4404.1　　　　粮食作物种子——禾谷类

GB 5084　　　　　农田灌溉水质标准

GB/T 21962　　　玉米收获机械技术条件

GB/T 8321.9　　　农药合理使用准则

SL207　　　　　　节水灌溉技术规范

DB21/T 1418　　　玉米病虫安全控害技术

3　术语及定义

下列术语和定义适用于本文件。

膜下滴灌 drip irrigation under plastic film

是在膜下应用滴灌技术，即在滴灌带或滴灌毛管上覆盖一层地膜。

4　品种选择

选用生育期偏长、株型较紧凑、不易早衰、抗逆抗病性强等适合膜下滴灌种植的品种，经过国家或省级审定推广的玉米杂交种。可根据市场需求和生产目标选用优质的专用品种。

5　选地

选地势平坦肥沃，土层较深厚，排水方便，土壤以壤土或沙壤土为宜。

6　整地与基肥

秋收后立即进行翻耕，耕地深度因地制宜，为 16~25 cm，同时每亩施入优质有机肥 2 000~3 000kg，随后灭茬，土壤深松（每隔 2~3 a 进行 1 次即可），旋耕加镇压。

7 种植方式

7.1 大垄双行种植

将传统的两垄（垄距 50 cm）合成一条垄宽 100 cm，垄高 10~15 cm，在垄上覆膜种植两行玉米，垄上玉米行距 40 cm，在垄上两行玉米之间铺设一条滴灌带，如图 1 所示。

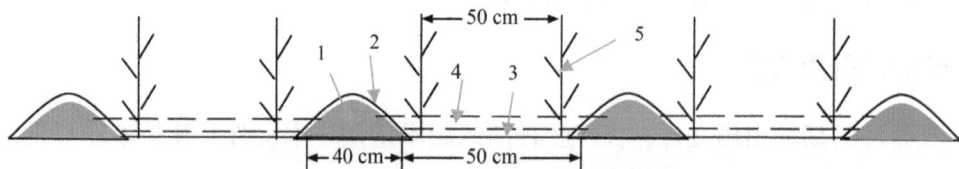

1. 地膜；2. 玉米；3. 滴灌带；4. 玉米植株；5. 秸秆等其他覆盖材料

图 1 玉米大垄双行膜下滴灌种植示意图

7.2 双垄面全膜覆盖种植

每条种植带分为一大垄双小垄，总宽 100 cm，大垄宽 40 cm，小垄宽 30 cm，高 10 cm。大小垄交接垄沟为播种沟，每个播种沟对应一大一小两个集雨垄面，大垄垄脊处铺设一处滴灌带，如图 2 所示。

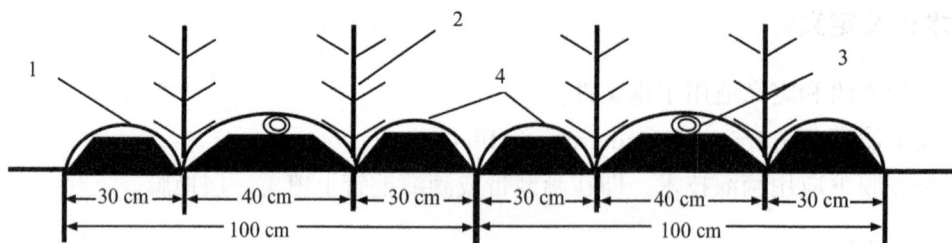

1. 地膜；2. 玉米；3. 滴灌带；4. 集雨垄面

图 2 玉米双垄面全面覆盖膜下滴灌种植示意图

8 播种与种肥

8.1 种子质量

选用籽粒饱满、没有病虫和杂质的玉米杂交种子，种子质量达到 GB 4404.1—2008 二级标准以上。

8.2 种子播前处理

选用的药剂要根据当地常发生的病虫害确定。如常发生玉米丝黑穗病地区，可用 20%萎锈灵拌种，用药量是种子量的 1%。同时有针对性地选用不同类型的玉米种衣剂，严格按照产品说明书要求进行种子包衣。

8.3　播种

8.3.1　播种期

覆膜比裸地玉米早播 6~10 d。

8.3.2　播种量

精量播种的播种量可以采用以下公式计算：

$$亩精量播种量(kg)=\frac{亩计划留苗数×千粒重(g)}{发芽率(\%)×田间出苗率(\%)×10^6}$$

8.4　种肥

每亩施三元复合肥 30~35 kg、硫酸钾 5~10 kg，缺锌地块还需施入硫酸锌 1~1.5 kg。

8.5　化学除草

播种时每亩用 40%阿特拉津胶悬剂 200~250 mL 和 43%拉索乳油 150~250 mL，或 50%乙草胺乳油 150~250 mL，或乙阿合剂（阿特拉津和乙草胺混合剂）150~200 mL，或 90%禾耐斯 85~95 mL，兑水 50 kg 均匀喷洒在土壤表面。

9　灌溉与追肥

9.1　灌溉

9.1.1　滴灌带选择

适宜采用薄壁式滴灌带，适宜长度为 60~120 m，每亩需要滴灌带总长度约为 667 m。每个滴灌带需要用 PE 管相接，并与干路相连。不同土壤质地按表 1 选择适宜的滴灌带种类。

表 1　不同土壤质地滴灌带选择表

土壤质地	地管带选择	
	流量（L/h）	滴孔间距（cm）
沙壤土	2.1~3.2	30
壤土	1.5~2.1	30~50

9.1.2　滴灌带布设

滴灌系统的管道一般根据地块的形状布设干、支管，将支管与滴灌带布置成"丰"字形，滴灌带在支管两侧成对称布置，特殊地块也可单项布置。滴灌带铺设走向与作物种植方向同向，支管与作物种植垂直，干管布设方向与作物种植方向平行。

9.1.3　灌溉时期

结合当地气候条件和玉米的需水规律采用"浇关键水"的灌溉制度，在玉米需水关键时期进行补充灌溉。抽雄前 10 d 至抽雄后 20 d，是水分临界期。严重干旱时要根据土壤水分指标（表2），当土壤田间持水量处于下限指标时，进行灌溉。

表2 不同生育时期土壤含水量下限指标

生育时期	出苗—拔节	拔节—抽雄	抽雄—开花末期	灌浆期	成熟期
土壤含水量下限指标 （占田间持水量之百分比）	45	60	65	60	55

9.1.4 灌溉量

每亩灌溉量为 15~25 m³，灌溉时间需根据水表流量计算。

9.2 追肥

结合灌溉，采用水溶性滴灌专用肥，在拔节期每亩追施纯氮 3.5~4.5 kg；在大喇叭口期每亩追施纯氮 7~9 kg；在吐丝期每亩追施纯氮 3.5~4.5 kg。追肥一次注肥不要太多，应采用少量多次施法。

10 病虫害防治

参照 DB21/T 1418—2006 玉米病虫安全控害技术规程执行。

11 收获

参照 GB/T 21962—2008 玉米收获机械技术条件执行。

玉米地表浅埋滴灌节水栽培技术规程

1 范围

本规程规定了辽宁省玉米浅埋滴灌节水栽培技术规程的品种选择、滴灌带浅埋的灌溉系统铺设、播种、精准施肥、节水补灌及滴灌设施管理、病虫害综合防治等生产操作要求。

本标准适用于辽宁省半干旱区玉米地表浅埋滴灌节水栽培。

2 规范性引用文件

凡是注明日期的引用文件，仅所注明日期的版本适用于本文件。凡是不注明日期的引用文件，其最新版本（包括所有的修改单）适用于本文件。

GB 4404.1	粮食作物种子——禾谷类
GB 5084	农田灌溉水质标准
GB/T 21962	玉米收获机械技术条件
GB/T 8321.9	农药合理使用准则
NY/T 496	肥料合理使用准则 通则
SDJ 231—87	泵站、机井、喷灌和滴灌工程术语
SL 207	节水灌溉技术规范
SL 103	微灌工程技术规范
DB21/T 1418	玉米病虫安全控害技术
DB21/T 2654	玉米水肥高效利用栽培技术规程
DB21/T 764	玉米大垄双行高产栽培技术规程

3 术语及定义

下列术语和定义适用于本文件。

地表浅埋滴灌 surface shallow-buried drip irrigation

将滴灌带或滴灌毛管掩埋到地表下 3~5 cm 的一种节水灌溉技术。

4 品种选择

选用经国家或省级审定的生育期偏长、株型较紧密、抗逆性强的耐密杂交品种。

5 选地

选择地势平坦、土层较深厚的壤土或沙壤土。

6 精细整地

采用秋整地方式，作物收获后，选择大功率深旋耕机配套≥60 kW 的拖拉机进行深旋耕整地作业。旋耕深度须达到 25~30 cm，旋耕后立即进行镇压保墒，使土地达到平整，土壤上实下虚，土壤细碎、无粒径大于 12 mm 的土块，为浅埋滴灌带的铺设做准备。

7 播种与滴灌带浅埋

7.1 种子质量

选用符合 GB 4404.1 二级标准以上的种子。

7.2 种肥用量

一般每亩施三元复合肥 30~35 kg（有效含量为 N、K_2O_5、K_2O 含量均为 15%），缺钾地块可施入硫酸钾 5~10 kg（有效含量 K_2O≥50%），缺锌地块需施入硫酸锌 1~1.5 kg（有效含量为 Zn≥21%）。

7.3 化学除草剂

采用播种施肥打药一体机，播种时每亩用 40%阿特拉津胶悬剂 200~250 mL 和 43%拉索乳油 150~250 mL，或 50%乙草胺乳油 150~250 mL，或乙阿合剂（阿特拉津和乙草胺混合剂）150~200 mL，或 90%禾耐斯 85~95 mL，兑水 40~50 kg 均匀喷洒在土壤表面。

7.4 滴灌带浅埋铺设与播种

滴灌带（管）的浅埋铺设与玉米播种同时进行。播种方式采用机械铺管（带）、覆土、播种、施肥联合作业方式，播种按 DB21/T 764 玉米大垄双行高产栽培技术规程执行，采用大垄双行播种，大垄宽 60 cm，小垄宽 40 cm。滴灌带埋设在距土壤表层以下 3~5 cm，相邻两浅埋滴灌带之间的间距为 100 cm，与玉米植株根系的距离约为 20 cm（图1）。机具选用播种施肥打药一体机，上面配置专用的滴灌带浅埋铺设装置。滴灌带（管）可选用迷宫式或贴片式滴灌带，滴头间距 300 mm，单孔流量（常用）2~3 L/h。

8 浅埋式灌溉施肥系统安装

播种后安装灌溉施肥系统。浅埋式滴灌施肥系统主要由水源、加压设备（水泵等）、过滤设备、施肥设备、田间输水管道及沿玉米种植行铺设的浅埋式滴灌带组成。

浅埋式滴灌带铺设在土壤表层下方 3~5 cm，支管 A、支管 B 可埋设在土壤表层下方 3~5 cm，也可置于土壤表层。

将主、支管道与水泵、施肥过滤器、控制阀门、压力表等连接好，最后与滴灌带连接。水泵泵出的水及所述施肥罐中的肥液依次流经滴灌主管、支管后流向各浅埋滴灌带，从而实现滴灌灌溉玉米植株，如图 2 所示。

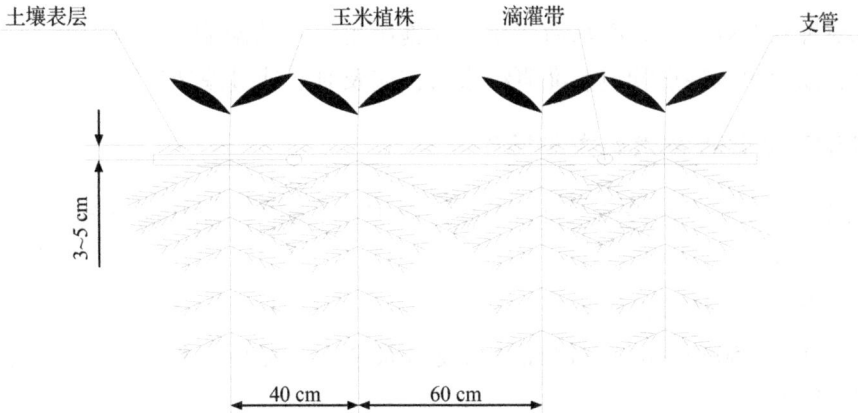

图 1　玉米滴灌带浅埋铺设示意图

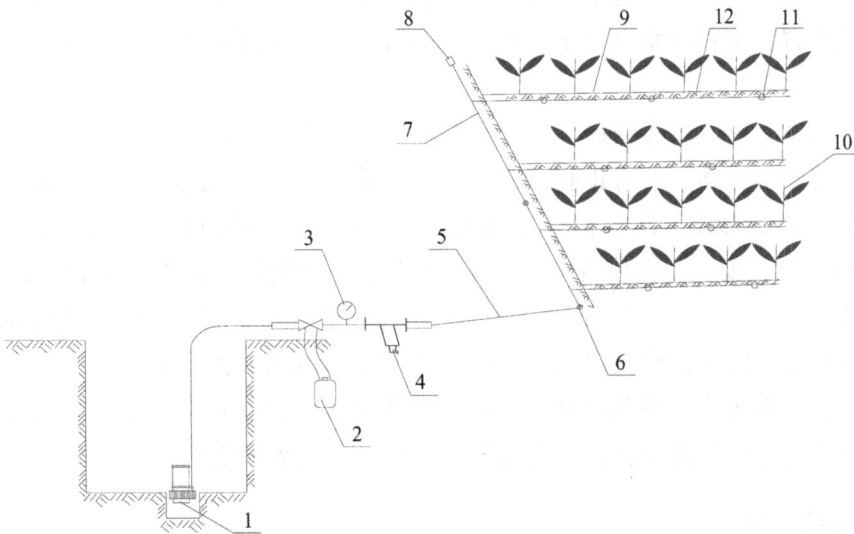

1. 水泵；2. 施肥罐；3. 压力表；4. 过滤器；5. 滴灌主管；6. 连接管件；7. 支管 A；8. 堵头；9. 土壤表层；10. 玉米植株；11. 浅埋式滴灌带；12. 支管 B

图 2　玉米浅埋滴灌管路系统铺设示意图

9　灌溉与追肥

9.1　灌溉

结合当地气候条件，处于干旱时期，土壤相对湿度低于下限指标时，进行补充灌溉。灌溉下限指标的选择按 DB21/T 2654 玉米水肥高效利用栽培技术规程执行。每次灌水每亩灌溉量为 $10 \sim 13\ m^3$。

9.2 追肥

结合灌溉滴灌水溶性专用肥。拔节期每亩追施纯氮 6~8 kg，磷酸二氢钾 1 kg；在抽雄期每亩追施纯氮 3~4 kg，磷酸二氢钾 1 kg；在灌浆期每亩追施纯氮 3~4 kg，磷酸二氢钾 0.5 kg。开始灌水后 1 h 打开施肥罐，开始滴肥，灌溉结束前半小时停止滴肥，以滴灌水冲洗管道。灌溉结束后，应及时清洗过滤装置，以防堵塞。

10 滴灌设施管理技术要求与操作

10.1 滴灌带（管）铺设前，进行深松、除灭茬、翻土、镇压等精细整地，保证土壤松碎、平整。

10.2 气吸式多功能机具作业时，要保持慢速（慢二挡）中大油门工作，以使风机高速运转（≥5 500 r/min），保证三角皮带张紧度，旋转过程中不得打滑，要保证机具直线行驶。

10.3 输配水管网布置应综合分析，综合地形分析、管理、维护等因素；管道应避免穿越障碍物，并应避开地下电力、通信、石油等设施；输配水管道宜沿地势较高位置开始布置；支管应垂直于玉米种植行布置，毛管（滴灌带）必须顺玉米种植行进行布置。

10.4 在支管与对接或旁通连接时，安装前首先在支管上用专用打孔器打孔，打孔时，打孔器不能倾斜，要打正孔，严禁打偏斜孔，以防出现旁通漏水；钻头入管深度不得超过 1/2 管径，然后将旁通压入支管。每一个小管件（三通、接头、套管等）都必须认真接好；安装滴头时，打孔要注意不把毛管（滴灌带）两壁都打透。

10.5 试水按照 SL 103 微灌工程技术规范执行。管道安装完毕，必须进行试水。试水时先打开控制闸阀，检查接头、管道有无漏水，滴头滴水是否均匀，各种仪表是否灵敏等。如有故障，要及时排除，直至合格为止。试水正常以后，放水冲洗整个管道，排除管中一切遗杂物，然后将各级管道尾部用堵头堵好。

11 病虫害防治

参照 DB21/T 1418—2006 玉米病虫安全控害技术规程执行。

12 收获

参照 GB/T 21962—2008 玉米收获机械技术条件执行。

花生膜下滴灌栽培技术规程

1　范围

本标准规定了花生滴灌节水栽培过程中的选地、品种选择、整地与基肥、滴灌系统、种植方式、播种与种肥、灌溉与追肥、病虫草害防治、收获等技术。

本标准适用于花生滴灌栽培。

2　规范性引用文件

下列文件对于本文件的应用是必不可少的。凡是注日期的引用文件，仅所注日期的版本适用于本文件。凡是不注日期的引用文件，其最新版本（包括所有的修改单）适用于本文件。

GB 4407.2	经济作物种子——油料类
GB 8321	农药合理使用准则
GB/T 13735	聚乙烯吹塑农用地面覆盖薄膜
GB/T 19812.1	塑料节水灌溉器材　单翼迷宫式滴灌带
GB/T 50485	微灌工程技术规范
NY/T 2390	花生干燥与贮藏技术规程
NY/T 2393	花生主要虫害防治技术规程
NY/T 2394	花生主要病害防治技术规程
NY/T 2395	花生田主要杂草防治技术规程
QB/T 2715	一次性塑料滴灌带
DB21/T 1668	花生机械收获作业技术规程

3　选地

选择地势平坦、质地疏松、通透性好的壤土、沙壤土或沙土。忌与豆类作物轮作。

4　品种选择

选用国家或省级审定推广的适合覆膜种植的高产优质花生品种，种子质量达到GB 4407.2 二级标准以上。

5　整地与基肥

可选择秋整地或春整地，使地表土壤平整、细碎，无根茎及杂草等。结合耕作宜施入优质腐熟有机肥 2 000~3 000 kg/亩，耕后精细整地镇压。

6　滴灌系统

6.1　滴灌带选择

滴灌带质量应符合 GB/T 19812.1 和 QB/T 2715 规定。

6.2　系统布设

滴灌系统的管道一般根据地块的形状布设干、支管，将支管与滴灌带布置成"丰"字形，滴灌带在支管两侧成对称布置，特殊地块也可单项布置。滴灌带铺设走向与作物种植方向同向，支管与作物种植垂直，干管布设方向与作物种植方向平行。

7　种植方式

采用花生滴灌铺管覆膜播种机一次完成起垄、喷施除草剂、施肥、覆膜、播种、镇压等作业工序，一般采用大垄双行种植，垄底宽 100 cm 左右，垄上覆膜种植两行花生，在垄上两行花生之间铺设一条滴灌带。地膜宽幅 90~110 cm，厚度不低于 0.008 mm，质量符合 GB/T 13735 要求，见图 1。

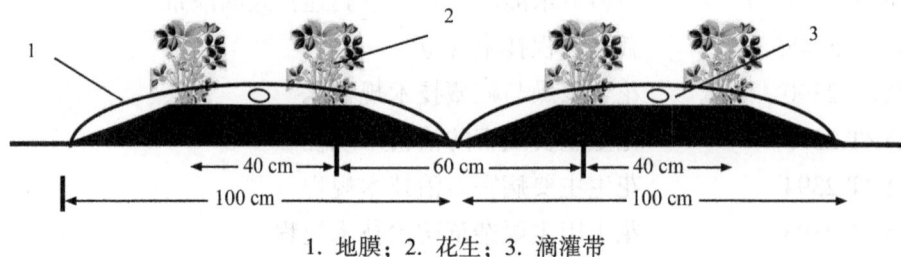

1. 地膜；2. 花生；3. 滴灌带

图 1　玉米垄膜沟植微集水种植技术示意图

8　播种与种肥

8.1　播种期

4 月下旬至 5 月上旬，当 5 d 内 5 cm 土层地温稳定在 12 ℃ 以上时即可播种。

8.2　播种量

播种量根据品种、地力、水肥等因素加以确定，分枝少、株丛小、生育期短的品种和水肥条件差的地块密度大些；反之，密度要稀。密度为 18 000~22 000 株/亩，播种量为 11 ~15 kg/亩。

8.3　种肥

结合播种，每亩施入花生专用复合肥 20～30 kg 或磷酸二铵 15～20 kg+硫酸钾 8～12 kg。

9　灌溉与追肥

9.1　灌溉时期

根据当地气候条件和花生的需水规律，采用浇关键水的灌溉制度，在花生需水关键时期进行补充灌溉，灌溉次数为二三次，一般在播种出苗期、开花至结荚期进行。干旱时要根据具体土壤水分指标（表1），当土壤田间持水量处于土壤含水量下限指标时，进行灌溉。

表 1　不同生育期土壤含水量下限指标

生育时期	播种出苗期	幼苗期	开花至结荚期	饱果成熟期
土壤含水量下限指标 （占田间持水量之百分比）	45	50	60	50

9.2　灌溉量

出苗拔节期灌水定额为 10～15 m^3/亩，其他时期灌水定额为 15～20 m^3/亩。

9.3　追肥

结合灌溉，在花生始花期和结荚期每亩分别追施尿素 7~9 kg，硫酸钾 3~5 kg。要求所有注入的肥料必须是可溶的。

10　病虫草害防治

花生病害按照 NY/T 2394 进行防治，花生虫害按照 NY/T 2393 进行防治，花生田草害按照 NY/T 2395 进行防治，农药使用按照 GB 9321 要求实施。

11　收获

花生植株生长停滞，中下部叶片脱落，荚果饱果率达 65%～75%时及时收获。花生收获前，采用人工或机械及时顺垄揭除地膜，带出田外，回收滴灌管，并排净管内积水。机械收获按照 DB21/T 1668 花生机械收获作业技术规程实施，花生干燥与贮藏按照 NY/T 2390 实施。

马铃薯膜下滴灌栽培技术规程

1　范围

本规程规定了辽宁省马铃薯膜下滴灌生产过程中的品种选择、选地、整地与基肥、种植方式、播种与种肥、灌溉与追肥、病虫害防治、收获等生产操作要求。

本标准适用于辽宁省马铃薯膜下滴灌栽培。

2　规范性引用文件

下列文件对于本文件的应用是必不可少的。凡是注日期的引用文件，仅所注日期的版本适用于本文件。凡是不注日期的引用文件，其最新版本（包括所有的修改单）适用于本文件。

GB 4285　　　　农药安全使用标准
GB 5084　　　　农田灌溉水标准
GB 18133　　　马铃薯脱毒种薯
GB/T 25417　　马铃薯种植机
GB/T 8321.9　　农药合理使用准则
NY/T 1212　　　马铃薯脱毒繁育技术规程
NY/T 2383　　　马铃薯主要病虫害综合防治技术规程
SL 207　　　　节水灌溉技术规范

3　术语及定义

下列术语和定义适用于本文件。
膜下滴灌 drip irrigation under plastic film
是在膜下应用滴灌技术，即在滴灌带或滴灌毛管上覆盖一层地膜。

4　品种选择

要选择高产、优质、抗性强、适应性广，适合膜下滴灌且经过国家或省级审定推广的脱毒马铃薯优良品种。

5　选地

应选择微酸性、地势较高、土质疏松肥沃、土层深厚、能排能灌的壤土或沙壤土地块。

6 整地与基肥

秋收后立即进行深耕，耕地深度因地制宜，深耕达到 25～30 cm，耕后打耱收墒，要求达到地面平整，土壤细绵。马铃薯是高产喜肥作物，应进行测土配方施肥。每亩施腐熟的优质农家肥2 000～3 000 kg，马铃薯专用复合肥 40～50 kg，结合深耕施入做基肥。

7 种植方式

7.1 单行种植

单行种植是一膜一带种植，这种种植形式一般行距 60 cm，膜下每行铺一条滴灌带，薯块位于滴灌带一侧，如图 1 所示。

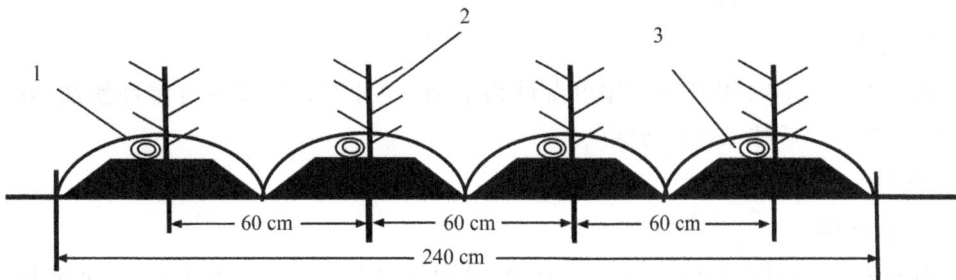

1. 地膜；2. 马铃薯；3. 滴灌带

图1 马铃薯膜下滴灌单行种植示意图

7.2 双行种植

双行种植形式一般行距 120 cm，小行距 30 cm，大行距 90 cm，膜下小垄上铺一条滴灌带，薯块位于滴灌带两侧，如图 2 所示。

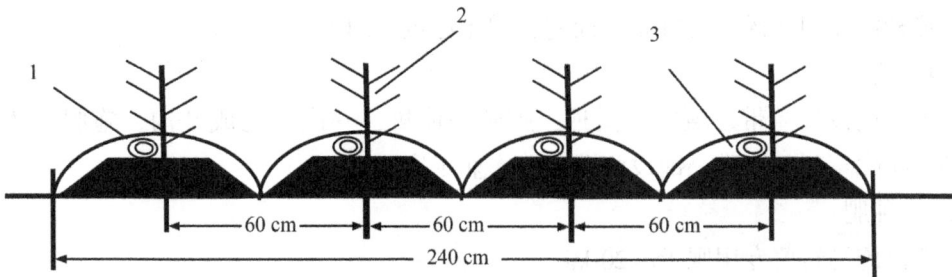

1. 地膜；2. 马铃薯；3. 滴灌带

图2 马铃薯膜下滴灌双行种植示意图

8 播种与种肥

8.1 种薯选择

选择按照 NY/T 1212 的要求生产的优质高产脱毒种薯，种子质量应符合 GB 18133 的规定。

8.2 种薯处理

8.2.1 催芽

在播种前 20 d 将种薯出窖，堆放在温暖避光的室内，堆高 30~50 cm，室温保持在 8~18 ℃，每隔 3~5 d 翻动 1 次，萌芽后见光通风，芽长 0.5~1.0 cm，即可切种。

8.2.2 切种

在播种前 2~3 d 进行切种，每个切块留 1~2 个芽眼，大小保持在 50 g 左右。切刀用 0.5%高锰酸钾溶液浸泡消毒。

8.2.3 拌种

薯块可选用 70%甲基托布津可湿性粉剂 20 g 加 70%安泰生可湿性粉剂 30 g 与 1 kg 滑石粉混匀后拌 100 kg 薯块。

8.3 播种

8.3.1 播种期

当土壤 10 cm 深处地温达到 8~10 ℃时即可播种。如果采用早熟品种催大芽且覆盖地膜，比裸地提早 10~15 d。

8.3.2 播种量

播种量要根据品种特性来确定，一般情况下，二季作区，每亩用种量为 175~200 kg，密度为 4 000~5 000株；一季作区，每亩用种量为 125~150 kg，密度为 3 000~4 000株。

8.3.3 播种深度

播种深度因气候、土壤条件而定，覆土厚度 8~10 cm。

8.3.4 播种方法

采用铺设滴灌带、覆膜、播种、施肥一体机，一次性完成开沟、施肥、播种、起垄、喷除草剂、铺膜、铺设滴灌带等作业工序。

8.3.5 种肥

每亩施马铃薯专用肥 15~20 kg。

9 灌溉与追肥

9.1 灌溉

9.1.1 滴灌带选择

适宜采用薄壁式滴灌带，适宜长度为 60~120 m，每亩需要滴灌带总长度约为

667 m。每个滴灌带需要用 PE 管相接，并与干路相连。不同土壤质地按表 1 选择适宜的滴灌带种类。

表 1　不同土壤质地滴灌带选择表

土壤质地	地管带选择	
	流量（L/h）	滴孔间距（cm）
沙壤土	2.1~3.2	30
壤土	1.5~2.1	30~50

9.1.2　滴灌带布设

滴灌系统的管道一般根据地块的形状布设干、支管，将支管与滴灌带布置成"丰"字形，滴灌带在支管两侧成对称布置，特殊地块也可单项布置。滴灌带铺设走向与作物种植方向同向，支管与作物种植垂直，干管布设方向与作物种植方向平行。

9.1.3　灌溉时期

结合当地气候条件和马铃薯的需水规律采用"浇关键水"的灌溉制度，在马铃薯需水关键时期（开花期）进行补充灌溉。播种后，土壤墒情如能保证出苗，则苗期不需浇水，如墒情差，不能保证出苗时，播种后，进行滴灌，每亩用水量 10~15 m³。出苗后，视幼苗生长情况和天气情况及时进行灌溉。

9.1.4　灌溉量

滴溉周期可以控制在 7~10 d，二季作区全生育期滴水 6~8 次，每亩滴溉总量 80~120 m³，每次每亩滴溉量在 15~20 m³。一季作区全生育期滴溉 10~13 次，每亩滴溉总量 150~200 m³，每次每亩滴溉量在 15~20 m³。灌溉时间需根据水表流量计算。

9.2　追肥

结合滴灌，按马铃薯不同生育时期的需肥量随滴灌施入，采用少量多次施法。每亩全生育期施肥总量（纯）20 kg。氮:钾配比为 2:3。氮肥苗期施入 30%，花期施入 50%，后期施入 20%；钾肥苗期施入 30%，花期施入 25%，后期施入 45%。

10　病虫害防治

马铃薯病虫害标准见 NY/T 2383。

11　收获

马铃薯植株茎叶淡黄、基部叶片枯黄脱落、匍匐茎干缩、块茎表皮木质化不再膨大时，即可收获。收获前 10 d 左右停止浇水，收获前 3 d 左右割去地上部茎叶，收获前将滴灌管（带）回收。收获时，应避免损伤薯块，收获的块茎及时运回，避免在烈日下暴晒和低温冻害。

风沙半干旱地区玉米节水高产优质栽培技术规程

1 范围

本标准规定了玉米节水生产过程中的品种选择、选地、整地与施肥、播种、田间管理、灌溉、病虫害防治、化学调控、收获、贮藏等生产操作要求。

本标准适用于北方风沙半干旱地区玉米节水栽培。

2 规范性引用文件

下列文件中的条款通过本标准的引用而成为本标准的条款。凡是注日期的引用文件，其随后所有的修改单（不包括勘误的内容）或修订版均不适用于本标准，然而，鼓励根据本标准达成协议的各方研究是否可使用这些文件的最新版本。凡是不注日期的引用文件，其最新版本适用于本标准。

GB 4404.1　　粮食作物种子——禾谷类

GB 5084　　农田灌溉水标准

SL 207　　节水灌溉技术规范

3 品种选择

选用生育期适宜、抗旱、耐瘠薄、抗病、肥水高效型，经过国家或省级审定推广的玉米杂交种。可根据市场需求和生产目标选用优质的专用品种。

4 选地

选择在地势较平坦，保水、保肥能力较好的地块上种植；前茬作物以豆类或绿肥为好。地膜覆盖要在土壤肥力较好的地块上种植。

5 整地与施肥

5.1 秋后整地与施肥

秋收后立即进行翻耕，耕地深度因地制宜，为 16~25 cm，同时施入优质有机肥 2 000~3 000 kg/亩，随后精细耙地、糖地和镇压。

5.2 顶凌耙地

翌年早春在土壤刚解冻 3~4 cm、土壤下层尚有冰凌、昼消夜冻时，开始耙地，使地表形成一层疏松细碎的干土层，切断毛管水的运行。

5.3 播前整地与施肥

裸地种植，播前开深 10~13 cm 的沟，每亩施入磷酸二铵 10~15 kg、硫酸钾 5 kg、硫酸锌 1 kg，或玉米专用肥 20~25 kg。亦可用播种施肥机一次完成施肥、播种，要避免肥料与种子接触，防止烧苗。地膜覆盖种植，播前开深 7~10 cm 的沟，每亩施入缓释尿素 20~25 kg、磷酸二铵 15~20 kg、硫酸钾 5 kg、硫酸锌 1 kg 或玉米专用肥 40~50 kg。合墒起垄做床，整平床面，及时耙糖。床高 10~12 cm、底沟间宽 100 cm，床面宽 70~75 cm。

6 播种

6.1 种子质量

选用籽粒饱满，没有病虫和杂质的玉米杂交种子，种子质量达到 GB 4404.1 二级标准以上。

6.2 种子播前处理

6.2.1 晒种

播前一星期内，在晴朗天气将种子晾晒二三次，每次 5~6 h。摊晒时，种子厚度 3~4 cm，经常翻动。

6.2.2 拌种

根据具体生产情况和目标，有针对性地选用以下一种或几种药剂进行种子处理。

6.2.3 药剂、种衣剂拌种

选用的药剂要根据当地常发生的病虫害确定。如常发生玉米丝黑穗病地区，可用 20%萎锈灵拌种，用药量是种子量的 1%。同时有针对性地选用不同类型的玉米种衣剂，严格按照产品说明书要求进行种子包衣。

6.2.4 ABT 生根粉拌种

用 95%的酒精溶解 ABT4 号生根粉 1 g，兑水 25 kg，喷在 300~350 kg 种子堆上，边喷边搅拌，使药液均匀沾在种子上，覆盖塑料膜，闷 6 h 后播种。ABT 生根粉可与农药或种衣剂一起拌用。

6.2.5 抗旱剂拌种

按玉米种子量的 0.2%称取抗旱剂 1 号，配制成浓度为 2%的棕黑色药液，将药液均匀地洒在种子上，搅拌均匀，堆闷 2~4 h 播种。如不能立即播种，要将种子堆摊晾干，待播。若与农药和种衣剂配用，先拌农药和种衣剂，后拌抗旱剂 1 号。抗旱剂 1 号不能与碱性农药配用。

6.3　播种技术

6.3.1　播种期

裸地种植，当地表下 5 cm 土壤温度稳定在 8 ℃以上，即可播种，一般为 4 月下旬到 5 月上旬。地膜覆盖种植，当裸地 5 cm 地温稳定在 7 ℃以上时播种，一般比裸地玉米早播 6~7 d。

6.3.2　抗旱播种

6.3.2.1　抢墒播种

适播期内遇有小雨，待雨后土壤黏度适宜作业时，及时抢播。

6.3.2.2　造墒播种

当 0~10 cm 土壤含水量低于 10% 时，进行造墒播种。人工方法：挖 10~12 cm 深的播种坑，每个播种坑中灌水 1.0~2.0 kg（坐水），亦可在坑中加施种肥，将浸好的种子逐坑点播、覆土、镇压。也可在播种的同时进行地膜覆盖。机械方法：用抗旱坐水播种机一次完成开沟、注水、播种、施肥、覆土，或用抗旱坐水覆膜播种机，一次完成开沟、注水、播种、施肥、覆土、覆膜等工序。

6.3.3　播种量

精量播种的播种量可以采用以下公式计算：

$$亩精量播种量（kg）= \frac{亩计划留苗数×千粒重（g）}{发芽率（\%）×田间出苗率（\%）×10^6}$$

计划留苗数的确定，从群体出发考虑地力、水肥及品种特性等因素。生育期短、植株矮、株型紧凑的玉米品种和水肥条件好的地块，密度要高，反之则低。密度为 3 000~4 500 株/亩。田间出苗率与土壤水分和播种质量有关，为 80%~90%。穴播播种量是精量播种量的 2.0~2.5 倍，根据具体气候和土壤墒情等影响因素适当增减。穴播为 2.5~3.0 kg/亩，机械化精量点播为 1.0~1.5 kg/亩。

6.3.4　播种方式

6.3.4.1　裸地种植

采用垄下播种的方式，行距 50 cm，株距 28~35 cm，每穴 3~4 粒。播深为 4~5 cm，要求深浅一致，播后镇压。

6.3.4.2　地膜覆盖种植

采用宽窄行种植，垄上播种，大行距为 55 cm，小行距为 45 cm，株距 28~35 cm，每穴 3~4 粒。

6.3.4.3　地膜覆盖种植方法

人工方法：

先覆膜后播种。选 1.5~2 cm 粗的木棒，端头削成扁平形，在 4~5 cm 处钉一横钉，在垄膜播种处穿孔打穴、播种，播后回土填实。墒情差时，应坐水点播。

先播种后覆膜。起垄后趁墒先播种（墒情不足时坐水点播），播深 3~4 cm，播后覆土，平整垄面，喷洒除草剂后覆膜，并用土严封两边的膜端。当幼苗出土第一片叶片展开后，破膜放苗，放苗要在无风的晴天，上午 10 时前或下午 4 时后进行，切勿在晴天高温或大风降温时放苗。

机械方法：

用地膜玉米播种机一次完成播种、覆膜等多道工序。用拉索除草剂 200 g/亩，兑水 50~75 kg 均匀喷洒床面，喷后覆膜，膜上每隔 3 m 横压 10 cm 厚、5 cm 宽的土带，防风揭膜。

7　田间管理

7.1　化学除草

裸地种植，在播后出苗前用 40%阿特拉津胶悬剂 200~250 mL/亩和 43%拉索乳油 150~250 mL/亩，或 50%乙草胺乳油 150~250 mL/亩，或乙阿合剂（阿特拉津和乙草胺混合剂）150~200 mL/亩，或 90%禾耐斯 85~95mL/亩，兑水 50 kg 均匀喷洒在土壤表面。如苗前除草效果不佳，可在出苗后用玉农乐等除草剂进行杂草茎叶处理。

7.2　查田补苗

玉米出苗后及时查苗，缺苗或少苗时可采用就近多留苗（借苗）、浸种催芽坐水补种或在三叶期带土移栽。

7.3　定苗除蘖

间苗次数应根据田间出苗率、病虫危害程度而定。一次间苗在玉米 4~5 片叶时进行；二次间苗分别在玉米 3~4 片叶和 4~6 片叶进行。当地下害虫较多时，定苗可适当推迟，但不能超过玉米 6 叶期。每穴留 1 株，去弱苗，留壮苗、大苗。在拔节前后，及时除掉从基部长出的分蘖。

7.4　中耕

裸地种植的玉米，在长到 4~5 片叶和 7~8 片叶时进行中耕除草和培土。

7.5　追肥

裸地种植结合中期松土除草、灌溉或降雨状况，于拔节期追施尿素 18~20 kg/亩。

8 灌溉

8.1 灌水时期

结合当地气候条件和玉米的需水规律采用"浇关键水"的灌溉制度，在玉米需水关键时期进行补充灌溉。抽雄前 10 d 至抽雄后 20 d，是水分临界期。严重干旱时要根据土壤水分指标（表 1），当土壤田间持水量处于下限指标时，进行灌溉。

表 1　玉米不同生育时期土壤水分指标

生育时期	土壤含水量下限指标 （占田间持水量之百分比）	适宜值 （占田间持水量之百分比）	土壤含水量上限指标 （占田间持水量之百分比）
出苗—拔节	50	65~70	80
拔节—抽雄	60	70~75	85
抽雄—开花末期	65	75~80	90
灌浆期	60	70~75	85
成熟期	55	65~75	85

8.2 灌水量

玉米每次灌水量应根据生育阶段、土壤性质、灌水方法而定，计算公式为：

$$M = \frac{\eta_节 \cdot r_d \cdot H \cdot (Q_上 - Q_下) Q_田 \cdot S_田}{\eta_田} \tag{1}$$

式中：M——灌水量，单位为立方米（m³）；

$\eta_节$——灌水量折减系数；

r_d——土壤容重，单位克每立方米（g/cm³）；

H——作物不同生育阶段的计划湿润层深度，单位为米（m）；

$Q_上$、$Q_下$——土壤含水量上下限指标，单位为百分比（%）

$Q_田$——田间持水量，单位为百分比（%）；

$S_田$——农田面积，单位为平方米（m²）；

$\eta_田$——田间水分利用系数。

其中，$\eta_节$ 值由作物生育阶段和灌水方式确定，为 0.4~0.6，生育前期和非需水临界期取低值，其他时期取高值；点浇点灌、坐水种、小管出流、渗灌、穴灌取低值，喷灌、膜上灌取高值；r_d 一般为 1.3 g/cm³；H 为作物不同生育阶段的计划湿润层深度，具体值见表 2；$Q_上$、$Q_下$ 值见表 1；$\eta_田$ 取 0.80~0.95，点浇点灌、坐水种、小管出流、渗灌、穴灌取高值。

表 2　玉米不同生育阶段土壤计划湿润层深度

生育时期	土壤计划湿润层深度（m）	生育时期	土壤计划湿润层深度（m）
出苗—拔节	0.40	拔节—抽雄	0.40~0.50
抽雄—开花末期	0.50~0.60	灌浆期	0.60
成熟期	0.60		

8.3　灌水要求

要结合当地农业生产和经济水平，选择适宜的灌水方式。农田集雨、机井建设和引用地表水符合 SL 207 节水灌溉技术规范和 GB 5084 农田灌溉水标准中的相关要求。灌水次数和灌水量应符合作物需水规律、当地气候变化情况和土壤状况。要定期做好灌溉设备的检测、修理和维护工作。

9　病虫害防治

9.1　农业防治

实行二、三年轮作，选用抗病、虫的品种，适期播种，合理密植，施用净肥，加强水肥管理，清除田间和田边杂草，及早铲除病株，深埋病残体，收获后及时深翻土壤。

9.2　物理防治

根据害虫生物学特点，采用糖醋液和黑光灯等方法诱杀害虫。

9.3　生物防治

保护瓢虫等害虫的天敌；玉米螟产卵期人工释放赤眼蜂 1.5 万~2 万头（分 2 次释放）；玉米心叶期，用含 40 亿~80 亿/g 孢子的白僵菌粉制成颗粒施在玉米顶叶内侧防治玉米螟。

9.4　化学防治

9.4.1　玉米丝黑穗病

选用 15% 粉锈宁可湿性粉剂或 20% 萎锈灵乳剂，按种子量的 1% 拌种。

9.4.2　玉米大、小斑病

用 50% 多菌灵或 70% 甲基托布津可湿性粉剂 500 倍液，或 90% 代森锰锌 800 倍液，或 75% 百菌清粉剂 600 倍液，50~75 kg/亩，隔 7~10 d 喷 1 次，连续 2~3 次。

9.4.3　玉米褐斑病

用苯来特和氧化萎锈灵 500 倍液叶面喷雾防治。

9.4.4　玉米锈病

发病初期用 65% 代森锌可湿性粉剂 500 倍液，或 50% 代森铵水剂 800~1 000 倍液，或 25% 粉锈宁可湿性粉剂 1 000~1 500 倍液，叶面喷雾。发病重时隔 15 d 再喷 1 次。

9.4.5 玉米纹枯病

发病初期，用5%井冈霉素100~150 mL/亩，或20%井冈霉素粉剂25 g/亩，或农抗120水剂150~200 mL/亩，加水50~60 kg茎叶喷雾。

9.4.6 地下害虫（地老虎、蛴螬、蝼蛄、金针虫）

用50%辛硫磷乳油50 mL，兑水500 g，拌40~50 kg玉米种子；或每亩用50%辛硫磷乳油100 mL，加水500 g，拌20 kg细干土制成毒土，施入垄沟中。

9.4.7 玉米螟

心叶期是防治该虫的关键时期，用辛硫磷、敌百虫等颗粒剂或毒土放入心叶。打苞露雄期用90%晶体敌百虫2 000倍液灌药杀死雄穗中的幼虫。穗期用50%敌敌畏或90%晶体敌百虫800~1 000倍液点滴雌穗。

9.4.8 黏虫

当每平方米查测幼虫达0.5头时，用晶体敌百虫50 g/亩，兑水30 kg喷雾防治，或用2.9%的敌百虫粉2.0~2.5 g/亩，兑水10 kg喷雾。

9.5 用药要求

加强病虫害预测预报，做到有针对性地适时用药，未达到防治指标或益害虫比合理的情况下不用药。根据防治对象的特性和危害特点，允许使用生物源农药、矿物源农药和低毒有机合成农药，有限度地使用中毒农药，禁止使用剧毒、高毒、高残留农药。严禁使用禁止使用的农药和未核准登记的农药。注意不同作用机制的农药合理交替使用和混用，以提高防治效果。坚持农药的正确使用，严格按使用浓度施用，施药力求均匀周到，不漏施，不重施。

10 化学调控

无灌溉条件或水源亏缺情况下，可于玉米大喇叭口时期，用抗旱剂1号75~80 g/亩，兑水喷施。

11 收获

根据当地的栽培制度、气象条件、品种熟性和田间长相灵活掌握收获时期。粒用玉米要在完熟期收获，判定标准如下：

——根据田间长相：玉米植株基部叶片变黄、苞叶成黄白色而松散，是成熟的标志。

——根据籽粒状况：籽粒乳线消失，坚硬光滑，基部形成黑色层时要及时收获。

12　贮藏

12.1　玉米穗的贮藏

选择地基干燥而通风的地点建贮藏仓，仓与仓之间保持一定距离，以利通风。仓的形状分为长方形和圆形两种。长方形仓离地垫起 0.5~1.0 m，长度以地形和贮藏仓数量而定，宽不超过 2.0 m；圆形仓底部垫起 0.5 m，直径 2~4 m，高 3~4 m。贮藏时应注意上部加盖藏好，防止雨雪入仓。入仓后注意定期检查，一旦出现热湿，要及时倒仓降温、降湿。

12.2　玉米粒的贮藏方法

干燥的玉米粒可放入仓内散存或囤存，堆高以 2~3 m 为宜。一般玉米籽粒含水量要控制在 13% 以下，仓内温度不超过 30 ℃。

风沙半干旱地区花生节水高产优质栽培技术规程

1 范围

本标准规定了花生节水生产过程中的品种选择、选地、整地与施肥、播种、田间管理、灌溉、病虫草害防治、化学调控、收获与贮藏等技术。

本标准适用于北方风沙半干旱地区花生节水栽培。

2 规范性引用文件

下列文件中的条款通过本标准的引用而成为本标准的条款。凡是注日期的引用文件，其随后所有的修改单（不包括勘误的内容）或修订版均不适用于本标准，然而，鼓励根据本标准达成协议的各方研究是否可使用这些文件的最新版本。凡是不注日期的引用文件，其最新版本适用于本标准。

GB 4407.2　经济作物种子——油料类

GB 5084　　农田灌溉水标准

GB 9321　　农药合理使用准则

3 品种选择

选用生育期适宜、抗旱、耐瘠薄、抗病、肥水高效型，经过国家或省级审定推广的花生品种。

4 选地

选择在质地疏松、通透性好、轮作 3 a 以上的沙土或沙壤土上种植，忌与豆类作物轮作。

5 整地与施肥

5.1 秋后整地与施肥

秋收后立即秋翻，翻地深度为 18~25 cm，结合整地施入有机肥 3 000~5 000 kg/亩，耕后精细耙地、耱地和镇压，减少土壤水分蒸发和风蚀。

5.2 顶凌耙地

翌年早春在土壤刚解冻 3~4 cm、土壤下层尚有冰凌、昼消夜冻时，开始耙地，使地表形成一层疏松细碎的干土层，切断毛管水的运行。

5.3 播前整地与施肥

裸地种植，结合播前整地，每亩施入磷酸二铵 10~12 kg、硫酸钾 8~10 kg，或花生专用螯合肥 15~20 kg。施肥方式为条施，深度为 10~15 cm。地膜覆盖种植，结合播前整地，每亩施入尿素 8~10 kg、磷酸二铵 10~12 kg、硫酸钾 8~10 kg，或花生专用螯合肥 20~25 kg，合墒起垄做床，整平床面，及时耙糖。床底沟间宽 100 cm，床面宽 70~75 cm，畦高 9~12 cm。

6　播种

6.1　种子精选与种子处理

6.1.1　晒种

播前在晴朗天气带壳晒种。晾晒 2~3 次，每次 4~6 h。

6.1.2　分级粒选

结合剥壳选择籽粒饱满、皮色鲜亮、无病斑的种子，种子质量达到 GB 4407.2 二级标准以上。

6.1.3　拌药剂或种衣剂

根据当地经常发生的病虫害，选用适宜的药剂和种衣剂。严格按药品说明拌种。

6.1.4　催芽

将种子浸入 30~40 ℃温水中，浸 3~4 h 后置于 25~30 ℃的室内，保温、保湿、通风，36~48 h 后，选芽播种。

6.2　播种技术

6.2.1　播种期

6.2.2　裸地种植

4 月下旬至 5 月上旬，当 5 d 内 5 cm 播种层地温稳定在 15 ℃（珍珠型 12 ℃）以上时，即可播种。

6.2.3　地膜覆盖种植

4 月下旬至 5 月上旬，当 5 d 内 5 cm 播种层地温稳定在 12 ℃（珍珠型 9.5 ℃）以上时即可播种，可比裸地种植提前 5~7 d。

6.2.4　抗旱播种

6.2.5　抢墒播种

适播期内遇有小雨，待雨后土壤黏度适宜作业时，及时抢播。

6.2.6　造墒播种

当 0~10 cm 土壤含水量低于 12% 时，进行灌水造墒播种。人工方法：挖 6~7 cm 深的播种坑，每个播种坑中灌水 0.1~0.2 kg（坐水），可在播种坑中加施底肥。将浸好的种子逐坑点播、覆土、镇压。也可在播种的同时进行地膜覆盖。机械方法：用抗旱坐水播种机，开沟、注水、播种、施肥、覆土一次完成，或用抗旱坐水覆膜播种机，一次完成开沟、注水、播种、施肥、覆土、覆膜等工序。

6.3 播种密度

播种密度根据品种、地力、水肥等因素加以确定，分枝少、株丛小、生育期短的品种和水肥条件差的地块密度大些；反之，密度要稀。密度为 7 500~9 000 穴/亩，播种量为 15~16 kg/亩。

6.4 播种方式

6.4.1 裸地种植

采用等行距种植，行距为 50 cm，穴距 13~18 cm，每穴播种 3~4 粒，播深 5~6 cm，及时覆土镇压。

6.4.2 地膜覆盖种植

采用宽窄行种植，大行距为 55 cm，小行距为 45 cm，穴距 13~18 cm，每穴播种 3~4 粒，播深 4~5 cm。选用断裂伸长率≥100%，拉伸强度≥100 kg/cm²，直角撕裂强度≥30 kg/cm²，透光率≥80%，90~110 cm 宽，0.005~0.010 mm 厚的聚乙烯薄膜。

6.4.2.1 人工方法

先覆膜后播种。用 1.5~2 cm 粗的木棒，端头削成扁平形，在 4~5 cm 处钉一横钉，在垄膜播种处穿孔打穴播种，每穴播种 3~4 粒，播后覆土填实。墒情差时，坐水点播。

先播种后覆膜。起垄后趁墒先播种（墒情不足时坐水点播）。每穴 3~4 粒，播后覆土，平整垄面，喷洒除草剂后覆膜，用土将两边的膜端封严。当幼苗出土第一片叶展开后，破膜放苗。放苗选在无风的晴天，上午 10 时前或下午 4 时后进行，切勿在晴天高温或大风降温时放苗。

6.4.2.2 机械方法

用地膜播种机一次完成播种、喷施药剂、覆膜等多道工序。用 72% 都尔乳油 100~150 mL/亩，兑水 40~50 kg 均匀喷洒垄面，喷后覆膜，覆膜后膜上每隔 3 m 横压 10 cm 厚、5 cm 宽的土带，以防风揭膜。

7 田间管理

7.1 查田补苗与清棵蹲苗

花生苗出齐后，结合查田补苗，将花生幼苗周围的土扒开，让两片子叶和胚芽露出土外。

7.2 中耕除草

第一次中耕在清棵后 15~20 d 进行，第二次中耕在封行之前进行。

7.3 追肥

7.4 根际追肥

花生始花期每亩追施尿素 10~15 kg，或花生专用肥 10~20 kg。在花生垄旁边施，然后覆土。

7.5 叶面追肥

用 1%的磷酸二铵或 0.2%的磷酸二氢钾水溶液 50 kg/亩，或 0.03%叶绿宝 60~75 kg/亩连续喷施二三次，每次间隔 7~10 d。

培土迎针。花生进入盛花期，少数果针已入土，大批果针入土前，培土迎针，以"穿垄沟不伤针、高培土不压蔓"为标准。

8 灌溉

8.1 灌水时期

根据当地气候条件和花生的需水规律，采用浇关键水的灌溉制度，在花生需水关键时期进行补充灌溉，灌溉次数为二三次，分别在播种出苗期、开花至结荚期。严重干旱时要根据具体土壤水分指标，见表 1，当土壤田间持水量处于土壤含水量下限指标时，进行灌溉。

表 1　花生不同生育期耕层土壤水分指标

生育时期	土壤含水量下限指标% （占田间持水量之百分比）	适宜值% （占田间持水量之百分比）	土壤含水量上限指标% （占田间持水量之百分比）
播种出苗期	40	60~70	80
幼苗期	40	50~60	70
开花至结荚期	50	60~70	80
饱果成熟期	40	50~60	70

8.2 灌水量

花生每次灌水量应根据生育阶段、土壤性质、灌水方法而定，计算公式：

$$M=\frac{\eta_{节} \cdot r_{d} \cdot H \cdot (Q_{上}-Q_{下})Q_{田} \cdot S_{田}}{\eta_{田}}$$

式中：M——灌水量，单位为立方米（m³）；

$\eta_{节}$——灌水量折减系数；

r_{d}——土壤容重，单位克每立方米（g/cm³）；

H——作物不同生育阶段的计划湿润层深度，单位为米（m）；

$Q_{上}$、$Q_{下}$——土壤含水量上下限指标，单位为百分比（%）

$Q_{田}$——田间持水量，单位为百分比（%）；

$S_{田}$——农田面积，单位为平方米（m²）；

$\eta_{田}$——田间水分利用系数。

其中，η 节值由作物生育阶段和灌水方法确定，为 0.5~0.7，生育前期和非需水临界期取低值，其他生育时期取高值；点浇点灌、坐水种、小管出流、渗灌、穴灌取低值，喷灌、膜上灌取高值；r_d 一般为 1.3 g/cm³；H 为作物不同生育阶段的计划湿润层深度，为 0.30~0.50 m，生育前期取低值，生育中后期取高值 $Q_上$、$Q_下$ 值见表 1；η 田取 0.80~0.95，点浇点灌、坐水种、小管出流、渗灌、穴灌取高值。

8.3 灌水要求

要结合当地农业生产和经济水平，选择适宜的灌水方式。农田集雨、机井建设和引用地表水符合 SL 207 节水灌溉技术规范和 GB 5084 农田灌溉水标准中的相关要求。灌水次数和灌水量应符合作物需水规律、当地气候变化情况和土壤状况。要定期做好灌溉设备的检测、修理和维护工作。

9 病虫草害防治

9.1 农业防治

实行合理轮作，选用抗病、虫品种，适期播种，合理密植，施用净肥，加强水肥管理；及时中耕，清除田间和田边杂草；及早铲除病株，深埋病残体。

9.2 物理防治

根据害虫生物学特点，采用取糖醋液、杨树枝和黑光灯等方法诱杀害虫。

9.3 生物防治

人工释放赤眼蜂和施用 Bt 苏云金杆菌乳剂等生物农药。

9.4 化学防治

9.4.1 几种病虫害的化学防治方法

见表 2。

表 2 几种病虫害的化学防治方法

病虫害名称	化学防治方法
花生褐斑病和黑斑病	发病初期用 50%多菌灵 1 000~1500 倍液、或 12.5%禾果力 1 000~3000 倍液、或 75%百菌清 600~800 倍液、或 80%代森锌 400 倍液，每隔 7~10 d 喷洒 1 次，连续二三次
花生茎腐病	用 50%多菌灵可湿性粉剂，按种子量的 0.3%拌种，发病初期用 50%多菌灵 1 000 倍液喷雾
花生立枯病	50%多菌灵 1 000 倍液喷雾，10 d 喷 1 次，连续二三次
花生根腐病	用 50%多菌灵可湿性粉剂，按种子量的 0.3%拌种
花生根结线虫病	5%克线磷颗粒每 10~15 kg/亩，加土 40~50 kg 拌匀，播种时开沟施入，沟深 12 cm 左右。或用甲基环磷按种子重量的 0.5%~1%拌种
花生锈病	发病初期及时喷洒 45%代森铵 800 倍液，或 75%百菌清 500~600 倍液，或过量式石灰波尔多液（硫酸铜：石灰：水＝1：2：200），喷雾

续表

病虫害名称	化学防治方法
花生黑霉病	在 7—8 月发病期间，喷洒过量式石灰波尔多液，或 25%多菌灵可湿性粉剂 500~600 倍液，每隔 10d 喷 1 次，连续二三次
蚜虫	采用 40%乐果乳油 1 000 倍液，30%速克毙乳油 2000~3 000 倍液，15%虫可毙乳油 1 500~2 500 倍液喷雾
蛴螬	播前，用 0.2%辛硫磷拌种；播种时，用 5%辛硫磷颗粒剂（或异丙磷颗粒剂）2.5~3 kg/亩，加细土 15~20 kg 制成毒土，撒于播种穴内；开花下针期，用 3%甲基异柳磷颗粒剂 2.5~3 kg/亩或 50%辛硫磷 0.25 kg/亩，加细土 40~50 kg 制成毒土，撒于植株基部，然后覆土
棉铃虫	百穴有卵 30 粒以上时，用 Bt 乳剂喷雾，3 d 喷 1 次，连续喷雾二三次；幼虫百穴有 30 头以上时，用 50%辛硫磷乳剂 1 000 倍液，或 50%伏虫灵乳油 1 000~1 500 倍液，或 42%棉虫必杀乳油 1 000 倍液喷雾
甜菜夜蛾	产卵盛期至 2 龄幼虫盛期，清晨或傍晚用 20%螨克（双甲脒）30 mL 加 35%赛丹乳油 40 mL；0.9%虫螨克 5 mL 加 2.5%辉丰菊酯 20 mL 加 4.5%高效氯氰菊酯 25 mL，喷雾防治。配药时加入少许菜油或中性洗衣粉，以提高防效

9.4.2　常用化学除草剂及其防治对象

见表 3。

表 3　花生主要除草剂及其防治对象

除草剂名称	用量	使用方法	防治时期	防治对象
70%灭草丹乳剂	稀释 200~270 倍液 50L/亩	喷雾	播前土壤处理	一年生禾本科杂草及香附子、油莎草、鸭跖苋、马齿苋、铁苋菜等阔叶杂草
80%扑草净可湿性粉剂	每亩 50~70 L	喷雾	播前土壤处理	一年生阔叶杂草和部分禾本科及莎草科杂草
50%速收	4 000~6 000 倍液 50 L/亩	喷雾	播后苗前土壤处理	藜、蓼、苋、苍耳等阔叶草和稗草、马唐、牛筋草、狗尾草等禾本科杂草
50%乙草胺	350~500 倍液 50 L/亩	喷雾	播后苗前土壤处理	马唐、牛筋草、狗尾草、旱稗、画眉草等一年生禾本科杂草
25%农思它	500 倍液 每亩 40~50L	喷雾	播后苗前土壤处理	牛筋草、狗尾草、藜、蓼、苋、龙葵、马齿苋、田旋花和香附子

续表

除草剂名称	用量	使用方法	防治时期	防治对象
72%都尔	300~400 倍液 每亩 40~60 L	喷雾	播后苗前土壤处理	一年生禾本科杂草和部分小粒种子的阔叶草
48%拉索	250 倍液 40~60 L/亩	喷雾	播后苗前土壤处理	一年生禾本科杂草和碎米莎草、异型莎草等
12%收乐通	1 000 倍液 每亩 20~30 L	喷雾	禾草 2~4 叶期施药	一年生和多年生禾本科杂草
10.8%高效盖草能	1 000 倍液 每亩 20~30 L	喷雾	禾草 2~5 叶期施药	一年生和多年生禾本科杂草
35%稳杀得	400 倍液 30L/亩	喷雾	禾草 2~5 叶期施药	禾本科杂草
6%克草星	600~700 倍液 每亩 30~40 L	喷雾	杂草高度 5 cm 以下施药	多种花生田杂草

9.4.3 用药要求

加强病虫害预测预报，做到有针对性地适时用药，未达到防治指标或益害虫比合理的情况下不用药。根据防治对象的特性和危害特点，允许使用生物源农药、矿物源农药和低毒有机合成农药，有限度地使用中毒农药，禁止使用剧毒、高毒、高残留农药。严禁使用禁止使用的农药和未核准登记的农药。注意不同作用机制的农药合理交替使用和混用，提高防治效果。坚持农药的正确使用，严格按使用浓度施用，施药力求均匀，不漏施，不重施。

10　化学调控

无灌溉条件或水源亏缺情况下，可选用部分抗旱剂进行化学调控，其种类要慎重选择，以达到优质高产的目的。如生产绿色花生食品，则不能使用化学调控药品。具体化学药品使用方法及作用见表4。

表 4　花生主要化学调控药品及其作用效果

药品名称	用量	使用方法	使用时期	作用
抗旱剂 1 号	75 g/亩兑水 50 kg	喷雾	苗期、花针期	抗旱
15%多效唑	50 g/亩兑水 50 kg	喷雾	始花后 20~25 d	抑制地上茎秆旺长，促进生殖生长
矮壮素	100 g/亩兑水 50 kg	喷雾	始花后 25~40 d	抑制地上茎秆旺长，促进生殖生长
B9	50 g/亩兑水 50 kg	喷雾	始花后 40~50 d	抑制地上茎秆旺长，提高光合速率

11 收获与贮藏

11.1 适时收获

11.1.1 根据田间长相确定收获期

以花生植株生长停滞，中下部叶片脱落，为成熟的标志。

11.1.2 根据饱果率

当荚果饱果率达 65%~75%时即可收获。

11.1.3 根据外壳及种仁颜色

外壳表皮由黄褐色变为青褐色，网纹清晰；内果皮海绵组织变薄而破裂，并由白色变为带有金属光泽的黑褐色；种皮显示该品种固有色泽如粉红色、紫红色等。

11.1.4 根据当地昼夜平均气温

当本地昼夜平均气温降到 12 ℃以下时，即可收获。

11.4.5 根据品种的生育期计算收获期

正常年份，当品种的固定生育天数达到时可以采收。在 9 月 18—22 日之间。

11.2 收后晾晒风干

11.2.1 就地铺晒法

在田间将几垄花生铺放在一条垄上，根部向阳，晒至大约六成干时堆成小垛，茎叶一端向内，根果向外，继续进行垛晒风干。当荚果含水量在 20%~25%（手摇荚果有响声）时，即可摘果，并对荚果进行风选，分别晾晒风干。

11.2.2 人工催干法

依靠机械鼓风，在常温下风干。只有当空气湿度达 90%以上时才加温，气流温度不得高于 35 ℃。

11.3 安全贮藏

花生贮藏时含水量要低于 10%，具体计算方法为花生含水分 ≤（1-种子含油率）×15%。

风沙半干旱地区大豆节水高产优质栽培技术规程

1 范围

本标准规定了大豆节水生产过程中的品种选择、选地、整地与施肥、播种、田间管理、灌溉、病虫害防治、收获、贮藏等技术。

本标准适用于北方风沙半干旱地区大豆节水栽培。

2 规范性引用文件

下列文件中的条款通过本标准的引用而成为本标准的条款。凡是注日期的引用文件，其随后所有的修改单（不包括勘误的内容）或修订版均不适用于本标准，然而，鼓励根据本标准达成协议的各方研究是否可使用这些文件的最新版本。凡是不注日期的引用文件，其最新版本适用于本标准。

GB 4404.2 粮食作物种子——豆类

3 品种选择

选用生育期适中、抗旱、耐瘠薄、抗病性强、肥水高效型，经过国家或省级审定推广的大豆优良品种。可根据市场需求和生产目标，选择专用型品种。

4 选地

选择自然生态环境破坏轻，地势平坦、保水保肥较好的地块，中性或弱酸、弱碱性土壤，以壤土最为适宜，忌重茬、迎茬。

5 整地与施肥

5.1 秋后整地与施肥

秋天收获后立即将前茬作物根茬除净，进行秋耕，耕地深度因地制宜，为16~20 cm，同时结合施入优质有机肥1 500~2 000 kg/亩，并进行精细耙地、耱地和镇压。

5.2 顶凌耙地

翌年早春在土壤刚解冻3~4 cm深、土壤下层尚有冰凌、昼消夜冻时，开始耙地，使地表形成一层疏松细碎的干土层，切断毛管水的运行。

5.3 播前整地与施肥

结合播前整地，每亩施入尿素5 kg、磷酸二铵8~10 kg、硫酸钾10 kg，施肥方式为条施，深度为10~15 cm。

6 播种

6.1 种子质量

除去病斑粒、霉变粒、虫食粒、杂质等,种子质量达到 GB 4404.2 二级以上标准。

6.2 种子播前处理

6.2.1 晒种

播前一星期内,在晴朗天气将种子摊放在阳光下晾晒三四次,每次 5~6 h。摊晒时,种子厚度 5~6 cm,并经常翻动。

6.2.2 拌种衣剂

根据田间主要病虫害情况,选择适宜的种子包衣剂,按药种比例进行包衣。常用的种衣剂有种衣剂 4 号、ND2、北农大种衣剂、八一农大 35% 多克福种衣剂、密山 35% 多克福种衣剂等。

6.2.3 抗旱剂拌种

按大豆种子量称取 0.2% 的抗旱剂 1 号,配制成浓度为 2% 的棕黑色药液,将药液均匀地洒在种子上,搅拌均匀,堆闷 2~4 h 后播种。若与农药和种衣剂配用,则先拌农药和种衣剂,后拌抗旱剂 1 号。抗旱剂 1 号不能与碱性农药配用。

6.3 播种技术

6.3.1 播种期

当 5 d 内 5 cm 播种层地温稳定在 8 ℃以上时,进行播种,一般播期为 4 月下旬至 5 月上旬。

6.3.2 抗旱播种

6.3.2.1 抢墒播种

适播期内遇有小雨,待雨后土壤黏度适宜作业时,及时抢播。

6.3.2.2 造墒播种

当 0~10 cm 土壤含水量低于 10% 时,进行造墒播种。人工方法:挖 6~7 cm 深的播种坑,每个播种坑中灌水 1.0~2.0 kg(坐水),亦可在播种坑中加施底肥,然后逐坑点播、覆土、镇压。机械方法:用抗旱坐水播种机一次完成开沟、注水、播种、施肥、覆土。

6.3.3 播种量

按下式计算。

$$亩播种量(kg) = \frac{亩计划留苗数 \times 千粒重(g)}{发芽率(\%) \times 田间出苗率(\%) \times 10^6} \times [1 + 田间损失率(\%)]$$

计划留苗数的确定应从群体出发,考虑地力、水肥及品种特性等因素。生育期短、植株矮、分枝少和肥条件好的地块,密度要高,反之则低。密度为 12 000~

15 000株/亩。田间出苗率与土壤水分和播种质量有关，为80%～90%，田间损失率以5%计算。播种量为3.0～4.5 kg/亩。

6.3.4 播种方式

采用等距穴播的方式，行距50 cm，穴距15～20 cm，每穴3～4粒，播种深度5～6 cm，要求深浅一致。播种后立即镇压。

7 田间管理

7.1 苗前除草

在播后出苗前，每亩用50%乙草胺乳油175～200 mL（或90%禾耐斯100～150 mL）加70%赛克津可湿性粉剂20～40 g或48%广灭灵乳油50～70 mL（75%广灭灵粉剂1～2 g），或用72%都尔乳油100～200 mL，兑水15 kg均匀喷洒在土壤表面。

7.2 补苗定苗

大豆出苗后及时查苗，缺苗少苗时及时补种，也可采用坐水补种。在对生真叶展开至第一片复叶展开前进行人工间苗，按计划种植密度一次定苗。

7.3 中耕除草

定苗后进行2～3次中耕并结合选择安全、经济、适宜的除草剂进行化学除草。防除禾本科杂草时，每亩用5%精禾草克乳油60～100 mL，或15%精稳杀得乳油50～65 mL，或10.8%高效盖草能乳油30 mL，或6.9%威霸浓乳剂50～60 mL，或12.5%拿扑净乳油85～100 mL，兑水15 kg喷雾。防除阔叶杂草时，每亩用25%氟磺胺草醚85～100 mL，或用24%杂草焚水剂85～100 mL，兑水15 kg喷雾。施药时期应掌握在杂草基本出齐，禾本科杂草在2～4叶期，阔叶杂草在5～10 cm高进行。

7.4 追肥

7.4.1 根际追肥

大豆初花期（6月下旬至7月中旬）结合最后一次趟地，每亩追施硫酸铵6～10 kg或尿素3～5 kg。

7.4.2 根外追肥

在大豆初花期至鼓粒期进行。每亩用尿素600～700 g加磷酸二氢钾100 g溶于35 kg水中喷施，同时可根据缺素状况加入微量元素肥料，如硼砂、钼酸铵、硫酸锰、硫酸镁、硫酸锌等。微肥追肥使用量见表1。

表1　微肥根外追肥使用量

微肥名称	使用浓度（%）	亩微肥用量（g）
钼酸铵	0.05~0.10	20~25
硫酸锰	0.05~0.10	50~60
硫酸镁	0.05~0.08	35~40
硼　砂	0.05~0.10	7.5~10
硫酸锌	0.01~0.05	90~110

8　灌溉

8.1　灌水时期

结合当地气候条件和大豆的需水规律采用浇关键水的灌溉制度，在大豆需水关键时期进行补充灌溉。大豆分枝期和开花结荚期兑水较为敏感，是水分临界期。严重干旱时要根据具体土壤水分指标，见表2，当土壤田间持水量处于土壤含水量下限指标时，进行灌溉。

表2　花生不同生育期耕层土壤水分指标

生育时期	土壤含水量下限指标%（占田间持水量之百分比）	适宜值%（占田间持水量之百分比）	土壤含水量上限指标%（占田间持水量之百分比）
幼苗期	55	65~70	80
花序形成期	65	75~85	90
开花结荚期	65	75~85	90
成熟期	60	70~75	80

8.2　灌水量

大豆每次灌水量应根据生育阶段、土壤性质、灌水方法而定，计算公式为：

$$M = \frac{\eta_节 \cdot r_d \cdot H \cdot (Q_上 - Q_下) Q_田 \cdot S_田}{\eta_田}$$

式中：M——灌水量，单位为立方米（m^3）；

$\eta_节$——灌水量折减系数；

r_d——土壤容重，单位克每立方米（g/cm^3）；

H——作物不同生育阶段的计划湿润层深度，单位为米（m）；

$Q_上$、$Q_下$——土壤含水量上下限指标，单位为百分比（%）

$Q_田$——田间持水量，单位为百分比（%）；

$S_田$——农田面积，单位为平方米（m^2）；

$\eta_田$——田间水分利用系数。

其中，$\eta_{\text{节}}$ 值由作物生育阶段和灌水方式确定，为 0.5~0.7，生育前期和非需水临界期取低值，其他生育时期取高值；点浇点灌、坐水种、小管出流、渗灌、穴灌取低值，喷灌、沟灌等取高值；r_d 一般为 1.3 g/cm³；H 为作物不同生育阶段的计划湿润层深度，具体值见表 3；$Q_{\text{上}}$、$Q_{\text{下}}$ 值见表 2；$\eta_{\text{田}}$ 取 0.80~0.95，点浇点灌、坐水种、小管出流、渗灌、穴灌取高值。

表 3　大豆不同生育阶段土壤计划湿润层深度

生育时期	土壤计划湿润层深度（m）	生育时期	土壤计划湿润层深度（m）
幼苗期	0.40	花序形成期	0.40~0.50
开花结荚期	0.50~0.60	成熟期	0.60

8.3　灌水要求

要结合当地农业生产和经济水平，选择适宜的灌水方式。农田集雨、机井建设和引用地表水要符合节水灌溉技术规范和农田灌溉水标准中的相关要求。灌水次数和灌水量要符合作物需水规律、当地气候变化情况和土壤状况。要定期做好灌溉设备的检测、修理和维护工作。

9　病虫害防治

9.1　农业防治

实行合理轮作，选用抗病、虫的品种，适期播种，合理密植，施用净肥，加强水肥管理，清除田间和田边杂草，及早铲除病株，深埋病残体，收获后及时深翻土壤。

9.2　物理防治

根据害虫生物学特点，采用糖醋液和黑光灯等方法诱杀害虫。

9.3　生物防治

保护瓢虫等害虫的天敌；释放蚜虫天敌日本豆蚜茧蜂（用蜂量为 7 万头/亩）；8 月中旬大豆食心虫雌虫产卵盛期，每亩释放赤眼蜂 2~3 万头；秋季在食心虫幼虫脱离豆荚前，将白僵菌与细土按 1:10 混合，每亩用菌土 5 kg 撒于豆田地面或豆垛下，可将准备越冬的幼虫消灭。

9.4　化学防治

9.4.1　大豆霜霉病

播种前用种子重量 0.3% 的 35% 甲霜灵（瑞毒霉）粉剂或 50% 福美双可湿性粉剂拌种。发病初期用 40% 百菌清悬浮剂 600 倍液，或 25% 甲霜灵可湿性粉剂 800 倍液，或 58% 甲霜灵锰锌可湿性粉剂 600 倍液进行喷施，在上述杀菌剂产生抗药性的地区，改用 69% 安克锰锌可湿性粉剂 900~1 000 倍液喷施。

9.4.2 大豆灰斑病

7月下旬阴雨季节当大豆叶片有30%以上出现病斑时，用50%多菌灵或70%甲基托布津500~1 000倍液进行防治，大豆花荚期用40%多菌灵胶悬剂300~400倍液喷雾。

9.4.3 蚜虫和红蜘蛛

蚜虫或红蜘蛛初发期，每亩用40%乐果乳油（不可用氧化乐果）50 mL 拌10 kg湿细砂土制成毒土，撒于受害处；全田发生时，每亩用50%抗蚜威10~15 g，兑水40~75 kg喷雾。

9.4.4 大豆食心虫

8月中旬，在大豆食心虫成虫盛期前1~2 d，用长20 cm，宽3 cm 的油毡软纸片浸蘸80%的敌敌畏乳油，制成"缓释卡"，或以同样方法制成玉米穗轴"毒棒"，均匀挂在大豆植株上。

9.4.5 大豆菟丝子

选择阴雨天气或田间湿度较大时，用浓度为 3×10^7 孢子/mL 的鲁保1号50倍液，喷洒在菟丝子植株上。

9.5 用药要求

加强病虫害预测预报，做到有针对性地适时用药，未达到防治指标或益害虫比合理的情况下不用药。根据防治对象的特性和危害特点，允许使用生物源农药、矿物源农药和低毒有机合成农药，有限度地使用中毒农药，禁止使用剧毒、高毒、高残留农药。严禁使用禁止使用的农药和未核准登记的农药。注意不同作用机制的农药合理交替使用和混用，以提高防治效果。坚持农药的正确使用，严格按使用浓度施用，施药力求均匀周到，不漏施，不重施。

10 收获

根据当地的栽培制度、气象条件、品种熟性和田间长相灵活掌握收获时期。人工收获在落叶90%时进行；机械收获在叶片全部落净、豆粒归圆时进行。保证收获质量，减少损失。

11 贮藏

11.1 贮藏温度

应控制在16 ℃以下。

11.2 安全含水量与贮藏期

含水量在16%左右，可以安全越冬；含水量在15%左右，一般可以保管到6月；含水量在13%左右，可保管到7月；含水量在12%左右，可以安全过夏。

北方旱区南果梨、苹果梨、尖把梨无公害抗旱高效栽培技术规程

1 范围

本标准规定了北方旱区南果梨、苹果梨、尖把梨无公害抗旱高效栽培的园址选择与规划，品种和砧木选择、栽植、土肥水管理、整形修剪、花果管理、病虫害防治和果实采收等。

本规程适用于北方旱区无公害优质梨的生产。

2 规范性引用文件

下列文件中的条款通过本标准的引用而成为本标准的条款。凡是注日期的引用文件，其随后所有的修改单（不包括勘误的内容）或修订版均不适用于本标准，然而，鼓励根据本标准达成协议的各方研究是否可使用这些文件的最新版本。凡是不注日期的引用文件，其最新版本适用于本标准。

NY 5101	无公害食品　梨产地环境条件
NY/T 5102	无公害食品　梨生产技术规程
NY/T 393	绿色食品　农药使用准则
NY/T 496	肥料合理使用准则通则
SL 207	节水灌溉技术规范
GB 11680	食品包装用原纸卫生标准

3 园地的选择与规划

3.1 园地选择

应符合 NY 5101 和 NY/T 5102 的要求。建园时选择阳光充足，有灌溉条件的中性或微酸性土壤，地下水位 2 m 以上。平地建园应选择地势较高，便于排水的地块；山地建园选择坡度 5°～10° 为宜。

3.2 园地规划

园地建设应统一规划，做到连片种植，沟、渠、路、防护林配套，特别是西、西南迎风面必须建造防护林。

4 品种和砧木选择

4.1 品种

南果梨、苹果梨和尖把梨。

4.2　砧木

杜梨和山梨。

5　栽植

5.1　行向

南北行向。

5.2　密度

3 m×4 m 或 3 m×5 m。

5.3　大穴改土

于前一年秋季或当年春季，以定植点为中心挖穴，直径 1.0 m、深 1.0 m，将底土和表土分放。先将 25~50 kg 有机物料（枯枝、落叶、杂草、秸秆等）与底土混拌后施入坑底，再回填表土。

5.4　苗木选择

选择优质合格苗木，于定植前将根系浸入水中 24 h，然后栽植。

5.5　授粉树配置

南果梨、苹果梨、尖把梨互为授粉树。

5.6　适时定植

春栽为主，在土壤解冻后期开始到苗木萌芽前为止。

5.7　栽植

栽植时将苗木垂直放入栽植穴内，栽植深度以苗木嫁接口在地平面以下 10 cm 为限。矫正栽植位置后，埋土，边埋边轻提苗木，当填至大半穴土时，轻踩使苗木固定，灌足水，最后将填土踩实，修树盘，大小 1 m²。

5.8　覆膜

树盘及时覆膜，膜里低外高，膜大小为 1 m²。

5.9　定干

高度 60~80 cm，剪口下留 8~10 个饱满芽。

5.10　套袋

从树干顶部套入长 50 cm、宽 10 cm 的塑料袋，用绳将上、中、下部绑实，叶片长至贴到塑料上时，及时扎孔放风，待塑料袋影响新梢生长时摘掉。

6　土肥水管理

6.1　土壤管理

6.1.1　深翻改土

在定植沟外开平行沟扩穴深翻改土，沟宽 80 cm，深 80 cm，底层放 10 cm 厚的秸秆，再放 10~20 cm 厚的腐熟有机肥，并放 10 cm 表土与肥料和匀，再填土至沟满，次年方法同上，直至全园深翻。

6.1.2 中耕除草

降雨或补水后，及时中耕除草，保持土壤疏松，中耕深度 5~10 cm，以利调温保墒。将除下的杂草覆盖树盘，上面零星压土，连覆 3~4 a 后结合秋施基肥深翻入土。禁止使用除草剂，以免污染。

6.2 施肥

6.2.1 施肥原则

按照 NY/T 496 规定执行。所施用的肥料应是农业行政主管部门登记或免予登记的肥料。

6.2.2 施肥方法

6.2.2.1 基肥

秋季施入，以腐熟有机肥为主，可混加氮肥并混施全年所需的过磷酸钙 50~70 kg。初果期按每生产 1 kg 梨施 2 kg 优质农家肥计算，盛果期梨园每公顷施 50 000 kg 以上。施用方法采用沟施，挖放射状沟或在树冠外围挖环状沟，沟深 40~50 cm。

6.2.2.2 追肥

第一次追肥在萌芽后，以氮肥为主，株施尿素 0.5~1.5 kg；第二次在花芽分化及果实膨大期，以磷钾肥为主，株施氮、磷、钾三元复合肥 1.0~2.0 kg；第三次在果实生长后期，以钾肥为主，株施磷酸二氢钾 0.5~1.5 kg；其余时间也可根据具体情况追肥。施肥方法：在树冠下开环状或放射状沟，深 15~20 cm，追肥后如土壤过干需补水。

6.2.2.3 叶面喷施

全年 6 次左右，一般生长前期 2 次，以氮肥尿素为主；后期 2~3 次，以磷钾肥为主；果实采收后再追一次氮肥以达到保叶的目的。使用浓度：尿素为 0.2%~0.3%、磷酸二氢钾 0.3%~0.5%、硼砂 0.1%~0.3%。叶面喷肥应避开高温时间。

6.3 水分管理

6.3.1 灌溉系统规划与设置

设置与规划按 SL 207 规定执行。主要有喷灌系统、滴灌系统和管灌系统。

6.3.2 灌溉水的质量

应符合 NY 5101 的规定。提倡用内塘水（不通外河）或浅井水浇灌。

6.3.3 灌水时间和次数

6.3.3.1 总体原则

浇灌时间需视梨园土壤干湿度而定，全年需浇灌 4~5 次。

6.3.3.2 萌芽期

在 3 月下旬，最迟不得晚于开花前 10 d，结合施肥进行灌溉补水，每公顷补水 450~500 t，土壤浸润深度 50~70 cm。

6.3.3.3　新梢生长期

5月初，梨树落花后5~7 d进行补水，每公顷补水450~500 t，土壤浸润深度50~70 cm。可显著地促进生长、减少落果。

6.3.3.4　核形成期

6月上中旬，正值梨核形成，是梨树需水的临界期，根据降水情况适时补水，使土壤含水量达到田间持水量的60%~80%，土壤浸润深度50~70 cm。

6.3.3.5　果实采收后

10月上中旬，树体处于营养物质的积累阶段，根据天气情况，结合秋施基肥，补一次透水。

7　整形修剪

7.1　树体结构

改良小冠幅疏散分层形、纺锤形。

7.2　幼树期

营养生长较旺盛，修剪的目的在于促进营养生长和尽快完成树形。对骨干枝、延长枝进行轻截，使其迅速扩大树冠；对辅养枝进行轻剪缓放，培养枝组促其早结果，多留枝，开张角度，缓和树势。

初结果期要轻剪缓放，多留枝，使枝条生长缓和。

7.3　盛果期

树形已完成，开始大量结果，要注意清理多余的辅养枝，稳定树势，克服大小年现象。早期丰产必须培养好树体骨架，并培养好枝组，加强生长季节的修剪，以增加树冠的通风透光度。衰老树注意更新修剪，复壮树势，维持产量，延长结果年限。

8　花果管理

8.1　保花保果

花期喷施0.2%~0.5%的硼砂溶液，以保花保果，对于过旺树可采用环割或环剥以促进坐花坐果。

8.2　疏花疏果

为减轻大小年现象，在花果过多年份可进行疏花疏果。疏花即剪去花序的顶花芽，但应注意疏弱留强，疏长留短，疏外留中。疏果于第一次生理落果后开始，到6月中旬完成，先剪去病虫果、畸形果、弱势果，再根据树势的不同疏去多余果，以达到叶果比25：1~30：1为宜。

8.3 果实套袋

6月中下旬，苹果梨在完成疏果后进行套袋。使用纸质应符合 GB 11680 要求的专用袋。

9 病虫害防治

9.1 农业防治

栽植优质无病菌苗木，并通过加强肥水管理，合理控制负载等措施保持树势健壮，提高抗病力，合理修剪，保证树体通风、透光，控制病虫生长环境。消除病枝落叶，刮除树干老翘裂皮，剪除病虫枝果，减少病虫源，降低病虫基数，梨园周围5 km 范围不栽桧柏，以防止锈病流行。

9.2 物理防治

根据害虫生活习性，采取糖醋液、诱虫灯等方法诱杀害虫。

9.3 化学防治

9.3.1 药剂使用原则

按 NY/T 393 规定执行。

9.3.2 科学合理使用农药

加强对病虫害的预测预报，有针对性地适时用药，根据天敌发生特点，合理选择农药种类，施用时间和施用方法，保护天敌。不同作用机制的农药应交替使用。

9.4 主要病虫害

9.4.1 主要病害

梨黑星病、腐烂病、干腐病、轮纹病、黑斑病和锈病等。

9.4.2 主要虫害

梨木虱、蚜虫、叶螨类、食心虫类、卷叶虫类和蜡象等。

9.5 防治方法

9.5.1 落叶至萌芽前

重点防治腐烂病、干腐病、枝干轮纹病和叶螨。清除枯枝落叶。结合冬剪、剪除病虫枝梢、病僵果、翻树盘及刮除老粗翘皮、病瘤、病斑等，集中深埋或烧毁。树体喷布一次3~5波美度石硫合剂。

9.5.2 萌芽至开花前

重点防治黑星病、腐烂病、枝干轮纹病、黑斑病、梨木虱、叶螨和蚜虫类。刮除病斑和病瘤。喷75%百菌清800~1 000倍液、布氟硅唑、10%吡虫啉3 000~5 000倍液。

9.5.3 落花后至幼果套袋前

重点防治黑星病、果实轮纹病、锈病、黑斑病、梨木虱、叶螨和蚜虫类。喷施烯唑醇，或氟硅唑，或亚胺唑，或代森锰锌，防治锈病、黑星病和果实轮纹病。梨木虱第一代若虫发生期，尚未分泌黏液前，喷施阿维菌素3 000～4 000倍液、10%吡虫啉3 000～5 000倍液或甲氰菊酯。防治蚜虫和叶螨可喷施10%吡虫啉3 000～5 000倍液或杀虫王。

9.5.4 果实膨大期

重点防治黑星病、轮纹病、黑斑病、梨木虱和食心虫。喷施烯唑醇，或氟硅唑，或亚胺唑、或代森锰锌，防治锈病、黑星病和果实轮纹病。用50%辛硫磷乳油1 000～1 500倍液、甲氰菊酯来防治食心虫和梨木虱，以扩大防治对象，提高防治效果。进入雨季，交替使用倍量式波尔多液（1∶2∶200）、内吸性杀菌剂，防治果实和叶片病害，15 d左右喷1次。

9.5.5 果实采收前后

重点防治轮纹病、炭疽病、黑星病和食心虫。喷施氟硅唑、25%多菌灵400～500 倍液、40%氧化乐果800 倍液农药。采收前20 d喷布1次70%代森锰锌500 倍液，防治果实病害。落叶后，清扫落叶、病虫果，集中烧毁或深埋。

10 果实采收

根据果实成熟度和市场需求确定采收适期。成熟期不一致的品种，应分期采收，采收时轻拿轻放，避免机械损坏，及时包装贮运。

11 建立技术档案

从规划建园开始，按建园地块填写技术档案。每年对土壤管理、整形修剪、病虫害防治、果树生长和开花结果情况以及收益情况等进行连续记载，直至果树衰老更新。技术档案要按时填写和保管，做到记录准确、资料完整。

风沙半干旱地区大扁杏高效条带栽培技术规程

1　范围

本标准规定了风沙半干旱地区大扁杏高效条带栽培生产过程中的大扁杏品种选择、生产基地选择与规划、条带栽植设计、栽植方法、肥水管理、整形修剪、病虫害防治、果实采收、建立技术档案等技术。

本标准适用于风沙半干旱地区大扁杏无公害栽培生产。

2　规范性引用文件

下列文件中的条款通过本标准的引用而成为本标准的条款。凡是注日期的引用文件，其随后所有的修改单（不包括勘误的内容）或修订版均不适用于本标准，然而，鼓励根据本标准达成协议的各方研究是否可使用这些文件的最新版本。凡是不注日期的引用文件，其最新版本适用于本标准。

GB 3095	大气环境质量标准
GB 5084	农田灌溉水标准
GB 15618	土壤环境质量标准
NY/T 393	绿色食品　农药使用准则
NY/T 496	肥料合理使用准则通则

3　大扁杏品种选择

选择适宜当地环境、品质优、抗逆性强、抗病性强，经过国家级或省级审定的超仁、丰仁、龙王帽等为主栽品种，以白玉扁为授粉树。

4　生产基地选择与规划

4.1　生产基地选择

基地土壤环境质量符合 GB 15618 二级标准，水质符合 GB 5084 一级标准，大气环境质量符合 GB 3095 一级标准。生产基地选择适宜大扁杏生产的生态环境中。平地建园应选择地势较高，便于排水的地块；山地建园选择坡度 5°~10° 为宜。避开霜冻出现频率较高地区；避开风口地区；避开盐碱较重地区，土壤 pH 6~8 较为合适。

4.2　生产基地规划

4.2.1　营造防护林网

4.2.1.1　树种选择

选用新疆杨、小美旱、通辽杨等抗寒、耐旱、防风效果好的杨树品种。

4.2.1.2 林带配置

杏园主林带与当地风害或常年大风风向相垂直，或略偏 15°~25° 的角，副林带与主林带垂直。主林带 3~5 行，副林带 2~4 行。主林带间距 300 m，副林带间距 500 m。

4.3 道路规划

园内道路由主干道、支道和作业道组成。主干道贯穿全园，并于村庄、公路相通，宽度 5~6 m。支道与主干道相连，宽度 3~4 m。作业道与支道相连通，宽度 1~2 m。

5 大扁杏条带栽植设计

5.1 条带栽植

果树栽植成条，行间作物种植成带。南北行向，株行距可以为 2 m×8 m、2 m×10 m、2 m×12 m。距树干 0.8~1 m 以外间作豆类、花生等矮秆作物及中草药，或沙打旺、草木樨等绿肥作物，禁止间作高秆或藤蔓类作物及需水量大的蔬菜类作物。

5.2 授粉树配置

授粉树采用行间或株间配置，主栽品种与授粉品种比例为 5:1。

5.3 整地

5.3.1 定植穴

以定植点为中心挖穴，直径 80 cm、深 80 cm，将底土和表土分放。坑底施秸秆，厚度 20 cm，其上填入表土厚度 30 cm，并施入农家肥 20 kg，过磷酸钙 1.5 kg，最后回土至坑平。灌透水，沉实栽植坑。

5.3.2 定植沟

沿定植行开沟，沟深 100 cm，宽 100 cm。坑底施秸秆，厚度 20 cm，其上填入表土，厚度 30 cm，其上再施入秸秆厚度 10 cm，再填入表土，厚度 10 cm，施入农家肥 20 kg，过磷酸钙 1.5 kg，最后回土至填平。灌透水，沉实栽植坑。

6 栽植方法

6.1 苗木选择

选择质量好、生长健壮的 Ⅰ 级和 Ⅱ 级合格苗木。

6.2 栽前处理

栽植前先修剪根系，剪除破损、腐烂根，然后用清水浸泡 1 d，再将苗木根系蘸助长生根剂（5 g 兑清水 25~30 kg）2 min。

6.3 栽植

将处理好的苗木垂直放入栽植坑中央，栽植深度以苗木嫁接口在地平面以下 10 cm 为度。矫正栽植位置后埋土，边埋边轻提苗木，当填至大半穴土时，轻踩使苗木固定，灌足水，最后用土将坑填平踩实，修树盘，大小 1 m²。

6.4　覆膜

树盘及时覆膜，膜里低外高，膜大小为 1 m²。

6.5　定干

在 60~80 cm 高处选择饱满芽带定干。

6.6　套袋

从树干顶部套入长 40 cm、宽 10~12 cm 的塑料袋，用绳上、中、下绑实，或套塑料网，用绳将下部绑实，叶片长至贴到塑料上时，及时扎孔放风，待塑料袋和塑料网影响新梢生长时摘掉。

7　肥水管理

7.1　施肥

7.1.1　施肥原则

按照 NY/T 496 的规定执行。以有机肥为主，化肥为辅。所施用的肥料质应是农业行政主管部门登记或免予登记的肥料。

7.1.2　施肥方法

深坑分层施入法，在树冠垂直投影以外挖沟，沟宽 40 cm，深度 70~80 cm。沟内首先填充 20 cm 厚秸秆或杂草，踩实，填入表土 20 cm，再填入秸秆 10 cm，其上填入 15 cm 厚有机肥，再加入多元复合肥，最后覆土至地表一平。

7.1.3　基肥

以有机肥为主，复合肥（NPK 纯养分重量比为 1∶0.5∶0.8）为辅。幼树每年每公顷农家肥施用量30 000~50 000 kg，复合肥不多于 1 500 kg，成龄树每年每公顷农家肥施用量60 000~80 000 kg，复合肥不多于 3 000 kg，秋季 8 月下旬一次施入。

7.1.4　追肥

根际追肥：在开花前半个月追施氮肥。树冠下挖放射状沟，沟深 15~20 cm，追肥后覆土。施肥量以当地的土壤条件和肥料特点确定，每生产 100 kg 果需追纯氮 1.0 kg。

叶面喷肥：花期喷硼砂 0.1%~0.3%，采收后喷磷酸二氢钾 0.3%~0.5%。

7.2　补水

7.2.1　时期

10 月上中旬补水一次，开花前施氮肥后补水一次，5—7 月旱季视土壤墒情补一次水。

7.2.2　方法

管灌、喷灌等。

7.2.3 补水量

每公顷 450~500 t，达到田间持水量的 60%~80%，土壤浸润深度 50~70 cm。

8 整形修剪

8.1 树体结构

8.1.1 自然圆头形

干高 50~60 cm。选留 4~5 个错落生长的主枝，主枝上每隔 50~60 cm 选留 1 个侧枝，侧枝在主枝两侧交错分布，侧枝上着生各类枝组。

8.1.2 改良型

干高 50~60 cm。主枝 3 个，主枝和中心干与自然圆头相同。均匀分布在主干上，其余所有枝条全部拉平，按纺锤形树形修剪方法处理。

8.1.3 "Y"字形

干高 50~60 cm。采用主干上 2 个主枝伸向行间，角度 45°。主枝上无侧枝，直接培养结果枝组。

8.2 修剪

8.2.1 幼树期

营养生长较旺盛，为促进营养生长和尽快完成树形。对骨干枝、延长枝进行轻截，使其迅速扩大树冠，对辅养枝进行轻剪缓放，培养枝组促其早结果，多留枝，开张角度，缓和树势。

8.2.2 初结果期

要轻剪缓放，多留枝，使其生产势缓和，早期丰产。

8.2.3 盛果期

树形已完成，开始大量结果，要注意清理多余的辅养枝，稳定树势，克服大小年现象。早期丰产必须培养好树体骨架，并培养好枝组，加强生产季节的修剪，以增加树冠的通风透光度。衰老树注意更新修剪，复壮树势，维持产量，延长结果年限。

9 病虫害防治

9.1 主要病虫害

9.1.1 病害

主要有杏疔病、疮痂病、褐腐病、细菌性穿孔病、流胶病、杏叶焦边病等。

9.1.2 虫害

主要有蚜虫、红蜘蛛、金龟子、天幕毛虫、杏星毛虫、舟形毛虫、杏象鼻虫（杏象甲）、杏仁蜂、介壳虫、桃小食心虫、红颈天牛、吉丁虫等。

9.2　农业防治

采取剪除病虫枝、清除枯枝落叶、刮除树干翘裂皮、翻树盘、地面秸秆覆盖、合理施肥等措施。

9.3　物理防治

根据害虫生活习性，采取糖醋液、树干缠草绳和黑光灯等方法。

9.4　生物防治

人工释放赤眼蜂和保护瓢虫等天敌，土壤施用白僵菌防治桃小食心虫。

9.5　化学防治

9.5.1　用药原则

依据 NY/T 393，根据防治对象生物学特性和危害特点，允许使用生物源农药、矿物源农药和低毒有机合成农药，有限度地使用中毒农药，禁止使用剧毒、高毒、高残留农药。

9.5.2　允许和禁止使用的农药

9.5.2.1　允许使用的农药

见表 1、表 2。

表 1　主要虫害防治常用药品

主要病害	药品名称
毛虫类、桃小食心虫	25%灭幼脲 3 号悬浮剂、20%杀灭菊酯
卷叶虫类、金龟子	50%马拉硫磷乳油、50%辛硫磷乳油
介壳虫	25%扑虱灵可湿粉、20%氰戊菊酯
红颈天牛、杏仁蜂、象甲	50%辛硫磷乳油、80%敌敌畏乳油
蚜虫类	10%吡虫啉可湿粉性剂、20%杀灭菊酯

注：所有农药的施用方法及使用浓度均按国家规定执行。

表 2　主要病害防治常用药品

主要病害	药品名称
流胶病	5%菌毒清水剂、2%农抗 120 水剂、
褐腐病、疮痂病	50%多菌灵可湿粉、70%甲基托布津可湿粉
杏疔病	石硫合剂、75%百菌清、70%甲基托布津可湿粉
细菌性穿孔病	10%农用链霉素可湿粉、70%代森锰锌可湿粉

注：所有农药的施用方法及使用浓度均按国家规定执行。

9.5.2.2　禁止使用的农药

包括甲拌磷、久效磷、对硫磷、甲胺磷、甲基对硫磷、甲基异硫磷、氧化乐果、磷胺、克百威、涕灭威、灭多威、杀虫脒、滴滴涕、六六六、林丹、氟化钠、氟乙酰胺、砷类制剂等以及国家规定禁止使用的其他农药。

10　果实采收

10.1　采收时间

大扁杏成熟期非常集中，一般在 7 月 15—25 日，果皮变黄、果肉自然裂口时采收。

10.2　采收方法

以人工采摘为主，分批采收，做到熟一批采一批。

11　建立技术档案

从规划建园开始，按建园地块填写技术档案。每年对土壤管理、整形修剪、病虫害防治、生长和开花结果情况以及收益情况等进行连续记载，直至果树衰老更新。技术档案要按时填写和保管，做到记录准确、资料完整。

农产品质量安全 紫花苜蓿生产技术规程

1 范围

本标准规定了辽宁省优质紫花苜蓿栽培过程中的生产环境条件、播种技术、田间管理、病虫害防治、越冬防寒、收获等技术。

本标准适用于紫花苜蓿生产。

2 规范性引用文件

下列文件中的条款通过本标准的引用而成为本标准的条款。凡是注日期的引用文件，其随后所有的修改单（不包括勘误的内容）或修订版均不适用于本标准，然而，鼓励根据本标准达成协议的各方研究是否可使用这些文件的最新版本。凡是不注日期的引用文件，其最新版本适用于本标准。

GB 3095　　大气环境质量标准

GB 5084　　农田灌溉水标准

GB 9321　　农药合理使用准则

3 生产环境条件

3.1 气候条件

紫花苜蓿种植地域要求年平均气温5℃以上，大于10℃的年积温1 700℃以上，极端最低温-30℃，最高温35℃。紫花苜蓿适合生长在年降水量400~800 mm的地区，不足400 mm的地区需要灌溉，如果降雨量超过1 000 mm则要配置排水设施。

3.2 土壤条件

播种紫花苜蓿的地块要求土层深厚，质地砂黏比例适宜，土壤松散，通气透水，保水保肥，以壤土、黏壤土为宜。排灌方便，地下水位1.5 m以下。土壤pH6.5~8.0，可溶性盐分在0.3%以下。

3.3 环境质量

应符合GB 3095要求。

4 播种技术

4.1 播前准备

4.1.1 品种选择

选择高产、优质、抗病性好、抗倒伏的品种；选择播种秋眠级为2~4级的品种；外引品种至少要在当地经过了3 a以上的适应性试验才可大面积种植。

4.1.2　种子质量

符合国家种子分级标准，纯度和净度不低于95%，发芽率不低于90%。种子不得携带检疫对象。

4.1.3　播种量

根据自然条件、土壤条件、播种方式、利用目的及种子本身的纯净度和发芽率的高低略有差异。土壤不肥沃，紫花苜蓿分枝较少，可以多播一些；干旱地区水分不足，要适当增加播量；条播少些，撒播则多些；盐碱地应适当增加播种量。紫花苜蓿收草田播种量为10~15 kg/hm²，撒播增加20%播量。简便的计算播种量的公式为：实际播种量（kg/hm²）＝种子用价为100%的播量/种子用价。其中，种子用价＝种子发芽率（%）×种子净度（%）。

4.1.4　根瘤菌拌种

从未种过紫花苜蓿的田地应接种根瘤菌。按每千克种子拌8~10 g根瘤菌剂拌种。经根瘤菌拌种的种子应避免阳光直射；避免与农药、化肥等接触；已接种的种子不能与生石灰接触；接种后的种子如不马上播种，3个月后应重新接种。

4.1.5　整地

播种前必须将地块整平整细，使土壤颗粒细匀，孔隙度适宜，田内暄土层不能超过3 cm。整地包括翻地和耙地两个步骤。紫花苜蓿是深根型植物，适宜深翻，深翻深度为25~30 cm，在翻地基础上，采用圆盘耙、钉齿耙耙碎土块，平整地面。

4.2　播种

4.2.1　播种期

4.2.1.1　春播

春季4月中旬至5月末利用早春解冻时土壤中的返浆水分抢墒播种。春播的前提是必须有质量良好的秋耕地。春季幼苗生长缓慢，而杂草生长快，春播一定要注意杂草防除。

4.2.1.2　夏播

夏季（6—7月）播种，播前先施用灭生性除草剂消灭杂草，然后播种。要尽可能避开播后遇暴雨和暴晒。

4.2.1.3　秋播

沈阳以南地区可以采用秋播。秋播对紫花苜蓿种子发芽及幼苗生长有利，出苗齐，保苗率高，杂草危害轻。秋播在8月中旬以前进行，以使冬前紫花苜蓿株高可达5 cm以上，具备一定的抗寒能力，使幼苗安全越冬。

4.2.1.4　冬播

在上冻之前1周左右进行。

4.2.2 播种方式

4.2.2.1 条播

产草田行距为 15~30 cm，播带宽 3 cm。

4.2.2.2 撒播

用人工或机械将种子均匀地撒在土壤表面，然后轻耙覆土镇压。这种方法适于人少地多、杂草不多的情况。山区坡地及果树行间可采用撒播。

4.2.3 垄作条播

产草田行距为 40~50 cm，播带宽 3 cm。

4.2.4 底肥

底肥可以用农家肥和化肥。播前结合整地每亩施入农家肥 3 000~5 000 kg，过磷酸钙 50 kg 作底肥。

4.2.5 播种深度

播种深度 1~2 cm。既要保证种子接触到潮湿土壤，又要保证子叶能破土出苗。沙质土壤宜深，黏土宜浅；土壤墒情差的宜深，墒情好的宜浅；春季宜深，夏、秋季宜浅。干旱地区可以采取深开沟、浅覆土的办法。

4.2.6 镇压

播后及时镇压，确保种子与土壤充分接触。湿润地区根据气候和土壤水分状况决定镇压与否。

5 田间管理

5.1 除草

播种当年除草 1~2 次。杂草少的地块用人工拔除，杂草多的地块可选用化学除草剂。播后苗前可选用都尔、乙草胺（禾耐斯）、普施特等苗前除草剂，用量及用法参照厂家说明。苗后除草剂可选用豆施乐、精禾草克等。除草剂宜在紫花苜蓿出苗后 15~20 d，杂草 3~5 叶期施用，用法及用量参照厂家说明。产出的青干草杂草率应控制在 5% 以内。

5.2 施肥

追肥在第一茬草收获后进行，以磷、钾肥为主，氮肥为辅，氮磷钾比例为 1∶5∶5。

5.3 灌水

每年第一次刈割后视土壤墒情灌水 1 次。水质符合 GB 5084 标准要求。

6 松土

早春土壤解冻后，紫花苜蓿未萌发之前进行浅耙松土，提高地温，促进发育，利于返青。

7 病虫害防治

7.1 病害防治

7.1.1 苜蓿褐斑病

7.1.1.1 农业措施

选用抗病品种；在病害没有蔓延时尽快刈割；与禾本科牧草混播；合理施肥，施肥量不宜过多；清除田间的病株残体和杂草，控制翌年的初侵染源。

7.1.1.2 化学防治

在病害发生初期，喷施75%百菌清可湿性粉剂500~600倍液，或50%苯菌灵可湿性粉剂1 500~2 000倍液，或70%代森锰锌可湿性粉剂600倍液，或70%甲基托布津可湿性粉剂1 000倍液，或50%福美双可湿性粉剂500~700倍液。

7.1.2 苜蓿锈病

7.1.2.1 农业措施

选用抗病品种；增施磷、钾肥和钙肥，少施氮肥；合理排灌，田间不应有积水，勿使草层湿度过大；发病严重的草地尽快刈割，不宜留种。

7.1.2.2 化学防治

在锈病发生前喷施70%代森锰锌可湿性粉剂600倍液，或波尔多液（硫酸铜：生石灰：水＝1∶1∶200）喷雾。发病初期至中期喷施20%粉锈宁乳油1 000~1 500倍液，或75%百菌清可湿性粉剂每用100~120 g，加水70 L，均匀喷雾。

7.1.3 苜蓿霜霉病

7.1.3.1 农业措施

选用抗病品种；合理排溉，草地积水时，应及时排涝，防止草层湿度过大；增施磷肥、钾肥和含硼、锰、锌、铁、铜、钼等微量元素的微肥。铲除田间杂草及系统受害的苜蓿单株。

7.1.3.2 化学防治

用0.5∶1∶100波尔多液，或45%代森铵水剂1 000倍液，或65%代森锌可湿性粉剂400~600倍液，或70%代森锰可湿性粉剂600~800倍液，或40%乙磷铝可湿性粉剂400倍液，或70%百菌清可湿性粉剂每亩150~250 g加水75 L搅均匀喷洒。上述药液需7~10 d喷施1次，视病情连续喷施2~3次。

7.1.4 苜蓿白粉病

7.1.4.1 农业措施

选用抗病品种；牧草收获后，在入冬前清除田间枯枝落叶，以减少翌年的初侵染源；发病普遍的草地提前刈割，减少菌源，减轻下茬草的发病；少施氮肥，适当增施磷、钾肥、含硼、锰、锌、铁、铜、钼等微量元素的微肥。

7.1.4.2　化学防治

70%甲基托布津1 000倍液，或40%灭菌丹800~1 000倍液，或50%苯菌灵可湿性粉剂1 500~2 000倍液，或20%粉锈宁乳油3 000~5 000倍液喷雾。

7.1.5　苜蓿黄萎病

7.1.5.1　农业措施

选用抗病品种；实行轮作倒茬或与禾本科牧草混播；清除草地中的枯枝落叶及病株残体，减少翌年的初侵染源。

7.1.5.2　化学防治

播前用多菌灵、福美双或甲基托布津等药物进行种子处理；在病害发生前用50%福美双可湿性粉剂500~700倍液喷雾；病害发生后可用50%多菌灵可湿性粉剂700~1 000倍液喷雾。

7.1.6　苜蓿根腐病

7.1.6.1　农业措施

选用抗病品种；实行轮作或与禾本科牧草混播；及时排水和搞好田间卫生。

7.1.6.2　化学防治

播前用50%苯菌灵可湿性粉剂1 500~2 000倍液，或70%代森锰锌可湿性粉剂600 倍液，或70%甲基托布津可湿性粉剂1 000倍液喷雾。

7.2　虫害防治

7.2.1　苜蓿蚜虫

7.2.1.1　天敌防治

利用苜蓿田间蚜虫的天敌（如瓢虫、草蛉、食虫蝽、食蚜蝇和蚜茧蜂等）进行生物防治。

7.2.1.2　农业措施

虫害将要大发生时，尽快提前收割；选用抗蚜苜蓿品种。

7.2.1.3　化学防治

50%抗蚜威可湿性粉剂每亩10~18 g加水30~50 L，或4.5%高效氯氰菊酯乳油每亩30 mL，或5%凯速达乳油每亩30 mL喷雾。

7.2.2　蓟马

7.2.2.1　天敌防治

利用天敌（如蜘蛛和捕食性蓟马）防治蓟马。

7.2.2.2　农业措施

返青前烧茬；虫害大发生前，尽快收割。

7.2.2.3　化学防治

4.5%高效氯氰菊酯乳油1 000倍液，或50%甲萘威可湿性粉剂800~1 200倍液，或10%吡虫啉可湿性粉剂每亩20~30 g兑水；70%艾美乐水分散粒剂每亩2 g兑水喷雾。

7.2.3 小地老虎

7.2.3.1 天敌防治

利用天敌（如寄生螨、寄生蜂等）防治小地老虎。

7.2.3.2 农业措施

消灭杂草；在小地老虎发生后，及时灌水，可取得一定的防治效果。

7.2.3.3 化学防治

施用毒土、毒沙：用50%辛硫磷乳油每亩50 mL加水适量，与125~175 kg细土混拌后顺垄撒于幼苗基部。喷施药液：用50%辛硫磷乳油1 000倍液施在幼苗根际处，防效良好。利用毒饵：用50%辛硫磷乳油每亩50 mL拌棉籽饼5 kg，制成毒饵散放于田埂或垄沟。

7.2.4 华北蝼蛄

7.2.4.1 农业措施

利用栽培技术措施改变蝼蛄的生存环境，及时灌水灭虫。

7.2.4.2 化学防治

用50%辛硫磷乳油，以0.1%~0.2%有效剂量拌种；用50%辛硫磷乳油与蝼蛄喜食的多汁的鲜菜、块根、块茎或用炒香的麦麸、豆饼等混拌制成毒饵或毒谷。

8 越冬防寒

中耕培土　在紫花苜蓿越冬困难的地区，可采用大垄条播，垄沟播种，秋末中耕培土，厚度3~5 cm，以减轻早春冻融变化对紫花苜蓿根茎的伤害。

冬前灌水　在霜冻前后灌水1次（大水漫灌），以提高紫花苜蓿越冬率。

收获

刈割时间　现蕾末期至初花期收割。收割前根据气象预测，须5 d内无降雨，以避免雨淋霉烂损失。

收获方法　采用人工收获或专用牧草压扁收割机收获。割下的紫花苜蓿在田间晾晒使含水量降至18%以下方可打捆贮藏。

留茬高度　紫花苜蓿留茬高度在5~7 cm。秋季最后一茬留茬高度可适当高些，在7~9 cm。

收获制度　辽宁地区一年可收2~4茬。秋季最后一次刈割距初霜期30~45 d。若最后一茬不能保证收获后至越冬期有足够生长期，则可推迟到入冬后紫花苜蓿已停止养分回流之后再收割。